CARLOS E. DE M. BICUDO
ORGANIZADOR DA SÉRIE

CARLOS E. DE M. BICUDO
Instituto de Botânica – São Paulo, SP

ANDRÉA DE ARAÚJO
Universidade Estadual do Maranhão – São Luiz, MA

STEFANIA BIOLO
Instituto de Botânica – São Paulo, SP

2019

Flora Ficológica do Estado de São Paulo – vol. 4, parte 3 – Zygnemaphyceae / Carlos Eduardo de Mattos Bicudo ; Andréa de Araújo ; Stefania Biolo – São Paulo : RiMa Editora : FAPESP, 2019.

309 p. Il.

ISBN 85-86552-87-9 (obra completa)
ISBN 978-65-80035-18-2 (volume 4, parte 3)

1. Flora : São Paulo (Estado) ; 2. Botânica : Algas : Taxonomia. I. Bicudo, Carlos E. de M. II. Araújo, Andréa de. III. Biolo, Stefania.

DIRLENE RIBEIRO MARTINS
PAULO DE TARSO MARTINS
Rua Virgílio Pozzi, 213 – Jd Santa Paula
13540-04 – São Carlos, SP
Fone: (16) 988064652

www.rimaeditora.com.br

AGRADECIMENTOS

Somos muito gratos à FAPESP, Fundação de Amparo à Pesquisa do Estado de São Paulo, pelo auxílio concedido para realizar o projeto "Flora ficológica do Estado de São Paulo" (processo 1998/04955-3), do qual este fascículo faz parte; ao CNPq, Conselho Nacional de Desenvolvimento Científico e Tecnológico, por bolsa de Pesquisador Sênior concedida a CEMB (processo nº 3405031/2016-3); e à CAPES, Coordenação de Aperfeiçoamento de Pessoal do Ensino Superior, por bolsas de doutorado outorgadas a Andréa de Araújo e Stefania Biolo.

CEMB é profundamente grato a Yukio Hayashi Silva, pelo esmerado e extremamente competente serviço de digitalização das pranchas e colocação de números e escalas nas figuras.

APRESENTAÇÃO

O volume 4 das Zygnematophyceae foi idealizado para abordar as desmídias verdadeiras e ser publicado em cinco partes. A parte 1 foi publicada e incluiu os gêneros de células cilíndricas retas *Docidium* Brébisson *ex* Ralfs emend. Lundell, *Haplotaenium* Bando, *Ichthyocercus* West & West, *Penium* Brébisson *ex* Ralfs, *Pleurotaenium* Nägeli, *Tetmemorus* Ralfs *ex* Ralfs e *Triploceras* Bailey e os gêneros de células lunadas *Closterium* Nitzsch *ex* Ralfs e *Spinoclosterium* Bernard. A parte 2 incluiu os gêneros *Euastrum* Ehrenberg *ex* Ralfs e *Micrasterias* C. Agardh *ex* Ralfs. A parte 4 abrangeu os gêneros que possuem, em geral, processos ou espinhos angulares e que são: *Bourrellyodesmus* Compère, *Croasdalea* C. Bicudo & Mercante, *Octacanthium* (Hansgirg) Compère, *Staurastrum* Meyen *ex* Ralfs, *Staurodesmus* Teiling e *Xanthidium* Ehrenberg *ex* Ralfs. E os gêneros de hábito "filamentoso" *Bambusina* Kützing *ex* Kützing, *nomen conservandum*, *Desmidium* C. Agardh *ex* Ralfs, *Groenbladia* Teiling, *Hyalotheca* Ehreberg *ex* Ralfs, *Onychonema* Wallich, *Phymatodocis* Nordstedt, *Spondylosium* Brébisson *ex* Kützing e *Teilingia* Bourrelly constituíram a parte 5 do referido volume que também já foi publicada.

A presente é a parte 3 do volume sobre as Zygnematophyceae e finaliza a publicação das desmídias verdadeiras do Estado de São Paulo ao incluir os gêneros de hábito cosmarioide *Actinotaenium* (Nägeli) Teiling, *Cosmarium* Corda *ex* Ralfs e *Heimansia* Coesel.

Conteúdo

1

INTRODUÇÃO

Tomamos neste ato a liberdade de repetir ainda uma vez, porém, atualizando para os gêneros *Actinotaenium*, *Cosmarium* e *Heimansia* a introdução constante das quatro partes já publicadas deste volume. Assim, a primeira referência à presença de desmídias no Brasil está em Ehrenberg (1843). A espécie citada é *Desmidium hexaceros* Ehrenberg, nom. inval. originalmente referida como '*Desmidium* ? *hexaceros*' e identificada de material coletado entre raízes de *Eriocaulon modestum* Kunth na Praia de Sernambetiba, Estado do Rio de Janeiro. *Desmidium hexaceros* Ehrenberg, nom. inval. foi posteriormente transferida para o gênero *Staurastrum* por Wittrock (1872), onde está atualmente situada sob a combinação *Staurastrum hexacerum* Wittrock.

São Paulo é o Estado do Brasil que hoje apresenta o melhor conhecimento sobre as Zygnematophyceae e, mais especificamente, sobre as desmídias. A ocorrência de *Cosmarium* no Estado de São Paulo foi primeiro registrada nos conjuntos de exsicatas organizados e distribuídos por V.B. Wittrock e O. Nordstedt e, mais tarde, também por N.G. Lagerheim. *Cosmarium binum* Nordstedt e *C. quaternarium* Nordstedt, duas espécies originalmente descritas nessa coleção constam na exsicata nº 883 (Wittrock & Nordstedt 1880), além de *C. cucumis?* Ralfs (exsicata nº 884), *C. polymorphum* Nordstedt, uma forma não nomeada de *C. polymorphum* Nordstedt e *C. punctulatum* Brébisson var. *brasiliense* Nordstedt. A amostra contendo o material de *Cosmarium* e resultou na exsicata nº 883 foi coletada de um ambiente de água estagnada na região de Pirassununga.

Esses mesmos autores contribuíram com mais citações nos anos seguintes. Assim, em Wittrock & Nordstedt (1882) constam os registros de *C. polymorphum* Brébisson e de uma forma não nomeada dessa mesma espécie, junto com *C. punctulatum* Brébisson var. *brasiliense* Nordstedt (exsicata nº 471). O ambiente amostrado também foi de água estagnada na região de Pirassununga. Em Wittrock & Nordstedt (1883) estão registrados *C. excavatum* Nordstedt, *C. hexastichum* Nordstedt, *C. ovale* Ralfs e *C. pseudoconnatum* Nordstedt (exsicata n° 536) sendo que, excetuado *C. ovale* Ralfs que ocorreu apenas em Pirassununga, as demais espécies foram coletadas de um ambiente não especificado na região de Santo Amaro. Em Wittrock *et al.* (1896) consta uma forma não nomeada de *C. globosum* Bulnheim (exsicatas n° 1269 e n° 1270) e *C. polymorphum* Brébisson subsp. *paulense* Börgesen (exsicata n° 1269), de material proveniente de um ambiente de água estagnada em Santo Amaro, contudo, sem maior especificação.

Börgesen (1890) é o próximo trabalho a mencionar a ocorrência de *Cosmarium* no Estado de São Paulo. Constam aí 29 táxons provenientes de um ambiente pantanoso em Moji ("Marais de Moji"), dos quais cinco espécies (*C. bipunctatum* Börgesen, *C. lobatum* Börgesen, *C. paulense* Börgesen, *C. pentachondrum* Börgesen e *C. warmingii* Börgesen), três variedades citadas como subespécies (*C. brasiliense* (Wille) Nordstedt subsp. *ordinatum* Börgesen, *C. obsoletum* Hantzsch subsp. *maximum* Börgesen e *C. polymorphum* Brébisson subsp. *paulense* Börgesen) e uma forma taxonômica (*C. ornatum* Ralfs f. *major* Börgesen) foram aí propostas como novidades para a Ciência. Não constam nesse trabalho, entretanto, descrição nem ilustração dos demais táxons, mas apenas medidas e comentários sucintos, com exceção das novidades taxonômicas antes mencionadas e de alguns táxons (*C. debaryi* Archer, *C. nitidulum* De Notaris e *C. polymorphum* Brébisson). A citação da localidade de origem desses materiais não indica, contudo, se se trata de Moji das Cruzes, Moji Guaçu ou Moji Mirim, os três municípios no Estado de São Paulo em que consta a palavra "Moji".

Prossegue, já no século XX, a documentação sobre a presença de representantes de *Cosmarium* no Estado de São Paulo identificados, desta vez, a partir de material coletado de utrículos de *Utricularia*, a saber: *C. commisurale* Brébisson var. *ornatum* Lemmermann, *C. isthmochondrum* Nordstedt var. *ornatum* Borge, *C. laeve* Rabenhorst, *C. moniliforme* (Turpin) Ralfs var. *subtruncatum* Lemmermann e uma forma não identificada de *C. paraguayense* Borge (Lemmermann 1914). A localidade de proveniência do material examinado foi o Município de Itapura. *Cosmarium commisurale* Brébisson var. *ornatum* Lemmermann e *C. moniliforme* (Turpin) Ralfs var. *subtruncatum* Lemmermann foram descritos com detalhes nesse trabalho e acompanhados de boa ilustração. Há, ainda, a descrição de *C. paraguayense* Borge f., porém, sem ilustração. Dos demais materiais não constam descrição nem ilustração.

Grande contribuição ao conhecimento do gênero no Estado de São Paulo foi devida a Borge (1918). O material que estudou foi coletado por Alberto Löfgren (Johan Albert Constantin Löfgren) nas cidades de São Paulo e Pirassununga, incluindo alguns arredores desta última e totalizou 239 unidades amostrais. Foram documentados 116 táxons que incluíram 68 espécies, três subespécies, 17 variedades não típicas de suas respectivas espécies, uma forma taxonômica nova e 38 outras sem nome. Descrição detalhada e ilustração constam apenas para as oito espécies e quatro variedades não típicas de suas respectivas espécies, que são: C. *subpraemorsum* Borge, C. *basituberculatum* Borge, C. *pileatum* Borge, C. *loefgrenii* Borge, C. *luscum* Borge, C. *arthrodesmiforme* Borge, C. *bimarginatum* Borge, C. *naviculare* Borge, C. *conspersum* Ralfs var. *americanum* Borge, C. *depressum* (Nägeli) Lundell var. *elevatum* Borge, C. *pseudotaxichondrum* (grafada "*pseudotoxichondrum*") Nordstedt var. *paulense* Borge e C. *moerlianum* Lütkemüller var. *brasiliense* Borge. Para todos os demais materiais, as descrições e as ilustrações ora faltam ora são bastante incipientes.

Depois de Borge (1918) e até o meado do século XX, o Estado de São Paulo não foi contemplado com um estudo taxonômico que incLuizse *Cosmarium*. Krieger (1950) realizou um amplo levantamento de material das regiões serranas dos Estados do Rio de Janeiro e São Paulo, porém, não especificou de qual localidade foram coletados os *Cosmarium* que registrou pontualmente. Kleerekoper (1937) fez menção à ocorrência de *Cosmarium* sp. na represa de Santo Amaro (hoje represa Guarapiranga), no Município de São Paulo. A identificação de alguns *Cosmarium* planctônicos, especialmente de C. *bioculatum* Brébisson e *Cosmarium* sp., ocorreu, entretanto, dois anos depois em Kleerekoper (1939). Em nível gênero, Palmer (1960) registrou a presença de espécimes de *Cosmarium* em meio aos resultados dos estudos hidrossanitários que realizou sobre as represas Billings e Guarapiranga sem, todavia, incluir informação que permitisse sua reidentificação atualmente.

Observou-se, até a década de 1960, a presença praticamente só de pesquisadores estrangeiros documentando a diversidade algal brasileira, os quais recebiam os materiais nem sempre coletados por especialistas para estudo em seus próprios países de origem. A partir de 1960, entretanto, o conhecimento das desmídias do Brasil, especialmente dos *Cosmarium*, tornou-se efetivo através de publicações de pesquisadores brasileiros. Nesse sentido, Branco (1961, 1964) divulgou os resultados oriundos de uma análise hidrofitossanitária que realizou com destaque à qualidade da água dos rios Biritiba, Jundiaí e Taiassupeba, importantes mananciais de abastecimento da cidade de São Paulo. No primeiro desses estudos, *Cosmarium* sp. apareceu citado em meio aos apontamentos sobre a previsão de problemas biológicos decorrentes do represamento dos rios (Branco 1961). Branco (1964) divulgou dados de um relatório preparado por Henry Charles Potel, pesquisador visitante francês no então DAE, Departamento de Água e Esgoto (hoje CETESB, Companhia Ambiental do Estado de São Paulo), sobre algumas observações feitas em mananciais de São Paulo entre os anos 1907 e 1909. Nesse relatório, Potel fez menção a 50 espécies de *Cosmarium* em meio à sua lista de protozoários, porém, sem qualquer outra informação.

Aylthon Brandão Joly, considerado o Pai da Ficologia Brasileira, incluiu *Cosmarium* em sua chave elaborada para identificar os gêneros de algas que ele próprio coletou de corpos d'água da cidade de São Paulo e arredores (Joly 1963). Mas, foi Carlos Eduardo de Mattos Bicudo que realizou a grande contribuição histórica e fundamental à desmidioflora brasileira como pesquisador nativo. Em Bicudo & Bicudo (1965), os autores contribuíram para o levantamento taxonômico da família Desmidiaceae no Parque do Estado (hoje PEFI, Parque Estadual das Fontes do Ipiranga). *Cosmarium ocellatum* Eichler & Gutwinski foi registrado pioneiramente em ambientes artificiais do referido Parque como tanques, valetas e empoçados. O material identificado foi ricamente descrito e ilustrado.

Bicudo (1967) descreveu e propôs junto com *Staurastrum prescottii* C. Bicudo uma nova espécie de *Cosmarium, C. brancoi* C. Bicudo. Em Bicudo (1969), a contribuição para o Estado de São Paulo foi mais ampla, com descrição pormenorizada e ilustração de 41 táxons de *Cosmarium* distribuídos em 36 espécies, 15 variedades não típicas de suas respectivas espécies e quatro formas taxonômicas igualmente não típicas, porém, de suas respectivas variedades. Os materiais foram coletados de diversas localidades no Estado de São Paulo e algumas de Minas Gerais. Foram descritas e propostas como novidades para a Ciência C. *ralfsii* Brébisson var. *skvortzovii* C. Bicudo, C. *logiense* Bisset f. *minus* C. Bicudo, C. *pyramidatum* Brébisson f. *minus* C. Bicudo e C. *subcucumis* Schimdle f. *compressum* C. Bicudo.

Na década dos anos 70 ainda no mesmo século e dentro da linha taxonômica devem ser mencionados dois trabalhos que documentaram a existência de *Cosmarium* no Estado de São Paulo. São o atlas das algas da Represa do Lobo (= Represa do Broa), no Município de Itirapina (Hino & Tundisi 1977) e o levantamento taxonômico de desmídias realizado por Díaz (1972) utilizando material da região de Valinhos. Díaz (1972) descreveu e ilustrou C. *angulare* Johnson, C. *asphaerosporum* Nordstedt var. *strigosum* Nordstedt, C. *galeritum* Nordstedt var. *galeritum*, C. *galeritum* Nordstedt var. *subtumidum* Borge, C. *heptangulare* Lacoste, C. *impressulum* Elfving, C. *incrassatum* Playfair var. *schmidlei* (Printz) Krieger, C. *moniliforme* (Turpin) Ralfs f. *panduriformis* Heimerl, C. *pseudoconnatum* Nordstedt, C. *reniforme* (Ralfs) Archer, C. *retusiforme* (Wille) Gutwinski, C. *schuebelleri* Wille e mais dois materiais em nível infragenérico. Hino & Tundisi (1977) incluíram ilustração, mas não descrição, das seguintes 10 espécies de *Cosmarium* identificadas de material proveniente da Represa do Lobo: C. *denticulatum* Borge, C. *depressum* (Nägeli) Lundell, C. *incrassatum* (Fritsch & Rich) Krieger & Gerloff (nome inválido), C. *ornatum* Ralfs, C. *pseudobroomei* Wolle, C. *pseudoconnatum* Nordstedt, C. *pseudodecoratum* Schmidle, C. *reniforme* (Ralfs) Archer, C. *subpraemorsum* Borge e *Cosmarium* sp. Todo esse material aparece apenas citado em um trabalho sobre a ecologia da represa (Tundisi & Hino 1981).

Na década seguinte, Bicudo (1988) estudou o polimorfismo em aproximadamente 200 indivíduos de uma população de C. *abbreviatum* Raciborski var. *minus* (West & West) Krieger & Gerloff coletados em três locais no Lago das Ninfeias, no PEFI (Parque Estadual das Fontes do Ipiranga), região sul do Município de São Paulo. Tal estudo resultou na identificação de seis expressões morfológicas da espécie coexistentes nesse ambiente.

Sant'Anna *et al.* (1988) realizaram o levantamento florístico das algas fitoplanctônicas da Represa de Serraria, no Estado de São Paulo e identificaram 108 táxons, 18 dos quais da classe Zygnematophyceae, mas, apenas um de *Cosmarium*, *C. bioculatum* Brébisson var. *depressum* (Schaarschmidt) Schmidle.

Sant'Anna *et al.* (1989) contribuíram ainda uma vez para o conhecimento da ficoflórula do PEFI, no Município de São Paulo, identificando 178 táxons de algas que ocorriam no fitoplâncton do Lago das Garças, dos quais apenas dois são de *Cosmarium* (*C. majae* Ström e *C. punctulatum* Brébisson). As descrições das duas espécies foram extremamente sucintas, mas acompanhadas de ilustração.

Prosseguindo os estudos nos últimos anos 90, seis táxons de *Cosmarium* foram descritos e ilustrados por Bicudo *et al.* (1992). Os aludidos autores providenciaram o inventário taxonômico da comunidade fitoplanctônica de um trecho do rio Paranapanema que seria represado para formação do reservatório da Usina Hidrelétrica de Rosana. Entre as desmídias foram identificados *C. candianum* Delponte var. *candianum* f. *candianum*, *C. granatum* Brébisson *ex* Ralfs var. *granatum* f. *granatum*, *C. laeve* Rabenhorst var. *acervatum* Förster *ex* Förster, *C. pseudoexiguum* Raciborski var. *pseudoexiguum*, *C. reniforme* (Ralfs) Archer var. *reniforme* f. *reniforme* e *C. vexatum* W. West var. *vexatum*.

Após ter sua ocorrência novamente registrada no Lago das Ninfeias (PEFI), *C. abbreviatum* Raciborski var. *minus* (West & West) Krieger & Gerloff foi descrito e ilustrado em Bicudo (1969). Em um estudo limnológico realizado por Noguеira & Matsumura-Tundisi (1996), *C. denticulatum* Borge apareceu ao lado de representantes de outras espécies de desmídias listadas para a represa Monjolinho, em São Carlos.

Marinho & Sophia (1997) inventariaram a desmidioflórula do Açude do Jacaré, um ambiente artificial raso situado no Município de Moji Guaçu. Os referidos autores contribuíram com o registro de cinco táxons de *Cosmarium* entre os 50 de desmídias ali encontrados, a saber: *C. brasiliense* (Wille) Nordstedt var. *taphrosporum* Nordstedt, *C. contractum* Kirchner var. *minutum* (Delponte) West & West, *C. dimaziforme* (Grönblad) Scott & Grönblad var. *concavum* Förster *ex* Förster, *C. obsoletum* (Hantzsch) Reinsch e *C. sphagnicolum* West & West.

Em um trabalho de cunho ecológico, Beyruth *et al.* (1998a) relacionaram as algas presentes em tanques-rede, onde cresciam como fonte de alimento para a produção de peixes. A identificação qualitativa do fitoplâncton foi feita a partir de amostras coletadas em tanques da Estação Experimental de Aquicultura de Pindamonhangaba. Entre os 136 táxons identificados, três são de *Cosmarium*, os quais foram apenas listados sem descrição nem ilustração. São eles: *C. majae* Strøm, *C. minutum* (Delponte) West & West e

Cosmarium sp. Em um estudo posterior, sobre as fases da recuperação natural de lagos oriundos da extração de areia ao longo do rio Paraíba do Sul, Município de Jacareí, Beyruth *et al.* (1998b) identificaram, também só na forma de listagem, *C. amoenum* (Brébisson) Ralfs, *C. candianum* Delponte var. *candianum*, *C. candianum* Delponte f. *minutum* Compère, *C. minutum* Delponte, *C. ovale* Ralfs, *C. pachydermum* Lundell, *C. paradoxum* Turner, *C. pseudobroomei* Wolle, *C. pseudoconnatum* Nordstedt, *C. pseudopyramidatum* Lundell, *C. pusillum* (Brébisson) Archer, *C. quadrum* Lundell, *C. regnellii* Wille, *C. trilobulatum* Reinsch var. *trilobulatum* e mais seis materiais identificados apenas ao nível gênero.

Bicudo *et al.* (1999) realizaram um levantamento florístico do Lago das Garças, um reservatório hipertrófico localizado no PEFI, Município de São Paulo, como subsídio para desenvolver pesquisas ecológicas. Os autores listaram 284 táxons fitoplanctônicos, sendo 24 de Zygnematophyceae e, destes, oito de *Cosmarium*: *C. abbreviatum* Raciborski var. *minus* (West & West) Krieger & Gerloff, *C. majae* Strøm, *C. moniliforme* Ralfs, *C. punctulatum* Brébisson, *C. reticulatum* Lilitskaya, *C. sphalerostichum* Nordstedt e dois materiais apenas em nível gênero.

A caracterização taxonômica de 93 espécies apresentadas em Silva (1999) decorreu do estudo do fitoplâncton de um reservatório eutrófico (lago Monte Alegre) situado em Ribeirão Preto. Três dessas identificações são de *Cosmarium*, a saber: *C. bioculatum* (Brébisson) *ex* Ralfs var. *depressum* (Schmidle) Schmidle, *C. contractum* Kirchner var. *minutum* (Delponte) West & West e *C. sphagnicola* (grafada "*sphagnicolum*") West & West var. *apertum* (Skuja) Förster, todas devidamente descritas e ilustradas.

Mais recentemente, a partir do ano 2000, alguns trabalhos taxonômicos e também ecológicos contribuíram ativamente para o conhecimento do gênero *Cosmarium* no Estado de São Paulo, embora de modo esparso e não organizado. Assim sendo, em um levantamento florístico dos *Actinotaenium*, *Cosmarium* e *Cosmocladium* das comunidades planctônica e perifítica de um lago marginal na Estação Ecológica de Jataí, Taniguchi *et al.* (2003) documentaram 53 táxons, dos quais 47 são de *Cosmarium*. Entretanto, muitos materiais nessa lista foram identificados como "*conferatur*" ("cf.") exigindo, pois, revisão de suas identificações.

Fileto *et al.* (2004) citaram *C. bioculatum* Brébisson *ex* Ralfs var. *depressum* (Schaarschmidt) Schmidle e *C. sphagnicola* (grafado "*sphagnicolum*") West & West var. *apertum* (Skuja) Förster utilizados como alimento em seus experimentos com cladóceros. Tais materiais apareceram apenas nas tabelas de resultados e não incluem qualquer outra informação. Mucci *et al.* (2004) também só citaram a ocorrência do gênero (*Cosmarium* sp.) na listagem do estudo ecológico de um corpo d'água no Município de Santo André.

Ferragut *et al.* (2005) contribuíram para o conhecimento taxonômico das algas do Lago do Instituto de Astronomia, Geofísica e Ciências Atmosféricas (IAG) situado no PEFI, Município de São Paulo, reportando 198 táxons. Com exceção das diatomáceas que não foram abrangidas nesse trabalho, a maior riqueza de táxons entre as demais classes foi de Zygnematophyceae, com 29 táxons. Nove desses táxons são de *Cosmarium*, como segue: *C. majae* Strøm, *C. margaritatum* (Lundell) Roy & Bisset var. *margaritatum* f. *minor* (Boldt) West & West, *C. minutum* Delponte, *C. pseudoconnatum* Nordstedt, *C. pseudoexiguum* Raciborski, *C. regnellii* Wille, *C. sublobulatum* (Brébisson) Archer var. *brasiliense* Borge, *C. subtumidum* Nordstedt var. *subtumidum* f. *minor* Borge e *C. trilobulatum* Reinsch var. *trilobulatum* f. *trilobulatum*. Entretanto, as descrições desses materiais foram restritas aos limites métricos dos representantes de cada espécie, ao hábito se planctônico ou perifítico dos táxons e às ilustrações.

Algas perifíticas foram avaliadas por Ferreira *et al.* (2005) em um estudo do complexo Canoas (rio Paranapanema), de onde identificaram *C. abbreviatum* Raciborski, *C. baileyi* Wille, *C. commisurale* (Brébisson) Ralfs, *C. excavatum* Nordstedt, *C. granatum* Brébisson *ex* Ralfs, *C. margaritatum* (Lundell) Roy & Bisset, *C. meneghinii* Brébisson *ex* Ralfs, *C. quadrum* Lundell, *C. ralfsii* Brébisson, *C. regnellii* Wille, *C. reniforme* (Ralfs) Archer e *Cosmarium* spp. (um coletivo de espécies não nomeadas).

De cerne totalmente taxonômico, Araújo (2006) inventariou os *Cosmarium* de parede lisa do Estado de São Paulo, ampliando sua distribuição e o conhecimento da diversidade do gênero no Estado. Tal contribuição foi extremamente significativa, com 64 táxons registrados, descritos, ilustrados e pertinentemente comentados, correspondendo a 38 espécies, 21 variedades não típicas de suas respectivas espécies e cinco formas taxonômicas igualmente não típicas, porém, de suas respectivas variedades. *Cosmarium impressulum* Elfving var. *crenulatum* (Nägeli) Krieger & Gerloff foi citado pioneiramente para o território nacional; e *C. bioculatum* Brébisson var. *bioculatum*, *C. connatum* (Brébisson) Ralfs var. *connatum* e *C. impressulum* Elfving var. *crenulatum* (Nägeli) Krieger & Gerloff também o foram, mas para o Estado de São Paulo.

Araújo & Bicudo (2006) identificaram os materiais de *Actinotaenium*, *Cosmarium* e *Heimansia* coletados no PEFI, na cidade de São Paulo. *Cosmarium* compreendeu 27 dos 30 táxons identificados, além da possibilidade de proposição de *Cosmarium* sp. e *C. zonatum* Lundell var., respectivamente, como uma nova espécie e uma nova variedade para a Ciência. Para a proposta formal da espécie e da variedade será necessário um maior esforço na avaliação da estabilidade, em nível populacional, das características consideradas diagnósticas.

Tucci *et al.* (2006) registraram a presença de 265 táxons na comunidade fitoplanctônica do Lago das Garças, um reservatório eutrófico localizado na área urbana da cidade de São Paulo e, mais especificamente, no PEFI. Contudo, apenas os materiais que constituíram novos registros de ocorrência no local foram acompanhados de descrição e ilustração. *Cosmarium majae* Strøm e *C. punctulatum* Brébisson foram identificados, mas constam apenas em uma lista dos táxons identificados, com menção ao seu registro anterior em Sant'Anna *et al.* (1989).

Outros estudos ecológicos incluíram registros da presença de *Cosmarium* no Estado de São Paulo, como o de Padisák *et al.* (2000) que apenas citaram a ocorrência de *C. reniforme* (Ralfs) Archer na Represa de Jupiá, localizada no Município de Castilho. A dinâmica sazonal do fitoplâncton de três lagoas marginais do rio Paranapanema em sua desembocadura na Represa de Jurumirim foi apresentada junto com a lista dos materiais identificados, entre os quais os seguintes de *Cosmarium*: *Cosmarium* cf. *reniforme* (Ralfs) Archer e *Cosmarium* sp. (Henry *et al.* 2006). Realizado a partir de material de um ambiente oligotrófico (Lago do IAG, Município de São Paulo), Vercellino & Bicudo (2006) apontaram a presença de *C. majae* Strøm na constituição da comunidade perifítica, salientando-a como uma espécie abundante tanto no período seco quanto no chuvoso.

Lachi & Sipaúba-Tavares (2008) apenas citaram a presença de uma espécie não identificada de *Cosmarium* (*Cosmarium* sp.) em um reservatório artificial destinado à criação de peixes e irrigação no Município de Jaboticabal. Ao inventariar as algas de quatro açudes em Andradina, Estado de São Paulo, Rosini *et al.* (2007) registraram a ocorrência de *Cosmarium* e incluíram a ilustração de um espécime, no entanto, sem descrever ou identificar taxonomicamente o material estudado. Em Sorocaba, em um lago localizado no zoológico da cidade, a lista dos táxons de algas preparada por Cerioni *et al.* (2008) contemplou um indivíduo de *C. praemorsum* Brébisson.

Em uma abordagem ecológica experimental da comunidade perifítica, Fermino *et al.* (2011) identificaram a presença de 10 espécies de *Cosmarium* no Lago das Ninfeias (PEFI, São Paulo). Estão citados nessa obra *Cosmarium abbreviatum* Raciborski, *C. bioculatum* Brébisson ex Ralfs, *C. contractum* Kirchner, *C. contractum* Kirchner var. *minutum* (Delponte) West & West, *C. exiguum* Archer, *C. margaritatum* (Lundell) Roy & Bisset, *C. margaritatum* (Lundell) Roy & Bisset f. *minor* (Boldt) West & West e *C. subtumidum* Nordstedt. A partir de material coletado no mesmo lago, Pellegrini & Ferragut (2012) estudaram a comunidade perifítica e identificaram *C. blyttii* Wille e *C. regnellii* Wille. Ainda para o Lago das Ninfeias, *C. blyttii* Wille foi também relacionado por Santos & Ferragut (2013) junto com *C. bioculatum* Brébisson ex Ralfs e *C. margaritatum* (Lundell) Roy & Bisset. *Cosmarium margaritatum* (Lundell) Roy & Bisset foi uma das espécies descritoras da comunidade perifítica em *Utricularia foliosa* Linnaeus coletada no mesmo local, conforme Santos *et al.* (2013); a espécie foi, no entanto, apenas citada.

Cosmarium constou ainda da relação de biovolumes calculados para 568 táxons de cianobactérias e algas, dos quais 17 são do gênero em questão e ocorreram em diversos ambientes aquáticos do PEFI (Fonseca *et al.* 2014a). As espécies aparecem apenas listadas, sem qualquer informação taxonômica e ilustração.

Casartelli & Ferragut (2015) avaliaram ecologicamente o epifíton em *Panicum repens* Linnaeus no Lago das Ninfeias, no PEFI e registraram, através de uma lista, a presença de *C. bioculatum* Brébisson *ex* Ralfs, *C. blyttii* Wille, *C. contractum* Kirchner var. *minutum* (Delponte) West & West e *C. margaritatum* (Lundell) Roy & Bisset. Ao estudar o mesmo ambiente, Souza *et al.* (2015) avaliaram a dinâmica sazonal da comunidade perifítica e citaram a ocorrência de alguns táxons de *Cosmarium*, contudo, sem qualquer outra informação. Os táxons são os seguintes: *C. blyttii* Wille, *C. botrytis* Meneghini, *C. contractum* Kirchner var. *minutum* (Delponte) West & West, *C. margaritatum* (Lundell) Roy & Bisset, *C. pachydermum* Lundell var. *pachydermum* e *C. pseudoconnatum* Nordstedt var. *pseudoconnatum*.

Cosmarium também aparece citado em nível gênero (*Cosmarium* sp.) em um estudo ecológico efetuado em reservatórios do sistema Cantareira (represas Jaguari e Jacareí), em São Paulo (Hackbart *et al.* 2015).

Os registros de *Cosmarium* no Estado de São Paulo constam ainda em dissertações de mestrado e teses de doutorado, ou seja, em trabalhos de cunho basicamente ecológico que focalizaram as comunidades fitoplanctônica e perifítica. Entretanto, não há nesses trabalhos descrição e/ou ilustração dos materiais identificados. São eles: Xavier (1979), Watanabe (1981), Sandes (1990), H. Oliveira (1993), M. Oliveira (1993), Marinho (1994), Pereira (1994), Nogueira (1996), Moura (1996, 1997), Santos (1996, 2003), Deberdt (1997), Ferreira (1998, 2005), Jati (1998), Taniguchi (1998), Minoti (1999), Sardeiro (1999), Lopes (1999), Souza (2000), Szajubok (2000), Vercellino (2001, 2007), Fernandes (2002), Matsuzaki (2002), Tucci (2002), Carvalho (2003), Barcelos (2003), Lima (2004), Biesemeyer (2005), Fonseca (2005), Crossetti (2006), Fermino (2006), Lachi (2006), Gentil (2007), Lopes (2007), Seto (2007), Granado (2011), Miashiro (2008), Nishimura (2008, 2012), Luzia (2009), Millan (2009), Favaro (2010), Ferrari (2010), Rosini (2010), Corrêa (2012), A. Oliveira (2012), Pellegrini (2012), Santos (2012), Taniwaki (2012), Osti (2013), Pereira (2013), Riolfi (2013), Souza (2013), Boareto (2014), Casali (2014), Casartelli (2014), Pires (2014) e Rosal (2014). Os materiais trabalhados em todas essas publicações não apresentaram informação que possibilite sua reidentificação taxonômica.

Na segunda metade do século XX e, principalmente, durante o período 1970-1990, mas que se estendeu até os dias atuais, o conhecimento da desmidioflórula brasileira experimentou um progresso bastante significativo, marcado pela dedicação de autores como Ana Alice Jarreta de Castro, Andréa de Araújo, Dayse Vasques Martins, Ermelinda Maria De Lamonica Freire, Ieti Ungaretti, Ivania Batista de Oliveira, Laine Sormus de Castro Pinto, Luiz Nélio Cavalcanti Rodrigues, Maria da Graça Loureiro Sophia, Maria Teresa de Paiva Azevedo, Sílvia Maria Mathes Faustino, Stefania Biolo e Susana Petersen Schetty, entre outros. Alguns desses profissionais encontram-se atualmente aposentados e afastados da Ciência (Dayse Vasques Martins, Ermelinda Maria De Lamonica Freire e Ieti Ungaretti); outros mudaram sua atenção para outros grupos taxonômicos que não as desmídias (Ana Alice Jarreta de Castro e Maria Teresa de Paiva Azevedo); e ainda outros devotaram-se, integralmente, ao ensino (Luiz Nélio Cavalcanti Rodrigues).

2

CLASSE ZYGNEMATOPHYCEAE

A classe Zygnematophyceae é caracterizada por estruturas, principalmente, da fase vegetativa de seu histórico-de-vida, mas também da reprodutiva. Conforme van-den-Hoek *et al.* (1997), as feições características desta classe são:

- Talo microscópico com dois tipos de organização: cocoide e "filamentosa". Abrindo um parênteses: determinados autores não concordam com a existência do tipo filamentoso de talo nestas algas. De fato, as células aparecem dispostas em uma série linear simples, com a aparência de filamento, porém, que são mantidas juntas unicamente por contiguidade, ou seja, por contato, pois não existe continuidade plasmática entre células vizinhas. Por não haver continuidade plasmática entre células contíguas, condição *'sine qua non'* para identificar um filamento, alguns autores preferem identificar apenas um tipo de talo entre as Zygnematophyceae, o cocoide, que pode ser isolado ou colonial. O que alguns autores chamam de filamento seria, de fato, uma colônia de aspecto filamentoso.

- Parede celular constituída por fibrilas de celulose cristalina. A síntese dessas fibrilas ocorre no plasmalema, a partir de grupos de seis grânulos de celulose-sintase dispostos em roseta; cada grânulo mede ao redor de 10 nm de diâmetro.

- Células flageladas jamais são produzidas durante o histórico-de-vida destas algas. Conjugação é a forma de reprodução sexuada e envolve a fusão de gametas ameboides destituídos de flagelo.

- Mitose e citocinese apresentam características dos tipos VII e VIII. A mitose é semifechada, com o fuso telofásico persistente. A citocinese ocorre pelo crescimento interno de um sulco de clivagem que, em muitos casos, apresenta uma placa celular formada no interior de um fragmoplasto. O septo transversal é depositado no interior desta placa celular. Não ocorrem plasmodesmos.

- Célula uninucleada, com um a vários cloroplastídios de diferentes formatos. Além disso, os plastídios podem estar localizados tanto ao longo do eixo principal da célula (situação axial) quanto na porção periférica do citoplasma (situação parietal). Pode haver pirenoide.

- A parte central da célula pode ser ocupada por um grande vacúolo. Além deste, pode também ocorrer, no caso das células alongadas (cilíndricas ou lunadas), um vacúolo em cada ápice da célula.

- As Zygnematophyceae são haplontes e seu histórico-de-vida inclui a formação de um hipnozigoto, isto é, de uma fase unicelulada diploide, com parede bastante espessa e conteúdo celular rico em substâncias de reserva, fase esta interpretada como sendo o esporófito de um processo de alternância de gerações. É nesta fase que, ao que tudo indica, ocorre a meiose e a produção de esporos.

- Representantes desta classe são restritos às águas doces. Nygaard (1976) é um dos raros documentos a mencionar a ocorrência de desmídias em ambiente salino. O referido autor referiu-se à presença de oito espécies de *Cosmarium* em um lago (Lille Saltsø) com altos teores de potássio, magnésio e sódio, localizado na Groenlândia. Há também referência ao fato de algumas espécies de *Spirogyra* serem capazes de tolerar condições levemente salobras. Há, finalmente, menção à ocorrência de representantes desta classe no solo.

Segundo van-den-Hoek *et al.* (1997), a classe Zygnematophyceae inclui cerca de 50 gêneros e um número bastante impreciso de espécies, variedades e formas taxonômicas, que varia entre 4.000 e 6.000. Estimativas mais recentes apontam, entretanto, para a existência de ao redor de 60 gêneros.

Algumas Zygnemataceae apresentam reprodução sexuada corriqueiramente, fato este que levou à adoção de um conceito biológico de espécie nesta família. A grande maioria destas algas apresenta, todavia, a divisão celular como processo mais corriqueiro de reprodução. Para estas algas, o conceito estritamente morfológico de espécie é o único que pode ser adotado. A definição do que seja uma espécie, variedade ou forma taxonômica do ponto de vista estritamente morfológico permanece uma questão de discussão infinda. Muitas espécies, variedades e formas taxonômicas destas algas foram estabelecidas sem um critério pré-estabelecido, com suas circunscrições nem sempre bem definidas, ou seja, com muita sobreposição entre elas. Daí, o número mais conservador de 4.000 e o mais atrevido de 6.000 espécies.

Do ponto de vista filogenético (McCourt *et al.* 2000, Gontcharov *et al.* 2003, Lewis & McCourt 2004, Reviers 2006, Gontcharov 2008), a linhagem das algas verdes conjugantes deve ser incluída na classe Zygnematophyceae, divisão Streptophyta, formando a segunda linhagem mais diversa desta divisão (Škaloud *et al.* 2012). Junto com as Chlorophyta, as Zygnematophyceae compõem a linhagem das plantas verdes (Viridiplantae) (Reviers 2010).

Alguns autores incluíram a classe Zygnematophyceae na divisão Charophyta, por conta de semelhanças na citocinese e no fuso mitótico. Outros, entretanto, vêm considerando evidente a proximidade das relações filogenéticas de alguns membros das Zygnematophyceae com as Embryophyta (Wodniock *et al.* 2011).

A situação filogenética da classe Zygnematophyceae na linhagem Streptophyta ainda não está, todavia, completamente solucionada (Gontcharov & Melkonian 2008) e sua classificação passa atualmente por intenso debate.

De acordo com Gontcharov (2008) e Š•astný & Kouwets (2012), as relações filogenéticas e a taxonomia de famílias, gêneros e espécies dos representantes de Zygnematophyceae vêm sofrendo grandes mudanças nos últimos 20-25 anos. Assim como acontece com os níveis superiores, a taxonomia dos níveis subalternos (família, gênero e espécie) permanece controversa e indefinida (McCourt *et al.* 2000, Gontcharov *et al.* 2003, Gontcharov & Melkonian 2004, Neustupa & Škaloud 2007, Hall *et al.* 2008, Gontcharov & Melkonian 2005, 2008, 2010, 2011, Neustupa *et al.* 2010, Škaloud *et al.* 2011, 2012). Isto se deve à falta de estudos detalhados sobre a estabilidade e a situação evolutiva dos caracteres taxonômicos que definem essas categorias, principalmente, gêneros e níveis infragenéricos; e também à insuficiência de dados que apontem para a origem polifilética de muitos gêneros (Gontcharov 2008, Gontcharov & Melkonian 2011).

As Zygnematophyceae têm sido repartidas em uma ou duas ordens com base na ultraestrutura da parede celular. Assim, Smith (1950) e Lee (1999) agruparam os indivíduos de aparência filamentosa e os unicelulares isolados em uma única ordem, Zygnematales (sílaba 'ta' apenas fonética) ou Zygnemales. Entretanto, o que vem sendo mais adotado é a separação da classe em duas ordens, Zygnemales (formas Saccodermae) e Desmidiales (formas Placodermae) (Mix 1972, Guiry 2013), tanto pelos taxonomistas considerados clássicos (Okada 1953, Prescott 1968, Rù•ièka 1977, Brook 1981, Bold & Wynne 1985, van-den-Hoek *et al.* 1997) quanto pelos filogenéticos (Lewis & McCourt 2004, Gontcharov & Melkonian 2005, 2011, Gontcharov 2008, Krienitz & Bock 2012). Tais ordens estão relacionadas às prováveis origens monofilética e polifilética, respectivamente (McCourt *et al.* 2000).

Hipnozigotos fósseis de quatro gêneros recentes foram encontrados em depósitos sedimentares que datam do Carbonífero, isto é, de cerca de 300 milhões de anos atrás. Tais estruturas fossilizaram com certa facilidade por conta de sua camada de esporopolenina que só raramente se decompõe na natureza.

3

PARTE SISTEMÁTICA

Quatro nomes denominam esta classe de algas, a saber: Zygophyceae, Conjugatophyceae, Zygnemaphyceae e Zygnematophyceae. Dos quatro, os dois primeiros são nomes descritivos e os outros dois automaticamente tipificados. Os nomes Zygophyceae (grego *"zygós"* = jugo, canga) e Conjugatophyceae (latim *"conjugatio, conjugationis"* = união, cópula) referem-se ao processo de reprodução sexuada característico do grupo: a conjugação. Zygnemaphyceae e Zygnematophyceae são nomes automaticamente tipificados, pois dizem respeito à classe de algas que inclui o gênero *Zygnema*, o mais antigo de todos nela incluído e publicado conforme o Código Internacional de Nomenclatura para Algas, Fungos e Plantas. No segundo dos últimos dois (Zygnematophyceae) aparece inserida a sílaba 'to' entre o nome do gênero e a terminação para classe de algas, cuja função é meramente fonética, isto é, a de melhorar a pronúncia da palavra. Qualquer dos quatro nomes é passível de utilização lembrando, porém, que a tipificação automática é obrigatória somente até o nível família inclusive (Art. 16.4, Nota 2). Contudo, o mesmo Código (Rec. 16A) diz que ao escolher entre os nomes tipificados para um táxon acima do nível família os autores deveriam seguir, em geral, o princípio da prioridade.

Conforme van-den-Hoek *et al.* (1997), a classe Zygnematophyceae compreende duas ordens: Zygnemales e Desmidiales. A ordem Zygnemales ou Zygnematales (com a sílaba fonética 'ta' intercalada) compreende, por sua vez, duas famílias: Zygnemaceae ou Zygnemataceae (com a sílaba fonética 'ta' intercalada) e Mesotaeniaceae; e a ordem Desmidiales por sua vez as famílias Gonatozygaceae e Desmidiaceae.

Essas quatro famílias podem ser identificadas conforme segue:

1. Parede celular constituída por 2 ou mais peças .... Desmidiaceae
1. Parede celular constituída por 1 peça.

2. Parede celular ornada com grânulos ou espinhos .... Gonatozygaceae
2. Parede celular lisa.
   3. Indivíduos unicelulares de hábito solitário ou colonial .... Mesotaeniaceae
   3. Indivíduos multicelulares "filamentosos" .... Zygnemaceae

É a seguinte a sinopse dos gêneros, espécies, variedades e formas taxonômicas identificadas neste volume:

Classe Zygnematophyceae
  Ordem Desmidiales
    Família Desmidiaceae
      Gênero *Actinotaenium*
        Actinotaenium curtum (Brébisson) Teiling *ex* Rù•ièka & Pouzar var.
          curtum f. *minus* (Rabenhorst) Teiling *ex* Croasdale
        Actinotaenium inconspicuum (West & West) Teiling
        Actinotaenium perminutum (G.S. West) Teiling
        Actinotaenium wollei (West & West) Teiling *ex* Rù•ièka & Pouzar
      Gênero *Cosmarium*
        Cosmarium abbreviatum Raciborski var. *minus* (West & West)
          Krieger & Gerloff
        Cosmarium amoenum Brébisson *ex* Ralfs var. *constrictum* Scott & Grönblad
        Cosmarium angulosum Brébisson var. *angulosum* f. *angulosum*
        Cosmarium anisochondrum Nordstedt var. *tetrachondrum* Scott & Grönblad
        Cosmarium arctoum Nordstedt var. *arctoum* f. *arctoum*
        Cosmarium areguense Borge var. *areguense*
        Cosmarium askenasyi Schmidle var. *americanum* Carter
        Cosmarium baileyi Wolle var. *baileyi*
        Cosmarium basituberculatum Borge var. *basituberculatum*
        Cosmarium binum Nordstedt var. *binum*
        Cosmarium bioculatum Brébisson var. *bioculatum*
        Cosmarium bioculatum Brébisson var. *canadense* Krieger & Gerloff
        Cosmarium bioculatum Brébisson var. *depressum* (Schaarschmidt) Schmidle
        Cosmarium bioculatum Brébisson var. *subpunctulatum* Krieger & Gerloff
        Cosmarium bitriangulum Grönblad
        Cosmarium blyttii Wille var. *blyttii* f. *australiacum* Schmidle
        Cosmarium blyttii Wille var. *blyttii* f. *blyttii*
        Cosmarium blyttii Wille var. *novaesylvae* West & West
        Cosmarium botrytis Meneghini *ex* Ralfs var. *subtumidum* Wittrock
        Cosmarium brancoi C. Bicudo
        Cosmarium brasiliense (Wille) Nordstedt var. *taphrosporum* Nordstedt
        Cosmarium candianum Delponte var. *candianum* f. *candianum*

Cosmarium commissurale Brébisson *ex* Ralfs var. *crassum*
  Nordstedt f. *crassum*
Cosmarium commissurale Brébisson *ex* Ralfs var. *crassum*
  Nordstedt f. *cruciforme* Förster *ex* Förster
Cosmarium connatum (Brébisson) Ralfs var. *connatum*
Cosmarium conspersum Ralfs var. *americanum* Borge
Cosmarium conspersum Ralfs var. *conspersum*
Cosmarium conspersum Ralfs var. *subrotundatum* West & West forma
Cosmarium contractum Kirchner var. *contractum*
Cosmarium contractum Kirchner var. *minutum* (Delponte) West & West
Cosmarium contractum Kirchner var. *rotundatum* Borge
Cosmarium corumbense Borge forma
Cosmarium cucumis Corda *ex* Ralfs var. *cucumis*
Cosmarium decoratum West & West var. *decoratum*
Cosmarium denticulatum Borge var. *denticulatum* f. *borgei* Irénée-Marie
Cosmarium denticulatum Borge var. *ovale* Grönblad
Cosmarium denticulatum Borge var. *perspinosum* Grönblad
Cosmarium denticulatum Borge var. *triangulare* Grönblad
Cosmarium depressum (Nägeli) Lundell var. *elevatum* Borge
Cosmarium dichondrum West & West var. *dichondrum*
Cosmarium dimaziforme (Grönblad) Scott & Grönblad var. *dimaziforme*
Cosmarium entochondrum West & West var. *mediogranulatum* Förster
Cosmarium excavatum Nordstedt var. *excavatum*
Cosmarium exiguum Archer var. *exiguum* f. *exiguum*
Cosmarium favum West & West var. *africanum* Fritsch & Rich
Cosmarium favum West & West var. *favum*
Cosmarium formosulum Hoffmann var. *formosulum*
Cosmarium formosulum Hoffmann var. *mesochondrium* (Schmidle) Hirano
Cosmarium formosulum Hoffmann var. *nathorstii* (Boldt) West & West
Cosmarium furcatospermum West & West var. *furcatospermum*
Cosmarium galeritum Nordstedt var. *borgei* Krieger & Gerloff
Cosmarium galeritum Nordstedt var. *galeritum*
Cosmarium globosum Bulnheim
Cosmarium granatum Brébisson *ex* Ralfs var. *granatum* f. *granatum*
Cosmarium hammeri Reinsch f. *minor* Borge
Cosmarium hexagonum Nordstedt var. *hexagonum*
Cosmarium horridum Borge var. *horridum*
Cosmarium humile Nordstedt *ex* De Toni var. *humile*
Cosmarium impressulum Elfving var. *crenulatum* (Nägeli) Krieger & Gerloff
Cosmarium impressulum Elfving var. *impressulum*

Cosmarium inaequalinotatum Scott & Grönblad var. *inaequalinotatum*

Cosmarium isthmochondrum Nordstedt var. *groenbladii* (Förster) Förster

Cosmarium itatiayae Krieger forma

Cosmarium lacunatum G.S. West var. *lacunatum*

Cosmarium laeve Rabenhorst var. *laeve* f. *laeve*

Cosmarium lagoense (Nordstedt) Nordstedt var. *amoebum* Förster & Eckert

Cosmarium loefgrenii Borge

Cosmarium logiense Bisset var. *logiense*

Cosmarium lundelli Delponte var. *borgei* Gerloff & Krieger

Cosmarium majae Strøm

Cosmarium mamilliferum Nordstedt var. *brasiliense* (Borge)
    Bourrelly & Couté

Cosmarium margaritatum (Lundell) Roy & Bisset var.
    margaritatum f. *margaritatum*

Cosmarium margaritatum (Lundell) Roy & Bisset var.
    margaritatum f. *subrotundatum* West & West

Cosmarium margaritiferum Meneghini *ex* Ralfs var.
    margaritiferum f. *minus* Larsen

Cosmarium maximum (Börgesen) West & West var. *maximum*

Cosmarium moniliforme (Turpin) Ralfs var. *moniliforme* f. *moniliforme*

Cosmarium monomazum Lundell var. *dimazum* Krieger f. *brasiliense* Förster

Cosmarium nitidulum De Notaris var. *nitidulum*

Cosmarium norimbergense Reinsch var. *norimbergense* f. *norimbergense*

Cosmarium novaesemliae Wille var. *sibiricum* Boldt

Cosmarium nymannianum Grunow var. *nymannianum* f.

Cosmarium obsoletum (Hantzsch) Reinsch var. *obsoletum*

Cosmarium obtusatum (Schmidle) Schmidle var. *obtusatum*

Cosmarium occultum Schmidle var. *occultum*

Cosmarium ocellatum Eichler & Gutwinski var. *ocellatum*

Cosmarium ochthodes Nordstedt var. *subcirculare* Wille

Cosmarium ordinatum (Börgesen) West & West var. *borgei*
    Scott & Grönblad

Cosmarium ordinatum (Börgesen) West & West var. *ordinatum*

Cosmarium ornatum Ralfs var. *amoebum* Förster & Eckert

Cosmarium ornatum Ralfs var. *ornatum*

Cosmarium pachydermum Lundell var. *aethiopicum* West & West

Cosmarium pachydermum Lundell var. *pachydermum*

Cosmarium pentachondrum Börgesen var. *pentachondrum*

Cosmarium phaseolus Brébisson var. *phaseolus* f. *minus* Boldt

Cosmarium porrectum Nordstedt var. *porrectum*

Cosmarium porteanum Archer var. *nephroideum* Wittrock
Cosmarium porteanum Archer var. *porteanum* f. *extensum* Prescott
Cosmarium porteanum Archer var. *porteanum* f. *porteanum*
Cosmarium protractum (Nägeli) De Bary var. *protractum*
Cosmarium pseudamoenum Wille var. *pseudamoenum*
Cosmarium pseudobroomei Wolle var. *compressum* G.S. West
Cosmarium pseudobroomei Wolle var. *pseudobroomei*
Cosmarium pseudoconnatum Nordstedt var. *pseudoconnatum*
Cosmarium pseudoexiguum Raciborski var. *pseudoexiguum*
Cosmarium pseudomagnificum Hinode var. *brasiliense*
    (Förster & Eckert) Förster
Cosmarium pseudopyramidatum Lundell var. *pseudopyramidatum*
    f. *pseudopyramidatum*
Cosmarium pseudopyramidatum Lundell var. *rotundatum* Krieger & Gerloff
Cosmarium pseudotaxichondrum Nordstedt var. *trichondrum* Lagerheim
Cosmarium pulcherrimum Nordstedt var. *pulcherrimum*
Cosmarium punctulatum Brébisson var. *punctulatum*
Cosmarium punctulatum Brébisson var. *rotundatum* Klebs
Cosmarium punctulatum Brébisson var. *subpunctulatum*
    (Nordstedt) Börgesen
Cosmarium pygmaeum Archer var. *pygmaeum*
Cosmarium pyramidatum Brébisson f. *minus* C. Bicudo
Cosmarium pyramidatum Brébisson var. *pyramidatum*
Cosmarium quadrifarium Lundell var. *quadrifarium*
Cosmarium quadrum Lundell var. *quadrum*
Cosmarium quadrum Lundell var. *sublatum* (Nordstedt)
    West & West f. *dilatatum* Scott & Grönblad
Cosmarium quadrum Lundell var. *sublatum* (Nordstedt)
    West & West f. *sublatum*
Cosmarium quinarium Lundell var. *quinarium*
Cosmarium ralfsii Brébisson var. *ralfsii*
Cosmarium ralfsii Brébisson var. *skvortzovii* C. Bicudo
Cosmarium rectangulare Grunow var. *hexagonum* (Elfving) West & West
Cosmarium redimitum Borge var. *redimitum*
Cosmarium regnellii Wille var. *pseudoregnellii* (Messikommer)
    Krieger & Gerloff
Cosmarium regnesi Reinsch var. *regnesi*
Cosmarium reniforme (Ralfs) Archer var. *apertum* West & West
Cosmarium reniforme (Ralfs) Archer var. *compressum* Nordstedt
Cosmarium reniforme (Ralfs) Archer var. *reniforme*

Cosmarium retusiforme (Wille) Gutwinski var. *retusiforme*

Cosmarium scabrum Turner var. *scabrum*

Cosmarium seelyanum Wolle var. *seelyanum*

Cosmarium sexnotatum Gutwinski var. *tristriatum* (Lütkemuller) Schmidle

Cosmarium simplicius (West & West) Grönblad var. *simplicius*

Cosmarium speciosum Lundell var. *simplex* Nordstedt f. *intermedia* Wille

Cosmarium speciosum Lundell var. *speciosum* f. *minus* Förster

Cosmarium sphagnicolum West & West var. *sphagnicolum*

Cosmarium spyridion West & West var. *spyridion*

Cosmarium subcucumis Schmidle var. *subcucumis* f. *compressum* C. Bicudo

Cosmarium subcucumis Schmidle var. *subcucumis* f. *subcucumis*

Cosmarium subhammeri Rich var. *italicum* Grönblad

Cosmarium subpraemorsum Borge var. *subpraemorsum*

Cosmarium subspeciosum Nordstedt var. *subspeciosum*

Cosmarium subspeciosum Nordstedt var. *validius* Nordstedt

Cosmarium subtrinodulum West & West var. *subtrinodulum*

Cosmarium subtumidum Nordstedt var. *borgei* Krieger & Gerloff

Cosmarium subtumidum Nordstedt var. *circulare* Borge

Cosmarium subtumidum Nordstedt var. *minutum* (Krieger)
    Krieger & Gerloff

Cosmarium subtumidum Nordstedt var. *rotundum* Hirano

Cosmarium succisum G.S. West var. *jaoi* Krieger & Gerloff

Cosmarium cf. *succisum* G.S. West var. *succisum*

Cosmarium trachypleurum Lundell var. *minus* Raciborski

Cosmarium trilobulatum Reinsch var. *trilobulatum* f. *trilobulatum*

Cosmarium undulatum Corda *ex* Ralfs var. *minutum* Wittrock

Cosmarium vexatum W. West var. *vexatum*

Cosmarium vitiosum Scott & Grönblad var. *vitiosum*

Cosmarium vogesiacum Lemaire var. *bipunctatum* (Börgesen)Förster

Cosmarium warmingii Börgesen var. *warmingii*

Cosmarium zonatum Lundell var.

Cosmarium sp. 1

Cosmarium sp. 2

Cosmarium sp. 3

Gênero *Heimansia*

Heimansia pusilla (Hilse) Coesel

CHAVE PARA IDENTIFICAÇÃO DOS GÊNEROS

1. Formas coloniais .... *Heimansia*
1. Formas unicelulares isoladas.
   2. Semicélula com 1 cloroplastídio em forma de carambola .... *Actinotaenium*
   2. Semicélula com 1 ou mais cloroplastídios jamais em forma
   de carambola .... *Cosmarium*

3.1 *ACTINOTAENIUM* (NÄGELI) TEILING 1954

Células de hábito solitário e vida livre (livre-flutuantes), usualmente mais longas do que largas, raro tão longas quanto largas, sempre levemente constritas na parte média. As margens laterais das semicélulas podem variar desde bastante convexas até quase retas e convergentes para o ápice da própria semicélula. Os ápices podem ser amplamente arredondados a largamente truncados. Como consequência, a forma da semicélula varia de subesférica a subpiramidal e até quase cônica. A parede celular é lisa e nitidamente pontuada, com os poros distribuídos tanto irregularmente quanto em séries oblíquas decussantes. Na região do istmo inexistem poros, surgindo aí uma faixa transversal lisa bem delimitada. Ocorrem na região dos polos celulares em determinadas circunstâncias alguns poros bem maiores do que os demais, que podem ser grosseiramente confundidos com grânulos. A seção transversal da célula é cicular ou quase. O cloroplastídio é axial, do tipo esteloide, único por semicélula e monocêntrico (um pirenoide central) ou, ocasionalmente, do tipo lobo-esteloide, ou seja, um plastídio esteloide no qual as extremidades dos raios são expandidas de encontro à parede celular formando uma espécie de lobo. Nas espécies cuja célula possui tamanho maior, ocorrem vários plastídios parietais fitáceos (tênio-parietais), de bordos irregulares, com um a vários pirenoides pequenos.

Azigósporos e zigósporos ocorrem em umas poucas espécies, às vezes em número de dois (duplos), o que constitui uma situação intrigante e ainda não bem entendida.

O subgênero *Actinotaenium* Nägeli (1849) foi elevado a gênero por Teiling (1954) para separar de *Cosmarium* as espécies com célula alongada, vista apical circular, parede lisa (porosa) e constrição mediana extremamente suave. Além de espécies de *Cosmarium*, o gênero *Actinotaenium* também incluiu posteriormente outras de *Cylindrocystis* e *Penium*. Às vezes, é bastante difícil separar certas espécies de *Actinotaenium* de outras de *Cosmarium* ou *Penium*. Os representantes de *Actinotaenium* são distintos dos de *Cosmarium* pelo tipo esteloide, lobo-esteloide ou tênio-parietal de cloroplastídio; e dos representantes de *Penium* pela parede celular sempre lisa.

Chave para identificação dos *Actinotaenium* do Estado de São Paulo:

1. Célula < 20 μm de comprimento.
  2. Célula 2,8-3 vezes mais longa que larga .... *A. inconspicuum*
  2. Célula 1,3-1,8 vezes mais longa que larga ....*A. perminutum*
1. Célula ≥ 30 μm de comprimento.
  3. Semicélula cônica, polo acuminado, cloroplastídio esteloide . ... *A. curtum*
  3. Semicélula amplamente oval a quase circular, polo amplamente arredondado,
  cloroplastídio lobo-esteloide ....*A wollei*

ACTINOTAENIUM CURTUM (Brébisson) Teiling *ex* Růžička & Pouzar var. *curtum* f. *minus* (Rabenhorst) Teiling *ex* Croasdale (Fig. 1-2)

A Synopsis of North American desmids 2(3): 14, pl. 148, fig. 6. 1981.

Basiônimo: *Cosmarium curtum* (Brébisson) Ralfs f. *minus* Rabenhorst, Flora Europaea algarum aquae dulcis et submarinae 3: 177. 1868.

Célula de tamanho médio, 1,6-1,8 vezes mais longa que larga, 32-36,7 μm compr., 18-22,2 μm larg.; semicélulas aproximadamente cônicas, margens laterais afilando sensivelmente para o ápice, ápice acuminado, seno mediano extremamente raso; parede celular hialina, lisa, finamente pontuada; vista apical da semicélula circular; cloroplastídios axiais, esteloides, 6-8 lamelas longitudinais (4 visíveis frontalmente), 1 pirenoide central.

Distribuição geográfica no Estado de São Paulo

Em literatura: **Município de São Paulo**, São Paulo (Ferragut *et al.* 2005, Araújo & Bicudo 2006).

Material examinado: **Município de São Paulo**, São Paulo, 14.II.2001, *C.E.M. Bicudo, L.R. Godinho & S.M.M. Faustino s.n.* (SP336349).

Comentários

Os exemplares examinados por Araújo & Bicudo (2006) apresentaram medidas do comprimento e da largura da célula comparáveis tanto com as da forma-tipo da espécie quanto com as da f. *minus* (Rabenhorst) Teiling *ex* Croasdale. A relação entre o comprimento e a largura máximos da célula coincide, entretanto, com a da f. *minus* (Rabenhorst) Teiling *ex* Croasdale. Preferimos então, por enquanto, por julgar uma característica mais consistente, adotar a relação comprimento total:largura máxima da célula em vez dos valores absolutos das medidas lineares e, por isso, identificamos o presente material com o da f. *minus* (Rabenhorst) Teiling *ex* Croasdale.

A f. *minus* (Rabenhorst) Teiling *ex* Croasdale difere da típica da espécie basicamente pelo menor tamanho dos indivíduos, mas também pelo ápice acuminado da semicélula.

ACTINOTAENIUM INCONSPICUUM (WEST & WEST) TEILING (FIG. 3-9)

Botaniska Notiser 1954(4): 403, fig. 57-58. 1954.

Basiônimo: *Penium inconspicuum* West & West, Journal of the Royal Microscopical Society 1894: 3. 1894.

Célula de tamanho pequeno, 2,8-3 vezes mais longa que larga, 17-20,4 μm compr., 5,9-6,8 μm larg.; semicélulas aproximadamente cônicas, margens laterais retas a muito pouco convexas, afilando pouco no sentido do ápice, ápice truncado-arredondado, seno mediano extremamente raso; parede celular hialina, lisa, finamente pontuada; vista apical da semicélula circular; cloroplastídios axiais, esteloides, 4-5 lamelas longitudinais (3 visíveis frontalmente), 1 pirenoide central.

DISTRIBUIÇÃO GEOGRÁFICA NO ESTADO DE SÃO PAULO

EM LITERATURA: **Município de São Paulo**, São Paulo (Bicudo 1969, Araújo & Bicudo 2006).

MATERIAL EXAMINADO: **Município de São Paulo**, São Paulo, 14.II.2001, C.E.M. *Bicudo, L.R. Godinho & S.M.M. Faustino s.n.* (SP336349).

COMENTÁRIOS

Os exemplares representantes desta espécie são comumente bastante pequenos e foi verificada grande uniformidade nos limites métricos de seus espécimes em nível mundial. A forma levemente cônica das semicélulas, com as margens laterais retas ou muito levemente convexas tornam A. *inconspicuum* (West & West) Teiling uma espécie bastante característica e de identificação relativamente fácil. Contudo, o tamanho muito pequeno de seus representantes faz com que passem facilmente desapercebidos durante o exame ao microscópio.

ACTINOTAENIUM PERMINUTUM (G.S. WEST) TEILING (FIG. 10-13)

Botaniska Notiser 1954(4): 410, fig. 60. 1954.

Basiônimo: *Cosmarium perminutum* G.S. West, Mémoires de la Société des Sciences Naturelles de Neuchâtel 1914: 1041. 1914.

Célula de tamanho pequeno, 1,3-1,8 vezes mais longa que larga, 9-12 µm compr., 5-9 µm larg.; semicélulas com forma aproximada de violão, margens laterais e basal amplamente arqueadas, seno mediano raso, a parte mais larga da semicélula na porção superior, polos amplamente arredondados; parede celular hialina, lisa, pouco pontuada; vista apical da semicélula circular; cloroplastídios axiais, esteloides, 5-7 lamelas longitudinais, 1 pirenoide central.

DISTRIBUIÇÃO GEOGRÁFICA NO ESTADO DE SÃO PAULO

EM LITERATURA: **Município de São Paulo**, São Paulo (Pereira 2013).

MATERIAL EXAMINADO: **Município de São Paulo**, São Paulo (material não preservado).

COMENTÁRIOS

Esta espécie vive dominantemente em ambientes subaéreos, sendo comumente encontrada sobre rochas umedecidas, solo encharcado ou sobre briófitas. Os espécimes agora estudados foram coletados do plâncton do Lago das Ninfeias, um reservatório mesotrófico rico em macrófitas aquáticas situado no Jardim Botânico de São Paulo, Parque Estadual das Fontes do Ipiranga, na região sul da cidade de São Paulo.

ACTINOTAENIUM WOLLEI (WEST & WEST) TEILING *EX* RÙŽÈKA & POUZAR (FIG. 14-19)

Folia Geobotanica et Phytotaxonomica 13: 61. 1978.

Basiônimo: *Cosmarium globosum* Bulnheim var. *wollei* West & West, Transactions of the Linnean Society of London: sér. Bot. 2, 5(5): 252, pl. 15, fig. 17. 1896.

Célula de tamanho médio, 1,3-1,4 vezes mais longa que larga, 30-45 µm compr., 22-34 µm larg., semicélulas amplamente ovais até quase circulares, margens laterais e basal amplamente convexas, seno mediano uma simples indentação, extremamente raso; parede celular hialina, lisa, finamente pontuada; vista apical da semicélula circular; cloroplastídios axiais, lobo-esteloides, 6-9 lamelas longitudinais, 1 pirenoide central.

DISTRIBUIÇÃO GEOGRÁFICA NO ESTADO DE SÃO PAULO

EM LITERATURA: **Município de São Paulo**, São Paulo (Pereira 2013).

MATERIAL EXAMINADO: **Município de São Paulo**, São Paulo (material não preservado).

Comentários

Actinotaenium wollei (West & West) Teiling *ex* Rù•ièka & Pouzar difere de *A. subglobosum* (Nordstedt) Teiling por conta de sua célula comparativamente mais larga, cujo seno mediano é representado por uma simples indentação e não por uma breve excavação. O material presentemente estudado foi coletado do plâncton do localmente chamado Lago das Ninfeias, ou seja, de um reservatório mesotrófico situado no Parque Estadual das Fontes do Ipiranga, na região sul da cidade de São Paulo.

3.2 *Cosmarium* Corda *ex* Ralfs 1848

Células geralmente solitárias, raro formando agrupamentos de aspecto "filamentoso", curtos e de duração efêmera. As células são de vida livre, na maioria das vezes mais longas do que a própria largura, raro tão longas quanto largas, desde quase nada até profundamente constritas na parte média e com o seno mediano variável entre uma depressão rasa e amplamente aberta a uma fenda linear fechada em toda extensão. A seção transversal da célula pode ser elíptica, oblonga ou reniforme e só ocasionalmente circular. As margens laterais das semicélulas podem ser lisas ou regularmente onduladas, granulosas, denteadas, serreadas ou com incisões rasas. Neste último caso, a semicélula mostra uma tendência à divisão em lobos, apresentando-se 3 ou 5-lobada. A forma das semicélulas varia desde subesférica até subpiramidal ou quase cônica. A parede celular pode ser lisa e nitidamente pontuada, granulada ou escrobiculada; pode também possuir dentículos mais ou menos cônicos ou combinações desses elementos. Podem ainda ocorrer poros de mucilagem em locais determinados, dependendo da espécie. Em várias ocasiões, a célula pode ocorrer envolvida por copiosa bainha de mucilagem. Existe um ou dois cloroplastídios axiais por semicélula ou, em alguns casos, até oito deles parietais em cada semicélula. Ocorre um ou dois pirenoides (raro mais de dois) localizados aproximadamente no centro de cada plastídio.

Cosmarium é um dos gêneros mais antigos das Desmidiaceae e também o que possui o maior número já descrito de espécies, variedades e formas taxonômicas. Estima-se que mais de 1.500 espécies de *Cosmarium* já tenham sido descritas, as quais incluem várias centenas de variedades e formas taxonômicas. Segundo Bicudo & Menezes (2017), jamais foi feita uma revisão taxonômica do gênero. Krieger & Gerloff (1962, 1965, 1969) revisaram as espécies cujos representantes possuem parede celular lisa, porém, não viveram tempo suficiente para concluir sua obra e revisar as espécies com parede celular decorada. Tampouco foi providenciada uma avaliação criteriosa das características morfológicas de seus indivíduos constituintes para definir quais devem permanecer só descritivas (diacríticas) e quais devem ser consideradas verdadeiramente diagnósticas. Ainda, quanto a estas últimas, ninguém jamais avaliou o peso que se deve atribuir a tais características na separação de espécies, variedades e formas taxonômicas.

Há várias ocasiões em que é difícil separar algumas espécies de *Cosmarium* de outras de *Actinotaemium, Penium, Euastrum* e *Staurastrum*. Os representantes de *Cosmarium* diferem dos de *Actinotaenium* pela variação dos tipos de plastídio, o qual jamais é estelóide, lobo-estelóide ou tênio-parietal em *Cosmarium*; diferem dos de *Penium* porque a parede celular destes últimos possui, em geral, peças intercalares falsas e os segmentos da parede são separados uns dos outros por um sulco raso ou são confluentes e, por isso, dificilmente reconhecíveis; diferem dos de *Euastrum* porque a maioria destes últimos tem uma chanfradura vertical linear ou uma depressão de profundidade variada na porção mediana da margem apical. Saliente-se, entretanto, que algumas espécies de *Cosmarium* podem ter uma depressão desse tipo e sua colocação em um ou outro gênero depende, unicamente, de quem as descreveu e classificou originalmente. Diferem, finalmente, dos representantes de *Staurastrum* pela vista vertical da célula sempre esférica, elíptica, oblonga ou fusiforme, jamais 3 ou mais radiada como em *Staurastrum*.

Os representantes de *Cosmarium* habitam, de preferência, ambientes de águas ácidas e limpas. Entretanto, várias espécies já foram encontradas em corpos d'água alcalina e rica em matéria orgânica (poluídos).

Chave para identificação dos *Cosmarium* do Estado de São Paulo (**Nota:** para facilitar o manuseio evitando uma chve demasiado longa, dividimos a presente em duas, sendo esta para as formas de parece lisa e outra para as formas de parece decorada).

Chave para as formas de parede lisa:

1. Semicélula semicircular, semielíptica ou subsemicircular.
   2. Célula quase tão longa quanto larga .... *C. candianum*
   2. Célula com relação C:L diferente.
     3. Célula mais larga que longa.
       4. Seno mediano aberto.
         5. Ângulos basais acuminado-arredondados, 1 espinho curto
           e pontiagudo em cada ângulo .... *C. ralfsii* var. *skvortzovii*
         5. Ângulos basais arredondados, sem qualquer espinho ..... *C. ralfsii* var. *ralfsii*
       4. Seno mediano fechado.
         6. Margem basal espessada ....*C. obsoletum*
         6. Margem basal não espessada.
           7. Célula de tamanho mediano, semicélula semicircular,
             34-45 μm compr., 38-48 μm larg. ....*C. baileyi*
           7. Célula grande, semicélula sub-hemisférica, 52-58 μm compr.,
             58-66 μm larg. .... *C. lundelli* var. *borgei*
     3. Célula mais longa que larga.
       8. Margem onduladas .... *C. undulatum* var. *minutum*
       8. Margens de outras formas.

9. Semicélula com grande escrobiculação central ... *C. ocellatum* var. *ocellatum*
9. Semicélula sem escrobiculação central.
  10. Célula grande, semicélula semicircular, 110-145 μm compr.,
    82-105 μm larg.
    11. Parede celular pontuada, poros facilmente
      visíveis ....*C. pachydermum* var. *pachydermum*
    11. Parede celular escrobiculada, escrobiculações
      amplamente espaçadas, poros delicados entre
      elas .... *C. pachydermum* var. *aethiopicum*
  10. Célula de tamanho médio a grande, semicélula semielíptica.
    12. Cloroplastídios parietais, 6-8 por semicélula,
      irregularmente fitáceos .... *C. cucumis*
    12. Cloroplastídios axiais, cada um com 2 pirenoides.
      13. Célula 1,4-1,7 vezes mais longa
        que larga .... *C. subcucumis* var. *subcucumis*
      13.Célula ca. 2 vezes mais longa que
        larga ....*C. subcucumis* f. *compressum*
1. Semicélula de outras formas.
  14. Semicélula transversalmente elíptica, oblongo-elíptica ou reniforme.
    15. Célula tão longa quanto larga.
      16. Parede celular finamente pontuada ....*C. majae*
      16. Parede celular lisa.
        17. Seno mediano linear, aberto; ângulos basais das semicélulas
        retangular-arredondados .... *C. bioculatum* var. *subpunctulatum*
        17. Seno mediano linear, fechado.
          18. Semicélula transversalmente elíptica,
          assimétrica .... *C. bioculatum* var. *bioculatum*
          18. Semicélula de outras formas.
            19. Margem superior da semicélula mais convexa que o
            conjunto das basais ....*C. bioculatum* var. *canadense*
            19. Margem superior da semicélula e conjunto das basais mais ou
            menos igualmente convexos ..... *C. bioculatum* var. *depressum*
    15. Célula com relação C:L diferente.
      20. Seno mediano fechado .... *C. phaseolus* f. *minus*
      20. Seno mediano aberto.
        21. Semicélula assimetricamente elíptica, 34-37 μm compr.,
        36-40 μm larg. ....*C. depressum* var. *elevatum*
        21. Semicélula simetricamente elíptica até subcircular,
        30,6-32,3 μm compr., 20,4-22 μm larg.

22. Semicélula mais ou menos acentuadamente elíptica até subcircular .... *C. contractum* var. *contractum*
22. Semicélula de outras formas. ....
    23. Semicélula circular ou quase em vista frontal, < 28 μm compr. .... *C. contractum* var. *rotundatum*
    23. Semicélula transversalmente mais oblonga, ... > 28 μm compr. .... *C. contractum* var. *minutum*
14. Semicélula de outras formas.
  24. Semicélula distintamente piramidal ou subpiramidal, usualmente truncada no ápice.
    25. Margens da semicélula ondulada ou crenada.
      26. Célula ca. 1,5 vezes mais longa que larga; ondulações marginais pouco evidentes .... *C. impressulum* var. *impressulum*
      26. Célula ca. 1,2 vezes mais longa que larga; ondulações marginais claramente evidentes .... *C. impressulum* var. *crenulatum*
    25. Margens da semicélula lisa.
      27. Célula grande (> 35 μm).
        28. Célula ca. 1,5 vezes mais longa que larga, 33-36 μm compr., 22,5-23,8 μm larg.
          29. Semicélula transversalmente semielíptica a piramidal-truncada .... *C. pyramidatum* var. *pyramidatum*
          29. Semicélula verticalmente semielíptica .... *C. pyramidatum* f. *minus*
        28. Célula ca. 1,7 vezes mais longa que larga, 41-47 μm compr., 25-29 μm larg.
          30. Semicélula piramidal, ápice truncado .... *C. pseudopyramidatum* var. *pseudopyramidatum*
          30. Semicélula quase circular, ápice arredondado .... *C. pseudopyramidatum* var. *rotundatum*
      27. Célula pequena a média (6-35 μm).
        31. Seno mediano aberto, quase linear a acutangular.
          32. Seno mediano aberto, ângulos basais acutangular-arredondados .... *C. succisum* var. *succisum*
          32. Seno mediano primeiro acutangular logo fechado, ângulos basais sub-retangular-arredondados ... *C. succisum* var. *jaoi*
        31. Seno mediano de outras formas. ....
          33. Seno mediano acutangular, semicélulas ca. 2 vezes mais longas que largas . ... *C. zonatum* var.
          33. Seno mediano fechado.

34. Cloroplastídio axial, 2 por semicélula, ca. 10 lamelas radiais.
    35. Margens pouco convexas em vista vertical .... *C galeritum* var. *galeritum*
    35. Margens acentuadamente convexas em vista vertical .... *C. galeritum* var. *borgei*
34. Cloroplastídio de outras formas.
    36. Margem lateral das semicélulas convergente.
        37. Ângulos basais com 1 espinho curto, de extremidade arredondada .... *C. loefgrenii*
        37. Ângulos basais retangular-arredondados, sem espinho ..... *C. nymannianum* var. *nymannianum* f.
    36. Margem lateral das semicélulas convexa.
        38. Vista lateral das semicélulas circular.
            39. Semicélula reniforme, margem apical e laterais formando um conjunto quase semicircular .... *C. subtumidum* var. *borgei*
            39. Semicélula de outras formas.
                40. Célula pequena, 1,1-1,3 vez mais longa que larga, 9-12 μm compr., 8-9 μm larg. .... *C. subtumidum* var. *mizutum*
                40. Célula de tamanho médio.
                    41. Célula ca. 1,1 vezes mais longa que larga, 22,9-26 μm compr., 19,9-24,5 μm larg. .... *C. subtumidum* var. *circulare*
                    41. Célula ca. 1,4 vezes mais longa que larga, 26-28 μm compr., 18,4-18,6 μm larg. ...... *C. subtumidium* var. *rotundum*
        38. Vista lateral das semicélulas de outras formas.
            42. Ângulo basal acuminado-arredondado .... *C. nitidulum* var. *nitidulum*
            42. Ângulo basal de outras formas.
                43. Vista vertical da célula elíptica, inflada na região mediana de cada lado .... *C. retusiforme* var. *retusiforme*
                43. Vista vertical da célula elíptica a oblonga, sem inflamação mediana.

44. Semicélula trapeziforme, ângulos inferiores levemente biretusos .... *C. hammeri* f. *minor*
44. Semicélula semielíptica a piramidal-truncada.
 45. Célula 17-36 μm compr., 10-20 μm larg.; parede celular pontuada a escrobiculada ....*C. laeve* var. laeve f. *laeve*
 45. Célula 22-47 μm compr., 13-30 μm larg.; parede celular pontuada, 1 espessamento apical ... *C. granatum* var. *granatum* f. *granatum*

24. Semicélula de outras formas.
 46. Semicélula circular ou subcircular (raramente quase semicircular).
  47. Célula bastante grande (> 114 μm), vista vertical apresentando 1 espinho diminuto em cada pólo ....*C. maximum* var. *maximum*
  47. Célula pequena a grande (< 114 μm).
   48. Cloroplastídio parietal, 4 por semicélula .... *C. pseudoconnatum* var. *pseudoconnatum*
   48. Cloroplastídio axial.
    49. Cloroplastídio axial, 2 por semicélula ... *C. connatum* var. *connatum*
    49. Número diferente de cloroplastídios por semicélula.
     50. Parede celular lisa, seno mediano aberto, usualmente acuminado .... *C. moniliforme* var. *monilifome* f. *moniliforme*
     50. Parede celular pontuada, seno mediano alargado a partir do ápice acuminado.....................................*C. globosum*
 46. Semicélula de outras formas.
  51. Semicélula retangular, sub-retangular, ou angularmente oval.
   52. Semicélula trapeziforme.....................................*Cosmarium* sp. 1
  51. Semicélula de outras formas.
   53. Semicélula transversalmente sub-retangular, > 25 μm compr., > 14 μm larg. ....*C. exiguum* var. *exiguum* f. *exiguum*
   53. Semicélula verticalmente retangular, 13,3-13,8 μm compr., 10,5-12,2 μm larg. .... *C. norimbergense* var. *norimbergense* f. *norimbergense*
  52. Semicélula de outras formas.
   54. Semicélula transversalmente oblongo-retangular ... *C. pygmaeum*
   54. Semicélula de outras formas.
    55. Semicélula elíptico-hexagonal, subhexagonal ou poligonal.
    56. Semicélula levemente 3-lobada.

57. Semicélula com lobos basais 2-lobulados *C. brancoi*
57. Semicélula com lobos basais não divididos
em lóbulos .... *C. trilobulatum*
56. Semicélula de outras formas.
58. Parede celular lisa, 1 papila interna à
margem .... *C. sphagnicolum* var. *sphagnicolum*
58. Parede celular lisa a pontuada, sem papila na margem.
59. Seno mediano amplo,
raso .... *C. arctoum* var. *arctoum* f. *arctoum*
59. Seno linear geralmente fechado.
60. Célula pequena 9-13,5 μm compr.,
8-12 μm larg. .... *C. abbreviatum* var. *minus*
60. Célula de tamanho variável.
61. Vista lateral da semicélula cuneada
.... *C. rectangulare* var. *hexagonum*
61. Vista lateral da semicélula subcircular.
62. Ângulos basais subhexagonal-reniformes .... *C. regnellii* var. *pseudoregnellii*
62. Ângulos basais retangulares a
obtusangulares ...... *C. angulosum* var.
angulosum f. *angulosum*
55. Semicélula de outras formas.
63. Semicélula triangular invertida .... *C. bitriangulum*
63. Semicélula subquadrática .... *C. pseudoexiguum*

COSMARIUM ABBREVIATUM Raciborski var. *MINUS* (West & West) Krieger & Gerloff (Fig. 20, 79)

Die Gattung *Cosmarium* 3-4: 242, pl. 42, fig. 18. 1969.

Basiônimo: *Cosmarium abbreviatum* Raciborski f. *minor* West & West, Transactions of the Yorkshire Naturalists Union 5(23): 92. 1900.

Célula pequena, aproximadamente tão larga quanto longa, 9-13,5 μm compr., 8-12 μm larg., istmo 3-4,5 μm larg., constrição mediana profunda, seno mediano linear, não inteiramente fechado; semicélulas transversalmente hexagonais, margens basais retas, ângulos basais obtusos, pouco arredondados, margens laterais retas, ângulos laterais arredondados, margem superior amplamente truncada, reta, ângulos superiores obtusos; parede celular lisa; cloroplastídio axial, 1 por semicélula, 1 pirenoide central; vista lateral da semicélula elíptica a quase circular, vista vertical da célula amplamente elíptica, pólos arredondados.

DISTRIBUIÇÃO GEOGRÁFICA NO ESTADO DE SÃO PAULO

EM LITERATURA: **Município de São Paulo**: Lago das Garças (Ramírez 1996, Bicudo *et al.* 1999), Lago do Monjolo e Lago das Ninfeias (Bicudo 1996, Moura 1997).

MATERIAL EXAMINADO: **Município de Palmital** (SP370973) e **Município de São Paulo** (descrição e ilustração em Bicudo 1996).

COMENTÁRIOS

Coesel (1979) comentou que o seno aberto dos espécimes que examinou lembra o de *C. bioculatum* Brébisson. A circunferência da célula do material da Holanda é, entretanto, muito angular para identificar os espécimes estudados com *C. bioculatum* Brébisson, uma espécie menos referida na literatura para aquele país (Coesel 1979). O referido autor citou, contudo, que há formas de transição entre seno aberto e fechado dentro de uma mesma população.

Segundo Dillard (1991), além do tamanho relativamente menor dos representantes de *C. abbreviatum* Raciborski var. *minus* (West & West) Krieger & Gerloff quando comparados com os da variedade-tipo da espécie, os ângulos laterais arredondados e não tão proeminentes constituem a principal diferença entre esta variedade e a típica. A bem da verdade, há certo recobrimento entre o limite máximo das medidas do comprimento e da largura máxima dos exemplares desta variedade e o mínimo da típica restando, consequentemente, o tipo arredondado de ângulos laterais das semicélulas e sua menor proeminência como as características para separar a presente var. *minus* (West & West) Krieger & Gerloff da típica da espécie (Bicudo 1996).

As amostras presentemente analisadas apresentaram razoável polimorfismo quanto ao tipo de seno mediano, de margens laterais das semicélulas e de forma das semicélulas, confirmando observações em Bicudo (1988), Bicudo (1996) e Felisberto & Rodrigues (2004). Observações semelhantes foram feitas por diversos autores a partir de materiais de outras partes do mundo. A frequência de ocorrência dessas variações e sua prática universalidade reforçam a necessidade de extremo cuidado ao identificar a referida var. *minus* (West & West) Krieger & Gerloff; e de que só o exame de populações elimina a possibilidade de equívoco no processo de identificação taxonômica. As populações analisadas provenientes dos municípios de São Paulo e Palmital apresentaram limites métricos (9-13,5 μm compr., 8-12 μm larg., istmo 3-4,5 μm larg.) acima dos que constam na descrição original da var. *minus* (West & West) Krieger & Gerloff, fato este já registrado por vários autores para as Américas (ex. Dillard 1991, Bicudo 1996).

Em nível mundial, *C. abbreviatum* Raciborski var. *minus* (West & West) Krieger & Gerloff teve sua presença registrada nas Américas do Norte e do Sul, Ásia e Europa.

No Brasil, os registros de sua ocorrência estão em Bicudo (1988, 1996) e Felisberto & Rodrigues (2004).

COSMARIUM ANGULOSUM BRÉBISSON VAR. *ANGULOSUM* F. *ANGULOSUM* (FIG. 82)

Mémoires de la Société Impériale des Naturalistes de Cherbourg 4: 127, pl. 1, fig. 17. 1856.

Célula de tamanho pequeno a médio, 1,3-1,6 vezes mais longa que larga, 14-27 μm compr., 10-20 μm larg., 9-9,5 μm espes., istmo 4-6 μm larg., constrição mediana profunda, seno mediano linear; semicélulas subhexagonais a subhemisféricas, margens basais retas, ângulos basais retangulares a obtusangulares, ângulos inferiores levemente arredondados, margens laterais lisas, retas, subparalelas ou levemente convexas, ângulos superiores amplamente obtusos, margem superior arredondada-truncada; cloroplastídio axial, 1 por semicélula, 1 pirenoide; vista lateral da semicélula subcircular, vista vertical da célula elíptica.

DISTRIBUIÇÃO GEOGRÁFICA NO ESTADO DE SÃO PAULO

EM LITERATURA: **Município de Luiz Antônio** (Taniguchi 1998, Taniguchi *et al.* 2003).

MATERIAL EXAMINADO: **Município de Descalvado** (SP371023), **Município de Florínea** (SP370955), **Município de Iepê** (SP370954), **Município de Itajobi** (SP371018), **Município de Jacupiranga** (SP371020), **Município de Martinópolis** (SP370960), **Município de Olímpia** (SP365707), **Município de Panorama** (SP370966) e **Município de Tatuí** (SP365710).

COMENTÁRIOS

West & West (1908) comentaram que esta espécie é morfologicamente próxima de *C. meneghinii* Brébisson *ex* Ralfs, da qual difere pelas margens laterais inferiores e superiores e pela margem superior das semicélulas retas, além dos ângulos superiores truncados e da maior angulosidade das semicélulas. Estas diferenças foram confirmadas como sendo úteis para o nível espécie até a descoberta do zigósporo por Roy e Bisset, o qual é suficientemente distinto daquele de *C. meneghinii* Brébisson *ex* Ralfs por ser ornado de pequenas protuberâncias arredondadas em vez de espinhos.

Croasdale & Flint (1988) chamaram a atenção para a necessidade de confirmar o tipo de zigósporo da espécie, o qual foi descrito por Roy & Bisset (1894) e, mais tarde, por Dillard (1991) como sendo globoso-octaédrico, com oito ondulações visíveis perifericamente ao longo da margem. Homfeld (1929) descreveu-o, entretanto, como sendo globoso, com numerosos espinhos.

Esta é uma das espécies de difícil identificação por conta das várias interpretações que os diferentes autores vêm lhe dando ao longo do tempo. Prescott *et al.* (1981: pl. 211, fig. 1-5, 9-13) ilustraram esta diferença de interpretações e mencionaram tratar de uma espécie morfologicamente bastante variável e que necessita de revisão taxonômica urgente. A título de exemplo dessa multiplicidade de interpretações, mencionamos o tipo de seno mediano aberto segundo Croasdale & Flint (1988), Prescott *et al.* (1981) e Dillard (1991) e fechado de acordo com Förster (1982) e Krieger & Geloff (1962, 1965).

Taniguchi *et al.* (2003) registraram a presença da espécie no lago Diogo e destacaram a variação populacional especialmente quanto à forma das semicélulas de subquadráticas a subretangulares e à relação C:L celulares.

As populações atualmente analisadas apresentaram, unicamente, seno mediano linear aberto. Esta aliada às demais características morfológicas permitiram identificar os espécimes dos nove municípios acima citados com *C. angulosum* Brébisson var. *angulosum* f. *angulosum*. Reitera-se, contudo, a necessidade de se realizar estudos autecológicos para delimitar a espécie de forma precisa e esclarecer o real tipo de seu zigósporo, cuja coleta é rara na natureza.

Em nível mundial, *C. angulosum* Brébisson var. *angulosum* f. *angulosum* ocorre na América do Norte, América do Sul, Ásia, Europa, Oceania e nos territórios Ártico e Subantártico. No Brasil, foi documentada por Picelli-Vicentim (19864), Taniguchi (1998), Torgan *et al.* (2001) e Taniguchi *et al.* (2003).

COSMARIUM ARCTOUM NORDSTEDT VAR. *ARCTOUM* F. *ARCTOUM* (FIG. 78)

Öfversigt af Kungliga Vetenskakademiens förhandlingar 1875(6): 28. pl. 7, fig. 22. 1875.

Célula pequena, 1,2-1,5 vezes mais longa que larga, 18-20,4 μm compr., 12-13,8 μm larg., istmo 11-12,9 μm larg., constrição mediana suave, seno mediano amplo, raso, forma de ângulo obtuso; semicélulas subcuneadas, quase quadrangulares, margens basais retas ou quase, suavemente divergentes para o ápice, margem superior amplamente truncada, reta ou muito pouco convexa; parede celular lisa, frequentemente amarelada, raro incolor; cloroplastídio axial, 1 por semicélula, 1 pirenoide central; vista lateral da semicélula estreitamente cuneada, vista vertical da célula amplamente elíptica.

DISTRIBUIÇÃO GEOGRÁFICA NO ESTADO DE SÃO PAULO

EM LITERATURA: **Município de São Paulo** (Bicudo 1969).

MATERIAL EXAMINADO: **Município de São Paulo** (descrição e ilustração em Bicudo 1969).

COMENTÁRIOS

West & West (1908) consideraram a espécie tipicamente alpina e ártica e característica pelas margens superiores das semicélulas infladas e amplas. Conforme Croasdale & Flint (1988), entretanto, a espécie é amplamente distribuída, especialmente nas regiões ártico-alpinas, mas também nas Ilhas do Pacífico, África e América do Sul.

Ao comentarem esta espécie, Prescott *et al.* (1981) afirmaram que seus representantes podem ser comparados com os de *C. bicuneatum* (Gay) Nordstedt, outra espécie cujos espécimes são de pequeno porte e possuem os ângulos superiores das semicélulas arredondados, margens divergentes a quase paralelas entre si e margem superior ampla e levemente convexa a reta.

Conforme Bicudo (1969), esta espécie pode ser confundida com *C. pseudarctoum* Nordstedt, da qual difere pelas margens superiores mais amplamente truncadas, semicélulas afiladas para os ápices em vista lateral e célula mais amplamente elíptica em vista vertical. Ainda conforme Bicudo (1969), o material coletado no Lago das Ninfeias pode ser entendido como intermediário entre *C. arctoum* Nordstedt e *C. pseudarctoum* Nordstedt, pois possui características de ambas as espécies. Finalmente, concordamos com Bicudo (1969) ao considerar os espécimes provenientes do Lago das Ninfeias idênticos aos de *C. arctoum* Nordstedt var. *arctoum* f. *arctoum*, basicamente, pela melhor concordância da forma das células nas diferentes vistas com o que consta na descrição original da espécie e com as ilustrações originais em Nordstedt (1875).

Alguns exemplares apresentaram medidas do comprimento e da largura celulares pouco maiores do que consta na literatura. Entretanto, o encontro de espécimes medindo todos os tamanhos entre os máximos citados em literatura e os atuais autorizou sua identificação com *C. arctoum* Nordstedt var. *arctoum* f. *arctoum*.

A forma típica da espécie ocorre nas Américas Central, do Norte e do Sul, Ártico, Ásia, Europa e Oceania. No Brasil, foi citada por Bicudo (1969).

COSMARIUM BAILEYI WOLLE VAR. *BAILEYI* (FIG. 24)

Desmids of the United States. 64, pl. 16, fig. 17-18. 1884.

Célula de tamanho médio, subcircular, mais larga que longa, 36-45 μm compr., 38-48 μm larg., 20-23 μm espes., istmo 14-20 μm larg., constrição mediana moderada, seno mediano profundo, fechado; semicélulas semicirculares, ângulos basais acuminado-arredondados, margem superior ampla e uniformemente convexa; parede celular pontuada; cloroplastídio axial, 1 por semicélula, 2 pirenoides situados lado a lado; vista lateral da semicélula circular, vista vertical da célula elíptica, levemente intumecida na região mediana.

DISTRIBUIÇÃO GEOGRÁFICA NO ESTADO DE SÃO PAULO

EM LITERATURA: **Município de Luiz Antônio** (Taniguchi *et al.* 2003).

MATERIAL EXAMINADO: **Município de Florínea** (SP370955), **Município de Igaratá** (SP371019), **Município de Limeira** (SP365687), **Município de Nova Granada** (SP370951), **Município de Panorama** (SP370966) e **Município de Piracaia** (SP36599).

COMENTÁRIOS

A relação entre o comprimento e a largura celulares (C:L) e o tipo de seno mediano diferem esta espécie de C. *circulare* Reinsch, que possui células tão longas quanto largas e seno mediano estreito, linear, mas levemente dilatado nos ápices.

Cosmarium baileyi Wolle var. *baileyi* foi documentado para o Estado de Goiás por Felisberto & Rodrigues (2004). Merece ressalva nesse trabalho a maior variação de tamanho dos espécimes que examinou, que levou à ampliação dos limites métricos da espécie.

Entre as populações analisadas, a do Município de Limeira apresentou espécimes em diferentes estágios de desenvolvimento, indicando intensa reprodução vegetativa. As demais não apresentaram variação morfológica ou métrica que merecesse menção.

Mundialmente, esta espécie foi documentada para a América do Norte, América do Sul e Ásia. No Brasil, foi citada por Borge (1903), Ungaretti (1976, 1981a), Bicudo & Ungaretti (1986), Torgan *et al.* (2001) e Felisberto & Rodrigues (2004).

COSMARIUM BIOCULATUM BRÉBISSON *IN* RALFS VAR. *BIOCULATUM* (FIG. 33)

The British Desmidieae. 95, pl. 15, fig. 5. 1848.

Célula pequena, tão longa quanto larga ou levemente mais longa, 9,5-28 μm compr., 9-27 μm larg., 7-10 μm espes., istmo 4,5-9 μm larg., constrição mediana profunda, seno mediano acutangular, ápice arredondado; semicélulas transversalmente elípticas, conjunto das margens basais e margem superior mais ou menos igualmente convexo; parede celular lisa, finamente pontuada; cloroplastídio axial, 1 por semicélula, 1 pirenoide central; vista lateral da semicélula subcircular, vista vertical da célula oblongo-elíptica, razão entre os eixos 1:2.

DISTRIBUIÇÃO GEOGRÁFICA NO ESTADO DE SÃO PAULO

EM LITERATURA: Nada consta.

MATERIAL EXAMINADO: **Município de Engenheiro Coelho** (SP365713) e **Município de Martinópolis** (SP370960).

Comentários

Prescott *et al.* (1981) comentaram que a ilustração em Ralfs (1848: fig. 5b) não é de um representante desta variedade por causa da célula ser relativamente mais longa e possuir o seno mediano fechado. Isto origina um problema crucial: quem é C. *bioculatum* Brébisson, se a ilustração no ponto oficial de partida para os estudos nomenclaturais em desmídias (Ralfs 1848) não o define?

Em nível mundial, *C. bioculatum* Brébisson var. *bioculatum* ocorre nas Américas do Norte e do Sul, na Ásia, na Austrália, na Europa, na Oceania e no território Ártico sendo, porém, rara no território Subantártico. No Brasil, foi citada por Bittencourt-Oliveira (1993a, 1993b, 2002).

Cosmarium bioculatum Brébisson *in* Ralfs var. *canadense* Krieger & Gerloff (Fig. 35)

Die Gattung *Cosmarium* 1: 60, pl. 15, fig. 5. 1962.

Célula média, tão longa quanto larga ou muito levemente mais longa, ca. 27,2 μm compr., ca. 22,1 μm larg., istmo ca. 6 μm larg., profundamente constrita na região mediana, seno mediano estreitamente linear, ápice levemente dilatado; semicélulas transversalmente elípticas, assimétricas, margem superior mais convexa do que o conjunto das basais; cloroplastídio axial, 1 por semicélula, 1 pirenoide central; vista lateral da semicélula subcircular, vista vertical da célula elíptica.

Distribuição geográfica no Estado de São Paulo

Em literatura: **Município de Rio Claro** (Bicudo 1969).

Material examinado: **Município de Igaratá** (SP371019).

Comentários

Conforme Krieger & Gerloff (1962), esta variedade difere da típica da espécie pelas semicélulas não perfeitamente elípticas, pois a margem superior é mais arqueada do que o conjunto das basais; ademais, o seno mediano é linear, fechado na porção distal.

Cosmarium bioculatum Brébisson var. *canadense* Krieger & Gerloff ocorre, em nível mundial, só nas Américas do Norte e do Sul. No Brasil, o único documento de sua existência está em Bicudo (1969).

COSMARIUM BIOCULATUM BRÉBISSON *IN* RALFS VAR. *DEPRESSUM* (SCHAARSCHMIDT) SCHMIDLE (FIG. 36)

Flora 78(1): 51. 1894.

Basiônimo: *Cosmarium bioculatum* Brébisson *ex* Ralfs f. *depressum* Schaarschmidt, Mathemaikai és Természettudományi Közlemények 18: 270, pl. 1, fig. 10. 1883 (como '*depressa*').

Célula pequena, tão longa quanto larga ou levemente mais longa, 10-12 μm compr., 8-11 μm larg., istmo 2,5-3 μm larg., constrição mediana profunda, seno mediano linear, fechado; semicélulas transversalmente oblongas, conjunto das margens basais e margem superior mais ou menos igualmente convexo, às vezes margem superior pouco mais convexa, ângulos arredondados a truncado-arredondados; parede celular lisa, finamente pontuada; cloroplastídio axial, 1 por semicélula, 1 pirenoide central; vista lateral da semicélula subcircular, vista vertical da célula oblonga, razão comprimento:largura 1:2.

DISTRIBUIÇÃO GEOGRÁFICA NO ESTADO DE SÃO PAULO

EM LITERATURA: **Município de Ribeirão Preto** (Silva 1999).

MATERIAL EXAMINADO: **Município de Itajobi** (SP3701018).

COMENTÁRIOS

Esta variedade é característica pela célula comprimida no sentido dos ápices, aparecendo tão larga quanto longa ou levemente mais larga e pela margem superior das semicélulas plana ou quase.

Desde que a forma taxonômica ilustrada por Schmidle mostra, segundo Prescott *et al.* (1981), o seno mediano fechado, enquanto que as norte-americanas referidas por vários autores como sinônimos de *C. bioculatum* Brébisson var. *depressum* (Schaarschmidt) Schmidle possuem-no aberto, parece melhor considerá-las incluídas na circunscrição da forma típica var. *depressum* (Schaarschmidt) Schmidle, ampliando apenas um pouco o espectro de variação das dimensões celulares.

Em nível mundial, a variedade ocorre na América do Norte, Ásia, Europa, Oceania e nos Territórios Ártico e Subantártico. No Brasil, foi citada somente por Silva (1999).

COSMARIUM BIOCULATUM BRÉBISSON *IN* RALFS VAR. *SUBPUNCTULATUM* (SCHMIDLE) KRIEGER & GERLOFF (FIG. 34)

Die Gattung *Cosmarium* 1: 61, pl. 5, fig. 8. 1962.

Basiônimo: *Cosmarium klebsii* Gutwinski var. *subpunctulatum* Schmidle, Bihang till Kungliga svenska Vetenskapsakademiens Handlingar 24(8): 23, pl. 1, fig. 17. 1898.

Célula pequena, 1-1,1 vezes mais longa que larga, 12-13 μm compr., ca. 12 μm larg., istmo 5-6 μm larg., constrição mediana bastante profunda, seno mediano linear, fechado, dilatado na porção proximal; semicélulas transversalmente sub-retangulares a mais ou menos reniformes, ângulos basais retangular-arredondados, margens laterais retas ou suavemente convexas, margem apical amplamente convexa; parede celular lisa; cloroplastídio não observado; vista lateral da semicélula não observada, vista vertical da célula elíptico-oblonga.

Distribuição geográfica no Estado de São Paulo

Em literatura: **Município de São Paulo** (Ferragut *et al.* 2005: como C. *minutum*, Araújo & Bicudo 2006).

Material examinado: **Município de São Paulo** (descrição e ilustração em Araújo & Bicudo 2006).

Comentários

Cosmarium bioculatum Brébisson var. *subpunctulatum* (Schmidle) Krieger & Gerloff difere da variedade típica da espécie por possuir o seno mediano linear, porém, aberto em toda sua extensão e os ângulos basais das semicélulas retangular-arredondados.

Em nível mundial, a variedade ocorre na América do Norte e na Europa. No Brasil, foi citada por Ferragut *et al.* (2005) como C. *minutum* Delponte e por Araújo & Bicudo (2006).

Cosmarium bitriangulum Grönblad (Fig. 77)

Acta Societatis Scientiarum Fennicae: sér. 2B, 6: 16, pl. 5, fig. 91-92. 1945.

Célula média, quase tão longa quanto larga, profundamente constrita na região mediana, 21,4-22,6 μm compr., 22,6-22,9 μm larg., istmo 6,9-7 μm larg., seno mediano aberto; semicélulas obtriangulares, margens basais retas a levemente convexas, ângulos acuminado-arredondados, margem superior reta, suavemente convexa ou levemente retusa na parte média; parede celular lisa, às vezes 1 espessamento em cada ângulo; cloroplastídio axial, 1 por semicélula, 1 pirenoide central; vista lateral da semicélula oblonga, vista vertical da célula elíptica.

Distribuição geográfica no Estado de São Paulo

Em literatura: **Município de Luiz Antônio** (Taniguchi *et al.* 2003).

Material examinado: **Município de Luiz Antônio** (descrição e ilustração em Taniguchi *et al.* 2003).

COMENTÁRIOS

As medidas do comprimento e da largura do único representante desta espécie que serviu de base para a proposta da própria espécie foram repetidas em Krieger & Gerloff (1969). Förster (1969) mostrou uma certa gama de variação dessas medidas, porém, estas são pouco maiores do que as originais em Grönblad (1945). No que tange a medidas, os exemplares ora observados coincidem melhor com aquelas em Grönblad (1945). Este último autor não descreveu o tipo de cloroplastídio, o que foi feito por Förster (1969).

A espécie ocorre somente no Brasil, para onde foi citada em cinco ocasiões: Grönblad (1945), Förster (1969), Thomasson (1971) e Taniguchi *et al.* (2003).

COSMARIUM BRANCOI C. BICUDO (FIG. 73)

Transactions of the American Microscopical Society 86(2): 218, fig. 1-3. 1967.

Célula ca. 1,5 vezes tão longa quanto larga, profundamente constrita na região mediana, 28,9-30,6 μm compr., 18,7-20,4 μm larg., istmo 6,8-7,2 μm larg., seno mediano estreitamente linear, levemente dilatado no ápice; semicélulas 3-lobadas, lobos curtos, lobos basais 2-lobados, ângulos basais retangular-arredondados, lobos laterais obtuso-arredondados, menos proeminentes, lobo apical pouco mais estreito que o conjunto dos basais, ângulos superiores amplamente arredondados, margem superior convexa; parede celular lisa; cloroplastídio axial, 1 por semicélula, 1 pirenoide central; vista lateral da semicélula subelíptica, vista vertical da célula perfeitamente elíptica.

DISTRIBUIÇÃO GEOGRÁFICA NO ESTADO DE SÃO PAULO

EM LITERATURA: **Município de São Paulo** (Bicudo 1967, 1969).

MATERIAL EXAMINADO: **Município de São Paulo** (SP28879).

COMENTÁRIOS

Cosmarium brancoi C. Bicudo pertence a um grupo de espécies que ficam no limite deste gênero com *Euastrum*. A margem superior convexa das semicélulas, entretanto, sem qualquer depresssão ou reentrância mediana, é a característica que situa a presente espécie entre os *Cosmarium*. Dentro do último gênero, contudo, trata-se de uma espécie bem caracterizada pelos seus lobos basais 2-lobados (Bicudo 1969).

Cosmarium brancoi C. Bicudo é conhecido, até o momento, só do Brasil através de sua descrição original em Bicudo (1969).

COSMARIUM CANDIANUM DELPONTE VAR. *CANDIANUM* F. *CANDIANUM* (FIG. 20)

Memorie della Reale Accademia delle Scienze di Torino 28: 113, pl. 8, fig. 1-6. 1877.

Célula quase tão longa quanto larga, 45-61 μm compr., 43-51 μm larg., 24-27 μm espes., istmo 14-18 μm larg., constrição mediana profunda, seno mediano linear, levemente dilatado no ápice; semicélulas semicirculares, ângulos basais acuminado-arredondados, margem superior amplamente convexa; parede celular pontuada; cloroplastídio axial, 1 por semicélula, 2 pirenoides situados lado a lado; vista lateral da semicélula aproximadamente circular, vista vertical da célula estreitamente elíptica.

DISTRIBUIÇÃO GEOGRÁFICA NO ESTADO DE SÃO PAULO

EM LITERATURA: **Município de Tremembé** (Bicudo 1969).

MATERIAL EXAMINADO: **Município de Panorama** (SP370966).

COMENTÁRIOS

Compère (1977) afirmou que o nome C. *circulare* Reisch deve ser substituído por C. *candianum* Delponte devido à existência do homônimo anterior C. *circulare* Kützing baseado em outro tipo nomenclatural e que nada mais é do que *Euastrum circulare* (Hassal) Ralfs.

Bicudo (1969) comentou que esta espécie deve ser comparada com C. *ralfsii* Brébisson, da qual é distinta pelas suas semicélulas semicirculares em vista frontal e pelos cloroplastídios axiais. O referido autor também referiu a semelhança de C. *candianum* Delponte com C. *lundellii* Delponte, da qual é distinta pelas semicélulas semicirculares e pela ausência de espessamento facial mediano na parede da célula.

Em nível mundial, C. *candianum* Delponte ocorre na América Central, América do Norte até o Subártico, América do Sul, Ásia e Europa. No Brasil, foi identificada por Borge (1903), Bicudo (1969) e De-Lamonica-Freire (1985).

COSMARIUM CONNATUM (BRÉBISSON) RALFS VAR. *CONNATUM* (FIG. 66)

The British Desmidieae. 108, pl. 17, fig. 10. 1848.

Basiônimo: *Cosmarium connatum* Brébisson *in litteris cum icone*. 1846.

Célula grande, 67-75 μm compr., 46,5-48 μm larg., 55-64 μm espes., istmo 45-55 μm larg., constrição mediana moderada, seno mediano amplamente aberto, ápice obtuso; semicélulas transversalmente subelípticas, base larga, margem superior muito levemente convexa, quase reta; parede celular fina e densamente escrobiculada, pontuada entre as escrobiculações; cloroplastídios axiais, 2 por semicélula, situados um ao lado do outro, numerosos lobos mais ou menos irregulares, em geral furcados, projetados para a periferia da célula onde achatam de encontro à face interna da parede celular, 1 pirenoide grande, mais ou menos central em cada cloroplastídio; vista lateral da semicélula subcircular, vista vertical da célula elíptica, pólos pouco acuminados.

DISTRIBUIÇÃO GEOGRÁFICA NO ESTADO DE SÃO PAULO

EM LITERATURA: Nada consta.

,MATERIAL EXAMINADO: **Município de Joanópolis** (SP371022).

COMENTÁRIOS

Cosmarium connatum (Brébisson) Ralfs var. *connatum* lembra muito C. *pseudoconnatum* Nordstedt no que se refere à sua morfologia, do qual difere por possuir dois plastídios axiais por semicélula e não quatro parietais.

Esta espécie ocorre, em nível mundial, na América do Norte, América do Sul, Ártico, Ásia, Europa e Oceania. No Brasil, foi documentada por Borge (1903), Krieger (1950), Bicudo & Ungaretti (1986), Rosa *et al.* (1987, 1988), Sophia (1991) e Torgan *et al.* (2001).

COSMARIUM CONTRACTUM KIRCHNER VAR. *CONTRACTUM* (FIG. 39)

Cohn's Kryptogamen-Flora Schlesiens 2(1): 147. 1878.

Célula de tamanho médio, 1,3-1,5 vezes mais longa que larga, 30,6-32,3 μm compr., 20,4-22,1 μm larg., istmo ca. 8 μm larg., constrição mediana bastante profunda, seno mediano acutangular, amplamente aberto; semicélulas mais ou menos acentuadamente elípticas, até subcirculares, margem superior às vezes pouco truncada; parede celular finamente pontuada; cloroplastídio axial, 1 por semicélula, 1 pirenoide central; vista lateral da semicélula circular, vista vertical da célula elíptica.

DISTRIBUIÇÃO GEOGRÁFICA NO ESTADO DE SÃO PAULO

EM LITERATURA: **Município de Itirapina** (Bicudo 1969).

MATERIAL EXAMINADO: **Município de São Paulo** (descrição e ilustração em Bicudo 1969).

COMENTÁRIOS

Cosmarium contractum Kirchner var. *contractum* é característica, principalmente, pelas semicélulas mais ou menos acentuadamente elípticas até subcirculares e pelo istmo bastante estreito (Prescott *et al.* 1981).

Bicudo (1969) identificou exemplares da forma típica desta espécie ao examinar material proveniente do Município de Itirapina e comentou que, morfologicamente, esse material lembrava C. *contractum* Kirchner var. *ellipsoideum* (Elfving) West & West. O referido autor concluiu que a proporção entre o comprimento e a largura máxima das células foi a única característica que lhe permitiu relacionar esse material à forma típica da espécie, o que mostra a dificuldade na identificação dessas variedades e a necessidade de rever taxonomicamente a espécie.

Cosmarium contractum Kirchner var. *contractum* é conhecido, praticamente, do mundo inteiro, ou seja, de locais na América Central, América do Norte, América do Sul, Ásia, Europa, Oceania e territórios Ártico e Subártico. No Brasil, sua presença foi referida por Grönblad (1945), Bicudo (1969), Förster (1969), Thomasson (1971), Torgan *et al.* (2001) e Silva & Cecy (2004).

COSMARIUM CONTRACTUM KIRCHNER VAR. *MINUTUM* (DELPONTE) WEST & WEST (FIG. 40)

A Monograph of the British Desmidiaceae 2: 173, pl. 61, fig. 30-33. 1905.

Basiônimo: *Cosmarium minutum* Delponte, Memorie della Reale Accademia delle scienze di Torino: sér. 2, 30: 9, pl. 7, fig. 37-39. 1877.

Célula de tamanho médio, 1,4-1,6 vezes mais longa que larga, 18-22 μm compr., 15-18,8 μm larg., 9-11 μm espess., istmo 4-6,8 μm larg., constrição mediana profunda, seno mediano aberto, acutangular; semicélulas transversalmente oblongas, margem superior e conjunto das margens basais igualmente curvados; parede celular fina, mais espessa e acastanhada na região facial mediana, finamente pontuada; cloroplastídio axial, 1 por semicélula, 1 pirenoide central; vista lateral da semicélula praticamente circular, vista vertical da célula elíptica, ângulos levemente acuminados.

DISTRIBUIÇÃO GEOGRÁFICA NO ESTADO DE SÃO PAULO

EM LITERATURA: **Município de Moji Guaçu** (Marinho 1994, Marinho & Sophia 1997), **Município de Ribeirão Preto** (Silva 1999) e **Município de São Paulo** (Araújo & Bicudo 2006).

MATERIAL EXAMINADO: **Município de Pitangueiras** (SP355382) e **Município de São Paulo** (SP355377).

COMENTÁRIOS

A var. *minutum* (Delponte) West & West difere da típica da espécie pelas semicélulas transversalmente mais oblongas, parede celular acastanhada e relativamente mais espessa na região facial mediana e pelo tamanho inferior a 28 mm dos indivíduos, isto é, 30% a 50% menor do que o dos representantes da variedade-tipo da espécie.

Prescott *et al.* (1981) e Dillard (1991) comentaram que esta parece ser uma variedade que reúne todos os indivíduos com morfologia semelhante à de *C. contractum* Kirchner, porém, de tamanho pequeno.

Cosmarium contractum Kirchner var. *minutum* (Delponte) West & West ocorre, em nível mundial, na América do Norte, América do Sul, Ártico, Ásia, Europa e Oceania. No Brasil, foi citada por Grönblad (1945), Förster (1969, 1974), Marinho (1994), Suárez (1995), Marinho & Sophia (1997), Silva (1999), Torgan *et al.* (2001) e Araújo & Bicudo (2006).

COSMARIUM CONTRACTUM KIRCHNER VAR. *ROTUNDATUM* BORGE (FIG. 41)

Arkiv för Botanik 19(17): 32, pl. 2, fig. 27. 1925.

Célula de tamanho médio, 1,3-1 1,5 vezes mais longa que larga, 30,6-32,3 μm compr., 20,4-22,1 μm larg., istmo ca. 8 μm larg., constrição mediana profunda, seno mediano quase retangular; semicélulas circulares ou quase; parede celular finamente pontuada; cloroplastídio axial, 1 por semicélula, esteloide, ca. 3 cristas (lamelas) longitudinais, 1 pirenoide central; vista lateral da semicélula amplamente elíptica a subcircular, vista vertical da célula mais ou menos circular.

DISTRIBUIÇÃO GEOGRÁFICA NO ESTADO DE SÃO PAULO

EM LITERATURA: **Município de Itirapina** (Bicudo 1969).

MATERIAL EXAMINADO: **Município de Itirapina** (descrição e ilustração em Bicudo 1969).

COMENTÁRIOS

Conforme Prescott *et al.* (1981), esta é uma variedade em que as semicélulas são circulares ou quase em vista frontal e amplamente elípticas em vista vertical.

Cosmarium contractum Kirchner var. *rotundatum* foi originalmente descrita e proposta por Borge (1925) com base em material coletado de duas localidades próximo de Porto do Campo, Estado de Mato Grosso. Esta variedade difere da típica da espécie apenas pela forma circular das semicélulas em vista frontal, em oposição à amplamente elíptica da variedade típica.

Bicudo (1969) ressaltou que esta variedade difere da típica pelo contorno da semicélula em vista frontal, mas também pelo tipo de zigósporo quase esférico, com parede celular espessa.

Picelli-Vicentim (1984) comparou o material que examinou proveniente do Estado do Paraná com aquele em Borge (1925), Bicudo (1969) e Prescott *et al.* (1981). Nesse trabalho, Picelli-Vicentim (1984) ampliou o limite métrico mínimo do comprimento da célula de 31 μm para 26 μm, enquanto que Förster (1974) o fez para o limite métrico mínimo da largura da célula de 21 μm para 15 μm e o máximo de 9 μm para 18 μm.

A variedade ocorre nas Américas do Norte e do Sul, Ásia e Europa. No território brasileiro, sua ocorrência foi registrada por Borge (1925), Bicudo (1969), Förster (1974) e Picelli-Vicentim (1984).

COSMARIUM CUCUMIS CORDA *EX* RALFS VAR. *CUCUMIS* (FIG. 29)

The British Desmidieae. 93, pl. 15, fig. 2. 1848.

Célula de tamanho médio a grande, 1,5-1,7 vezes mais longa que larga; 67-68 μm compr., 40-41 μm larg., istmo ca. 15,5 μm larg.; constrição mediana profunda, seno mediano amplo, dilatado nas extremidades; semicélulas verticalmente semielípticas, ângulos basais retangular-arredondados, margem amplamente convexa, ápice convexo, às vezes levemente achatado; parede celular pontuada; cloroplastídios parietais, 6-8 por semicélula, irregularmente fitáceos, bordo serreado, cada fita com muitos pirenoides pequenos; vista lateral da semicélula ovada, vista vertical da célula elíptica a elíptica-oblonga.

DISTRIBUIÇÃO GEOGRÁFICA NO ESTADO DE SÃO PAULO

EM LITERATURA: **Município de Pirassununga** (Borge 1918: como C. *cucumis* forma).

MATERIAL EXAMINADO: **Município de Pirassununga** (descrição e ilustração em Borge 1918).

COMENTÁRIOS

A espécie é prontamente identificada pela posse de seis a oito cloroplastídios parietais em forma de fitas, parecidos com aqueles de C. *ralfsii* Brébisson, porém, proporcionalmente mais largos e com as margens mais serreadas (Prescott *et al.* 1981).

O único documento sobre a ocorrência desta espécie no Brasil está em Borge (1918), que se referiu a uma forma cujo ápice das semicélulas é, relativamente, mais arredondado. Tais semelhanças situariam C. *cucumis* Corda *ex* Ralfs var. *cucumis*, por isso, próximo da f. *rotundata* Jacobson da mesma espécie. As medidas do material examinado por Borge (1918) encaixam-se, perfeitamente, no espectro de variação da variedade típica da espécie. Entendemos ser melhor, atualmente, considerar C. *cucumis* Brébisson forma "apice magis rotundata" em Borge (1918) sinônimo heterotípico da variedade-tipo da espécie.

É fundamental para a precisa identificação desta espécie que sejam observados o tipo e a posição dos cloroplastídios, pois apenas a forma da semicélula e as medidas celulares não são suficientes para sua identificação precisa.

Em nível mundial, *C. cucumis* Corda *ex* Ralfs var. *cucumis* ocorre nas Américas Central, do Norte e do Sul, no Ártico, na Ásia, na Europa e na Oceania. No Brasil, foi apenas citada em duas ocasiões, uma por Nordstedt (1870) e a outra por Borge (1918).

COSMARIUM DEPRESSUM (NÄGELI) LUNDELL VAR. *ELEVATUM* BORGE (FIG. 38)

Arkiv för Botanik 15(13): 34, pl. 3, fig. 6. 1918.

Célula de tamanho médio a grande, pouco mais larga que longa, 34-37 μm compr., 36-40 μm larg., istmo 13,5-15,5 μm larg., constrição mediana profunda, seno mediano acutangular, dilatado na extremidade; semicélulas assimetricamente elípticas, margem superior pouco mais arqueada que o conjunto das basais, ângulos acuminado-arredondados; parede celular finamente pontuada; cloroplastídio axial, 1 por semicélula, 1 pirenoide central; vista lateral da semicélula circular ou quase, vista vertical da célula elíptica.

DISTRIBUIÇÃO GEOGRÁFICA NO ESTADO DE SÃO PAULO

EM LITERATURA: **Município de Pirassununga** (Borge 1918) e **Município de São Paulo** (Borge 1918).

MATERIAL EXAMINADO: **Município de Pirassununga** (descrição e ilustração em Borge 1918) e **Município de São Paulo** (descrição e ilustração em Borge 1918).

COMENTÁRIOS

Borge (1918) descreveu a parede celular dos representantes de *C. depressum* (Nägeli) Lundell var. *elevatum* como sendo sutilmente escrobiculada. O mesmo autor comparou sua nova variedade com *C. raciborskii* Lagerheim, afirmando-a distinta por possuir parede celular lisa e margens basais das semicélulas menos arqueadas. A bem da verdade, a parede celular de *C. depressum* (Nägeli) Lundell var. *elevatum* Borge é finamente pontuada e não escrobiculada, um fato corroborado por Grönblad (1945).

Em nível mundial, a presente var. *elevatum* Borge ocorre na América do Sul, no Ártico e na Oceania. No Brasil, sua presença foi anotada por Borge (1918), Grönblad (1945) e Förster (1974).

COSMARIUM EXIGUUM ARCHER VAR. *EXIGUUM* F. *EXIGUUM* (FIG. 70)

Proceedings of the Dublin Natural History Society 1864: 49, pl. 1, fig. 32-33. 1864.

Célula pequena, ca. 2 vezes mais longa que larga, ca. 27 μm compr., ca. 14,5 μm larg., istmo ca. 6,5 μm larg.; constrição mediana pouco profunda, seno mediano levemente aberto para o interior, fechado externamente; semicélulas transversalmente sub-retangulares, ângulos basais retangular-arredondados, margens basais suavemente convexas, raro retas, ângulos superiores mais arredondados que os basais, margem superior levemente convexa, às vezes quase retas na parte média; parede celular lisa; cloroplastídio não observado; vista lateral da semicélula verticalmente sub-retangular, vista vertical da célula oblonga.

DISTRIBUIÇÃO GEOGRÁFICA NO ESTADO DE SÃO PAULO

EM LITERATURA: **Município de Pirassununga** (Borge 1918).

MATERIAL EXAMINADO: **Município de Pirassununga** (descrição e ilustração em Borge 1918).

COMENTÁRIOS

Borge (1918) examinou, a deduzir pelas medidas que apresenta, apenas um exemplar deste tipo, o qual se encaixou, perfeitamente, na circunscrição da forma típica da espécie, inclusive as medidas.

West & West (1908) comentaram que C. *exiguum* Archer é uma espécie de ocorrência relativamente rara na natureza, cuja forma transversalmente sub-retangular das semicélulas é muito característica.

Cosmarium exiguum Archer var. *exiguum* f. *exiguum* ocorre, em nível mundial, nas Américas Central, do Norte e do Sul, bem como no Ártico, na Ásia, na Europa e na Oceania. Para o território brasileiro, foi citada por Borge (1903, 1918), Förster (1963, 1969), De-Lamonica-Freire (1985), Bicudo & Ungaretti (1986), Lopes (1992) e Torgan *et al.* (2001).

COSMARIUM GALERITUM NORDSTEDT VAR. *GALERITUM* (FIG. 51)

Videnskabelige Meddelelser fra den Naturhistoriske Forening i Kjöbenhavn 1869(14-15): 209, pl. 3, fig. 26. 1870.

Célula de tamanho médio, ca. 1,2 vezes mais longa que larga, 43-52 μm compr., 38-53 μm larg., 14-17 μm espes., istmo 13-18 μm larg., constrição mediana profunda, seno mediano linear, fechado; semicélulas piramidal-trapeziformes, ângulos basais acuminado-arredondados, margens laterais suavemente convexas, raro retas, ângulos superiores obtuso-arredondados; parede celular finamente pontuada; cloroplastídio axial, 2 por semicélula, ca. 10 lamelas radiais, 1 pirenoide aproximadamente central; vista lateral da semicélula subcircular, vista vertical da célula elíptica.

DISTRIBUIÇÃO GEOGRÁFICA NO ESTADO DE SÃO PAULO

EM LITERATURA: **Município de Rio Claro** (Bicudo 1969) e **Município de São Paulo** (Araújo & Bicudo 2006).

MATERIAL EXAMINADO: **Município de Itatinga** (SP365712), **Município de Pitangueiras** (SP355382), **Município de São Paulo** (SP188226, SP355377) e **Município de Sertãozinho** (SP365702).

COMENTÁRIOS

Bicudo (1969) comparou os representantes desta espécie com os de C. *lundellii* Delponte var. *ellipticum* G.S. West, diferindo-os pelas células relativamente menores e pelas semicélulas mais piramidais em vista frontal de *Cosmarium galeritum* Nordstedt var. *galeritum*.

As populações ora estudadas apresentaram pouca variação morfológica, inclusive, quanto às medidas.

A espécie ocorre, em nível mundial, no Ártico, na Ásia, nas Américas do Norte e do Sul, na Europa e na Oceania. No Brasil, foi referida por Borge (1903), Förster (1964), Bicudo (1969), Torgan *et al.* (2001) e Araújo & Bicudo (2006).

COSMARIUM GALERITUM NORDSTEDT VAR. *BORGEI* KRIEGER & GERLOFF (FIG. 52)

Die Gattung *Cosmarium* 1: 60, pl. 23, fig. 2. 1962.

Célula grande, aproximadamente tão longa quanto larga até pouco mais longa, 46-51 μm compr., 45-46 μm larg., 26-17 μm espes., istmo ca. 17 μm larg., constrição mediana profunda, seno mediano linear, fechado, dilatado na extremidade; semicélulas piramidal-trapeziformes, ângulos basais acuminado-arredondados, margens laterais suavemente convexas, quase retas, convergentes para o ápice, ângulos superiores obtuso-arredondados, margem superior amplamente truncada; parede celular finamente pontuada; cloroplastídio axial, 2 por semicélula, 1 pirenoide central; vista lateral da semicélula subcircular, vista vertical da célula elíptica.

DISTRIBUIÇÃO GEOGRÁFICA NO ESTADO DE SÃO PAULO

EM LITERATURA: **Município de Luiz Antônio** (Taniguchi *et al.* 2003).

MATERIAL EXAMINADO: **Município de Luiz Antônio** (descrição e ilustração em Taniguchi *et al.* 2003).

COMENTÁRIOS

A presente variedade foi proposta por Krieger & Gerloff (1962) a partir de uma forma anônima constante em Borge (1903: pl. 3, fig. 13) coletada no Estado do Rio Grande do Sul. Este material difere do tipo da espécie por possuir a margem superior das semicélulas suavemente retusa na parte média e os lados relativamente mais convexos na vista vertical.

Cosmarium galeritum Nordstedt var. *borgei* Krieger & Gerloff ocorre atualmente só no Brasil, para onde foi citada por Borge (1903, 1918), Ungaretti (1981a), De-Lamonica-Freire (1985), Bicudo & Ungaretti (1986), Franceschini (1992) e Felisberto & Rodrigues (2004).

COSMARIUM GLOBOSUM BULNHEIM (FIG. 67)

Hedwigia 2(9): 52, pl. 9, fig. 8. 1861.

Célula pequena, ca. 1,7 vezes tão longa quanto larga, levemente constrita na parte média, 29,6-36 μm compr., 22,1-27,2 μm larg., istmo 19-23,8 μm larg.; constrição mediana leve, seno mediano rapidamente alargado a partir do ápice agudo; semicélulas subcirculares (margens ca. 2/3 da circunferência do círculo); parede celular pontuada, pontuação às vezes muito obscura, frequentemente muito distinta; cloroplastídio axial, 1 por semicélula, 1 pirenoide central a partir do qual irradiam 7-9 lobos dispostos verticalmente (às vezes irregulares); vista lateral da semicélula subcircular, vista vertical da célula circular, raro muito suavemente comprimida.

DISTRIBUIÇÃO GEOGRÁFICA NO ESTADO DE SÃO PAULO

EM LITERATURA: **Município de Itirapina** (Bicudo 1969), **Município de Pirassununga** (Borge 1918) e **Município de São Paulo** (SP28879, Bicudo 1969).

MATERIAL EXAMINADO: **Município de Álvares Florence** (SP355381), **Município de Itirapina** (descrição e ilustração em Bicudo 1969), **Município de Pirassununga** (descrição e ilustração em Borge 1918) e **Município de São Paulo** (SP28879).

COMENTÁRIOS

Teiling (1954) salientou que *Cosmarium globosum* Bulnheim é uma espécie que deve ser estudada com cuidado, pois algumas populações foram descritas possuindo cloroplastídios esteloides ou lobo-esteloides e isto as classificaria no gênero *Actinotaenium*. Em outras palavras, *C. globosum* Bulnheim só deverá ser identificado após conhecer com absoluta precisão o número e o tipo de cloroplastídios e pirenoides. Entretanto, em casos onde estas características não forem bem definidas, a identificação entre os *Cosmarium* pode se basear na forma das semicélulas e nos valores métricos do comprimento e da largura celulares, que não permitem sobreposição com *C. moniliforme* (Turpin) Ralfs nem com *C. pseudoconnatum* Nordstedt

Cosmarium globosum Bulnheim difere de *C. moniliforme* (Turpin) Ralfs graças à sua célula e o istmo serem relativamente mais largos (Bicudo 1969). Segundo West & West (1908), esta também é uma espécie de ocorrência mais rara do que *C. moniliforme* (Turpin) Ralfs.

As populações dos quatro municípios em que a espécie ocorreu no Estado de São Paulo e que foram presentemente analisadas, não apresentaram variação significativa quanto à morfologia de seus exemplares e aos seus valores métricos.

A espécie ocorre, em nível mundial, nas Américas do Norte e do Sul, no Ártico, na Ásia, na Europa e na Oceania. Dickie (1880), Grönblad (1945), Krieger (1950) e Bicudo (1969) são os documentos da ocorrência de *C. globosum* Bulnheim em território brasileiro.

COSMARIUM GRANATUM BRÉBISSON *EX* RALFS VAR. *GRANATUM* F. *GRANATUM* (FIG. 63)

The British Desmidieae. 96, pl. 32, fig. 6. 1848.

Célula de tamanho médio, ca. 1,5 vezes mais longa que larga, 22-47 μm compr., 13-30 μm larg., istmo 5-12 μm larg., constrição mediana profunda, seno mediano linear, fechado; semicélulas piramidal-truncadas, ângulos basais sub-retangular-arredondados, margens suavemente convexas, fortemente convergentes para o ápice, ápice acuminado-arredondado; parede celular finamente pontuada, 1 espessamento apical; cloroplastídio não observado; vista lateral da semicélula mais ou menos elíptica, vista vertical da célula elíptica

DISTRIBUIÇÃO GEOGRÁFICA NO ESTADO DE SÃO PAULO

EM LITERATURA: **Município de Luiz Antônio** (Taniguchi *et al.* 2003).

MATERIAL EXAMINADO: **Município de Iepê** (SP370954), **Município de Iporanga** (SP365708), **Município de Itapura** (SP355388), **Município de Macedônia** (SP355366), **Município de Nova Granada** (SP370951) e **Município de Pitangueiras** (SP355382).

COMENTÁRIOS

Vários autores registraram a ampla variação existente na forma das semicélulas de *C. granatum* Brébisson *ex* Ralfs var. *granatum* f. *granatum*, que vai desde verticalmente semielíptica até hexagonal, onde os ângulos basais são retangular-arredondados, as margens laterais inicialmente retas e paralelas entre si, depois decididamente convergentes para o ápice, os ângulos superiores obtuso-arredondados e a margem superior reta ou quase (Prescott *et al.* 1981, Förster 1982, Croasdale & Flint 1988, Taniguchi *et al.* 2003).

Em nível mundial, esta variedade ocorre nas Américas Central, do Norte e do Sul, na Ásia, na Europa, na Oceania, na Austrália e nos territórios Ártico e Subártico. No Brasil, foi citada por vários autores, como: Dickie (1880), Borge (1903), Förster (1969), Picelli-Vicentim (1984), Bicudo *et al.* (1992), Franceschini (1992), Lopes (1992), Torgan *et al.* (2001), Taniguchi *et al.* (2003) e Silva & Cecy (2004).

COSMARIUM HAMMERI REINSCH F. *MINOR* BORGE (FIG. 61)

Arkiv för Botanik 15(13): 33, pl. 3, fig. 3. 1918.

Célula de tamanho médio, mais longa que larga, 23-29 μm compr., 16-22 μm larg., istmo 6-8 μm larg., constrição mediana profunda, seno mediano linear, fechado, exceto nas extremidades; semicélulas trapeziformes, ângulos inferiores das semicélulas levemente 2-retuso; parede celular lisa ou finamente pontuada; cloroplastídio não observado; vistas lateral da semicélula e vertical da célula elípticas.

DISTRIBUIÇÃO GEOGRÁFICA NO ESTADO DE SÃO PAULO

EM LITERATURA: **Município de Pirassununga** (Borge 1918).

MATERIAL EXAMINADO: **Município de Pirassununga** (descrição e ilustração em Borge 1918).

COMENTÁRIOS

A forma proposta por Borge (1918) de fato apresenta limites métricos bastante inferiores aos da variedade típica da espécie e, consequentemente, considerados suficientes para mantê-la com um táxon distinto, apesar das demais características vegetativas serem absolutamente coincidentes.

Cosmarium hammeri Reinsch f. *minor* Borge ocorre, até o momento, apenas no Brasil, para onde foi citada por Borge (1918).

COSMARIUM IMPRESSULUM **ELFVING VAR.** *IMPRESSULUM* **(FIG. 42)**

Acta Societatis Fauna et Flora Fennica 2(2): 13, fig. 9. 1881.

Célula entre pequena e média, ca. 1,5 vezes mais longa que larga, 18,5-36 μm compr., 13-26 μm larg., 9-12 μm espes., istmo 4-8 μm larg., constrição mediana profunda, seno mediano linear, ápice levemente dilatado; semicélulas semielípticas ou subsemicirculares, ângulos basais obtuso-arredondados a retangular-arredondados, margens laterais regularmente 6-onduladas (às vezes quase crenadas), ondulações (incluindo ângulos basais) iguais entre si, 2 em cada margem apical, 2 em cada um dos lados convexos; parede celular lisa, 6-ondulada ao longo da margem; cloroplastídio não observado; vistas lateral da semicélula e vertical da célula elípticas.

DISTRIBUIÇÃO GEOGRÁFICA NO ESTADO DE SÃO PAULO

EM LITERATURA: **Município de Luiz Antônio** (Taniguchi *et al.* 2003).

MATERIAL EXAMINADO: **Município de Iepê** (SP370954), **Município de Itajobi** (SP370959), **Município de Limeira** (SP365687), **Município de Panorama** (SP370966) e **Município de Ribeirão Bonito** (SP365688).

COMENTÁRIOS

Turner (1892) propôs uma f. *minor* de *C. impressulum* Elfving baseado apenas nas medidas e, aparentemente, de um único espécime: 16 μm compr., 12 μm larg., istmo 4,5 μm larg. O referido autor não providenciou diagnose em latim, mas tal exigência só é feita a partir de 1º de janeiro de 1958, conforme o Código Internacional de Nomenclatura para Algas, Fungos e Plantas. Examinando a ilustração original da f. *minor* em Turner (1892: pl. 9, fig. 42), não existe diferença entre o que Turner (1892) chamou f. *minor* e o que vem sendo identificado como f. *impressulum*, típica, exceto pelo tamanho pouco menor desse indivíduo. Krieger & Gerloff (1965) consideraram *C. impressulum* Elfving f. *minor* Turner sinônimo da forma típica da espécie, posição que adotamos presentemente.

West & West (1908) comentaram que *C. impressulum* Elfving tem sido confundido com *C. meneghinii* Brébisson, principalmente, pela existência de formas de transição entre essas duas espécies. Exemplares típicos de *C. impressulum* Elfving podem ser identificados com certa facilidade através da forma das semicélulas. Esta espécie retém suas feições morfológicas de maneira bastante constante em todas as partes do mundo. Além disso, *C. impressulum* Elfving é uma espécie amplamente distribuída. Este conjunto de características faz com que não exista razão preponderante para situar os indivíduos representantes desta variedade como de *C. meneghinii* Brébisson. As oito ondulações iguais entre si e proeminentes situadas marginalmente garantem identificação bastante fácil para os representantes de C. *impressulum* Elfving. O espaço entre as duas ondulações apicais é, comumente, menos profundo do que os espaços remanescentes, dando uma aparência de divisão da semicélula em lobos.

Cosmarium impressulum Elfving pode ser confundido com C. *undulatum* Corda *ex* Ralfs, mas, difere no tamanho dos exemplares de cada espécie, pois os de C. *undulatum* Corda *ex* Ralfs são maiores (44-64 x 30-52 μm). Essas duas espécies diferem também na relação entre o comprimento e a largura máxima da célula, pois C. *undulatum* Corda *ex* Ralfs tem a célula 1,3-1,5 vezes mais longa que larga; e, por fim, também na forma de suas semicélulas (C. *undulatum* Corda *ex* Ralfs tem semicélulas semielípticas, com 10-12 ondulações periféricas).

As populações ora analisadas apresentaram pouca variação morfológica digna de menção, exceto as populações dos municípios de Itajobi, Panorama e Ribeirão Bonito, cujo polimorfismo incluiu ondulações mais curtas e levemente truncadas em alguns espécimes analisados.

A presente variedade ocorre nas Américas do Norte e do Sul, na Ásia, na Europa, na Oceania e nos territórios Ártico e Subártico. No Brasil, sua presença foi documentada por Grönblad (1945), Picelli-Vicentim (1984), De-Lamonica-Freire (1985), Taniguchi *et al.* (2003) e Silva & Cecy (2004).

COSMARIUM IMPRESSULUM ELFVING VAR. CRENULATUM (NÄGELI) KRIEGER & GERLOFF (FIG. 43)

Die Gatung *Cosmarium* 2: 136, pl. 29, fig. 6. 1965.

Basiônimo: *Cosmarium crenulatum* Nägeli, Gattungen einzelliger Algen, physiologisch und systematisch bearbeitet. 131. 1849.

Célula pequena, ca. 1,2 vezes mais longa que larga, 16-20 μm compr., 13-22 μm larg., 12-13 μm espess., istmo 3-7 μm larg.; constrição mediana profunda, seno mediano linear, ápice levemente dilatado; semicélulas semielípticas ou subsemicirculares, ângulos basais obtuso-arredondados a retangular-arredondados, margens laterais regularmente 6-onduladas (às vezes quase crenadas), ondulações (incluindo ângulos basais) iguais entre si, 2 em cada margem apical, 2 em cada um dos lados convexos; parede celular lisa, 6-ondulada ao longo da margem; cloroplastídio não observado; vista lateral da semicélula e vista vertical da célula elípticas.

DISTRIBUIÇÃO GEOGRÁFICA NO ESTADO DE SÃO PAULO

EM LITERATURA: Nada consta.

MATERIAL EXAMINADO: **Município de Igaratá** (SP371019).

COMENTÁRIOS

Cosmarium impressulum Elfving var. *crenulatum* (Nägeli) Krieger & Gerloff difere da variedade-tipo da espécie pelas suas células relativamente mais curtas, isto é, 1,2-1,3 vezes mais longas que largas e pelas ondulações marginais mais claramente definidas.

Poucos indivíduos deste tipo foram encontrados no material coletado no Município de Igaratá, os quais apresentaram bastante evidentes as características diagnósticas da variedade proporcionando, dessa forma, sua identificação segura.

A ocorrência desta variedade já foi documentada na América do Norte, América do Sul, Ásia e Europa. No Brasil, esta é a primeira vez em que sua presença é registrada.

COSMARIUM LAEVE RABENHORST VAR. *LAEVE* F. *LAEVE* (FIG. 62)

Flora Europaea Algarum 3: 161. 1868.

Célula pequena, ca. 1,5 vezes mais longa que larga, 17-36 μm compr., 10-20 μm larg., 8-9 μm espess., istmo 4-10 μm larg.; constrição mediana profunda, seno mediano linear, dilatado no ápice; semicélulas semielípticas a subpiramidais, ângulos basais amplamente arredondados, margens laterais acentuadamente convexas, primeiro divergentes, em seguida convergentes para o ápice da semicélula, margem superior pequena, retusa na parte média; parede celular finamente pontuada ou pontuado-escrobiculada, pontuação às vezes esparsa, em geral densa; cloroplastídio axial, 1 por semicélula, pirenoide central; vista lateral da semicélula ovado-elíptica, vista vertical da célula elíptica a oblonga.

DISTRIBUIÇÃO GEOGRÁFICA NO ESTADO DE SÃO PAULO

EM LITERATURA: **Município de Itapura** (Lemmermann 1914), **Município de Pirassununga** (Borge 1918) e **Município de Luiz Antônio** (Taniguchi *et al.* 2003).

MATERIAL EXAMINADO: **Município de Iepê** (SP370954), **Município de Jacupiranga** (SP371020), **Município de Olímpia** (SP371021), **Município de Ponta Linda** (SP370957) e **Município de Ribeirão Bonito** (SP365688).

COMENTÁRIOS

Cosmarium laeve Rabenhorst é uma espécie com ampla distribuição geográfica no mundo e inclui um considerável número de variedades taxonômicas que, nem sempre, são suficientemente distintas entre si. Consequência, é a enorme variabilidade de formas que apresentam as semicélulas, especialmente em relação ao arredondamento dos ângulos basais e sua intumescência. Parte dessa variação é, sem dúvida, devida à interpretação dos diferentes autores e parte a variedades mal definidas. A retusidade leve no meio do ápice é característica de todas as formas da espécie.

As populações analisadas provenientes de cinco localidades distintas no Estado de São Paulo apresentaram a forma das semicélulas, a abertura do seno e a retusidade do ápice características da variedade-tipo da espécie.

Em nível mundial, C. *laeve* Rabenhorst var. *laeve* f. *laeve* ocorre nas Américas Central, do Norte e do Sul, na Ásia, na Europa, na Oceania e nos territórios Ártico e Subártico. No Brasil, foi resgistrada por Lemmermann (1914), Borge (1918, 1925), Grönblad (1945), Förster (1963, 1964), Torgan *et al.* (2001), Taniguchi *et al.* (2003), Felisberto & Rodrigues (2004) e Silva & Cecy (2004).

COSMARIUM LOEFGRENII BORGE (FIG. 53)

Arkiv för Botanik 15(13): 33, pl. 8, fig. 2. 1918.

Célula de tamanho médio, ca. 1,5 vezes mais longa que larga, 21,5-27 μm compr., 14,5-18 μm larg., 11-12 μm espes., istmo 5-7 μm larg., constrição mediana profunda, seno mediano linear, dilatado na extremidade; semicélulas piramidal-truncadas, ângulos basais acuminado-arredondados, 1 espinho curto, extremidade arredondada, margens laterais convergentes, pouco retusas na parte média, margem superior amplamente truncada, levemente retusa na parte média; parede celular lisa; cloroplastídio não observado, 1 pirenoide central; vista lateral da semicélula circular, vista vertical da célula elíptica.

DISTRIBUIÇÃO GEOGRÁFICA NO ESTADO DE SÃO PAULO

EM LITERATURA: **Município de Pirassununga** (Borge 1918).

MATERIAL EXAMINADO: **Município de Pirassununga** (descrição e ilustração em Borge 1918).

COMENTÁRIOS

A espécie foi proposta por Borge (1918) a partir de material coletado em Leme, no Estado de São Paulo. *Cosmarium loefgrenii* Borge lembra certas formas de C. *nymannianum* Grunov var. *elongatum* Raciborski, das quais difere pela presença de um espinho curto e arredondado na extremidade que adorna cada ângulo basal das semicélulas e pela ausência de um escrobículo situado no meio de um espessamento facial mediano da parede celular.

O único trabalho publicado sobre esta espécie é de Borge (1918), em que fez a proposição da espécie nova. Jamais foi citada por outros autores nem encontrada durante o presente levantamento, embora houvéssemos retornado à área da coleta original e efetuado várias amostragens.

Cosmarium lundelli Delponte var. *borgei* Gerloff & Krieger (Fig. 25)

Die Gattung *Cosmarium* 1: 3, pl. 1, fig. 6. 1962.

Célula grande, pouco mais larga que longa, 52-58 μm compr., 58-66 μm larg., ca. 31 μm espes., istmo 20-30 μm larg., constrição mediana profunda, seno mediano linear, fechado ou quase; semicélulas sub-hemisféricas, ângulos basais acuminado-arredondados, margens amplamente convexas; parede celular pontuada; cloroplastídio axial, 1 por semicélula, estelóide, 4 lamelas longitudinais, 2 pirenoides grandes situados um ao lado do outro; vista lateral da semicélula subcircular, vista vertical da célula rômbico-elíptica, não espessada na parte média.

Distribuição geográfica no Estado de São Paulo

Em literatura: **Município de São Paulo** (Borge 1918: como *Cosmarium lundelli* Delponte forma).

Material examinado: **Município de Ibitinga** (SP365704) e **Município de Santa Adélia** (SP365705).

Comentários

Cosmarium lundelli Delponte é uma espécie bastante típica pelo grande tamanho de seus indivíduos representantes, pelas semicélulas mais ou menos hemisféricas e pelo seno mediano moderadamente profundo (Prescott *et al.* 1981, Croasdale & Flint 1988).

Borge (1918: pl. 3, fig. 1) descreveu espécimes de material coletado na Estação de Água Branca, na cidade de São Paulo, que seriam distintos do material-tipo da espécie por possuirem medidas celulares menores e célula mais larga do que longa; referiu-os, contudo, como "forma minor". Estes espécimes também não apresentaram o espessamento da porção média das semicélulas da forma-tipo da espécie em vista vertical. Borge (1918) aparentemente indeciso não nomeou nem, tampouco, propôs formalmente a forma. Gerloff & Krieger (1962) propuseram uma variedade, var. *borgei*, a partir dessa "forma minor".

As populações estudadas provenientes dos municípios de Ibitinga e Santa Adélia foram grandemente semelhantes entre si e à descrição de *Cosmarium lundellii* Delponte "forma minor" em Borge (1918: pl. 3, fig. 1). Essas populações mostraram pouca variação métrica entre seus espécimes constituintes e considerável constância nas demais características descritoras da aludida "forma minor" em Borge (1918).

Em nível mundial, C. *lundelli* Delponte var. *borgei* Gerloff & Krieger ocorre nas Américas Central, do Norte e do Sul, no Ártico, na Ásia, na Europa e na Oceania. Borge (1918) é a única referência do encontro de material desta variedade no Brasil.

COSMARIUM MAJAE STRØM (FIG. 32)

Nuova Notarisia 33: 131, fig. 1a-b. 1922.

Célula pequena, tão longa quanto larga ou levemente mais longa que larga, 6-10 μm compr., 5,5-10 μm larg., 4-7 μm espes., istmo 2,5-6 μm larg., constrição mediana profunda, seno mediano amplo, mais ou menos acentuadamente retangular; semicélulas ob-reniformes a subtrapeziforme-invertidas, margens basais pouco convexas, ângulos amplamente arredondados, margem superior em geral retusa na parte média, raro reta; parede celular lisa, incolor, finamente pontuada, poros delicados dispersos; cloroplastídio axial, 1 por semicélula, 1 pirenoide central; vista lateral da semicélula circular, vista vertical da célula oblonga, às vezes 1 intumescência mediana bastante suave.

DISTRIBUIÇÃO GEOGRÁFICA NO ESTADO DE SÃO PAULO

EM LITERATURA: **Município de São Paulo** (Sant'Anna *et al.* 1989, Moura 1996, Bicudo *et al.* 1999, Vercellino 2001, Matsuzaki 2002, Barcelos 2003, Ferragut *et al.* 2005, Araújo & Bicudo 2006).

MATERIAL EXAMINADO: **Município de São Paulo** (descrição e ilustração em Sant'Anna *et al.* 1989, Matsusaki 2002, Ferragut *et al.* 2005, Araújo & Bicudo 2006).

COMENTÁRIOS

Dada a extrema semelhança entre C. *majae* Strøm e C. *pseudobicuneatum* Jao, Prescott *et al.* (1981) sugeriram a possibilidade de ambas serem reunidas em uma só espécie, para a qual prevaleceria, pelo princípio da prioridade, o nome da segunda.

Cosmarium majae Strøm ocorre, em nível mundial, na América do Norte, América do Sul, Ártico, Ásia e Europa. No Brasil, sua ocorrência foi documentada por Grönblad (1945), Förster (1974), Sant'Anna *et al.* (1989), Moura (1996), Bicudo *et al.* (1999), Barcelos (2003),Vercellino (2001) e Ferragut *et al.* (2005). *Cosmarium majae* Strøm é uma das espécies mais bem distribuída no Parque Estadual das Fontes do Ipiranga, onde ocorre em ambientes que vão desde oligotróficos (Lago do IAG) até eutróficos (Lago das Garças).

Cosmarium maximum (Börgesen) West & West var. *maximum* (Fig. 64)

Journal of Botany 35: 114, pl. 366, fig. 20. 1897.

Basiônimo: *Cosmarium obsoletum* Hantzsch subsp. *maximum* Börgesen, Videnskabelige Meddelelser fra den naturhistoriske Forening i Kjöbenhavn 1890: 42, pl. 4, fig. 37. 1890.

Célula grande, praticamente isodiamétrica ou até ca. 1,1 vezes mais larga que longa, 114-143 μm compr., 102-138 μm larg. sem espinhos, 145-146 μm larg. com espinhos, ca. 52 μm espes., istmo 24-29 μm larg., constrição mediana profunda, seno mediano linear, dilatado na extremidade; semicélulas semicirculares ou quase, ângulos basais mais ou menos retangulares, 1 espinho diminuto, margens em geral uniformemente convexas, raro pouco intumescidas na base da semicélula, depois quase retas, ângulos superiores obtuso-arredondados, margem superior suavemente convexa, truncada; parede celular finamente pontuada; cloroplastídio axial, 2 por semicélula, lobados verticalmente, 1 pirenóide no centro de cada um; vista lateral da semicélula não observada, vista vertical da célula elíptica, 1 espinho diminuto em cada pólo.

Distribuição geográfica no Estado de São Paulo

Em literatura: **Município de São Paulo** (Borge 1918).

Material examinado: **Município de São Paulo** (descrição e ilustração em Borge 1918).

Comentários

Borge (1918) identificou dois morfotipos de C. *maximum* (Börgesen) West & West em amostras procedentes de Belém do Descalvado e da Chácara Bela Cintra, localidade esta situada no Município de São Paulo e a primeira no interior do Estado. No primeiro dos dois morfotipos, a deduzir da ilustração em Borge (1918: pl. 3, fig. 10) o tamanho de seus representantes é menor (114-126 μm compr., 102-108 μm larg. com espinhos, istmo 24-28 μm larg.) do que o dos representantes da forma típica da espécie, o seno é aberto em ângulo acuminado apenas na porção distal e as semicélulas possuem margem superior amplamente arredondada, convexa, com os espinhos dos ângulos basais paralelos entre si, enquanto que no segundo morfotipo (Borge 1918: pl. 3, fig. 11), o tamanho é maior (ca. 143 μm compr., 145-146 μm larg. com espinhos, 137-138 μm larg. sem espinhos, istmo ca. 29 μm larg.) do que o da forma típica da espécie, o seno é linear em toda sua extensão, as semicélulas possuem margem superior também amplamente arredondada, convexa e os espinhos dos ângulos basais são levemente curvados para cima.

Cosmarium maximum (Börgesen) West & West forma "paullo minor" e C. *maximum* (Börgesen) West & West forma "paullo major" foram elevadas por Krieger & Gerloff (1969) ao nível variedade, respectivamente, C. *maximum* (Börgesen) West & West var. *clausum* Krieger & Gerloff e C. *maximum* (Börgesen) West & West var. *latum* Krieger & Gerloff.

Consideramos, entretanto, ainda bastante pequeno o conhecimento desta espécie, bem como julgamos problemáticas e pouco significativas as diferenças morfológicas e de tamanho entre as formas "paullo major" e "paullo minor" em Borge (1918) e a típica da espécie que, ao que tudo indica, foi baseada apenas em um espécime. Nestas condições, optamos por considerar C. *maximum* (Börgesen) West & West var. *clausum* Krieger & Gerloff e C. *maximum* (Börgesen) West & West var. *latum* Krieger & Gerloff idênticos à forma típica da espécie e seus sinônimos heterotípicos (taxonômicos). Estudos subsequentes com observação de maior número de espécimes serão necessários para analisar a constância dos espinhos dos ângulos basais subsidiando, assim, sua inclusão junto aos *Staurodesmus*.

Cosmarium maximum (Börgesen) West & West teve sua presença documentada, até então, unicamente para o Japão. Borge (1918) foi o único autor a referir a espécie para o Brasil.

Cosmarium moniliforme (Turpin) Ralfs var. *moniliforme* f. *moniliforme* (Fig. 68)

The British Desmidieae. 107, pl. 17, fig. 6. 1848.

Basiônimo: ? *Tessarthonia moniliforme* Turpin, Dictionnaire des Sciences Naturelles 53: 239. 1828.

Célula de tamanho médio, 17-30 μm compr., 10-20 μm larg., 15-20 μm espes., istmo 4-7,7 μm larg., constrição mediana profunda, seno mediano amplamente aberto, usualmente acuminado; semicélulas circulares ou subcirculares, margens basais convexas, ângulos basais arredondados, margem superior convexa, parede celular lisa; cloroplastídio axial, 1 por semicélula, 1 pirenoide central, ca. 6 lamelas ou lobos verticais radiantes (às vezes furcados e irregulares); vista lateral da semicélula circular ou subcircular, vista vertical da célula circular.

Distribuição geográfica no Estado de São Paulo

Em literatura: **Município de Itirapina** (Bicudo 1969).

Material examinado: **Município de Itirapina** (descrição e ilustração em Bicudo 1969) e **Município de Rio Claro** (SP188219).

Comentários

Cosmarium moniliforme foi proposto por Turpin (1820), como *Tessarthonia moniliformis*, com base em material coletado na França. Sua transferência para o gênero *Cosmarium* e respectiva validação ocorreram em Ralfs (1848).

Grönblad (1945) citou pioneiramente a ocorrência da espécie no Brasil. Mais tarde, Bicudo (1969) comentou que *C. moniliforme* (Turpin) Ralfs é diferente de *C. globosum* Bulnheim por sua célula e istmo relativamente mais estreitos.

As populações analisadas provenientes de duas localidades distintas no Estado de São Paulo não apresentaram variação morfológica digna de menção.

Em nível mundial, *C. moniliforme* (Turpin) Ralfs ocorre na América do Sul, Ásia, Ártico, Europa e Oceania. No Brasil, foi citada por Nordstedt (1870), Wille (1884), Börgesen (1890), Warming (1892), Borge (1903, 1918, 1925), Grönblad (1945), Scott *et al.* (1965), Bicudo (1969), De-Lamonica-Freire (1985), Bittencourt-Oliveira (1993, 2002), Bicudo *et al.* (1999), Torgan *et al.* (2001) e Silva & Cecy (2004).

COSMARIUM NITIDULUM DE NOTARIS VAR. *NITIDULUM* (FIG. 59)

Elementi per lo studio delle Desmidiacee Italiche. 42, pl. 3, fig. 26. 1867.

Célula de tamanho médio, 1,2-1,3 vezes mais longa que larga, 39-42 μm compr., 28-31 μm larg., ca. 18 μm espes., istmo ca. 8 μm larg., constrição mediana profunda, seno mediano fechado, dilatado na extremidade; semicélulas subtrapeziformes, ângulos basais acuminado-arredondados, margens laterais levemente convexas, ângulos superiores obtuso-arredondados, margem apical amplamente truncada, reta a pouco convexa; parede celular finamente pontuada; cloroplastídio axial, 1 por semicélula, 1 pirenoide central; vista lateral da semicélula subcircular, vista vertical da célula elíptica.

DISTRIBUIÇÃO GEOGRÁFICA NO ESTADO DE SÃO PAULO

EM LITERATURA: **Município de Moji** ? ('Marais de Mogi') (Börgesen 1890).

MATERIAL EXAMINADO: **Município de Moji** ? (descrição e ilustração em Börgesen 1890).

COMENTÁRIOS

A presente espécie difere de *C. pseudonitidulum* Nordstedt pelo menor tamanho das células e a presença de um único pirenoide por plastídio; e de *C. subtumidum* Nordstedt pelo formato trapeziforme das semicélulas e a falta de um espessamento facial mediano em cada semicélula (Prescott *et al.* 1981). Além destas características, Bicudo (1969) ressaltou como diferenciais entre *C. nitidulum* De Notaris e *C. subtumidum* Nordstedt os ângulos basais proporcionalmente mais largos, margens laterais relativamente mais convexas e ápices menos angulares.

A espécie tem distribuição mundial cosmopolita, ocorrendo em todos os continentes. No Brasil, foi referida por Nordstedt (1870), Börgesen (1890), Borge (1903), Krieger (1950), Förster (1969), Suárez (1995) e Torgan *et al.* (2001).

COSMARIUM NORIMBERGENSE REINSCH VAR. *NORIMBERGENSE* F. *NORIMBERGENSE* (FIG. 71)

Acta Societatis Senckenbergensis 6: 117, pl. 22, fig. A-IV: 1-11. 1867.

Célula ca. 1,3 vezes mais longa que larga, 13,3-13,8 μm compr., 10,5-12,2 μm larg., istmo ca. 4,6 μm larg., constrição mediana profunda, seno mediano fechado, dilatado na extremidade; semicélulas verticalmente retangulares, ângulos basais retangular-arredondados, margens laterais retas, paralelas entre si, margem superior amplamente convexa, quase semicircular; parede celular lisa; cloroplastídio axial, 1 por semicélula, 1 pirenoide central; vista lateral da semicélula piriforme a quase esférica, vista vertical da célula elíptica.

DISTRIBUIÇÃO GEOGRÁFICA NO ESTADO DE SÃO PAULO

EM LITERATURA: **Município de Luiz Antônio** (Taniguchi 1998, Taniguchi *et al.* 2003).

MATERIAL EXAMINADO: **Município de Luiz Antônio** (descrição e ilustração em Taniguchi *et al.* (2003).

COMENTÁRIOS

Taniguchi *et al.* (2003) identificaram C. *norimbergense* a partir de material do Lago do Diogo, mas ressaltaram que tal material poderia ser confundido com o da var. *depressum* (West & West) Krieger & Gerloff da mesma espécie, visto que suas margens laterais são mais retusas do que no tipo, porém, as margens apicais são levemente côncavas e a razão entre o comprimento e a largura celulares coincide melhor com o espectro de variação da variedade-tipo da espécie.

Em nível mundial, C. *norimbergense* Reinsch var. *norimbergense* f. *norimbergense* ocorre na América do Norte, América do Sul, Ártico, Ásia e Europa. No Brasil, foi referida em três ocasiões, a saber: Förster (1964), Taniguchi (1998) e Taniguchi *et al.* (2003).

COSMARIUM NYMANNIANUM GRUNOW VAR. *NYMANNIANUM* F. (FIG. 54)

Célula pequena, 1,1-1,3 vez mais longa que larga, 9-12 μm compr., 8-9 μm larg., 19-21 μm espes., istmo 3,5-4 μm larg., constrição mediana profunda, seno mediano linear, fechado; semicélulas piramidal-truncadas, quase 3-lobadas, ângulos basais retangular-arredondados, margens laterais convergentes para o ápice das semicélulas, pouco retusas no terço superior, ângulos superiores obtuso-arredondados, margem superior retusa na parte média; parede celular grosseira e irregularmente pontuada, área circular mais espessa, não porosa no centro da semicélula, 1 poro bem maior central; vista lateral da semicélula elíptica, vista vertical da célula elíptico-romboédrica, 1 poro bastante conspícuo no meio de cada lado, lobo polar retangular.

Distribuição geográfica no Estado de São Paulo

Em literatura: **Município de São Paulo** (Araújo & Bicudo 2006).

Material examinado: **Município de São Paulo** (descrição e ilustração em Araújo & Bicudo 2006).

Comentários

O presente material foi identificado por Ferragut *et al.* (2005) como C. *sublobulatum* (Brébisson) Archer var. *brasiliense* Borge. De fato, há um grupo de espécies de *Cosmarium* como, por exemplo, o de C. *retusiforme* (Wille) Gutwinski var. *elevatum* Insam & Krieger, C. *miedzyrzecense* Eichler & Gutwinski var. *miedzyrzecense* e C. *miedzyrzecense* Eichler & Gutwinski var. *monomazum* Grönblad, cujos representantes guardam estreita semelhança morfológica entre si tornando até muito difícil sua identificação taxonômica. Entretanto, a diferença na forma das semicélulas devido à relação entre seu comprimento e sua largura da ordem de 1,1-1,3 não de ca. 1,5 permitiu, presentemente, não concordar com a referida identificação em Ferragut *et al.* (2005).

Os atuais exemplares do Estado de São Paulo diferem daqueles da variedade-tipo da espécie pelas dimensões celulares muito menores, isto é, entre um terço e um quarto do tamanho destes últimos. Foram, presentemente, observados poucos exemplares deste tipo. Caso um número maior de exemplares seja encontrado e persista a diferença dos limites de variação de suas dimensões, poder-se-á propor uma nova forma taxonômica para identificar o material do Lago do IAG.

Em nível mundial, C. *nymannianum* Grunov var. *nymannianum* ocorre nas Américas do Norte e do Sul, no Ártico, na Ásia e na Europa. No Brasil, foi citada unicamente por Grönblad (1945) e Araújo & Bicudo (2006).

Cosmarium obsoletum (Hantzsch) Reinsch var. *obsoletum* (Fig. 23)

Acta Societatis Senckenbergensis 6: 142, pl. 22-D1, fig 1-4. 1867.

Basiônimo: *Arthrodesmus obsoletus* Hantzsch *in* Rabenhorst, Algen nº 1407. 1862.

Célula de tamanho médio, ca. 1,2 vezes mais larga que longa, 23-56 μm compr., 42-60 μm larg., 21-22 μm de espes., istmo 10-24 μm larg., constrição mediana profunda, seno mediano linear, fechado, dilatado na extremidade; semicélulas aproximadamente semicirculares, ângulos basais acuminado-arredondados, margem espessa, uniformemente convexa a levemente achatada no ápice; parede celular lisa; cloroplastídio axial, 1 por semicélula, pirenoides 2, situados um ao lado do outro; vista lateral da semicélula mais ou menos circular, vista vertical da célula elíptica, espessa na parte média.

DISTRIBUIÇÃO GEOGRÁFICA NO ESTADO DE SÃO PAULO

EM LITERATURA: **Município de Pirassununga** (Borge 1918), **Município de Ribeirão Preto** (Marinho & Sophia 1997) e **Município de São Paulo** (Araújo & Bicudo 2006).

MATERIAL EXAMINADO: **Município de Pirassununga** (descrição e ilustração em Borge 1918), **Município de Ribeirão Preto** (descrição e ilustração em Marinho & Sophia 1997) e **Município de São Paulo** (descrição e ilustração em Araújo & Bicudo 2006).

COMENTÁRIOS

A ilustração de *Cosmarium obsoletum* (Hantzsch) Reinsch f. Nordstedt (1877: pl. l, fig. 9) em Borge (1918: pl. 3, fig. 12) representa, de fato, de um *Staurodesmus* e, mais especificamente, de *S. croasdaleae* Teiling var. *latus* (Scott) Teiling.

A situação sistemática desta espécie não se encontra ainda hoje bem definida. Se, por um lado, Teiling (1967) pareceu certo ao considerar a espécie entre os *Staurodesmus*, Förster (1969) preferiu, por outro lado, considerar mais oportuno manter *C. obsoletum* (Hantzsch) Reinsch entre os *Cosmarium* e não entre os *Staurodesmus*, posição esta adotada também por Croasdale & Flint (1988).

Esta espécie ocorre, em nível mundial, na América do Norte, América do Sul, Ártico, Ásia, Europa e Oceania. No território brasileiro, sua presença foi documentada por Borge (1903, 1918, 1925), Förster (1964, 1969), Marinho & Sophia (1997), Suárez (1995) e Torgan *et al.* (2001).

COSMARIUM OCELLATUM EICHLER & GUTWINSKI VAR. *OCELLATUM* (FIG. 26)

Rozpravy Wydzia³u matematyczno-przyrodniczego akademii umiejêtnoœci 28: 164, pl. 4, fig. 7. 1894.

Célula pequena a média, 1,2-1,3 vezes mais longa que larga, 17,5-31,5 μm compr., 16-18,5 μm larg., istmo 4,5-7 μm larg., constrição mediana profunda, seno mediano linear, dilatado na extremidade; semicélulas subtriangulares, ângulos basais amplamente arredondados, margens laterais retusas na parte média, margem superior uniformemente convexa; parede celular lisa ou finamente pontuada, 1 grande escrobiculação central; cloroplastídio axial, 1 pirenoide central; vista lateral da semicélula não observada, vista apical da célula estreitamente elíptica.

Distribuição geográfica no Estado de São Paulo

Em literatura: **Município de Pirassununga** (Borge 1918: como *C. luscum*) e **Município de São Paulo** (Borge 1918: como *C. luscum* forma *major*, Bicudo & Bicudo 1965, Araújo & Bicudo 2006).

Material examinado: **Município de Pirassununga** (descrição e ilustração em Borge 1918) e **Município de São Paulo** (descrição e ilustração em Bicudo & Bicudo 1965, Araújo & Bicudo 2006).

Comentários

Cosmarium luscum Borge foi considerado por Krieger & Gerloff (1962) sinônimo de *C. ocellatum* Eichler & Gutwinski. Trata, na verdade, de uma espécie pouco citada na literatura. Além da descrição original baseada em material coletado de uma lagoa grande, sem nome, em Pirassununga, Estado de São Paulo, esta espécie foi também referida por Grönblad (1945) através, aparentemente, de um só exemplar de material do rio Aiaiá, no Estado do Pará. Outra referência a esta espécie na literatura brasileira está no catálogo das algas do Rio Grande do Sul elaborado por Bicudo & Martau (1974), porém, sem qualquer informação além de sua citação.

Consta ainda entre os sinônimos de *C. ocellatum* Eichler & Gutwinski, a forma *major*, uma expressão morfológica distinta da espécie que seria, segundo Borge (1918), diferente do tipo da espécie por apresentar maiores dimensões celulares e uma depressão facial amarelada com um escrobíbulo na região central de cada semicélula.

Cosmarium ocellatum Eichler & Gutwinski ocorre, em nível mundial, nas Américas do Norte e do Sul, no Ártico, na Ásia e na Europa. No Brasil, foi citada por Borge (1918), Bicudo & Bicudo (1965) e Torgan *et al.* (2001) como *C. luscum* Borge.

COSMARIUM PACHYDERMUM LUNDELL VAR. *PACHYDERMUM* (FIG. 27)

Nova Acta Regiae Societatis Scientiarum Upsaliensis: sér. 3, 8(2): 39, pl. 2, fig. 15. 1871.

Célula grande, ca. 1,3 vezes mais longa que larga; 110-145 μm compr., 82-105 μm larg., 34-40 μm espess., istmo 33-50 μm larg.; constrição mediana moderadamente profunda, seno mediano linear, dilatado na extremidade; semicélulas semicirculares, ângulos basais quase retos, bastante arredondados, margem ampla e uniformemente convexa; parede celular espessa, grosseiramente pontuada, poros distribuídos irregularmente; cloroplastídios axiais, 1 por semicélula, lamelados, lamelas 2-3, longitudinais, irregularmente ramificadas, pirenoides 2, situados um ao lado do outro; vista lateral da semicélula subcircular, vista vertical da célula amplamente elíptica.

DISTRIBUIÇÃO GEOGRÁFICA NO ESTADO DE SÃO PAULO

EM LITERATURA: **Município de Luiz Antônio** (Taniguchi *et al.* 2003).

MATERIAL EXAMINADO: **Município de Igaratá** (SP371019), **Município de Martinópolis** (SP370960), **Município de Pitangueiras** (SP355382) e **Município de Pradópolis** (SP365701).

COMENTÁRIOS

A parede espessa com poros visíveis ao microscópio óptico e ângulos basais retangulares e amplamente arredondados fazem com que *C. pachydermum* Lundell var. *pachydermum* seja uma espécie facilmente diferenciável em sua forma típica de todas as demais do gênero (Prescott *et al.* 1981, Croasdale & Flint 1988). Prescott *et al.* (1981) comentaram ter visto espécimes com três pirenoides em uma semicélula e dois na outra. Todos os espécimes da variedade-tipo desta espécie que tivemos oportunidade de observar apresentaram, invariavelmente, dois pirenoides por cloroplastídio, um do lado do outro.

O material identificado por Taniguchi *et al.* (2003) coletado na Lagoa do Diogo apresentou a margem superior das semicélulas levemente truncada diferindo, assim, da literatura como ressaltado pelos referidos autores. Esses mesmos autores não fizeram, entretanto, qualquer outro comentário a respeito dessa diferença. Tampouco lhe outorgaram valor taxonômico.

As populações analisadas provenientes de quatro localidades no Estado de São Paulo não apresentaram variação morfológica digna de menção.

Em nível mundial, a variedade típica da espécie ocorre só na América do Norte. No Brasil, teve sua ocorrência referida por Borge (1903, 1918), Grönblad (1945), Ungaretti (1976, 1981a), De-Lamonica-Freire (1985), Lopes (1992), Bittencourt-Oliveira (1993a, 2002), Torgan *et al.* (2001) e Taniguchi *et al.* (2003).

COSMARIUM PACHYDERMUM LUNDELL VAR. *AETHIOPICUM* WEST & WEST (FIG. 28)

A Monograph of the British Desmidiaceae 2: 140, pl. 57, fig. 8-9. 1905.

Célula grande, ca. 1,2 vezes mais longa que larga, 76-99 μm compr., 66-84 μm larg., 40-43 μm espes., istmo 38,5-46 μm larg., constrição mediana profunda, seno mediano linear, dilatado na extremidade; semicélulas semicirculares, ângulos basais amplamente arredondados, margem ampla e uniformemente convexa; parede celular fina, escrobiculada, escrobículos grosseiros, espaçados entre si, poros finos entre eles; cloroplastídio axial, 1 por semicélula, fendido próximo à margem superior das semicélulas, inúmeras projeções que irradiam da região do istmo, 2 pirenoides situados um ao lado do outro; vista lateral da semicélula subcircular, vista vertical da célula elíptica.

DISTRIBUIÇÃO GEOGRÁFICA NO ESTADO DE SÃO PAULO

EM LITERATURA: **Município de Luiz Antônio** (Taniguchi *et al.* 2003).

MATERIAL EXAMINADO: **Município de Panorama** (SP370966).

COMENTÁRIOS

Os representantes desta variedade diferem daqueles da variedade típica da espécie por apresentarem a parede celular escrobiculada, onde as escrobiculações aparecem amplamente espaçadas entre si e apresentam delicados poros entre elas (Prescott *et al.* 1981).

Representantes de C. *pachydermum* Lundell var. *aethiopicum* West & West foram atualmente encontrados apenas nas amostras coletadas no Município de Panorama e sua identificação baseou-se, principalmente, na menor relação entre o comprimento e a largura celulares (< 1,25) e no seno mediano mais amplamente aberto. Não foi detectada variação morfológica significativa na população examinada.

Em nível mundial, a var. *aethiopicum* West & West ocorre nas Américas do Norte e do Sul, na Ásia, no Ártico e na Europa. Grönblad (1945) e Taniguchi *et al.* (2003) são as duas únicas referências à ocorrência da variedade no Brasil.

COSMARIUM PHASEOLUS BRÉBISSON VAR. *PHASEOLUS* F. *MINUS* BOLDT (FIG. 37)

Öfversigt af Kungliga Vetenskakademiens förhandlingar 1887(2): 102. 1885.

Célula pequena a média, pouco mais longa que larga, 16,5-24,5 μm compr., 16-24 μm larg., istmo 4,5-7 μm larg., constrição mediana profunda, seno mediano linear, dilatado na extremidade; semicélulas sub-reniformes, ângulos basais amplamente arredondados, margem superior uniformemente convexa; parede celular lisa, incolor, 1 protuberância facial mediana; cloroplastídios axiais, 1 por semicélula, 1 pirenoide central; vista lateral da semicélula elíptica, vista vertical da célula subsemicircular.

DISTRIBUIÇÃO GEOGRÁFICA NO ESTADO DE SÃO PAULO

EM LITERATURA: **Município de São Paulo** (Araújo & Bicudo 2006).

MATERIAL EXAMINADO: **Município de São Paulo** (descrição e ilustração em Araújo & Bicudo 2006).

COMENTÁRIOS

Cosmarium phaseolus Brébisson var. *phaseolus* f. *minus* Boldt difere do tipo da espécie somente pelo menor tamanho (ao redor da metade) de seus indivíduos representantes.

Segundo Prescott *et al.* (1981), a protuberância facial mediana da parede celular nem sempre é de fácil visualização.

Em nível mundial, a f. *minus* Boldt ocorre na América do Norte, América do Sul, Ásia, Europa e Oceania. No Brasil, o único documento de sua presença está em Araújo & Bicudo (2006).

COSMARIUM PSEUDOCONNATUM NORDSTEDT VAR. *PSEUDOCONNATUM* (FIG. 65)

Videnskabelige Meddelelser fra den naturhistoriske Forening i Kjöbenhavn 1869(14-15): 214. 1869; 1887: pl. 3, fig. 17. 1877.

Célula grande, ca. 1,5 vezes mais longa que larga, 43,4-56,1 μm compr., 30,6-45,9 μm larg., istmo 28,9-42,5 μm larg., constrição mediana muito suave, praticamente retusa, seno mediano amplo, muito raso; semicélulas quase semielípticas, margem uniformemente convexa em toda extensão; parede celular lisa, pontuada, pontuação próxima ao istmo às vezes arranjadas em séries transversais; cloroplastídio parietal, 4 por semicélula, 1 pirenoide cada um; vista lateral da semicélula idêntica à frontal (taxonômica), vista vertical da célula circular ou quase.

DISTRIBUIÇÃO GEOGRÁFICA NO ESTADO DE SÃO PAULO

EM LITERATURA: **Município de São Paulo** (Bicudo 1969, Moura 1997, Lopes 1999, Ferragut *et al.* 2005, Araújo & Bicudo 2006).

MATERIAL EXAMINADO: **Município de São Paulo** (descrição e ilustração em Bicudo 1969, Ferragut *et al.* 2005, Araújo & Bicudo 2006).

COMENTÁRIOS

Espécie originalmente descrita por Nordstedt (1869) a partir de material proveniente de um local não especificado próximo de Lagoa Santa, no Estado de Minas Gerais. Embora Nordstedt (1869) mencione as ilustrações, estas só foram publicadas oito anos depois, em 1887 (Nordstedt 1887).

Cosmarium pseudoconnatum Nordstedt difere de C. *connatum* Brébisson pelas suas células relativamente menores, constrição mediana proporcionalmente mais suave e semicélulas relativamente mais arredondadas (Bicudo 1969). *Cosmarium pseudoconnatum* Nordstedt assemelha-se muito também a C. *connatum* (Brébisson) Ralfs var. *minus* Wolle, da qual difere, unicamente, pelo tipo de espinhos que decoram o zigósporo. Estes são pontiagudos em C. *pseudoconnatum* Nordstedt e rombudos em C. *connatum* (Brébisson) Ralfs var. *minus* Wolle. A despeito de Krieger & Gerloff (1969) considerarem C. *connatum* (Brébisson) Ralfs var. *minus* Wolle idêntico a C. *pseudoconnatum* Nordstedt, a referida variedade permanece, entretanto, problemática. Primeiro, porque Wolle (1884) a referiu com tendo sido descrita por Nordstedt, o que não é fato, pois não existe um trabalho deste último autor em que tenha sido proposta uma var. *minus* de *Cosmarium* ou *Calocylindrus* (nome de uma seção do gênero *Cosmarium*). Segundo, porque não se conhece o tipo e o número de plastídios da var. *minus* Wolle em questão.

De acordo com West & West (1908), *C. pseudoconnatum* Nordstedt tem quatro cloroplastídios parietais por semicélula, cada qual com um pirenoide. Teiling (1952) afirmou, entretanto, que o cloroplastídio é originalmente do tipo axial e que a ausência da parte conectiva deu origem aos quatro plastídios parietais irradiantes de um centro comum, cada plastídio resultante com um ou, mais raro, diversos pirenoides. Em todos os espécimes ora analisados, esteve presente o tipo axial 4-radiado de cloroplastídio e cada projeção com um único pirenoide.

Grönblad (1945) divulgou a ocorrência de exemplares menores da espécie (36-38 μm compr., 28-30 μm larg.), cujo ápice é truncado. O referido autor não ilustrou, entretanto, os espécimes que examinou, nem mencionou o tipo e o número de seus cloroplastídios, o que torna impossível seu reestudo.

Em nível mundial, *C. pseudoconnatum* Nordstedt já foi documentado para as Américas do Norte e do Sul, Ártico, Ásia e Europa. No Brasil, a espécie foi amplamente citada por Nordstedt (1870), Dickie (1880), Wille (1884), Börgesen (1890), Edwall (1896), Borge (1903, 1918, 1925), Grönblad (1945), Prescott (1957), Scott *et al.* (1965), Bicudo (1969), Förster (1969, 1974), Ungaretti (1976, 1981), Lima (1982), Picelli-Vicentim (1984), De-Lamonica-Freire (1985), Bicudo & Ungaretti (1986), Rosa *et al.* (1987), Sophia (1991), Franceschini (1992), Lopes (1992), Bittencourt-Oliveira (1993a, 2002), Suárez (1995), Torgan *et al.* (2001), Felisberto & Rodrigues (2004) e Silva & Cecy (2004).

COSMARIUM PSEUDOEXIGUUM RACIBORSKI VAR. *PSEUDOEXIGUUM* (FIG. 83)

Pamiêtnik Wydzia³ Akademie Umiejêtnoœci w Krakowie 10: 71, pl. 10, fig. 8. 1885.

Célula de tamanho médio, ca. 2 vezes tão longa quanto larga ou pouco mais longa, 22-29 μm compr., 8-16 μm larg., istmo 3,5-5 μm larg., constrição mediana profunda, seno mediano linear, dilatado na extremidade; semicélulas subquadradas, ângulos basais retangular-arredondados, margens laterais retas, paralelas por mais de 2/3 de sua extensão a partir da base da semicélula, ou muito pouco convexas, margem superior leve a amplamente convexa, raramente reta ou muito indistintamente retusa; parede celular incolor, lisa, 1 espessamento apical; cloroplastídio parietal, 1 por semicélula, 1 pirenoide central; vista lateral da semicélula verticalmente sub-retangular, vista vertical da célula elíptica.

Distribuição geográfica no Estado de São Paulo

Em literatura: **Município de São Paulo** (Ferragut *et al.* 2005, Araújo & Bicudo 2006).

Material examinado: **Município de São Paulo** (descrição e ilustração em Ferragut *et al.* 2005, Araújo & Bicudo 2006).

Comentários

Segundo Bicudo (1969), é razoavelmente difícil definir a disposição dos cloroplastídios na célula dos representantes desta espécie, bem como dos pirenoides. Raciborski (1885) afirmou que os plastídios são parietais. Ninguém, entretanto, identificou posteriormente o número e a localização dos pirenoides nesta espécie. A forma subquadrada das semicélulas, a constrição mediana relativamente mais profunda e o seno estreito e linear do presente material permitiram sua identificação com C. *pseudoexiguum* Raciborski, não com C. *exiguum* Archer, a espécie que lhe é morfologicamente mais próxima.

Em nível mundial, esta espécie ocorre na América do Norte, América do Sul, Ártico, Ásia e Europa. No Brasil, sua presença foi registrada por Grönblad (1945), Krieger (1950), Bicudo & Ungaretti (1986), Bicudo *et al.* (1992), Ferragut *et al.* (2005) e Araújo & Bicudo (2006).

Cosmarium pseudopyramidatum Lundell var. *pseudopyramidatum* f. *pseudopyramidatum* (Fig. 46)

Nova Acta Regiae Societatis Scientiarum Upsaliensis: sér. 3, 8(2): 41, pl. 2, fig. 18. 1871.

Célula grande, ca. 1,7 vezes mais longa que larga, 41-47 μm compr., 25-29 μm larg., istmo 9-10 μm larg., constrição mediana profunda, seno mediano linear, fechado; semicélulas piramidal-truncadas a verticalmente semielípticas, ângulos basais sub-retangular-arredondados, margem suavemente convexa, convergente para o ápice, ápice amplamente truncado; parede celular uniforme e regularmente pontuada, 1 espessamento apical; cloroplastídio axial, 1 por semicélula, 1 pirenoide central; vista lateral da semicélula mais ou menos ovalada, espessada na parte média, vista vertical da célula elíptica, 1 espessamento no centro de cada lado.

Distribuição geográfica no Estado de São Paulo

Em literatura: **Município de Luiz Antônio** (Taniguchi *et al.* 2003).

Material examinado: **Município de Ibitinga** (SP365704), **Município de Iepê** (SP370954), **Município de Joanópolis** (SP371022), **Município de Martinópolis** (SP370960), **Município de Pitangueiras** (SP355382) e **Município de Santa Adélia** (SP365705).

COMENTÁRIOS

Cosmarium pseudopyramidatum Lundell é distinta de C. *pyramidatum* Ralfs por seu menor tamanho e presença de um único pirenoide por plastídio. Entretanto, consideradas as variedades taxonômicas de cada uma, há considerável sobreposição de tamanho e número de pirenoides de modo que, talvez, as duas espécies acima referidas possam ser reunidas em uma só, como foi proposto por Prescott *et al.* (1981).

Trata-se de uma espécie bem distribuída na América do Norte e Europa. No Brasil, sua presença foi registrada por Borge (1903), Grönblad (1945), Ungaretti (1981), Picelli-Vicentim (1985), De-Lamonica-Freire (1985), Rosa *et al.* (1987), Sophia (1991), Franceschini (1992), Suárez (1995), Torgan *et al.* (2001) e Sophia *et al.* (2005).

COSMARIUM PSEUDOPYRAMIDATUM LUNDELL VAR. *ROTUNDATUM* KRIEGER & GERLOFF (FIG. 47)

Die Gattung *Cosmarium* 2: 129, pl. 27, fig. 3. 1965.

Célula grande, ca. 0,7 vezes mais longa que larga, 42-48 μm compr., 29-34 μm larg., ca. 25 μm espes., istmo 9-12,5 μm larg., constrição mediana profunda, seno mediano fechado; semicélulas piramidais, ângulos basais arredondados, margens laterais convexas; parede celular pontuada; cloroplastídio não observado; vista lateral da semicélula subsemicircular, vista vertical da célula elíptica.

DISTRIBUIÇÃO GEOGRÁFICA NO ESTADO DE SÃO PAULO

EM LITERATURA: **Município de Luiz Antônio** (Taniguchi *et al.* 2003).

MATERIAL EXAMINADO: **Município de Luiz Antônio** (descrição e ilustração em Taniguchi *et al.* 2003).

COMENTÁRIOS

O material atualmente analisado concorda com aquele em Krieger & Gerloff (1962), mas difere da variedade típica de C. *pseudopyramidatum* Lundell pela forma da semicélula que na primeira é piramidal, com o ápice truncado, enquanto que na var. *rotundatum* Krieger & Gerloff é quase semicircular, com o ápice arredondado como foi discutido por Lopes (1992).

Assemelha-se a C. *pyramidatum* Brébisson var. *convexum* Krieger, porém, difere por esta última apresentar maior número de pirenoides por cloroplastídio e dimensões celulares relativamente superiores.

Em nível mundial, C. *pseudopyramidatum* Lundell var. *rotundatum* Krieger & Gerloff ocorre nas três Américas. No Brasil, foi citada por Bicudo & Ungaretti (1986), Lopes (1992) e Taniguchi *et al.* (2003).

COSMARIUM PYGMAEUM ARCHER VAR. PYGMAEUM (FIG. 72)

Proceedings of the Dublin Natural History Society 4(1): 66, pl. 1, fig. 45-49. 1864.

Célula pequena, tão longa quanto larga ou levemente mais curta, ca. 10,2 μm compr., ca. 10,2 μm larg., istmo ca. 3 μm larg., constrição mediana profunda, seno mediano linear; semicélulas transversalmente oblongo-retangulares, ângulos amplamente arredondados, conjunto das margens basais e margem superior igualmente convexos, às vezes margem superior quase reta, raro levemente retusa na parte média, 1 protuberância dificilmente visível no meio de cada semicélula, às vezes 1 pequena papila internamente próximo de cada ângulo lateral; parede celular lisa; cloroplastídio axial, 1 por semicélula, 1 pirenoide central; vista lateral da semicélula subcircular, com ou sem 1 proeminência na região mediana de cada lado, vista vertical da célula elíptica, 1 papila pequena (raro ausente) de cada lado próximo dos pólos.

DISTRIBUIÇÃO GEOGRÁFICA NO ESTADO DE SÃO PAULO

EM LITERATURA: **Município de Rio Claro** (Bicudo 1969).

MATERIAL EXAMINADO: **Município de Rio Claro** (descrição e ilustração em Bicudo 1969).

COMENTÁRIOS

Esta espécie está associada e praticamente confinada a campos de *Sphagnum*, onde ocorre junto com C. *sphagnicolum* West & West (West & West 1908). Estes últimos autores destacaram que a espécie exibe bastante variação morfológica, principalmente, no que tange à protuberância facial mediana de cada semicélula e às papilas situadas logo abaixo da margem superior das semicélulas, próximo a cada ângulo lateral. Segundo West & West (1908), a forma mais comum das semicélulas é a transversalmente oblongo-retangular, na qual os ângulos superiores são obtuso-arredondados e possuem intramarginalmente, logo abaixo, um grânulo quase imperceptível se a célula contiver restos de seu protoplasma.

Uma avaliação criteriosa de amostras populacionais deve ser providenciada com certa urgência, com a finalidade de definir quais características morfológicas são mais estáveis em nível populacional e quais não são para, só depois, poder circunscrever o que é, de fato, C. *pygmaeum* Archer.

Em nível mundial, ocorre nas Américas Central, do Norte e do Sul, no Ártico, na Ásia e na Europa. No Brasil, foi citada exclusivamente por Bicudo (1969).

COSMARIUM PYRAMIDATUM Brébisson *IN* Ralfs var. *PYRAMIDATUM* (Fig. 44)

The British Desmidieae. 94, pl. 15, fig. 4a-c (não 4d-f). 1848.

Célula de tamanho médio a grande, ca. 1,5 vezes tão longa quanto larga, 33-36 μm compr., 22,5-23,8 μm larg., istmo 5,1-6,8 μm larg., constrição mediana profunda, seno mediano linear, dilatado na extremidade; semicélulas semielípticas a piramidal-truncadas, ângulos basais sub-retangular-arredondados, margens laterais convexas, convergentes para o ápice, ângulos superiores otuso-arredondados, margem superior suavemente convexa a reta; parede celular incolor, diminutamente pontuada; cloroplastídio axial, 1 por semicélula, 2 pirenoides situados lado a lado; vista lateral da semicélula elíptico-oblonga a quase retangular, vista vertical da célula elíptica.

Distribuição geográfica no Estado de São Paulo

Em literatura: **Município de Luiz Antônio** (Taniguchi *et al.* 2003).

Material examinado: **Município de Araras** (SP365714), **Município Engenheiro Coelho** (SP355403), **Município de Ibitinga** (SP365704), **Município de Joanópolis** (SP371022), **Município de Novo Horizonte** (SP370950), **Município de Pitangueiras** (SP355382), **Município de Santa Adélia** (SP365705) e **Município de São Paulo** (SP355406).

Comentários

Cosmarium pyramidatum Brébisson var. *pyramidatum* é, por um lado, facilmente reconhecido pela forma piramidal-truncada de suas semicélulas e pela presença de dois ou três pirenoides (Croasdale & Flint 1988). Por outro, contudo, é uma espécie bastante comum e polimorfa. Consequência dessa multiplicidade de formas e de sua ocorrência corriqueira são os muitos nomes de variedades taxonômicas dentro da espécie, as quais são caracterizadas, principalmente, por detalhes da forma das semicélulas e pelo número de pirenoides (Prescott *et al.* 1981). Na prática, entretanto, às vezes é difícil separar certas dessas variedades dada a ausência de separação competente entre as populações provenientes de locais diferentes.

As ilustrações originais em Ralfs (1848: fig. 4d-f) foram consideradas por Krieger & Gerloff (1965) representativas de *C. pseudopyramidatum* Lundell, não de *C. pyramidatum* Brébisson.

Borge (1918) descreveu uma expressão morfológica de *C. pyramidatum* Brébisson, cuja diferença das formas típicas da espécie reside em seu tamanho consideravelmente maior (172-176 μm compr., 96-106 μm larg.), ou seja, ao redor de 50% maior. Esta diferença de tamanho fez Krieger & Gerloff (1965) considerarem tais exemplares representativos de uma nova variedade, a qual nomearam C. *pyramidatum* Brébisson var. *maximum* (Borge) Krieger & Gerloff.

Em nível mundial, a espécie ocorre amplamente nos Estados Unidos da América e Canadá. No Brasil, foi citada por Borge (1903), Förster (1964), De-Lamonica-Freire (1985), Bicudo & Ungaretti (1986), Lopes (1992), Suárez (1995), Torgan *et al.* (2001) e Taniguchi *et al.* (2003).

COSMARIUM PYRAMIDATUM Brébisson f. *MINUS* C. Bicudo (Fig. 45)

Nova Hedwigia 17(1-4): 507, pl. 126, fig. 141. 1969.

Célula de tamanho médio a grande, ca. 1,5 vezes tão longa quanto larga, 33-36 μm compr., 22,5-23,8 μm larg., istmo 5,1-6,8 μm larg., constrição mediana profunda, seno mediano linear, dilatado na extremidade; semicélulas verticalmente semielípticas, ângulos basais sub-retangular-arredondados, margens laterais convexas, convergentes, ápice convexo; parede celular incolor, diminutamente pontuada, 1 espessamento apical; cloroplastídio axial, 1 por semicélula, 2 pirenoides situados lado a lado; vista lateral da semicélula elíptico-oblonga, vista vertical da célula elíptica.

DISTRIBUIÇÃO GEOGRÁFICA NO ESTADO DE SÃO PAULO

EM LITERATURA: **Município de São Paulo** (Bicudo 1969, Araújo & Bicudo 2006).

MATERIAL EXAMINADO: **Município de São Paulo** (descrição e ilustração em Bicudo 1969, Araújo & Bicudo 2006).

COMENTÁRIOS

Os representantes desta forma taxonômica são nitidamente distintos dos da forma típica da espécie pelo tamanho consideravelmente menor de suas células, ao redor da metade, e a forma mais verticalmente semielíptica, onde o ápice das semicélulas é truncado, convexo e não piramidal-truncada como em C. *pyramidatum* Brébisson f. *pyramidatum*.

Cosmarium pyramidatum Brébisson f. *minus* C. Bicudo é atualmente conhecida só do Brasil e, mais especificamente, do Município de São Paulo através dos registros de Bicudo (1969) e Araújo & Bicudo (2006).

COSMARIUM RALFSII BRÉBISSON VAR. *RALFSII* (FIG. 21)

In Ralfs, The British Desmidieae. 93, pl. 15, fig. 3. 1848.

Célula grande, ca. 1,1 vezes mais larga que longa, 105,4-115,6 µm compr., 115,6-127,5 µm larg., istmo ca. 34 µm larg., constrição mediana profunda, seno mediano aberto, acutangular, dilatado na extremidade; semicélulas subtrapeziformes, ângulos basais acuminado-arredondados, encimados por 1 espinho bastante curto, pontiagudo, margens laterais retusas na parte média, ângulos superiores obtuso-arredondados, margem superior amplamente truncada; parede celular incolor, diminutamente pontuada; cloroplastídios não observados; vistas lateral da semicélula e vertical da célula não observadas.

DISTRIBUIÇÃO GEOGRÁFICA NO ESTADO DE SÃO PAULO

EM LITERATURA: **Município de Itirapina** (Bicudo 1969).

MATERIAL EXAMINADO: **Município de Itirapina** (descrição e ilustração em Bicudo 1969).

COMENTÁRIOS

Cosmarium ralfsii Brébisson var. *ralfsii* é uma espécie bem definida pela forma subtrapeziforme de suas semicélulas, onde os ângulos basais são acuminado-arredondados e encimados por um espinho bastante curto e pontiagudo, as margens laterais são retusas na parte média, os ângulos superiores são obtuso-arredondados e a margem superior é amplamente truncada. Vale a pena destacar, no entanto, que especialistas como, por exemplo, West & West (1905) descreveram o cloroplastídio como sendo parietal. Lütkemüller (1910) e Carter (1920) descreveram o cloroplastídio, porém, a partir de material fixado e o definiram como axial com lamelas verticais radiantes. Não foi possível, presentemente, observar nem a posição nem o tipo de cloroplastídio no material ora estudado.

A variedade-tipo da espécie ocorre, em nível mundial, nas Américas Central, do Norte e do Sul, na Ásia, no Ártico, na Europa e na Oceania. No Brasil, Bicudo (1969) é o único documento de sua presença.

COSMARIUM RALFSII BRÉBISSON VAR. *SKVORTZOVII* C. BICUDO (FIG. 22)

Nova Hedwigia 17(1-4): 509, pl. 127, fig. 151. 1969.

Célula grande, ca. 1,1 vezes mais larga que longa, 105,4-115,6 µm compr., 115,6-127,5 µm larg., istmo ca. 34 µm larg., constrição mediana profunda, seno mediano acutangular, dilatado na extremidade; semicélulas subtrapeziformes, ângulos basais acuminado-arredondados, encimados por 1 espinho bastante curto, pontiagudo, margens laterais retusas na parte média, ângulos superiores obtuso-arredondados, margem superior amplamente truncada; parede celular incolor, diminutamente pontuada; cloroplastídios não observados; vistas lateral da semicélula e vertical da célula não observadas.

DISTRIBUIÇÃO GEOGRÁFICA NO ESTADO DE SÃO PAULO

EM LITERATURA: **Município de São Paulo** (Bicudo 1969, Araújo & Bicudo 2006).

MATERIAL EXAMINADO: **Município de São Paulo** (descrição e ilustração em Bicudo 1969, Araújo & Bicudo 2006).

COMENTÁRIOS

Esta variedade difere da típica da espécie pelas células mais largas do que longas, pelos ângulos basais das semicélulas terminnados em um espinho curto e pontiagudo, pelas margens laterais retusas na parte média e pela margem superior amplamente truncada. Segundo Bicudo (1969), a var. *skvortzovii* C. Bicudo pode ser comparada com C. *ralfsii* Brébisson var. *azoricum* Bohlin, da qual é prontamente distinta pelas suas células mais largas do que longas e pelos espinhos que adornam os ângulos basais mais evidentes.

Cosmarium ralfsii Brébisson var. *skvortzovii* C. Bicudo é conhecida unicamente do Brasil, para onde foi documentada por Bicudo (1969) e Araújo & Bicudo (2006).

COSMARIUM RECTANGULARE GRUNOW VAR. *HEXAGONUM* (ELFVING) WEST & WEST (FIG. 80)

A Monograph of the British Desmidiaceae 3: 56, pl. 70, fig. 4. 1908.

Basiônimo: *Cosmarium hexagonum* Elfving, Acta Societatis Fauna et Flora Fennicae 2(2): 12, pl. 1, fig. 8. 1881.

Célula pequena, tão longa quanto larga ou pouco mais longa, ca. 17 μm compr., ca. 15,3 μm larg., istmo ca. 5,1 μm larg., constrição mediana profunda, seno mediano linear, dilatado na extremidade; semicélulas subhexagonal-reniformes, ângulos basais sub-retangular-arredondados, margens laterais retas ou levemente convexas, margem superior truncada, reta; parede celular finamente pontuada; cloroplastídio axial, 1 por semicélula, 1 pirenoide central; vista lateral da semicélula subcircular, vista vertical da célula elíptica.

DISTRIBUIÇÃO GEOGRÁFICA NO ESTADO DE SÃO PAULO

EM LITERATURA: **Município de Itirapina** (Bicudo 1969).

MATERIAL EXAMINADO: **Município de Itirapina** (descrição e ilustração em Bicudo 1969).

Comentários

Difere da variedade típica da espécie por apresentar células proporcionalmente mais curtas, seja tão longas quanto largas, seja pouco mais longas. O material proveniente do Município de Itirapina é consideravelmente menor do que os limites métricos mínimos em West & West (1908). Entretanto, esta diferença quase desaparece se considerar o material do Canadá analisado por Irénée-Marie (1952).

A presente variedade lembra morfologicamente *C. trilobulatum* Reinsch var. *transvalense* Krieger & Gerloff, mas difere na vista lateral quase circular.

Mundialmente, *Cosmarium rectangulare* Grunov var. *hexagonum* (Elfving) West & West ocorre na América do Norte, América do Sul, Ásia, Europa e Oceania. No Brasil, sua presença foi documentada por Borge (1925), Prescott (1957), Bicudo (1969), Ungaretti (1976), De-Lamonica-Freire (1985), Franceschini (1992), Lopes (1992) e Torgan *et al.* (2001).

Cosmarium regnellii Wille var. *pseudoregnellii* (Messikommer) Krieger & Gerloff (Fig. 81)

Die Gattung *Cosmarium* 3-4: 247, pl. 43, fig. 6. 1969.

Basiônimo: *Cosmarium braunii* Reinsch var. *pseudoregnellii* Messikommer, Vierteljahrsschrift der Naturforschenden Gesellschaft in Zürich 74: 151, pl. 1, fig. 3. 1929.

Célula pequena a média, 1,4-1,7 vezes mais longa que larga, 12-23 μm compr., 8,5-23,5 μm larg., istmo ca. 2,5 μm larg., constrição mediana profunda, seno mediano profundo, linear, dilatado na extremidade; semicélulas trapezoide-hexagonais, ângulos basais obtuso-arredondados, margens laterais inferiores levemente divergentes, quase retas, margens laterais superiores convergentes, mais longas que as laterais inferiores, mais ou menos retas, ângulos laterais sub-retangulares, às vezes obtusos, margem superior amplamente truncada, em geral retusa no meio; parede celular hialina, lisa; cloroplastídio não observado; vista lateral da semicélula quase circular, vista vertical da célula elíptica.

Distribuição geográfica no Estado de São Paulo

Em literatura: **Município de São Paulo** (Ferragut *et al.* 2005, Araújo & Bicudo 2006).

Material examinado: **Município de São Paulo** (descrição e ilustração em Ferragut *et al.* 2005, Araújo & Bicudo 2006).

Comentários

Esta variedade difere da típica da espécie por apresentar as margens laterais inferiores e superiores das semicélulas jamais retusas na parte média e a margem apical relativamente mais ampla.

Em nível mundial, a var. *pseudoregnellii* (Messikommer) Krieger & Gerloff ocorre nas Américas do Norte e do Sul, na Ásia e na Europa. Ferragut *et al.* (2005: como *Cosmarium regnellii*) e Araújo & Bicudo (2006) são os dois únicos documentos a registrar a presença da dita variedade no Brasil.

Cosmarium retusiforme (Wille) Gutwinski var. *retusiforme* (Fig. 60)

Botanisches Zentralblatt 43(29): 69. 1890.

Basiônimo: *Cosmarium hammeri* Reinsch var. *retusiforme* Wille, Christiania Videnskabelige-Selskrift Förhandlingar 1880(11): 32, pl. 1, fig. 16. 1880.

Célula de tamanho médio, pouco mais longa que larga, 24-26 μm compr., 21-22 μm larg., istmo 7-7,5 μm larg., constrição mediana profunda, seno mediano abrindo para fora; semicélulas truncado-subpiramidais, ângulos basais largamente arredondados, setores inferiores das margens laterais convexos, setores superiores marcadamente retusos, ângulos superiores retangulares, margens laterais retusas, ângulos laterais retusos; parede celular pontuada; cloroplastídio não observado; vista lateral da semicélula ovada, vista vertical da célula elíptica, inflada na região mediana de cada lado.

Distribuição geográfica no Estado de São Paulo

Em literatura: **Município de Pirassununga** (Borge 1918).

Material examinado: **Município de Pirassununga** (descrição e ilustração em Borge 1918).

Comentários

Há confusão quanto a paternidade desta forma taxonômica, se Schmidle (1895) ou Borge (1903). Nordstedt (1908) afirmou ser Borge (1903) o autor da f. *abscissa*, mas Borge (1903) disse ser Schmidle (1895).

Borge (1918) sugeriu a existência de uma nova forma taxonômica que não nomeou. Preferimos, atualmente, identificar o material de Pirassununga com o da variedade típica da espécie e considerar a forma anônima em Borge (1918) sinônimo da variedade-tipo da espécie por acreditar na necessidade de mais informação para definir a existência desta possível nova forma taxonômica.

Em nível mundial, a espécie ocorre nas Américas do Norte e do Sul, no Ártico, na Ásia, na Europa e na Oceania. No Brasil, foi citada apenas por Borge (1918) e Torgan *et al.* (2001).

COSMARIUM SPHAGNICOLUM **W**EST **& W**EST VAR. *SPHAGNICOLUM* (**F**IG. **76**)

Journal of the Royal Microscopical Society 1897: 486, pl. 6, fig. 13-14. 1897.

Célula pequena, quase tão longa quanto larga, 8,5-9,5 μm compr., 9-9,5 μm larg., istmo 4,3-5,3 μm larg., constrição mediana moderada, seno mediano raso, acutangular, extremidade arredondada; semicélulas subhexagonais, ângulos basais obtusos, margens laterais inferiores retas, divergentes para o ápice, ângulos laterais obtusos, margens laterais superiores retas ou suavemente convexas, mais curtas que as inferiores, margem superior reta ou levemente retusa na parte média; parede celular lisa, 1 papila interna à margem na altura dos ângulos laterais; cloroplastídio não observado; vista lateral da semicélula subcircular, vista vertical da célula elíptica, 1 papila internamente, de cada lado, próximo dos pólos.

DISTRIBUIÇÃO GEOGRÁFICA NO **E**STADO DE **S**ÃO **P**AULO

EM LITERATURA: **Município de São Paulo** (Araújo & Bicudo 2006).

MATERIAL EXAMINADO: **Município de São Paulo** (descrição e ilustração em Araújo & Bicudo 2006).

COMENTÁRIOS

West & West (1908) mencionaram que a espécie exibe considerável variação morfológica, principalmente, referente à protuberância facial mediana de cada semicélula e às papilas situadas logo abaixo da margem superior de cada semicélula, próximo de cada ângulo lateral. Segundo esses mesmos autores, a forma mais comum das semicélulas é subhexagonal, onde os ângulos basais são obtusos, as margens laterais inferiores retas e divergentes para o ápice, os ângulos laterais obtusos, as margens laterais superiores retas ou suavemente convexas, mais curtas que as inferiores e a margem superior é reta ou levemente retusa na parte média. Existe uma papila interna à margem celular na altura dos ângulos laterais.

Cosmarium sphagnicolum West & West var. *sphagnicolum* encontra-se confinada, praticamente, a campos de *Sphagnum*, onde ocorre associada com C. *pygmaeum* Archer (West & West 1908). Os indivíduos representantes de C. *sphagnicolum* West & West var. *sphagnicolum* lembram bastante os de C. *pygmaeum* Archer, inclusive, é impossível separar essas duas espécies quando se observa os exemplares em vista vertical. Há, entretanto, uma leve diferença na vista frontal (taxonômica), pois *C. sphagnicolum* West & West var. *sphagnicolum* é, relativamente, menos constrita e as semicélulas, por conseguinte, diferentes. West & West (1908) sugeriram há mais de um século que estudos deverão ser realizados para concluir se estas espécies são, de fato, expressões morfológicas de uma só espécie ou se são espécies distintas. Sugere-se a realização de estudos de cultivo de uma e outra espécie para avaliar tal hipótese.

Cosmarium sphagnicolum West & West var. *sphagnicolum* ocorre, em nível mundial, na América do Norte, Europa, Ártico, Ásia e Oceania. No Brasil, a espécie foi citada unicamente por Araújo & Bicudo (2006), porém, não foi coletada em um campo de *Sphagnum*, embora em um ambiente de águas bastante ácidas (pH 3-5).

COSMARIUM SUBCUCUMIS SCHMIDLE VAR. *SUBCUCUMIS* (FIG. 30)

Bericht der Naturforschschenden Gesellschaft zu Freiburg i Br. 7(1): 98, pl. 4, fig. 20-22. 1893.

Célula grande, cerca de 1,4-1,7 vezes tão longa quanto larga, (40-)59,5-78,5 μm compr., (22,1-)37,4-49,3 μm larg., istmo (6,8-)11,9-22,1 μm larg., constrição mediana profunda, seno mediano levemente acutangular ou linear, dilatado na extremidade; semicélulas verticalmente semielípticas, ângulos basais retangular-arredondados, margens laterais convexas, convergentes para o ápice, ápice amplamente convexo; parede celular lisa ou finamente pontuada; cloroplastídio axial, 2 por semicélula, 1 pirenoide cada um; vista lateral da semicélula elíptica, vista vertical da célula elíptica.

DISTRIBUIÇÃO GEOGRÁFICA NO ESTADO DE SÃO PAULO

EM LITERATURA: **Município de Moji** (?) (Börgesen 1890: como *C. subcucucmis* Schmidle forma "minor"), **Município de Pirassununga** (Bicudo 1969) e **Município de São Paulo** (SP7454).

MATERIAL EXAMINADO: **Município de Moji** (?) (descrição e ilustração em Börgesen 1890), **Município de Pirassununga** (SP7451) e **Município de São Paulo** (SP7454).

COMENTÁRIOS

Förster (1964), Bicudo (1969) e Martins (1980) mencionaram não ter observado a parede lisa nos espécimes que identificaram, como fizeram West & West (1905), mas sim finamente pontuada.

Cosmarium subcucumis Schmidle var. *subcucumis* difere de *C. cucumis* Corda *ex* Ralfs por possuir dois cloroplastídios axiais por semicélula, cada um com um grande pirenoide.

Börgesen (1890) examinou, ao que tudo indica, um único espécime de C. *subcucucmis* Schmidle referindo-o como uma forma "minor" da espécie por apresentar dimensões inferiores às da forma típica. Apesar da abundância de exemplares atualmente observados e de haver coletado em locais distintos, não foi encontrado um exemplar cuja morfologia, inclusive medidas, se comparasse com a daquele em Börgesen (1890). Exceto pelas menores medidas do exemplar de Moji?, este em nada mais difere do tipo da espécie. A literatura refere espécimes com medidas similares às do exemplar de Moji?, porém, os identificou com a forma-tipo da espécie. Optamos, nestas condições, por incluir a expressão morfológica em Börgesen (1890) no espectro de variação de C. *subcucumis* Schmidle var. *subcucumis*.

Esta expressão morfológica é conhecida, presentemente, só do Brasil, para onde foi citada por Börgesen (1890).

Mundialmente, C. *subcucumis* Schmidle var. *subcucumis* ocorre nas Américas do Norte e do Sul, no Ártico, na Ásia e na Europa. Para o Brasil, a espécie foi documentada por Börgesen (1890), Grönblad (1945), Krieger (1950), Förster (1964), Bicudo (1969) e Martins (1980).

COSMARIUM SUBCUCUMIS SCHMIDLE F. *COMPRESSUM* C. BICUDO (FIG. 31)

Nova Hedwigia 17(1-4): 512, pl. 126, fig. 140. 1969.

Célula grande, ca. 2 vezes mais longa que larga, 59,5-61,5 μm compr., 26,6-27,5 μm larg., istmo ca. 6,8 μm larg., constrição mediana profunda, seno mediano levemente acutangular ou linear, não dilatado na extremidade; semicélulas verticalmente semielípticas, ângulos basais retangular-arredondados, margens laterais levemente convexas, primeiro quase paralelas entre si, depois convergentes para o ápice, ápice amplamente convexo; parede celular lisa ou fina e esparsamente pontuada; cloroplastídio axial, 2 por semicélula, 1 pirenoide cada um; vista lateral da semicélula elíptica, vista vertical da célula elíptica.

DISTRIBUIÇÃO GEOGRÁFICA NO ESTADO DE SÃO PAULO

EM LITERATURA: **Município de São Paulo** (SP28879, Bicudo 1969).

MATERIAL EXAMINADO: **Município de São Paulo** (SP28879, Bicudo 1969).

COMENTÁRIOS

A relação entre o comprimento e a largura da célula é a única diferença entre a forma típica de C. *subcucumis* Schmidle (1,4-1,7 vezes mais longa que larga) e a presente f. *compressum* C. Bicudo (ca. 2 vezes mais longa que larga). *Cosmarium subcucumis*

Schmidle f. *compressum* C. Bicudo assemelha-se também a C. *subcucumis* Schmidle var. *magnum* Raciborski, do qual difere pelo menor tamanho de seus representantes e pelas células comparativamente mais constritas (Bicudo 1969).

Cosmarium subcucumis Schmidle f. *compressum* C. Bicudo teve sua presença registrada até o momento, em nível mundial, apenas no Brasil, através de sua descrição original em Bicudo (1969) e, mais especificamente, do estudo de material coletado de alguns empoçados temporários situados nas margens do rio Pinheiros, Município de São Paulo.

COSMARIUM SUBTUMIDUM NORDSTEDT VAR. *BORGEI* KRIEGER & GERLOFF (FIG. 55)

Die Gattung *Cosmarium* 2: 163, pl. 34, fig. 1. 1965.

Célula pequena, tão longa quanto larga ou pouco mais curta, 13,6-15,5 μm compr., 13,6-15,4 μm larg., istmo ca. 3,4 μm larg., constrição mediana profunda, seno mediano linear, levemente dilatado na extremidade; semicélulas aproximadamente semicirculares a sub-reniformes, ângulos basais retangular-arredondados a amplamente arredondados, margens laterais convexas, ápice mais ou menos convexo, às vezes truncado na parte média; parede celular lisa; cloroplastídio axial, 1 por semicélula, 1 pirenoide central; vista lateral da semicélula circular, vista vertical da célula elíptica.

DISTRIBUIÇÃO GEOGRÁFICA NO ESTADO DE SÃO PAULO

EM LITERATURA: **Município de Tremembé** (Bicudo 1969: como C. *subtumidum* Nordstedt f. *minor* Borge).

MATERIAL EXAMINADO: **Município de Tremembé** (descrição e ilustração em Bicudo 1969: como C. *subtumidum* Nordstedt f. *minor* Borge).

COMENTÁRIOS

Esta variedade foi proposta a partir de duas formas sem nome identificadas por Borge (1913) ao estudar material coletado na Lapônia, Suécia. Conforme Krieger & Gerloff (1965), esta variedade difere da típica da espécie pelas semicélulas reniformes, onde as margens laterais e a apical formam um conjunto aproximadamente semicircular.

As dimensões dos espécimes atualmente examinados foram consistentemente menores e, na prática, a metade daquelas referidas originalmente em Krieger & Gerloff (1965) para a presente var. *borgei* Krieger & Gerloff. Concordam, entretanto, bastante com as dimensões da var. *minutum* (Krieger) Krieger & Gerloff da mesma espécie da qual, praticamente, não difere.

Bicudo (1969) identificou *C. subtumidum* Nordstedt f. *minor* Borge a partir de material coletado no Horto Florestal, na cidade de São Paulo e o referiu como idêntico ao espécime em Borge (1913: pl. 1, fig. 11). De fato, essa forma taxonômica "minor" jamais foi formalmente proposta por Borge (1913) e o material ilustrado neste último trabalho (Borge 1913: pl. 1, fig. 11) foi utilizado por Krieger & Gerloff (1965) para propor *C. subtumidum* Nordstedt var. *borgei* Krieger & Gerloff

Cosmarium subtumidum Nordstedt var. *borgei* Krieger & Gerloff é atualmente conhecido, em nível mundial, apenas da Suécia. No Brasil, foi citada por Bicudo (1969) como *C. subtumidum* Nordstedt f. *minor* Borge.

COSMARIUM SUBTUMIDUM **NORDSTEDT VAR.** *CIRCULARE* **BORGE (FIG. 58)**

Arkiv för Botanik 1: 97, pl. 3, fig. 22. 1903.

Célula de tamanho médio, ca. 1,1 vezes mais longa que larga, 22,9-26 μm compr., 19,9-24,5 μm larg., istmo 6,9-9,2 μm larg., constrição mediana profunda, seno mediano linear, dilatado na extremidade; semicélulas semicirculares, ângulos basais acuminado-arredondados, margens suavemente convexas, fortemente convergentes para o ápice, ápice truncado, muito pouco convexo; parede celular pontuada; cloroplastídio 1 por semicélula, 1 pirenoide central; vista lateral da semicélula subcircular, vista vertical da célula elíptica.

DISTRIBUIÇÃO GEOGRÁFICA NO ESTADO DE SÃO PAULO

EM LITERATURA: **Município de Luiz Antônio** (Taniguchi *et al.* 2003).

MATERIAL EXAMINADO: **Município de Luiz Antônio** (descrição e ilustração em Taniguchi *et al.* 2003).

COMENTÁRIOS

Segundo Taniguchi *et al.* (2003), os espécimes que identificaram a partir de material do Lago do Diogo coincidem com a circunscrição original da var. *circulare* em Borge (1903), entretanto, são pouco menores e possuem o ápice relativamente menos truncado. A forma quase circular das células sugere a afinidade desta variedade com *C. circulare* Reinsch var. *minus* Hansgirg, da qual difere pela presença de um único pirenoide por plastídio.

Esta espécie é atualmente conhecida só do Brasil, para onde foi identificada por Borge (1903), Förster (1963), Taniguchi *et al.* (2003) e Sophia *et al.* (2005).

Cosmarium subtumidum Nordstedt var. *minutum* (Krieger) Krieger & Gerloff (Fig. 56)

Die Gattung *Cosmarium* 2: 164, pl. 34, fig. 34. 1965.

Basiônimo: *Cosmarium subtumidum* Nordstedt forma *minor* Krieger, Archif für Hydrobiologie supl. 11(3): 187, pl. 9, fig. 24. 1932.

Célula muito pequena, 1,1-1,3 vezes mais longa que larga, 9-12 μm compr., 8-9 μm larg., istmo 3,5-4 μm larg., constrição mediana profunda, seno mediano linear em toda extensão; semicélulas subsemicirculares, ângulos basais amplamente arredondados, margens laterais e apical formando um arco contínuo de círculo; parede celular hialina, finamente pontuada; cloroplastídios axiais, 2 por semicélula, cada um com 1 pirenoide central; vista lateral da semicélula circular, vista vertical da célula amplamente elíptica, levemente intumescida na região mediana.

Distribuição geográfica no Estado de São Paulo

Em literatura: **Município de São Paulo** (Ferragut *et al.* 2005: como *C. subtumidum* Nordstedt var. *subtumidum* f. *minor* Borge, Araújo & Bicudo 2006).

Material examinado: **Município de São Paulo** (descrição e ilustração em Araújo & Bicudo 2006).

Comentários

Conforme Prescott *et al.* (1981), esta variedade difere da típica da espécie unicamente por possuir as células proporcionalmente mais compridas. A população ora examinada foi constituída por alguns espécimes cuja proporção entre o comprimento e a largura máxima da célula encaixou-se nos limites estabelecidos para a variedade-tipo da espécie; e outros cuja relação foi até 1,3:1. As dimensões lineares de todos os espécimes foram, entretanto, sempre bem menores do que aquelas dos representantes da variedade típica da espécie, concordando melhor com as da var. *minutum* (Krieger) Krieger & Gerloff.

Mundialmente, *C. subtumidum* Nordstedt var. *minutum* (Krieger) Krieger & Gerloff ocorre nas Américas do Norte e do Sul e na Ásia. No Brasil, foi citada somente por Araújo & Bicudo (2006).

Cosmarium subtumidum Nordstedt var. *rotundum* Hirano (Fig. 0)

Acta Phytotaxomica et Geobotanica 14(3): 70, fig. 2. 1951.

Célula de tamanho médio, ca. 1,4 vezes mais longa que larga, 26-28 μm compr., 18,4-18,6 μm larg., istmo 6,1-7,4 μm larg., constrição mediana profunda, seno mediano abrindo para o exterior; semicélulas subtrapeziforme-semicirculares, margens basais arredondadas, ângulos basais arredondados, margem superior convexa; parede celular pontuada; cloroplastídio não observado; vista lateral da semicélula circular, vista vertical da célula amplamente elíptica, levemente entumecida na região mediana.

Distribuição geográfica no Estado de São Paulo

Em literatura: **Município de Luiz Antônio** (Taniguchi *et al.* 2003).

Material examinado: **Município de Luiz Antônio** (descrição e ilustração em Taniguchi *et al.* 2003).

Comentários

A partir da ilustração original em Hirano (1951: fig. 2), classificamos a presente variedade na seção II-A em West & West (1905) por possuir a margem superior das semicélulas amplamente convexa e as semicélulas semicirculares. A figura em Hirano (1968: pl. 4, fig. 11) baseada em um exemplar coletado no Alasca mostra a semicélula inferior um tanto piramidal, o que permite classificá-la na seção I-C onde, de fato, Hirano (1968) a colocou. A referida semicélula é, por um lado, relativamente longa para ser de *C. subtumidum* Nordstedt. Por outro lado, entretanto, não concorda exatamente com a semicélula de qualquer outra espécie do gênero. Optou-se, então, por classificá-la na seção II-A dos *Cosmarium* até que mais material seja encontrado e sua vista lateral definida com precisão (Prescott *et al.* 1981).

A espécie ocorre, em nível mundial, nas Américas do Norte e do Sul e na Ásia. No Brasil, Taniguchi *et al.* (2003) foram os únicos a registrar sua presença.

COSMARIUM CF. *SUCCISUM* G.S. WEST VAR. *SUCCISUM* (FIG. 48)

Linnean Society Journal of Botany 29(199-200): 146, pl. 20, fig. 22-23. 1892.

Célula pequena, tão larga quanto longa, ca. 10,7 μm compr., ca. 12,2 μm larg., istmo ca. 6,1 μm larg., constrição mediana medianamente profunda, seno mediano aberto, quase linear a levemente acutangular; semicélulas trapeziformes, ângulos basais acutangular-arredondados, margens laterais muito suavemente convexas na parte média, ângulos superiores obtusos, margem superior amplamente truncada, retusa na parte média; parede celular lisa; cloroplastídio axial, 1 por semicélula, 1 pirenoide central; vista lateral da semicélula subcircular, vista vertical da célula um tanto losangular, pólos acuminado-arredondados, 1 intuscência mediana de cada lado.

DISTRIBUIÇÃO GEOGRÁFICA NO ESTADO DE SÃO PAULO

EM LITERATURA: **Município de Luiz Antônio** (Taniguchi *et al.* 2003).

MATERIAL EXAMINADO: **Município de Luiz Antônio** (descrição e ilustração em Taniguchi *et al.* 2003).

COMENTÁRIOS

Cosmarium succisum G.S. West var. *succisum* pode ser confundido com certas formas de *C. pusillum* (Brébisson) Archer, das quais difere, unicamente, na vista vertical, por conta da intumescência facial mediana que confere à semicélula formato aproximadamente losangular.

É bastante comum nesta espécie a impregnação da parede celular por sais, provavelmente, de ferro que irão lhe conferir uma coloração em torno dos tons de castanho.

Em nível mundial, *C. succisum* G.S. West var. *succisum* ocorre nas Américas do Norte e do Sul, Ártico, Ásia e Europa. No Brasil, foi citada apenas em duas ocasiões, primeiro por Grönblad (1945) e quase 60 anos depois por Taniguchi *et al.* (2003).

COSMARIUM SUCCISUM G.S. WEST VAR. *JAOI* KRIEGER & GERLOFF (FIG. 49)

Die Gattung *Cosmarium* 1: 90, pl. 22, fig. 11. 1962.

Célula pequena, 1-1,1 vezes mais larga que longa, 13-13,8 μm compr., 13,8-14,5 μm larg., istmo ca. 6,1 μm larg., constrição mediana profunda, seno mediano inicialmente acutangular, logo fechado, dilatado na extremidade; semicélulas trapeziformes, ângulos basais sub-retangular-arredondados, margens laterais acentuadamente convexas na parte média, ângulos superiores obtusos, margem superior amplamente truncada, reta ou muito suavemente convexa; parede celular lisa; cloroplastídio axial, 1 por semicélula, 1 pirenoide central; vista lateral da semicélula subcircular, vista vertical da célula perfeitamente elíptica.

DISTRIBUIÇÃO GEOGRÁFICA NO ESTADO DE SÃO PAULO

EM LITERATURA: **Município de Luiz Antônio** (Taniguchi *et al.* 2003).

MATERIAL EXAMINADO: **Município de Luiz Antônio** (descrição e ilustração em Taniguchi *et al.* 2003).

COMENTÁRIOS

Cosmarium succisum G.S. West var. *jaoi* Krieger & Gerloff é típico por apresentar o seno mediano linear, inicialmente acutangular, a seguir fechado por um curto espaço e dilatado na extremidade proximal; a vista vertical das semicélulas é amplamente elíptica, sem a intumescência lateral mediana que confere a essa vista formato próximo do losangular. Outra característica desta variedade é a não impregnação da parede celular por sais de ferro. A parede celular é sempre hialina. Não atribuímos, entretanto, grande peso taxonômico à impregnação da parede celular por sais de ferro, pois isto parece ser um acontecimento muito mais corriqueiro do que se pensa e a intensidade da coloração uma questão, unicamente, de tempo. Quanto mais tempo a parede ficar exposta à ação dos sais, mais intensa será a coloração. Outra coisa, esta impregnação depende, obviamente, da existência dos sais de ferro no ambiente.

Esta variedade ocorre, em nível mundial, nas Américas do Norte e do Sul e na Ásia. No Brasil, foi citada unicamente por Taniguchi *et al.* (2003).

COSMARIUM TRILOBULATUM REINSCH VAR. *TRILOBULATUM* F. *TRILOBULATUM* (FIG. 74)

Acta Societatis Senckenbergensis 6: 118, pl. 22(3)AII, fig. 1-6. 1867.

Célula de tamanho médio, ca. 1,3 vezes mais longa que larga, 22-31 μm compr., 17-23 μm larg., istmo 5-8 μm larg., constrição mediana profunda, seno mediano linear, dilatado na extremidade; semicélulas 3-lobadas, conjunto dos lobos basais transversalmente retangular, ângulos basais retangulares a retangular-arredondados, margens laterais retas a pouco convexas, mais ou menos paralelas entre si, lobo polar subtrapeziforme, margens laterais superiores convergentes para o ápice, acentuadamente retusas na parte média, ângulos superiores obtusos, margem superior amplamente truncada, muito levemente convexa; parede celular hialina, lisa ou finamente pontuada; cloroplastídios axiais, 1 por semicélula, 1 pirenoide central; vista lateral da semicélula elíptica, vista vertical da célula perfeitamente elíptica.

DISTRIBUIÇÃO GEOGRÁFICA NO ESTADO DE SÃO PAULO

EM LITERATURA: **Município de São Paulo** (Barcelos 2003, Ferragut *et al.* 2005, Araújo & Bicudo 2006).

MATERIAL EXAMINADO: **Município de São Paulo** (descrição e ilustração em Ferragut *et al.* 2005, Araújo & Bicudo 2006).

COMENTÁRIOS

Lopes (1992) comentou que as espécies de *Cosmarium* com semicélulas de formas piramidal ou quase, trilobadas e com ápice truncado guardam enorme semelhança entre si, o que torna até muito difícil a identificação precisa de determinados exemplares. Entre tais espécies, a referida autora destacou *C. pseudoretusum* Ducelier var.

pseudoretusum e *C. retusiforme* (Wille) Gutwinski var. *retusiforme*, cuja diferença reside nas margens laterais convexas dos lobos basais, nos ângulos basais arredondados e na vista lateral oval.

Em nível mundial, *C. trilobulatum* Reinsch var. *trilobulatum* f. *trilobulatum* ocorre na América do Norte e na Europa. No Brasil, a presença da forma típica da espécie foi referida por Borge (1903), Picelli-Vicentim (1984), Lopes (1992), Bittencourt-Oliveira (1993a, 2002), Barcelos (2003), Felisberto & Rodrigues (2004), Ferragut *et al.* (2005) e Araújo & Bicudo (2006).

COSMARIUM UNDULATUM CORDA *EX* RALFS VAR. *MINUTUM* WITTROCK (FIG. 75)

Nova Acta Regia Societatis Scientiarum Upsaliensis: sér. 3, 7(3): 11, pl. 1, fig. 3. 1869.

Célula de tamanho médio, 1,3-1,5 vezes mais longa que larga, 25,5-27 μm compr., 17,5-20 μm larg., istmo 6-7 μm larg., constrição mediana profunda, seno mediano linear, dilatado ou não na extremidade; semicélulas subsemicirculares, margem ondulada, 10-14 ondulações visíveis no perímetro da semicélula; parede celular lisa, hialina; cloroplastídio axial, 1 por semicélula, 1 pirenoide central; vista lateral da semicélula subcircular, vista vertical da célula amplamente elíptica.

DISTRIBUIÇÃO GEOGRÁFICA NO ESTADO DE SÃO PAULO

EM LITERATURA: **Município de São Paulo** (Araújo & Bicudo 2006).

MATERIAL EXAMINADO: **Município de São Paulo** (descrição e ilustração em Araújo & Bicudo 2006).

COMENTÁRIOS

Cosmarium undulatum Corda *ex* Ralfs var. *minutum* Wittrock difere da variedade-tipo da espécie por possuir células menores e, frequentemente, pouco mais curtas, isto é, as semicélulas são mais perfeitamente semicirculares. Prescott *et al.* (1981) ilustraram três exemplares de *C. undulatum* Corda *ex* Ralfs var. *minutum* Wittrock, dois dos quais (Prescott *et al.* 1981: pl. 167, fig. 7-8) possuem as semicélulas mais perfeitamente semicirculares, como deve ser a da referida var. *minutum* Wittrock; e um terceiro (Prescott *et al.* 1981: pl. 167, fig. 9) que mostra as semicélulas mais verticalmente subelípticas, idênticas às da variedade típica da espécie.

Em nível mundial, esta variedade ocorre nas Américas do Norte e do Sul, na Ásia e na Europa. Para o território brasileiro, foi registrada somente por Araújo & Bicudo (2006).

COSMARIUM ZONATUM LUNDELL VAR. (FIG. 50)

Célula pequena a média, ca. 2 vezes mais longa que larga, 14-35 μm compr., 9-21 μm larg., istmo 4-6,5 μm larg., constrição mediana moderadamente profunda, seno mediano amplamente acutangular; semicélulas praticamente circulares; parede celular lisa, hialina; cloroplastídio axial, 1 por semicélula, ca. 6 lamelas ou lobos verticais radiantes (às vezes, 2-furcados ou mais ou menos irregulares), 1 pirenoide central; vista lateral da semicélula circular ou quase, muito semelhante à vista frontal, vista vertical da célula circular.

DISTRIBUIÇÃO GEOGRÁFICA NO ESTADO DE SÃO PAULO

EM LITERATURA: **Município de São Paulo** (Bicudo *et al.* 1999: como *C. moniliforme*; Araújo & Bicudo 2006).

MATERIAL EXAMINADO: **Município de São Paulo** (descrição e ilustração em Araújo & Bicudo 2006).

COMENTÁRIOS

West & West (1908) afirmaram que *C. zonatum* Lundell var. *zonatum* é prontamente identificada pela forma subovada das semicélulas, em que as margens laterais são fortemente convergentes para o ápice a partir do conjunto marcadamente convexo de suas margens basais; além disso, pela existência de cinco anéis de pontuações situados um deles logo abaixo da margem superior da semicélula, outro imediatamente acima do istmo, mais dois logo acima do anterior e o quinto anel a meia distância entre o anel superior e os dois últimos. Além desses anéis, apresenta ao redor de seis pontuações no ápice de cada semicélula.

Não foi possível examinar grande quantidade de exemplares deste tipo, o que impediu conhecer a constância de certas características como, por exemplo, a forma exata das semicélulas, as medidas do comprimento e da largura máxima dos espécimes e o padrão de decoração da parede celular. A forma das semicélulas do presente material fica entre aquela de *C. zonatum* Lundell var. *zonatum* e a de *C. zonatum* Lundell var. *subcirculare* Scott & Grönblad f. *cylindricum* Scott & Grönblad, mas as medidas do comprimento e da largura celulares são bem menores. Até que se examine uma população constituída por um número significativo de organismos deste tipo para que possamos identificar a forma das semicélulas com absoluta certeza, preferimos efetuar a identificação só até o nível espécie.

Cosmarium zonatum Lundell é conhecida, em nível mundial, das Américas do Norte e do Sul, da Ásia e da Europa. No Brasil, foi citado apenas por Bicudo *et al.* [1999: como *C. moniliforme* (Turpin) Ralfs].

COSMARIUM SP. 1 (FIG. 69)

Célula de tamanho médio, 1-1,2 vezes mais longa que larga, 26-30 μm compr., 23,3-30,8 μm larg., istmo 6-9 μm larg., constrição mediana profunda, seno mediano acutangular; semicélulas trapeziformes, ângulos basais arredondados, margens laterais pouco retusas na parte média, ângulos superiores obtusos, pouco arredondados, margem superior amplamente truncada, levemente retusa na parte média; parede celular lisa, hialina; cloroplastídio axial, 1 por semicélula, 1 pirenoide central; vista lateral da semicélula oblonga, vista vertical da célula amplamente elíptica.

DISTRIBUIÇÃO GEOGRÁFICA NO ESTADO DE SÃO PAULO

EM LITERATURA: **Município de São Paulo** (Araújo & Bicudo 2006).

MATERIAL EXAMINADO: **Município de São Paulo** (descrição e ilustração em Araújo & Bicudo 2006).

COMENTÁRIOS

Foram encontrados poucos indivíduos deste tipo por Araújo & Bicudo (2006), mas que mostraram constante a forma trapezoidal das semicélulas, a retusidade suave mas prontamente observada na porção média das margens tanto laterais quanto superior e o seno mediano acutangular. A forma das semicélulas lembra a de *C. hammeri* Reinsch var. *protuberans* West & West, mas este tem o seno mediano linear, fechado e uma proeminência facial mediana visível com facilidade nas vistas lateral e vertical da célula e que confere contorno losangular à vista vertical dos exemplares constituintes dos poucos espécies ora examinados. Quanto a medidas, não há diferença entre as duas populações.

A despeito da exaustiva busca realizada na literatura, não conseguimos identificar os presentes espécimes além do nível gênero. É bastante possível que se trate de uma espécie nova, porém, optamos por não propor formalmente a espécie por enquanto, por se tratar de um gênero extremamente especioso e a relativa pouca quantidade de exemplares atualmente para exame. Decidimos buscar um número maior de indivíduos que mostre, sem sombra de dúvida, a real persistência da forma trapezoidal das semicélulas, da suave retusidade das margens laterais e apical e, mais do que tudo, do seno mediano acutangular.

Chave para as formas de parede decorada:

1. Constrição mediana rasa.
    2. Semicélulas subsemicirculares .... *C. excavatum*
    2. Semicélulas oblongas.
        3. Cloroplastídio com 1 pirenoide .... *C. pseudamoenum*
        3. Cloroplastídio com 2 pirenoides . ... *C. simplicius*
1. Constrição mediana moderada ou profunda.
    4. Seno mediano inteiramente aberto.
        5. Semicélulas circulares ou quse, semicirculares ou subsemicirculares.
            6. Semicélulas circulares ou subcirculares, escrobiculações presentes.
                7. Semicélulas circulares, tubérculos dispostos na base das semicélulas, escrobiculações dispostas irregularmente .... *C. basituberculatum*
                7. Semicélulas subcirculares, tubérculos dispostos no ápice das semicélulas, escrobiculações dispostas em séries horizontais, rodeadas por pontuações formando hexágonos .... *C. redimitum*
            6. Semicélulas semicirculares ou subsemicirculares, escrobiculações ausentes.
                8. Semicélulas semicirculares, ângulos basais acuminados .... *C. monomazum* var. *dimazum* f. *brasiliense* (em parte)
                8. Semicélulas subsemicirculares, ângulos basais de outras formas.
                    9. Ângulos basais arredondados, região central da face da semicélula lisa .... *C. furcatospermum* (em parte)
                    9. Ângulos basais com 2 grânulos projetados inferiormente, região central da face da semicélula com 2 tubérculos grandes .... *C. dimaziforme*
        5. Semicélulas de outros formatos.
            10. Semicélulas projetadas lateralmente formando amplos "lobos" convexos, margem apical elevada, pronunciada.
                11. Semicélulas oval-alongadas, parede celular com espinhos e grânulos sólidos ou escavados, arredondados e às vezes pontuações, protrusão facial mediana com 1-2 grânulos maiores supraistmiais .... *C. lagoense* var. *amoebum* (em parte)
                11. Semicélulas de outros formatos, parede celular sem espinhos, mas com grânulos sólidos (raro espiniformes), protrusão facial mediana com grânulos de outras formas.
                    12. Semicélulas reniformes, protrusão facial mediana com grânulos dispostos mais ou menos concentricamente ou irregulares, grânulos às vezes geminados, raro espiniformes, seno mediano estreitando externamente, às vezes margens basais das semicélulas tocando-se externamente .... *C. ornatum* (em parte)

12. Semicélulas oblongas a sub-reniformes, protrusão facial mediana
com grânulos dispostos concentricamente, grânulos centrais maiores,
rodeados por 1 anel de grânulos menores, seno mediano sempre aberto
a levemente estreito em toda extensão.
13. Vista apical das semicélulas com 1 protuberância leve em cada lado
da margem .... *C. commissurale* var. *crassum* f. *crassum*
13. Vista apical das semicélulas com 1 protuberância marcada de
cada lado da margem formando 1 estrutura semelhante
a cruz ....*C. commissurale* var. *crassum* f. *cruciforme*
10. Semicélulas não projetadas lateralmente, margem apical não pronunciada.
14. Semicélulas sub-retangulares .... *C. conspersum* var. *conspersum*
14. Células uniformemente granulosas, grânulos em toda semicélula,
arredondados.
15. Semicélulas elípticas, oblongas a reniformes, ângulos arredondados.
16. Semicélulas oblongas, presença de espessamento na parede
celular (crista) com formato hexagonal ao redor dos
grânulos .... *C. favum* var. *africanum*
16. Semicélulas de outros formatos, ausência de espessamento na
parede celular.
17. Margem das semicélulas com 28-32 grânulos
visíveis... *C. reniforme* var. *apertum*
17. Margem das semicélulas com 16-24 grânulos visíveis.
18. Semicélulas elípticas a sub-reniformes, vista apical
elíptica .... *C. porteanum* var. *porteanum* f. *porteanum*
18. Semicélulas oblongo-elípticas a reniformes, vista apical
oblongo-elíptica.
19. Semicélulas oblongo-elípticas, alongadas,
achatadas, 2 vezes mais largas que
longas .... *C. porteanum* var. *porteanum* f. *extensum*
19. Semicélulas oblongo-reniformes a
reniformes ....*C. porteanum* var. *nephroideum*
15. Semicélulas sub-retangulares, trapeziformes, angulosas, mais amplas
no ápice que na base.
20. Semicélulas arredondadas a elípticas.
21. Células com espinhos e dentículos apicais, espinhos
intramarginais em cada margem lateral, inflação mediana
central com ca. 16 grânulos .... *C. horridum* var. *horridum*
21. Células sem espinhos e dentículos, inflação mediana
central ausente, grânulos em séries verticais e horizontais.
20. Semicélulas angulosas, de outros formatos.

22. Semicélulas oblongo-retangulares, cloroplastídio
com 1 pirenoide.
    23. Margens laterais e apical das semicélulas
    levemente convexas, ornamentadas com
    2-3 dentículos .... *C. novaesemliae* var. *sibiricum*
    23. Margens laterais e apical côncavas a amplamente retas,
    ornamentadas com 6(-8) grânulos . ... *C. regnesi*
22. Semicélulas subtriangulares ou elíptico-hexagonais,
cloroplastídio com 2 pirenoides.
    24. Semicélulas subtriangulares, grânulos dispostos nas
    margens e em séries horizontais e verticais na face das
    semicélulas .... *C. brasiliense* var. *taphrosporum*
    24. Semicélulas elíptico-hexagonais, grânulos dispostos
    de outras formas.
        25. Células grandes (43-54 x 38-47 µm),
        grânulos intrapicais e
        escrobiculações ....*hexagonum* var. *hexagonum*
        25. Células pequenas (12-14 x 12-13 µm) grânulos
        pequenos, intrapicais e intramarginais laterais, com
        1 papila, sem escrobiculações ....*C. spyridion*
4. Seno mediano inteiramente fechado ou fechado apenas na extremidade distal.
  26. Seno mediano fechado externamente pela convexidade das margens basais
  das semicélulas, amplamente dilatado internamente, formando istmo
  aproximadamente cilíndrico .... *C. lacunatum*
  26. Seno mediano inteiramente fechado, istmo de outras formas.
    27. Células uniformemente ornamentadas, ornamentação distribuída
    regularmente por toda semicélula.
      28. Semicélulas triangulares a piramidais.
        29. Células ornamentadas com espinhos, semicélulas
        triangulares ....*C. denticulatum* var. *perspinosum*
        29. Células ornamentadas com grânulos, semicélulas piramidais.
          30. Semicélulas piramidal-truncadas, ângulos basais sub-
          retangulares, grânulos escavados, dispostos regularmente em
          séries oblíquas decussantes, escrobiculações triangulares ao
          redor de cada grânulo .... *C. decoratum*
          30. Semicélulas oval-piramidais, ângulos basais arredondados,
          grânulos sólidos, dispostos irregularmente, levemente
          concêntricos na região mediana da face das semicélulas,
          escrobiculações ausentes .... *C. botrytis* var. *subtumidum*

28. Semicélulas de outros formatos.
    31. Semicélulas semicirculares, grânulos indistintamente dispostos (séries verticais mais ou menos conspícuas, alternadas no ápice, às vezes grânulos pareados na região basal da semicélula) .... *C. amoenum* var. *constrictum*
    31. Semicélulas de outros formatos, grânulos regularmente dispostos de outras formas.
      32. Espessamentos na parede celular presentes.
        33. Espessamentos em forma de linhas verticais e horizontais conectando os grânulos, envolvendo 1 escrobículo .... *C. logiense*
        33. Espessamentos em forma de hexágonos conectando os escrobículos, envolvendo 1 grânulo .... *C. favum*
      32. Espessamentos na parede celular ausentes.
        34. Pontuações presentes ao redor dos grânulos.
          35. Pontuações robustas (escabras), dispostas formando 1 hexágono ao redor de cada grânulo, semicélulas marcadamente retangulares .... *C. scabrum*
          35. Pontuações mais delicadas, semicélulas de outros formatos.
            36. Margens laterais nunca divergentes para o ápice, até 33 grânulos visíveis na margem da semicélula.
            37. Semicélulas sub-retangulares a subtrapeziformes, grânulos dispostos em séries horizontais e verticais ..... *C. conspersum* var. *subrotundatum* f.
            37. Semicélulas elipsoides a sub-retangulares, sub-reniformes ou reniformes, grânulos dispostos em séries obliquas, decussantes.
            38. Grânulos escavados ..... *C. margaritatum* var. *margaritatum* f. *subrotundatum*
            38. Grânulos sólidos.
              39. Semicélulas elipsoides a sub-retangulares, ápice amplamente dilatado, vista apical oblongo-elíptica .... *C. margaritatum* var. *margaritatum* f. *margaritatum*
              39. Semicélulas reniformes, ápice levemente dilatado, vista apical elíptica .... *C. reniforme* (em parte)

36. Margens laterais divergentes para o ápice, mais de 34 grânulos visíveis na margem da semicélula.

40. Semicélulas subtrapeziformes, margens laterais amplamente divergentes para o ápice, ângulos apicais proeminentes, 44-54 grânulos visíveis nas margens de cada semicélula ..... *C. porrectum*

40. Semicélulas sub-retangulares a subtrapeziformes, margens laterais retas a pouco divergentes para o ápice, ângulos apicais não proeminentes, 34-36 grânulos nas margens de cada semicélula.

41. Semicélulas sub-retangulares, margens laterais retas a levemente divergentes para o ápice .... *C. quadrum* var. *sublatum* f. *subatum*

41. Semicélulas subtrapeziformes, margens laterais divergentes para o ápice, ápice da semicélula mais amplo que a base ...... *C. quadrum* var. .... *sublatum* f. *dilatatum*

34. Pontuações ausentes.

42. Semicélulas subelípticas, cloroplastídio com 1 pirenoide ....*Cosmarium* sp. 3

42. Semicélulas de outros formatos, cloroplastídio com 2 pirenoides.

43. Semicélulas reniformes.

44. Margem apical levemente convexa ....*C. reniforme* (em parte)

44. Margem apical truncada, achatada .... *C. reniforme* var. *compressum*

43. Semicélulas de outros formatos.

45. Margens laterais levemente divergentes para o ápice, vista apical oblongo-elíptica, 34-36 grânulos visíveis na margem das semicélulas ... *C. quadrum* var. *quadrum* f. *quadrum*

45. Margens laterais nunca divergentes para o ápice, vista apical oblonga, 23-32 grânulos visíveis na margem das semicélulas.

46. Células tão largas quanto longas, semicélulas oblongo-retangulares a sub-retangula- res .... *C. pseudobroomei* var. *pseudobroomei*

46. Células ca. 1,1 vezes mais largas que longas,
semicélulas amplamente oblongo-retangulares .... *C. pseudobroomei* var. *compressum*
27. Células parcial e/ou irregularmente ornamentadas, semicélulas lisas
em algumas partes.
47. Células ornamentadas com dentículos ou espinhos e/ou grânulos.
48. Semicélulas com espinhos, margens laterais projetadas formando
quase "lobos" .... *C. lagoense* var. *amoebum*
48. Semicélulas com dentículos, margens laterais não projetadas.
49. Semicélulas piramidadas, dentículos densamente distribuídos
por toda margem lateral e apical.
50. Margem apical convexa, arredondada, semicélulas
oval-piramidadas .... *C. denticulatum* var. *ovale*
50. Margem apical truncada (às vezes levemente convexa),
semicélulas piramidal-truncadas.
51. Ápice estreito dando aspecto nitidamente triangular
à semicélula, seno mediano estreito em toda
extensão .... *C. denticulatum* var. *triangulare*
51. Ápice mais amplo, margens da semicélula mais
convexas, seno mediano abrindo
externamente ....*C. denticulatum* var. *denticulatum* f. *borgei*
49. Semicélulas de outros formatos, dentículos restritos a algumas
regiões da célula.
52. Células maiores (90-96 x 69-72 µm), margens
não onduladas ....*C. askenasyi* var. *americanum*
52. Células menores, margens onduladas.
53. Semicélulas sub-reniformes-oblongas, 2 séries de
dentículos intramarginais ... *C. trachypleurum* var. *minus*
53. Semicélulas subcirculares, 2 dentículos restritos aos
ângulos basais .... *C. pentachondrum*
47. Células não ornamentadas com espinhos, grânulos presentes,
outros tipos de ornamentação podem estar presentes.
54. Margem apical levemente pronunciada ou amplamente projetada
formando quase um "lobo".
55. Margem apical levemente projetada, semicélulas
reniformes... *Cosmarium ornatum*
55. Margem apical amplamente projetada, semicélulas oblongas,
3-lobadas .... *C. protractum*
54. Margem apical não projetada.

56. Semicélulas arredondadas: semicirculares a subsemicirculares.
  57. Região mediana da face das semicélulas lisa ou apenas pontuada.
    58. Séries intramarginais de verrugas densas, achatadas, às vezes de formato indefinido, vista lateral das semicélulas obovada ...... *C. ochthodes* var. *subcirculare*
    58. Séries intramarginais de grânulos arredondados, vista lateral das semicélulas subcircular ou elíptica.
      59. Vista lateral das semicélulas subcircular, semicélula com 1 pirenoide ..... *C. furcatospermum*
      59. Vista lateral das semicélulas elíptica, semicélula com 2 pirenoides .... *C. obtusatum*
  57. Região mediana da face das semicélulas ornamentada.
    60. Face das semicélulas sem protuberância mediana, margem apical lisa ....*C. subpraemorsum*
    60. Face das semicélulas com 1 leve protuberância mediana conspícua, granulosa, margem apical ornamentada.
      61. Leve protuberância mediana com grânulos arredondados a ameboides dispostos mais ou menos concentricamente, margens levemente granulosas.................... *C. ornatum* var. *amoebum*
      61. Protrusão mediana com grânulos arredondados. dispostos de formas variadas, margens com verrugas proeminentes ou crenadas.
        62. Margens com verrugas truncadas, emarginadas, 1 série intramarginal de verrugas similares, às vezes escrobículos presentes entre os grânulos centrais arredondados .... *C. quadrifarium*
        62. Margens laterais com crenações, 4-5 séries intramarginais de crenações granulosas, séries internas com grânulos únicos, escrobículos ausentes entre os grânulos centrais arredondados, às vezes geminados formando espessamentos lineares.
          63. Células menores (34-60 x 29-41 μm) ... *C. subspeciosum* var. *subspeciosum*
          63. Células maiores (73-98 x 52-72 μm) ..... *C. subspeciosum* var. *validius*

56. Semicélulas de outros formatos.
  64. Semicélulas arredondadas, oblongas, oblongo-elípticas, semielípticas, semicircular-elípticas ou sub-reniformes.
  65. Semicélulas com 1 protuberância facial mediana supraistmial ornamentada com séries verticais de grânulos pequenos .... *C. pulcherrimum*
  65. Semicélulas sem protuberância facial mediana.
   66. Semicélulas ornamentadas com verrugas grandes, às vezes geminadas, emarginadas.
    67. Margem apical uniformemente convexa, semicélula com 1 pirenoide .... *C. ordinatum* var. *ordinatum*
    67. Margem apical truncada, semicélula com 2 pirenoides .... *C. ordinatum* var. *borgei*
   66. Semicélulas ornamentadas com grânulos simples.
    68. Parede celular com escrobículos ao redor dos grânulos.
     69. Grânulos perfurados por poros, grandes, dispostos de forma mais ou menos concêntrica, semicélulas oblongo-elípticas .... *C. itatiayae* f.
     69. Grânulos sólidos, grandes, dispostos de formas variadas, às vezes em séries oblíquas, equidistantes, semicélulas sub-reniformes .... *C. margaritiferum* var. *margaritiferum* f. *minus* (em parte)
    68. Parede celular sem escrobículos.
     70. Semicélula com 2 pirenoides .. *Cosmarium* sp. 2
     70. Semicélula com 1 pirenoide.
      71. Grânulos dispostos irregularmente a mais ou menos concêntricos, 2 grânulos intrapicais maiores, proeminentes, perfurados por poros .... *C. dichondrum*
      71. Grânulos dispostos uniformemente, tamanho uniforme, sólidos, pequenos .... *C. punctulatum* var. *rotundatum*
  64. Semicélulas de outros formatos.
   72. Semicélulas angulosas, subsemicircular-truncadas, semicircular-trapeziformes ou oblongo-trapeziformes.

73. Parede celular com escrobículos, ângulos basais
ornamentados com 1 grânulo cônico,
pequeno .... *C. entochondrum* var. *mediogranulatum*
73. Parede celular sem escrobículos, ângulos basais
sem ornamentação.
74. Semicélulas semicircular-trapeziformes,
margens granulosas.
75. Margem da semicélula com 20-24 grânulos
visíveis; região mediana da face da semicélula
às vezes com granulação reduzida ou
ausente .... *C. punctulatum* var. *punctulatum*
75. Margem da semicélula com 18-24 grânulos
visíveis; região mediana da face da semicélula
com 1 leve intumescência ornamentada
com grânulos dispostos em
forma de círculo ao redor de 1 grânulo
proeminente .... *C. punctulatum* var.
subpunctulatum
74. Semicélulas oblongo-trapeziformes, margens
crenuladas.
76. Margens laterais 4-6-crenuladas,
intumescência facial mediana com 4-5
séries verticais de
grânulos .... *C. formosulum* var. *nathorstii*
76. Margens laterais 6-9-crenuladas,
intumescência facial mediana com 5-7
séries verticais de grânulos, às vezes
agrupados formando espessamentos
verticais .... *C. binum*
72. Semicélulas angulosas, de outros formatos.
77. Semicélulas piramidais.
78. Parede celular com crenulações ou crenações.
79. Presença de intumescência facial mediana,
cloroplastídio com 2 pirenoides ....
.... *C. formosulum* var. *formosulum*
79. Ausência de intumescência facial mediana,
cloroplastídio com 1 pirenoide.
80. Face das semicélulas ornamentada com
1 série de grânulos supraistmiais, centrais,

divididos em 2 partes, geralmente uma mais longa e a outra menor ....
.... *C. sexnotatum* var. *tristriatum*
80. Face das semicélulas lisa, sem grânulos .... *C. occultum*
78. Parede celular sem crenulações nem crenações.
81. Semicélulas ornamentadas com séries de grânulos intramarginais.
82. Grânulos arredondados, região central da semicélula sem grânulos ...... *C. vexatum*
82. Grânulos cônicos e/ou arredondados, região central da semicélula com grânulos.
83. Séries oblíquas decussantes de grânulos dispostos por toda semicélula, exceto no ápice celular, semicélula com 4 pirenoides ..... *C. pseudomagnificum* var. *brasiliense*
83. 1 série de grânulos intramarginais, 2 séries de 2 grânulos na face mediana, semicélula com 2 pirenoides .... *C. quinarium*
81. Semicélulas com grânulos restritos apenas à região apical ou central.
84. Ângulos basais acuminados ....
C. pseudotaxichondrum var. *trichondrum*
84. Ângulos basais amplamente arredondados.
85. Semicélulas decoradas com pontuações irregularmente distribuídas e 2 grânulos subapicais ...... *C. mamilliferum* var. *brasiliense*
85. Semicélulas decoradas com pontuações na região apical, 3 verrugas subapicais envoltas por 1 anel de escrobiculações cada .... *C. subtrinodulum*

77. Semicélulas oblongo-retangulares, subquadrangulares, retangulares, sub-retangulares, trapezoidais ou sub-hexagonais.

86. Margens celulares crenuladas ou crenadas.

87. Semicélulas oblongo-retangulares ou sub-retangulares.

88. Semicélulas oblongo-retangulares, 1 série de grânulos intramarginais, face da semicélula com 1 grânulo maior na região mediana ou 1 arco de grânulos pequenos ...... *C. blyttii* var. *novaesylvae*

88. Semicélulas sub-retangulares, mais de 1 série de grânulos intramarginais, face da semicélula de outras formas.

89. Margens laterais com 6-8 crenações, face das semicélulas com séries verticais de grânulos ......*C. speciosum* var. *speciosum* f. *minus*

89. Margens laterais com 4-5 crenulações, face das semicélulas sem grânulos .... *C. speciosum* var. *simplex* f. *intermedia*

87. Semicélulas trapezoidais.

90. Face das semicélulas com 1 protuberância mediana ornamentada com 4-5 séries verticais de grânulos.

91. Células relativamente mais largas, ângulos basais relativamente mais arredondados, margens laterais com 4-6 crenulações emarginadas .... *C. formosulum* var. *nathorstii* (em parte)

91. Células relativamente menos largas, ângulos basais obtusamente arredondados, margens laterais 5-7 crenadas levemente marginadas ...... *C. formosulum* var. *formosulum*

90. Face das semicélulas sem protuberância mediana.

92. Semicélulas trapeziformes, ângulos basais arredondados.
   93. 2 séries intramarginais de grânulos únicos, dispostos irregularmente, 2 grânulos maiores na região mediana da semicélula, proeminentes, grânulos menores supraistmiais abaixo dos grânulos centrais .... *C. vogesiacum* var. *bipunctatum*
   93. Séries intramarginais de pares de grânulos dispostos radialmente, grânulos simples na região mediana, dispostos irregularmente ... *C. formosulum* var. *mesochondrium*
92. Semicélulas trapeziforme-semicirculares, ângulos basais sub-retangulares.
   94. Primeira série de grânulos intramarginais com grânulos uniformes ....*C. blyttii* var. *blyttii* f. *blyttii*
   94. Primeira série de grânulos intramarginais com 2 grânulos intrapicais centrais, proeminentes ...... *C. blyttii* var. *blyttii* f. *australiacum*
86. Margens celulares sem crenulações nem crenações.
95. Ângulos basais ornamentados com grânulo, tubérculo ou dentículo.
   96. Semicélulas subquadrangulares a levemente piramidais, com 1 leve intumescência facial mediana ornamentada; ângulos basais ornamentados com 1 tubérculo em cada .... *C. inaequalinotatum*
   96. Semicélulas com 1 pirenoide.

97. Semicélulas sub-hexagonais, sem intumescência
    facial mediana; ângulos basais ornamentados
    com 1 dentículo e 1 grânulo intramarginal em
    cada ângulo .... *C. warmingii*
97. Semicélulas com 2 pirenoides.
    98. Semicélulas subsemicircular-truncadas a
        trapeziformes, ângulo basal com 1 grânulo
        cônico .... *C. entochondrum* var. *mediogranulatum*
    98. Semicélulas trapeziforme-piramidais, ângulos basais
        ornamentados com 1 dentículo ....*C. vitiosum*
95. Ângulos basais sem ornamentação.
    99. Semicélulas sub-hexagonal-oblongas, 2 grânulos subapicais
        ornamentando a célula .... *C. subhammeri* var. *italicum*
    99. Semicélulas retangulares, sub-retangulares, trapeziformes ou
        subtrapeziformes, granulação de outras formas.
        100. Ângulos apicais pronunciados, emarginados.
            101. Ângulos apicais amplamente pronunciados para os lados
                 formando 1 crista, margens laterais com 2 cristas
                 distintas e 1 depressão .... *C. seelyanum*
            101. Ângulos apicais menos pronunciados, retuso-emarginados,
                 margens laterais 3-onduladas, porção apical
                 retusa .... *C. humile*
        100. Ângulos apicais não pronunciados, arredondados.
            102. Semicélulas retangulares, grânulos dispostos em 2 séries
                 intrapicais de 7 grânulos cada, 3 nas margens laterais e
                 5 na apical .... *C. areguense*
            102. Semicélulas trapezoidais.
                103. Semicélulas com 4 grânulos centrais
                     proeminentes (2 maiores +
                     2 menores) ...... *C. anisochondrum* var. *tetrachondrum*
                103. Semicélulas com 2 ou 4 grânulos subapicais
                     proeminentes, às vezes perfurados.
                    104. Região mediana da face da semicélula
                         com 2 grânulos dispostos horizontalmente
                         .... *C. isthmochondrum* var. *groenbladii*
                    104. Região mediana da face da semicélula sem
                         grânulos, com escrobiculações irregularmente
                         dispostas .... *C. corumbense* f.

COSMARIUM AMOENUM BRÉBISSON *EX* RALFS VAR. *CONSTRICTUM* SCOTT & GRÖNBLAD (FIG. 84)

Acta Societatis Scientiarum Fennicae 2(8): 15, pl. 5, fig. 18. 1957.

Célula 1,3-1,5 vezes mais longa que larga, 37-49 µm compr., 25-38 µm larg., istmo 9-12 µm larg., constrição mediana profunda, seno mediano linear, fechado; semicélulas semicirculares, ângulos basais arredondados, margens laterais levemente convexas, ângulos apicais arredondados, margem apical levemente convexa a subtruncada; parede celular granulosa, grânulos dispostos em séries verticais mais ou menos distintas, às vezes arranjados em pares na região basal das semicélulas, menos proeminentes na região mediana, dispostos em séries transversalmente alternadas na região apical, cloroplastídio com 2 pirenoides; vista lateral da semicélula subelíptico-oblonga, vista apical da célula amplamente elíptica.

DISTRIBUIÇÃO GEOGRÁFICA NO ESTADO DE SÃO PAULO

EM LITERATURA: **Município de Luiz Antônio** [perifíton e metafíton na Estação Ecológica de Jataí (Taniguchi *et al.* 2003)].

MATERIAL EXAMINADO: **Município de Assis** (SP239089), **Município de Florínea** (SP370955), **Município de Igaratá** (SP371019), **Município de Joanópolis** (SP371022), **Município de Lençóis Paulista** (SP239236), **Município de Mococa** (SP113553), **Município de Moji Guaçu** (SP113662), **Município de Nova Granada** (SP370951), **Município de Pitangueiras** (SP355382), **Município de São Luiz do Paraitinga** (SP188323), **Município de Sarapuí** (SP365711) e **Município de Tremembé** (SP188437).

COMENTÁRIOS

De acordo com a descrição original da var. *constrictum* em Scott & Grönblad (1957), esta difere da típica da espécie por apresentar seno mediano bastante mais profundo e linear, margens laterais e apical levemente convexas e padrão diferenciado de granulação (grânulos da região basal da semicélula podendo se apresentar aos pares, granulação menos proeminente na região mediana e grânulos dispostos transversalmente alternados na região apical da semicélula). Os ditos autores discutiram a semelhança da presente var. *constrictum* Scott & Grönblad com duas outras variedades da mesma espécie: var. *mediolaeve* Nordstedt (que não possui grânulos na região mediana ou basal da semicélula e os grânulos estão organizados em séries oblíquas decussantes) e var. *intumescens* Nordstedt (cujas semicélulas são rotundas e os grânulos estão dispostos em séries longitudinais e transversais).

Ademais, a variedade em pauta apresenta semelhança morfológica com *Cosmarium speciosum* Lundell, porém, não tem as margens crenuladas e possui três a cinco fileiras de crenulações concêntricas na região central da semicélula, além do seno mediano ser relativamente mais profundo.

COSMARIUM ANISOCHONDRUM NORDSTEDT VAR. *TETRACHONDRUM* SCOTT & GRÖNBLAD (FIG. 85)

Acta Societatis Scientiarum Fennicae, sér. B, 2(8): 15, pl. 8, fig. 3. 1957.

Célula pouco mais longa que larga, 17-20 µm compr., 15-19 µm larg., istmo 6-8 µm larg., constrição mediana profunda, seno mediano linear, levemente dilatado no ápice; semicélulas trapeziforme-semicirculares, ângulos basais sub-retangulares, margens laterais levemente convexas, ângulos apicais levemente arredondados, margem apical levemente convexa, amplamente truncada; parede celular granulosa, 6 grânulos nas margens laterais, 2 séries intramarginais laterais, irregulares de grânulos, grânulos pequenos, 4-5 grânulos intramarginais apicais, 4 verrugas, grandes na região mediana da semicélula, 2 apicais maiores, 2 menores abaixo, distantes entre si, 1 série de grânulos pequenos na base das semicélulas, cloroplastídio com 2 pirenoides; vistas lateral e apical da célula não observadas.

DISTRIBUIÇÃO GEOGRÁFICA NO ESTADO DE SÃO PAULO

EM LITERATURA: **Município de Rio Claro**, lago (Bicudo 1969).

MATERIAL EXAMINADO: **Município de Barretos** (SP255772) e **Município de Sorocaba** (SP139737).

COMENTÁRIOS

Cosmarium anisochondrum Nordstedt var. *tetrachondrum* Scott & Grönblad foi proposto por Scott & Grönblad (1957) e difere da variedade típica da espécie pelas menores dimensões celulares e presença de 4 verrugas grandes na região mediana de cada semicélula; outras 2 maiores, apicais, e 2 logo abaixo, distantes entre si; além de 1 série de grânulos na base das semicélulas. Os referidos autores também discutiram a possível elevação desta variedade ao nível espécie, desde que nenhum outro táxon pode, neste momento, ser similarmente relacionado a esta variedade.

Bicudo (1969: pl. 128, fig. 176) registrou a presença da var. *tetrachondrum* Scott & Grönblad no Município de Rio Claro, Estado de São Paulo, com medidas concordantes com as obtidas durante o presente estudo; no entanto, a ilustração disponibilizada em Bicudo (1969) apresenta alguma divergência do material examinado neste trabalho, com os grânulos muito menores e maior espaço entre os grânulos.

Felisberto & Rodrigues (2010) reportaram *C. anisochondrum* Nordstedt var. *tetrachondrum* Scott & Grönblad (como *C. anisichondrum* Nordstedt var. *tetrachondrum* Scott & Grönblad, erro tipográfico) com apenas duas verrugas apicais, sem mencionar ou ilustrar as duas verrugas menores, distantes entre si, situadas logo abaixo das primeiras, deixando dúvidas na identificação do presente material.

O material registrado em território paulista apresentou dimensões celulares e características morfológicas condizentes com aquelas apresentadas por Scott & Grönblad (1957) e Prescott *et al.* (1981) para os Estados Unidos (21 x 21 µm, ist. 7 µm).

COSMARIUM AREGUENSE BORGE VAR. *AREGUENSE* (FIG. 86)

Archiv för Botanik 1(4): 88, pl. 2, fig. 15. 1903.

Célula ca. 1,1 vezes mais longa que larga, 26-33 µm compr., 24-30 µm larg., istmo 7-10 µm larg., constrição mediana profunda, seno mediano linear; semicélulas retangulares, ângulos basais arredondados, margens laterais levemente convexas, ângulos apicais arredondados, margem apical levemente convexa, truncada; parede celular granulosa, grânulos dispostos em 2 séries intrapicais de 7 grânulos cada, 3 grânulos na margem lateral, 5 grânulos na margem apical, cloroplastídio com 2 pirenoides; vista lateral da semicélula circular, 4 grânulos de cada lado, margem apical truncada, vista apical da célula elíptica, 9 grânulos de cada lado, 5 grânulos intramarginais.

DISTRIBUIÇÃO GEOGRÁFICA NO ESTADO DE SÃO PAULO

EM LITERATURA: Nada consta.

MATERIAL EXAMINADO: **Município de Ibirá** (SP113497), **Município de Macedônia** (SP239144), **Município de Palmital** (SP370973), **Município de Pirapozinho** (SP370959), **Município de Pitangueiras** (SP355382) e **Município de São Paulo** (SP239097).

COMENTÁRIOS

Borge (1903) descreveu a espécie a partir de material coletado em Areguá, no Paraguai e discutiu sua semelhança com *Cosmarium urnigerum* Nordstedt, que apresenta maiores dimensões celulares, margem apical lisa e apenas uma série de grânulos intramarginais.

Grönblad (1945) trabalhou com material oriundo de Santarém, Estado do Pará e mencionou o registro de Borge (1903), mas forneceu apenas as medidas de um espécime, sem descrever nem ilustrar o material que estudou. Costa *et al.* (2014) fizeram, em seu catálogo das algas do Pará, apenas menção à referência da espécie em Grönblad (1945).

Thomasson (1971b) documentou a ocorrência da espécie no lago Rio Preto da Eva, no Estado do Amazonas, unicamente incluindo o nome da espécie em uma lista dos materiais que ocorreram no referido lago.

COSMARIUM ASKENASYI SCHMIDLE VAR. AMERICANUM CARTER (FIG. 87)

Journal of the Linnean Society: Botany, 50(333): 160, fig. 43-45. 1935.

Célula ca. 1,3 vezes mais longa que larga, 90-96 μm compr., 69-72 μm larg., istmo 20-21 μm larg., constrição mediana profunda, seno mediano linear, fechado, aberto externamente; semicélulas transversalmente elípticas, ângulos basais amplamente arredondados, margens laterais levemente convexas, convergentes, ângulos apicais arredondados, margem apical subtruncada; parede celular pontuada, denticulada, 1 espessamento interno na região mediana da face das semicélulas, alguns grânulos espiniformes nas margens laterais, cloroplastídio com 2 pirenoides; vistas lateral e apical da célula não observadas.

DISTRIBUIÇÃO GEOGRÁFICA NO ESTADO DE SÃO PAULO

EM LITERATURA: Nada consta.

MATERIAL EXAMINADO: **Município de Itaí** (SP365694).

COMENTÁRIOS

A presente var. *americanum* Carter (gramaticalmente adequada de "*americana*") difere da típica da espécie por apresentar menores dimensões celulares, semicélulas transversalmente elípticas e menos proeminentes, padrão de granulação relativamente mais expandido. O único espécime deste tipo ora examinado apresentou todas estas características e foi identificado com a presente variedade sem maior questionamento.

Cosmarium askenasyi Schmidle var. *americanum* Carter é semelhante a *Cosmarium dentatum* Wolle, mas o último apresenta seno mediano aberto, semicélulas subsemicirculares, parede celular não pontuada e destituída do espessamento facial da região mediana das semicélulas, além de maiores dimensões celulares.

COSMARIUM BASITUBERCULATUM BORGE VAR. BASITUBERCULATUM (FIG. 88)

Arkiv för Botanik 15(13): 29, pl. 3, fig. 13. 1918.

Célula ca. 1,8 vezes mais longa que larga, 35,5-38,5 μm compr., 20-21,5 μm larg., istmo 7-7,5 μm larg., constrição mediana profunda, seno mediano abrindo a partir da extremidade; semicélulas circulares, 6 tubérculos grandes na base de cada semicélula

(3-4 visíveis frontalmente, 2-3 visíveis lateralmente) horizontalmente dispostos, tubérculos de uma semicélula alternados com os da outra semicélula; parede celular escrobiculada, escrobiculações irregularmente dispostas, cloroplastídio não observado; vista lateral e apical da semicélula elíptica.

DISTRIBUIÇÃO GEOGRÁFICA NO ESTADO DE SÃO PAULO

EM LITERATURA: **Município de São Paulo** (Borge 1918).

MATERIAL EXAMINADO: **Município de São Paulo** (descrição e ilustração em Borge 1918).

COMENTÁRIOS

Borge (1918) descreveu esta espécie com base em material coletado no Município de São Paulo. Förster (1964) identificou *Cosmarium basituberculatum* Borge a partir de coletas feitas em Goiás e destacou a presença de mucilagem hialina envolvendo suas células. Tal característica não foi mencionada na descrição original em Borge (1918).

Oliveira (2011: dados não publicados) registrou a ocorrência de *C. basituberculatum* Borge em ambientes aquáticos do Estado da Bahia e apresentou excelentes ilustrações da espécie em microscopia óptica.

COSMARIUM BINUM NORDSTEDT VAR. *BINUM* (FIG. 89)

Algae Aquae Dulcis Exsiccatae 21: 39. 1889.

Célula 1,2-1,3 vezes mais longa que larga, 36-80 μm compr., 29-64 μm larg., istmo 10-23 μm larg., constrição mediana profunda, seno mediano linear, fechado; semicélulas semicircular-trapeziformes, amplamente arredondadas a partir dos ângulos basais, ângulos basais abruptamente arredondados, margens laterais 6-9-crenuladas, granuladas, margem apical convexa a levemente truncada, ondulada; parede celular crenulada, granulada, séries de grânulos pareados a partir das crenulações, tornando-se únicos e esparsos no sentido da região mediana da semicélula, protuberânia facial com 5-7 séries verticais de grânulos, grânulos às vezes agrupados formando crenulações verticais, 1 série de grânulos grandes supraistmiais, cloroplastídio com 2 pirenoides; vista lateral da semicélula oblonga, ápice amplamente arredondado, região inferior das margens laterais inflada, vista apical da célula oval, 1 inflação mediana de cada lado, margens granuladas.

DISTRIBUIÇÃO GEOGRÁFICA NO ESTADO DE SÃO PAULO

EM LITERATURA: **Município de Pirassununga** (Nordstedt 1880, Borge 1918).

Material examinado: **Município de Araras** (SP365714, SP371024), **Município de Capão Bonito** (SP365693), **Município de Miracatu** (SP255763), **Município de Paraguaçu Paulista** (SP336350) e **Município de Tatuí** (SP365710).

COMENTÁRIOS

Nordstedt (Wittrock & Nordstedt 1889) descreveu *Cosmarium binum* Nordstedt em 1880 após estudar material coletado em Pirassununga, Estado de São Paulo, cujas semicélulas são piramidais, ápice truncado e 6-crenado, margens laterais 10-crenadas, crenulações 2-granuladas, tumor supraistmial mais ou menos circular, granuloso, grânulos em ca. sete séries verticais, convergentes e densamente ordenadas para o ápice, esparsos abaixo da margem ou em duas séries dispostas horizontalmente, a partir da margem grânulos radial e concentricamente dispostos, único nas duas ou três séries interiores, os demais duplos. As dimensões celulares fornecidas Wittrock & Nordstedt (1889) foram de 80-96 x 70-72 µm, ist. 20-21 µm larg. O material coletado no Estado de São Paulo apresentou limites métricos inferiores menores.

Nordstedt também comentou a semelhança de *C. binum* Nordstedt com *Cosmarium botrytis* Meneghini *ex* Ralfs (= *Cosmarium botrytide*, conforme texto original), do qual o primeiro difere do segundo por apresentar grânulos duplos; e de *Cosmarium subspeciosum* Nordstedt (= *Cosmarium subspecioso* Nordstedt, conforme texto original) e *Cosmarium pycnochondrum* Nordstedt (= *Cosmarium pycnochondro* Nordstedt, conforme texto original) por apresentar maior número de crenulações e pela estrutura da intumescência basal das semicélulas, além de outras diferenças que os referidos autores não citaram (Wittrock & Nordstedt 1889).

Borge (1903) caracterizou como uma expressão morfológica (forma não nomeada) os indivíduos encontrados no Estado do Rio Grande do Sul, Município de Cruz Alta, que possuíam a protuberância facial das semicélulas com grânulos dispostos em séries verticais e a primeira série de grânulos disposta horizontalmente. As dimensões originais desses indivíduos foram maiores do que as do presente material (79-80 x 58-59 µm, ist. ca. 19,5 µm larg.). Mais tarde, o mesmo autor (Borge 1918) reportou *C. binum* Nordstedt a partir de material coletado no Município de Pirassununga, fornecendo dimensões (80-90 x 61,5-72 µm, ist. 18,5-21 µm larg.) e ilustração do material estudado, no entanto, sem descrevê-lo. Tais dimensões são significativamente maiores do que as do material reportado no presente estudo, também de espécimes do Estado de São Paulo.

Grönblad (1945) fez apenas menção à ocorrência de *C. binum* Nordstedt no Estado do Pará, sem qualquer outra informação ou ilustração.

Bittencourt-Oliveira (1993a) registrou a presença de *C. binum* Nordstedt no rio Tibagi, Estado do Paraná, cujas dimensões celulares condisseram com as do presente material do Estado de São Paulo (40,9-45 x 30,6-32 µm, ist. 9-12,8 µm larg.). Ainda para o Estado do Paraná, Bortolini *et al.* (2010a) coletaram a espécie de um reservatório artificial urbano situado no Município de Cascavel, com maiores dimensões celulares (67-69,4 x 52,2-53,5 µm, ist. 19-25 µm larg.).

Cosmarium binum Nordstedt difere de *Cosmarium formosulum* Hoff var. *nathorstii* (Boldt) West & West pelas semicélulas trapeziformes deste último. É bastante seme-lhante também a *Cosmarium subspeciosum* Nordstest, mas o último apresenta semicélulas piramidal-truncadas a semicirculares, mais elevadas, grânulos simples a partir das margens laterais e a protrusão facial mediana em cada semicélula com os grânulos dispostos em séries radiais a verticais, irregulares, circundadas por uma área de parede lisa, além de dimensões celulares menores.

Croasdale & Flint (1988) registraram a ocorrência de um morfotipo da espécie na Nova Zelândia, com a qual concordaram as do presente estudo, especificamente a ilustrada em Croasdale & Flint (1988: pl. 48, fig. 15). As referidas autoras também indicaram os hábitats em que a variedade foi encontrada, que consistiram de águas calmas ácidas a levemente alcalinas. Parra *et al.* (1983) reportaram para o Chile indivíduos substancialmente maiores (70-91 x 48-65, ist. 14-20 µm larg.).

COSMARIUM BLYTTII WILLE VAR. *BLYTTII* F. *BLYTTII* (FIG. 90

Forhandlinger i Videnskabs-selskabet i Cristiania 11: 25, pl. 1, fig. 7. 1880.

Célula 1,3-1,6 vezes mais longa que larga, 14-20 µm compr., 9-16 µm larg., istmo 3-6 µm larg., constrição mediana profunda, seno mediano linear; semicélulas trapeziforme-semicirculares, ângulos basais sub-retangulares, margens laterais levemente convexas, 4-crenadas (incluindo os ângulos basais e os apicais), ângulos apicais sub-retangulares, margem apical truncada, 4-crenulada (incluindo as 2 crenações laterais superiores); parede celular crenada, granulosa, 1-2 séries de grânulos intramarginais pequenos, 1 grânulo subpapilado na região mediana da face da semicélula ou 1 arco de grânulos pequenos, cloroplastídio com 1 pirenoide; vista lateral da semicélula subcircular, base achatada, 1 grânulo conspícuo na região mediana de ambos os lados, vista apical da célula ampla a levemente elíptica, 1 grânulo conspícuo na região mediana de cada lado.

DISTRIBUIÇÃO GEOGRÁFICA NO ESTADO DE SÃO PAULO

EM LITERATURA: **Município de Valinhos** (Díaz 1972).

MATERIAL EXAMINADO: **Município de Araras** (SP365714, SP371024), **Município de Assis** (SP239089), **Município de Barra Bonita** (SP255742), **Município de Bragança Paulista** (SP188324), **Município de Buri** (SP371025), **Município de Cerqueira César** (SP336348), **Município de Descalvado** (SP371023), **Município de Ibirá** (SP113497), **Município de Iepê** (SP370954), **Município de Igaratá** (SP371019), **Município de Joanópolis** (SP371022),

Município de Juquiá (SP113672), **Município de Macedônia** (SP239144), **Município de Martinópolis** (SP370960), **Município de Mococa** (SP113553), **Município de Moji Guaçu** (SP113662), **Município de Nova Granada** (SP370951), **Município de Orlândia** (SP355380), **Município de Palmital** (SP370973), **Município de Panorama** (SP370966), **Município de Pirapozinho** (SP370959), **Município de Pirassununga** (SP123900), **Município de Pitan-gueiras** (SP355382), **Município de Ponta Linda** (SP370957), **Município de Pontes Gestal** (SP114558), **Município de Salmourão** (SP370967), **Município de Santo Antônio de Aracanguá** (SP355386), **Município de São Carlos** (SP104699), **Município de São Paulo** (SP130972, SP355407), **Município de São Pedro do Turvo** (SP355399), **Município de Sertãozinho** (SP365702), **Município de Sorocaba** (SP139737), **Município de Sumaré** (SP123865) e **Município de Tatuí** (SP365710).

COMENTÁRIOS

De acordo com West & West (1908), *Cosmarium blyttii* Wille é uma das espécies cujos indivíduos representantes apresentam o menor tamanho. Também, é uma das espécies mais características entre os *Cosmarium* de parede celular decorada, além de apresentar extenso polimorfismo na crenação das margens laterais e na intensidade da granulação facial das semicélulas. Vários exemplares intermediários foram observados por West & West (1908) no material do Reino Unido. Variação morfológica similar foi atualmente observada nas populações do Estado de São Paulo.

Borge (1918) citou a ocorrência da espécie pioneiramente para o Brasil a partir de material coletado no Município de Campinas, Estado de São Paulo, no entanto, sem fornecer qualquer outra informação (descrição e ilustração) a seu respeito.

Grönblad (1945) também reportou a ocorrência da espécie em um empoçado no Município de Santarém, Estado do Pará sem, entretanto, juntar informação dos tipos descrição e ilustração do material examinado.

A seguir, Bicudo (1969) registrou a presença da espécie no levantamento taxonômico da desmidioflórula dos Estados de Minas Gerais e São Paulo, no entanto, sem designar a localidade de proveniência do material onde *C. blyttii* Wille foi encontrado.

Díaz (1972) apresentou medidas e ilustração dos espécimees ao identificar material do Município de Valinhos, Estado de São Paulo, além de um breve comentário que, em conjunto, permitiram a confirmação de seu registro.

Felisberto & Rodrigues (2010a) registraram a presença de material da espécie no Reservatório de Rosana, Estado do Paraná, incluindo uma descrição taxonômica satisfatória acompanhada de ilustração que possibilitaram reidentificar o material. Essas duas autoras discutiram ainda que *C. blyttii* Wille lembra, morfologicamente, *Cosmarium punctulatum* Brébisson e *C. subcrenatum* Hantzsch, mas, estas duas espécies apresentam semicélula proporcionalmente mais trapeziforme e dimensões celulares comparativamente maiores.

Oliveira *et al.* (2010) e Ramos *et al.* (2011) comentaram que *C. blyttii* Wille é relativamente comum nos ecossistemas aquáticos continentais e também observaram a presença de polimorfismo na espécie no que diz respeito ao número de crenulações nas margens laterais e apical e ao número de grânulos, especialmente os da região mediana da face da semicélula, os quais ora se apresentaram como um único grânulo central ora como um anel deles.

As populações de *C. blyttii* Wille documentadas neste estudo concordaram com as descritas por West & West (1908) para o Reino Unido, Prescott *et al.* (1981) para a América do Norte, Förster (1982) para a Europa Central, Parra *et al.* (1983) para o Chile e Croasdale & Flint (1988) para a Nova Zelândia. Coesel (1991) comentou que a espécie vive em ambientes oligo-mesotróficos e acidófilos nos Países Baixos, ao passo que Croasdale & Flint (1988) a registraram em ambientes tanto ácidos quanto alcalinos, oligotróficos ou eutróficos sendo, portanto, uma espécie adaptável a diversas condições ecológicas.

COSMARIUM BLYTTII WILLE VAR. *BLYTTII* F. *AUSTRALIACUM* SCHMIDLE (FIG. 91)

Flora 82(3): 308, pl. 9, fig. 13. 1896.

Célula ca. 1,1 vezes mais longa que larga, 17-27 µm compr., 15-24 µm larg., istmo 4-9 µm larg., constrição mediana profunda, seno mediano linear; semicélulas trapeziforme-semicirculares, ângulos basais sub-retangulares, margens laterais 4-crenuladas (incluindo os ângulos basais e apicais), margem apical truncada, 4-crenulada (incluindo as 2 crenulações laterais superiores); parede celular crenulada, granulosa, 1-2 série de grânulos intramarginais pequenos, 2 grânulos intrapicais centrais proeminentes na primeira série, 1 grânulo subpapilado na região mediana da face da semicélula, cloroplastídio com 1 pirenoide; vista lateral da semicélula subcircular, base achatada, 1 grânulo conspícuo na região mediana de ambos os lados, vista apical da célula amplamente ou levemente elíptica, 2 grânulos conspícuos na região mediana de cada lado.

DISTRIBUIÇÃO GEOGRÁFICA NO ESTADO DE SÃO PAULO

EM LITERATURA: Nada consta.

MATERIAL EXAMINADO: **Município de Angatuba** (SP188215), **Município de Araras** (SP365714), **Município de Assis** (SP239089), **Município de Avaré** (SP130956), **Município de Florínea** (SP370955), **Município de Ibitinga** (SP365704, SP371017), **Município de Joanópolis** (SP371022), **Município de Martinópolis** (SP370960), **Município de Novo Horizonte** (SP370950), **Município de Orlândia** (SP355380),

Município de Palmital (SP370973), Município de Pitangueiras (SP355382) e Município de Pontes Gestal (SP114558).

Comentários

A presente forma difere da típica da espécie por apresentar dois grânulos intrapicais proeminentes na face de cada semicélula (Förster 1982).

Taniguchi *et al.* (2003) identificaram a provável presença de *Cosmarium blyttii* Wille var. *blyttii* f. *australiacum* Schmidle na Estação Ecológica de Jataí, quando descreveram *Cosmarium* sp. 4. Contudo, não forneceram uma boa ilustração nem caracterizaram os dois grânulos subapicais típicos da presente forma taxonômica. Desta maneira, o registro desses autores não foi considerado no presente estudo.

Islam & Irfanullah (2006) registraram a ocorrência da presente forma em Bangladesh, da qual forneceram apenas medidas (17,5 x 14,8 µm, ist. ca. 6 µm larg.) e ilustração. O espécime que ilustraram mostra a célula mais longa que larga se comparada com o material do presente estudo.

COSMARIUM BLYTTII WILLE VAR. *NOVAESYLVAE* WEST & WEST (FIG. 92)

Journal of the Royal Microscopical Society 1897: 489, pl. 6, fig. 10. 1897.

Célula 1,1-1,2 vezes mais longa que larga, 18-21 µm compr., 16-18 µm larg., istmo 5-7 µm larg., constrição mediana profunda, seno mediano linear; semicélulas oblongo-retangulares, ângulos basais sub-retangulares, margens laterais levemente convexas a retas, crenuladas, proeminentes na 3ª crenação a partir da base emarginada, ângulos apicais sub-retangulares, margem apical truncada, 4-crenulada; parede celular crenulada, granulosa, face da semicélula com 1 série de grânulos intramarginais pequenos, 1 grânulo maior na região mediana ou 1 arco de grânulos pequenos, cloroplastídio com 1 pirenoide; vista lateral da semicélula subcircular, base achatada, 1 grânulo conspícuo na região mediana de ambos os lados, vista apical da célula amplamente ou apenas levemente elíptica, 1 grânulo conspícuo na região mediana de cada lado.

Distribuição geográfica no Estado de São Paulo

Em literatura: Nada consta.

Material examinado: **Município de Ibirá** (SP113497), **Município de Itapura** (SP370964), **Município de Pitangueiras** (SP355382), **Município de Nova Granada** (SP370951) e **Município de São Paulo** (SP130972, SP239097).

COMENTÁRIOS

Os espécimes de *Cosmarium blyttii* Wille var. *novaesylvae* West & West (adequado de "*novae-sylvae*") ora identificados apresentaram semicélulas com formato similar ao mencionado na descrição de *C. subdanicum* West, no entanto, a parede celular é lisa nesta última.

A var. *novaesylvae* West & West difere da típica da espécie por apresentar características como: maiores dimensões, semicélula de formato oblongo-retangular, margens laterais com crenulações mais pronunciadas, uma série intramarginal de grânulos, face das semicélulas com um grânulo grande na região mediana e outros menores entre este e o istmo que, de acordo com Förster (1982), podem ter número variável.

Conforme West & West (1908), os representantes desta variedade são semelhantes aos de *C. blyttii* Wille var. *hoffii* Börgesen, mas diferem por serem relativamente mais longos e apresentarem as crenulações laterais mais pronunciadas e grânulos centrais.

Os espécimes da população proveniente do Estado de São Paulo são levemente menores do que os registrados por Prescott *et al.* (1981: 20,5-22 x 17,5-19 µm) para a América do Norte e apresentaram as crenulações dos ângulos apicais mais proeminentes do que as ilustradas pelos autores há pouco citados. No entanto, absolutamente concordantes com os exemplares reportados para o Chile por Parra *et al.* (1983) e para a Nova Zelândia por Croasdale & Flint (1988), que registraram a variedade em águas mesotróficas a levemente eutróficas, ácidas a alcalinas; e nos Países Baixos por Coesel (1991). Este último autor trouxe também descrição e ilustração do zigósporo da variedade.

COSMARIUM BOTRYTIS MENEGHINI *EX* RALFS VAR. *SUBTUMIDUM* WITTROCK (FIG. 93)

Bihang till Kungliga Svenska VetenskapsAkademiens Handlingar 1(1): 57, pl. 4, fig. 12. 1872.

Célula ca. 1,2 vezes mais longa que larga, ca. 56 µm compr., ca. 46 µm larg., istmo ca. 14 µm larg., constrição mediana profunda, seno mediano linear, dilatado no ápice; semicélulas oval-piramidais, ângulos basais arredondados, margens lateral convexas, ângulos apicais arredondados, margem apical truncada; parede celular granulosa, grânulos pequenos, geralmente sem disposição definida, 33-35 grânulos visíveis na margem da semicélula, face da semicélula mostrando leve arranjo concêntrico de grânulos, cloroplastídio com 2 pirenoides; vista lateral da semicélula amplamente elíptica, vista apical da célula elíptica.

DISTRIBUIÇÃO GEOGRÁFICA NO ESTADO DE SÃO PAULO

EM LITERATURA: Nada consta.

MATERIAL EXAMINADO: **Município de Barra Bonita** (SP255742).

COMENTÁRIOS

Difere da variedade-tipo da espécie por apresentar células relativamente mais largas, ângulos basais mais pronunciados, região mediana da semicélula levemente inflada, com grânulos maiores que os demais desta região (Prescott *et al.* 1981). O único espécime presentemente encontrado coincide com as características da presente variedade e foi, por isso, identificado com ela sem qualquer problema.

Aparentemente, um único espécime desta variedade foi encontrado por Hirano (1957) no Japão, com o qual o do presente estudo está em bastante concordância.

COSMARIUM BRASILIENSE (WILLE) NORDSTEDT VAR. *TAPHROSPORUM* NORDSTEDT (FIG. 94)

Botaniska Notiser 1887: 160. 1887.

Célula tão longa quanto larga, 15,5-17 µm compr., 15-17,5 µm larg., istmo 5-6 µm larg., constrição mediana profunda, seno mediano aberto; semicélulas subtriangulares, ângulos basais arredondados, margens laterais levemente convexas, ângulos apicais arredondados, margem apical subtruncada; parede celular granulosa, grânulos pequenos, acuminados, dispostos nas margens das semicélulas em séries horizontais e verticais, cloroplastídio com 2 pirenoides; vista lateral não observada, vista apical célula estreitamente elíptica.

DISTRIBUIÇÃO GEOGRÁFICA NO ESTADO DE SÃO PAULO

EM LITERATURA: **Município de Moji Guaçu** (Marinho 1994).

MATERIAL EXAMINADO: **Município de Moji Guaçu** (Marinho 1994).

COMENTÁRIOS

Nordstedt (1887) propôs a var. *taphrosporum* para englobar as populações da espécie coletadas na Austrália e na Nova Zelândia, cujos espécimes constituintes apresentavam zigósporo com a membrana celular escrobiculada, ângulos semicelulares basais pouco mais arredondados e menos grânulos em cada semicélula. Infelizmente, o referido autor não divulgou medidas nem ilustração da nova variedade que propôs.

Marinho (1994) descreveu, de forma muito sucinta, a população encontrada no Município de Moji Guaçu, no Estado de São Paulo e não realizou qualquer comentário adicional nem justificou sua identificação. No entanto, mesmo com essas informações e a ilustração disponíveis foi-nos possível reidentificar o material de Moji Guaçu.

Förster (1963) documentou a presença das variedades típica e *taphrosporum* no Pará, a partir de exemplares concordantes com o material registrado por Marinho (1994) para São Paulo.

Croasdale & Flint (1988) identificaram a variedade para a Nova Zelândia, com dimensões concordantes (16 x 15-16,5 µm, ist. 6,5-9 µm larg.) às de Marinho (1994: 15,5-17 x 15-17,5 µm, ist. 5-6 µm larg.). Os aludidos autores discutiram o desconhecimento do zigósporo, entretanto, as características morfológicas deste foram apresentadas em Nordstedt (1887) conforme comentado anteriormente.

Förster (1964: pl. 22, fig. 26-28, pl. 42, fig. 15-16) descreveram uma nova espécie, *Cosmarium furcatum* Förster & Eckert a partir de material coletado no Rio das Fêmeas, em Goiás. Todavia, tal espécie parece ser idêntica a *Cosmarium brasiliense* (Wille) Nordstedt var. *taphrosporum* Nordstedt, razão pela qual sugerimos que sejam consideradas sinônimos obedecendo o princípio da prioridade do nome mais antigo (*Cosmarium brasiliense* (Wille) Nordstedt var. *taphrosporum* Nordstedt) de acordo com o ICN (Turland *et al.* 2018).

COSMARIUM COMMISSURALE Brébisson *ex* Ralfs var. *crassum* Nordstedt f. *crassum* (Fig. 95)

Videnskabelige Meddelelser Naturhistorisk Forening i Kjöbenhavn 1887(14-15): 213. 1869; pl. 3, fig. 19. 1887.

Célula ca. 1,1 vezes mais larga que longa, 24-36 µm compr., 25-39 µm larg., istmo 7-13 µm larg., constrição mediana profunda, seno mediano aberto; semicélulas sub-reniformes a oblongas, extensões laterais formando quase lobos, margem apical proeminente, amplamente truncada; parede celular granulosa, 6-8 grânulos nas extensões laterais, 7-10 grânulos intramarginais, 6-7 grânulos na margem apical, face das semicélulas com 1 protuberância na região mediana, 3-4 grânulos centrais grandes, anel de 8-11 grânulos menores ao redor destes, cloroplastídio com 2 pirenoides; vista lateral da semicélula transversalmente elíptica, ápice levemente proeminente, truncado, granuloso, vista apical da célula elíptica, 1 protuberância granulosa na região mediana de cada lado, constrita antes dos polos, polos inflados, granulosos.

Distribuição geográfica no Estado de São Paulo

EM LITERATURA: **Município de Luiz Antônio**, Estação Ecológica de Jataí (Taniguchi *et al.* 2003).

Material examinado: **Município de Álvares Florence** (SP355381), **Município de Angatuba** (SP188215), **Município de Barra Bonita** (SP255742), **Município de Buri** (SP371025), **Município de Florínea** (SP370955), **Município de Jaú** (SP130426), **Município de Moji das Cruzes** (SP113662), **Município de Ponta Linda** (SP370957), **Município de Salmourão** (SP370967) e **Município de Sorocaba** (SP139737).

Comentários

Nordstedt (1869) propôs esta variedade ao estudar material coletado por E. Warming em Lagoa Santa, Estado de Minas Gerais. A descrição original é sucinta, apresentando medidas e uma ilustração (Nordstedt 1887: pl. 3, fig. 9), além de um comentário bastante breve.

Cosmarium commissurale Brébisson *ex* Ralfs var. *crassum* Nordstedt f. *crassum* difere da forma-tipo da espécie por apresentar proporção comprimento:largura celulares menor, seno mediano aberto e não tão dilatado internamente, extensões laterais (ou "lobos") mais robustas e grânulos da região central variáveis, geralmente reduzidos em número (grânulo central rodeado por um anel de grânulos menores) (Prescott *et al.* 1981).

Borge (1918) referiu-se à ocorrência da presente variedade no Estado de São Paulo, contudo, sem incluir informação que permita sua reidentificação. Tal citação foi, consequentemente, desconsiderada. Grönblad (1945) não forneceu descrição nem ilustração, mas apenas medidas do material que identificou. Todavia, o mencionado autor discutiu a variação morfológica da protuberância facial do material examinado, que foi desde leve até mais proeminente, a ponto de formar uma estrutura semelhante a uma cruz em vista apical. Tal variação morfológica foi também citada por Borge (1925: forma não nomeada) e, posteriormente, utilizada por Förster (1969) para propor a f. *cruciforme* Förster *ex* Förster da referida espécie.

Camargo *et al.* (2009) registraram a presença desta variedade em material coletado no Pantanal Matogrossense e incluiu uma ilustração da vista apical de um exemplar que remete, muito provavelmente, à f. *cruciforme* Förster *ex* Förster e não à típica da variedade.

As populações ora coletadas no Estado de São Paulo apresentaram a variação acima mencionada na protuberância facial e foram, então, identificadas com a f. *cruciforme* Förster *ex* Förster. A relação comprimento:largura das células foi comparativamente menor, como nos espécimes registrados na tese de doutoramento de De-Lamonica-Freire (1985: dados não publicados) para Mato Grosso; e variação morfológica no formato das semicélulas e do seno mediano como em materiais brasileiros, isto é, semicélulas sub-reniformes e seno amplamente aberto como ilustrado em Lopes & Bicudo (2003); e também semicélulas oblongas e seno mais estreito em toda sua extensão, como ilustrado em Taniguchi *et al.* (2003). Tais características coincidem bastante com as da presente forma taxonômica e as populações analisadas foram, portanto, assim circunscritas, concordando com os materiais identificados para o Reino Unido por West & West (1908), para a América do Norte por Prescott *et al.* (1981) e para a Europa por Förster (1982) e Coesel (1991).

Felisberto & Rodrigues (2004) separaram a presente forma taxonômica de *Cosmarium ornatum* Ralfs pelo seno mediano aberto, mais fechado externamente nesta última e aberto em toda extensão em *Cosmarium commissurale* Brébisson *ex* Ralfs var. *crassum* Nordstedt, além do padrão de granulação diferente.

COSMARIUM COMMISSURALE Brébisson *ex* Ralfs var. *CRASSUM* Nordstedt f. *CRUCIFORME* Förster *ex* Förster (Fig. 96)

Algological Studies 28: 228. 1969.

Célula tanto quanto ou pouco mais larga que longa, 28-30 µm compr., 29-30 µm larg., istmo 9-10 µm larg., constrição mediana profunda, seno mediano aberto; semicélulas sub-reniformes a oblongas, projeções laterais formando quase lobos, margem apical proeminente, amplamente truncada; parede celular granulosa, 6-8 grânulos nas projeções laterais, 7-10 grânulos intramarginais, 6-7 grânulos na margem apical, 1 protuberância na região mediana da face das semicélulas, 3-4 grânulos centrais grandes, anel de 8-11 grânulos menores ao redor dos grânulos maiores, cloroplastídio com 2 pirenoides; vista lateral da semicélula transversalmente elíptica, ápice levemente proeminente, truncado, granuloso, vista apical da célula elíptica, 1 protuberância evidente, granulosa, na região mediana de cada lado, aspecto cruciforme, levemente constrita antes dos polos inflados, granulosos.

Distribuição geográfica no Estado de São Paulo

Em literatura: Nada consta.

Material examinado: **Município de Angatuba** (SP188215), **Município de Florínea** (SP370955) e **Município de Moji Guaçu** (SP255733).

Comentários

Förster (1969) nomeou f. *cruciforme* Förster *ex* Förster, em razão do formato semelhante a uma cruz das protuberâncias centrais da célula em vista apical, a forma registrada em material do Estado do Pará e antes não nomeada por Borge (1925).

Camargo *et al.* (2009) documentaram o encontro de representantes da var. *crassum* Nordstedt em material coletado no Pantanal Matogrossense, junto com uma ilustração em que a vista apical é, provavelmente, de espécimes da f. *cruciforme* Förster *ex* Förster e não da típica da respectiva variedade.

COSMARIUM CONSPERSUM RALFS VAR. *CONSPERSUM* (FIG. 97)

British Desmidieae. 101, pl. 116, fig. 4a-b. 1848.

Célula ca. 1,2 vezes mais longa que larga, ca. 66 µm compr., ca. 56 µm larg., istmo ca. 17 µm larg., constrição mediana profunda, seno mediano linear, abrindo externamente, dilatado no ápice; semicélulas sub-retangulares, mais amplas no ápice que na base, ângulos basais arredondados, margens laterais levemente convexas, ângulos apicais arredondados, margem apical levemente convexa; parede celular uniformemente granulosa, grânulos dispostos em 16 séries verticais e 10 horizontais, 25-30 grânulos visíveis na margem das semicélulas, cloroplastídio não observado; vistas lateral e apical da célula não observadas.

DISTRIBUIÇÃO GEOGRÁFICA NO ESTADO DE SÃO PAULO

EM LITERATURA: **Município de Valinhos** (Díaz 1972).

MATERIAL EXAMINADO: **Município de Valinhos** (descrição e ilustração em Díaz 1972).

COMENTÁRIOS

Díaz (1972) identificou, ao que tudo indica, apenas um indivíduo deste tipo coletado no Município de Valinhos, contudo, plenamente coincidente com a descrição original da variedade-tipo da espécie. Desta forma, o referido espécime pode ser reidentificado e consta no presente estudo.

Ferrari (2010) e Fonseca *et al.* (2014) fizeram apenas menção à ocorrência da espécie no Estado de São Paulo. Consequentemente, sem mais informação taxonômica tais referências não foram consideradas no presente trabalho.

Oliveira *et al.* (2010) identificaram para o Estado da Bahia espécimes com as margens laterais aconcavadas, mas as demais características descritivas e métricas bastante coincidentes com as do material identificado por Díaz (1972).

Cosmarium conspersum Ralfs difere de *C. margaritatum* (Lundell) Roy & Bisset porque o primeiro apresenta a granulação arranjada em séries verticais e horizontais e o istmo aberto.

COSMARIUM CONSPERSUM RALFS VAR. *AMERICANUM* BORGE (FIG. 98)

Arkiv för Botanik 15(13): 25. 1918.

Célula pouco mais longa que larga, 63-71,5 μm compr., 57-64,5 μm larg., istmo 17,5-22 μm larg., constrição mediana profunda, seno mediano linear, aberto na extremidade; semicélulas trapeziformes, mais amplas no ápice que na base, ângulos basais arredondados, margens laterais levemente convexas, ângulos apicais arredondados, margem apical convexa; parede celular granulosa, grânulos dispostos em quincunce, 6 escrobiculações ao redor de cada grânulo, cloroplastídio não observado; vista lateral da semicélula circular, vista apical da célula oblongo-elíptica.

DISTRIBUIÇÃO GEOGRÁFICA NO ESTADO DE SÃO PAULO

EM LITERATURA: **Município de Pirassununga** (Borge 1918) e **Município de Valinhos** (Díaz 1972, como C. *conspersum* Ralfs var. *latum* (Brébisson) West & West f. *parvum* Croasdale).

MATERIAL EXAMINADO: **Município de Pirassununga** (descrição e ilustração em Borge 1918).

COMENTÁRIOS

Borge (1918) propôs *Cosmarium conspersum* Ralfs var. *americanum* a partir de material coletado em Pirassununga. Apesar de apresentar apenas uma breve descrição das características diagnósticas da novidade, Borge (1918: pl. 2, fig. 16) incluiu ilustração que mostra as características pelas quais foi possível sua reidentificação.

Cosmarium conspersum Ralfs apresenta diversas variedades e formas taxonômicas. A var. *americanum* Borge difere das demais por apresentar seno mediano amplamente aberto, margens laterais arredondadas na parte superior, grânulos dispostos em quincunce e seis escrobiculações ao redor de cada grânulo. Em 1965, Croasdale propôs C. *conspersum* Ralfs var. *latum* (Brébisson) West & West f. *parvum* Croasdale (Prescott et al. 1981), que é muito semelhante à atualmente mencionada var. *americanum* Borge. Sugere-se que C. *conspersum* Ralfs var. *latum* (Brébisson) West & West f. *parvum* Croasdale seja considerado sinônimo de C. *conspersum* Ralfs var. *americanum* Borge, por este ser o nome mais antigo conforme o ICN (Turland et al. 2018).

Díaz (1972) identificou como C. *conspersum* Ralfs var. *latum* (Brébisson) West & West f. *parvum* Croasdale material proveniente do Município de Valinhos, Estado de São Paulo que, conforme já discutido, pode ser sinonimizado com C. *conspersum* Ralfs var. *americanum* Borge.

Borge (1918) também apresentou formas não nomeadas de C. *conspersum* Ralfs, entretanto, sem ilustrar ou descrever suficientemente o material que estudou. Tais referências não foram, portanto, consideradas no presente estudo.

COSMARIUM CONSPERSUM RALFS VAR. *SUBROTUNDATUM* WEST & WEST FORMA (FIG. 99)

Célula 1,2-1,3 vezes mais longa que larga, 53-66 μm compr., 47-54 μm larg., istmo 15-19 μm larg., constrição mediana profunda, seno mediano linear, dilatado no ápice; semicélulas sub-retangulares a subtrapeziformes, ângulos basais levemente arredondados, margens laterais quase retas, ângulos apicais amplamente arredondados, margem apical levemente truncada; parede celular granulosa, grânulos arredondados, dispostos ca. 12 séries horizontais, ca. 21 séries verticais, ca. 30 grânulos visíveis na margem da semicélula, cloroplastídio com 2 pirenoides; vistas lateral e apical da célula não observadas.

DISTRIBUIÇÃO GEOGRÁFICA NO ESTADO DE SÃO PAULO

EM LITERATURA: Nada consta.

MATERIAL EXAMINADO: **Município de Juquiá** (SP113672).

COMENTÁRIOS

West (1892) publicou a nova variedade (var. *subrotundatum* W. West) após estudar material coletado na Irlanda, especificando que a novidade difere das demais variedades da espécie pelos ângulos superiores das semicélulas amplamente arredondados e maior número de grânulos dispostos em ca. 12 séries horizontais e 21 séries verticais. O material ora examinado coletado em São Paulo apresentou tais características, contudo, com dimensões celulares menores do que as dos materiais da Europa, América do Norte e América do Sul (West 1892, West & West 1908, Prescott *et al.* 1981: 84 x 82 μm, ist. 30 μm larg.; Parra *et al.* 1983: 84 x 82 μm, ist. 30 μm larg.). Além disso, a semicélula é proporcionalmente mais larga que longa nestes do que nos indivíduos ilustrados por aqueles autores. Provavelmente, a população do Estado de São Paulo represente uma nova forma taxonômica, a qual, se confirmada, será proposta em publicação futura.

COSMARIUM CORUMBENSE BORGE FORMA (FIG. 100)

Célula 1,2-1,3 vezes mais longa que larga, 36-44 μm compr., 29-36 μm larg., istmo 8-12 μm larg., constrição mediana profunda, seno mediano linear, levemente dilatado no ápice; semicélulas subtrapeziformes, ângulos basais sub-retusos, margens laterais levemente convexas na porção inferior, 4-onduladas, ângulos apicais arredondados, margem apical truncada, 2-ondulada; parede celular granulosa, escrobiculada, 4 grânulos intramarginais laterais, 1 grânulo intramarginal no ângulo apical, 2 grânulos maiores, subapicais, escrobiculações irregularmente dispostas na semicélula, cloroplastídio com 1 pirenoide; vista lateral da semicélula subcircular, ápice truncado, vista apical da célula elíptica.

Distribuição geográfica no Estado de São Paulo

Em literatura: Nada consta.

Material examinado: **Município de Jaú** (SP130426), **Município de Ribeirão Grande** (SP428505, SP428506) e **Município de Sorocaba** (SP139737).

Comentários

Cosmarium corumbense foi proposto por Borge (1903) do estudo de material coletado em Corumbá, Estado do Mato Grosso, com dimensões de 39-41 x 31-33 μm e ist. 9-10,5 μm larg. A espécie foi reencontrada no Estado de São Paulo mais de um século depois e registrada no presente estudo, cuja morfologia dos presentes espécimes concordou plenamente com Borge (1903) sugerindo tratar de uma espécie endêmica de ocorrência rara.

Thomasson (1963) documentou uma forma não nomeada de *C. corumbense* Borge na região do Norte da Patagônia. Contudo, tal material apresentou limites métricos maiores, que levaram o mencionado autor a identifica-lo como uma forma e comentar sua grande semelhança com *Cosmarium obtusatum* (Schmidle) Schmidle var. *glabrum* Borge e *Cosmarium didymochondrum* Nordstedt var. *novaeguineae* Bernard. Parra *et al.* (1983) fizeram apenas menção à citação da forma não nomeada em Thomasson (1963).

O material de *C. corumbense* Borge identificado para São Paulo apresentou parede celular com escrobiculações irregularmente dispostas, característica esta não informada na descrição original de Borge (1903). A descrição da possível nova variedade a ser proposta será oportunamente publicada em conformidade com o ICN (Turland *et al.* 2018).

As características morfológicas de *C. corumbense* Borge são bastante semelhantes às de *Cosmarium cunningtonii* G.S. West (West 1907), exceto pelo formato trapezifome da semicélula, pelas margens laterais onduladas e dotadas de uma série de grânulos pequenos intramarginais, pelas escrobiculações não tão conspícuas e dispostas irregularmente como na ilustração de *C. cunningtonii* G.S. West em West (1907: pl. 7, fig. 7), pelo ápice da semicélula levemente pronunciado e pela presença apenas de um pirenoide por semicélula.

Cosmarium corumbense Borge também é muito semelhante a *Cosmarium bicorne* Borge var. *camerounense* Compère (Compère 1977), entretanto, o último apresenta semicélula trapeziforme-semicircular, com o ápice convexo e dois grânulos grandes localizados na região mediana da semicélula, além de, aparentemente, não apresentar parede celular escrobiculada. As dimensões celulares dos exemplares da África também são menores do que as de *C. corumbense* Borge (Borge 1903: 25-30 x 22-27 μm), ocorrem dois pirenoides por semicélula e Compère (1976) não forneceu descrição nem ilustração das vistas lateral e apical do material que examinou. Lembra ainda muito os representantes da variedade típica de C. *bicorne* Borge (Borge 1928), no entanto, estes últimos apresentam um grânulo central logo abaixo dos dois grânulos intrapicais, o qual é rodeado por escrobículos e dois grânulos menores em cada lado; a vista apical é elíptica, com uma protuberância em cada polo e outra central de cada lado ornada com dois grânulos grandes e mais três pequenos.

Cosmarium decoratum West & West var. *decoratum* (Fig. 101)

Transactions of the Linnean Society of London: sér. Bot. 5(2): 61, pl. 7, fig. 21. 1895.

Célula 1,3-1,4 vezes mais longa que larga, 68-88 μm compr., 52-65 μm larg., istmo 18-27 μm larg., constrição mediana profunda, seno mediano linear, levemente dilatado no ápice; semicélulas piramidal-truncadas, ângulos basais sub-retangulares, margens laterais convexas, convergentes para o ápice, ângulos apicais obtuso-arredondados, margem apical truncada, levemente convexa, margem ondulada; parede celular granulosa, escrobiculada, grânulos dispostos em séries oblíquas, decussantes, 30-39 grânulos visíveis na margem da semicélula, grânulos escavados, 6 escrobiculações triangulares ao redor de cada grânulo, cloroplastídio com 2 pirenoides; vista lateral da semicélula elíptica, vista apical da célula elíptica, 1 inflação leve, conspícua, de cada lado.

Distribuição geográfica no Estado de São Paulo

Em literatura: Nada consta.

Material examinado: **Município de Araras** (SP365714, SP371024), **Município de Avaí** (SP139747), **Município de Mococa** (SP113553), **Município de Novo Horizonte** (SP336349, SP370950), **Município de Orlândia** (SP355380), **Município de Paraguaçu Paulista** (SP336350), **Município de Pirassununga** (SP123888, SP123900), **Município de Santo Antônio de Aracanguá** (SP355386), **Município de São Pedro do Turvo** (SP355399), **Município de Tambaú** (SP370948), **Município de Tremembé** (SP188437) e **Município de Ubatuba** (SP96890).

Comentários

As populações coletadas no Estado de São Paulo concordaram com a descrição original em West & West (1895). Estes autores apontaram a semelhança da nova espécie com *Cosmarium glyptodermum* West & West, mas a diferença está no tipo de arranjo dos escrobículos. De acordo com Förster (1982), *Cosmarium decoratum* West & West lembra *C. controversum* W. West, do qual difere pelo último apresentar grânulos sólidos e escrobiculações arredondadas ao redor dos grânulos na região central da semicélula. Lembra ainda *Cosmarium pseudomagnificum* Hinode var. *brasiliense* (Förster & Eckert)

Förster, mas difere pelo último apresentar escrobiculações arredondadas, margem apical lisa e grânulos maiores e mais cônicos. Lembra também *Cosmarium papilliferum* Schmidle, do qual difere porque este apresenta margens laterais subparalelas na primeira porção e logo convergentes para o ápice amplamente truncado e pela presença de papilas nas margens laterais enquanto a margem apical é lisa.

Fesliberto & Rodrigues (2010a) e Biolo *et al.* (2013) registraram a presença da espécie no Estado do Paraná e, mais especificamente, nos reservatórios de Rosana e Itaipu, respectivamente. No entanto, os espécimes ilustrados nesses dois trabalhos são, provavelmente, representantes de *Cosmarium logiense* Bisset. De acordo com discussão apresentada por Felisberto & Rodrigues (2010a), as populações que examinaram foram identificadas com C. *decoratum* West & West em razão dos limites métricos maiores, porém, as demais características morfológicas são extremamente semelhantes às de C. *logiense* Bisset.

Grönblad (1945) citou a ocorrência da espécie no Estado do Pará, contudo, divulgou apenas as medidas de um único exemplar (57 x 56 μm) sem descrever nem ilustrar o material estudado. Förster (1969) também não incluiu descrição, mas só medidas (76 x 60 μm) de um único espécime também proveniente do Pará e afirmou que a parede celular desse exemplar era hialina; contudo, a ilustração que publicou é bastante rica em detalhes, mormente nos diagnósticos, condizentes com a circunscrição de C. *decoratum* West & West.

Taniguchi *et al.* (2003) registraram a presença de *Cosmarium* sp. 3 na Estação Ecológica de Jataí, Estado de São Paulo, cujas características lembram as de C. *decoratum* West & West. Contudo, os padrões de granulação e escrobiculação da parede celular característicos da espécie não foram descritos nem ilustrados, o que leva à dúvida sobre a identificação e, portanto, tal material não foi considerado no presente estudo.

Kim (2014) relatou o encontro de material semelhante pela primeira vez na Coréia do Sul, com dimensões celulares e morfologia condizentes com as do presente material. O referido autor disponibilizou fotomicrografias que caracterizam C. *decoratum* West & West de forma bastante satisfatória.

Cosmarium denticulatum Borge var. *denticulatum* f. *borgei* Irénée-Marie (Fig. 102)

Flore desmidiale de la region de Montréal. 209, pl. 28, fig. 1-3, pl. 68, fig. 4. 1938.

Célula 1,6-1,7 vezes mais longa que larga, 160-176 μm compr., 90-110 μm larg., istmo 30-34 μm larg., espinhos 4-6 μm compr., constrição mediana profunda, seno mediano fechado, aberto externamente; semicélulas piramidais, ângulos basais arredondados, margens laterais convexas, convergentes para o ápice, ângulos apicais arredondados, margem apical truncada; parede celular denticulada nas margens e acima do istmo, 4 séries intramarginais de dentículos curtos, séries irregulares de dentículos ao longo da base da semicélula imediatamente acima do istmo, ca. 35 dentículos em cada margem lateral, 4 dentículos na margem apical, cloroplastídio não observado; vistas lateral e apical da célula não observadas.

Distribuição geográfica no Estado de São Paulo

Em literatura: **Município de Luiz Antônio**, Estação Ecológica de Jataí (Taniguchi *et al.* 2003).

Material examinado: **Município de Luiz Antônio** (Taniguchi *et al.* 2003).

Comentários

Taniguchi *et al.* (2003) identificaram a presente forma ao estudarem material colhido na Lagoa do Diogo, situada na Estação Ecológica de Jataí, Estado de São Paulo. Os referidos autores optaram pela identificação dos representantes das populações examinadas com os da f. *borgei* Irénée-Marie em razão das semicélulas mais convexas, com 35 dentículos pequenos intramarginais e 4 dentículos situados na margem apical, além da série de dentículos dispostos irregularmente na região supraistmial. Esse material foi reidentificado no presente estudo e coincide com aquele reportado por Prescott *et al.* (1981) para a América do Norte.

Cosmarium denticulatum Borge var. *ovale* Grönblad (Fig. 103)

Acta Societatis Scientiarum Fennicae: sér. B, 2(6): 17, pl. 5, fig. 98-100, 103. 1945.

Célula ca. 1,4 vezes mais longa que larga, 113-162 µm compr., 82-112 µm larg., istmo 25-42 µm larg., espinhos 1-3 µm compr., constrição mediana profunda, seno mediano fechado, dilatado no ápice; semicélulas oval-piramidais, ângulos basais arredondados, às vezes 1 dentículo proeminente, margens laterais levemente convexas, convergentes para o ápice, ângulos apicais levemente arredondados a angulosos, margem apical convexa a levemente truncada; parede celular pontuada, denticulada nas margens e acima do istmo, 3-5 séries intramarginais de dentículos curtos, quase sempre direcionados para o ápice, 1-2 séries irregulares de dentículos ao longo da base da semicélula imediatamente acima do istmo, alguns dentículos esparsos próximo da região mediana da semicélula, pontuação entre os dentículos e por toda a face da semicélula, cloroplastídio com vários pirenoides; vista lateral das semicélulas elíptica, ápice levemente convexo a subtruncado, vista apical da célula não observada.

DISTRIBUIÇÃO GEOGRÁFICA NO ESTADO DE SÃO PAULO

EM LITERATURA: Nada consta

MATERIAL EXAMINADO: **Município de Ibirá** (SP113497), **Município de Jaú** (SP130426), **Município de Orlândia** (SP355380), **Município de Novo Horizonte** (SP370950) e **Município de São Pedro do Turvo** (SP355399).

COMENTÁRIOS

Grönblad (1945) apresentou a variação de formas em *Cosmarium denticulatum* Borge mencionando, especialmente, a expressão morfológica (forma) em Borge (1896) e a dificuldade em providenciar a separação morfológica de todas elas. Grönblad (1945) propôs, então, as seguintes variedades: var. *triangulare* Grönblad com base na forma mais triangular das semicélulas e no ápice mais retuso e estreito do que o da variedade típica da espécie; var. *ovale* Grönblad com as semicélulas de forma oval-piramidal e ápice mais arredondado; e var. *perspinosum* Grönblad com espinhos cobrindo toda a parede da semicélula. Tais variedades são distintas fundamentalmente, portanto, pelo tamanho da célula, pela forma das semicélulas e pela distribuição dos espinhos na parede celular. Apenas a var. *perspinosum* Grönblad apresenta espinhos por toda a célula, enquanto que as demais duas apresentam a parte central da semicélula lisa ou com espinhos esparsos. Grönblad (1945) apresentou também uma tabela (Grönblad 1945: tab. 3) com outras variedades propostas ao longo de diversos estudos, as quais reidentificou salientando as diferenças entre elas.

COSMARIUM DENTICULATUM BORGE VAR. *PERSPINOSUM* GRÖNBLAD (FIG. 104)

Acta Societatis Scientiarum Fennicae: sér. B, 2(6): 17, pl. 5, fig. 94-95. 1945.

Célula 1,5-1,6 vezes mais longa que larga, 151-227 µm compr., 103-141 µm larg., istmo 35-43 µm larg., espinhos 2-5 µm compr., constrição mediana profunda, seno mediano fechado, dilatado no ápice; semicélulas triangulares, ângulos basais arredondados, margens laterais retas a levemente convexas, convergentes para o ápice, ângulos apicais arredondados, margem apical suavemente convexa a subtruncada; parede celular inteiramente denticulada, dentículos curtos, quase sempre direcionados para o ápice, cloroplastídio com vários pirenoides; vistas lateral e apical da célula não observadas.

DISTRIBUIÇÃO GEOGRÁFICA NO ESTADO DE SÃO PAULO

EM LITERATURA: Nada consta (ver Comentários).

MATERIAL EXAMINADO: **Município de Junqueirópolis** (SP390857) e **Município de Novo Horizonte** (SP336349).

COMENTÁRIOS

Grönblad (1945) discutiu a variação de formas documentada para *Cosmarium denticulatum* Borge, mencionando especialmente a forma em Borge (1896) e propôs, conforme já mencionado em outro momento deste trabalho, as seguintes variedades: var. *triangulare* Grönblad com base na forma mais triangular das semicélulas e no ápice mais retuso e estreito do que na variedade típica da espécie; var. *ovale* Grönblad com semicélulas oval-piramidais, ápice mais arredondado; e var. *perspinosum* Grönblad com espinhos revestindo toda a semicélula. Tais variedades são distintas, portanto, pelo tamanho da célula, pela forma das semicélulas e pela distribuição dos espinhos da parede celular. Apenas a var. *perspinosum* Grönblad apresenta espinhos que revestem as duas semicélulas, enquanto que as outras duas apresentam a parte central da semicélula lisa ou com espinhos esparsos. Grönblad (1945) apresentou uma tabela (Grönblad 1945: tab. 3) com outras variedades propostas ao longo de diversos estudos, as quais teve oportunidade de reidentificar e suas diferenças.

Os exemplares em pauta apresentaram espinhos por toda a face das semicélulas e foram, por isso, identificados com os representantes da var. *perspinosum* Grönblad. Beyruth *et al.* (1998b) listaram alguns materiais encontrados no Município de Jacareí, Estado de São Paulo, entretanto, não forneceram informação que possibilitasse sua reidentificação; estes não foram, portanto, considerados no presente estudo.

Prescott *et al.* (1981, como *C. denticulatum* Borge var. *perispinosum* Grönblad, erro tipográfico) reportaram a presença de *C. denticulatum* Borge var. *perspinosum* Grönblad na América do Norte, cujos limites métricos dos espécimes que examinaram foram maiores do que os do presente estudo (194-250 x 159-175 μm, ist. 46-64 μm larg.). Os limites métricos também foram maiores nos exemplares europeus em Förster (1982: 164-250 x 99-175 μm, ist. 31-65 μm larg.). As demais características morfológicas desses materiais são, contudo, concordantes com as do presente material do Estado de São Paulo.

Cosmarium denticulatum Borge var. *perspinosum* Grönblad teve sua ocorrência no Brasil mencionada para o Amazonas (Grönblad 1945, Thomasson 1971a) e São Paulo (Beyruth *et al.* 1998b; ver comentários anteriores).

COSMARIUM DENTICULATUM BORGE VAR. *TRIANGULARE* GRÖNBLAD (FIG. 105)

Acta Societatis Scientiarum Fennicae: sér. B, 2(6): 17, pl. 5, fig. 101-102. 1945.

Célula pouco mais a 1,6 vezes mais longa que larga, 103-191 μm compr., 93-122 μm larg., istmo 25-47 μm larg., espinhos 1-5 μm compr., constrição mediana profunda, seno mediano fechado, dilatado no ápice; semicélulas piramidais, ângulos basais arredondados, às vezes 1 dentículo proeminente, margens laterais retas a levemente convexas, convergentes para o ápice, ângulos apicais levemente arredondados a angulosos, margem apical às vezes levemente convexa a amplamente truncada; parede celular pontuada, denticulada nas margens e acima do istmo, 3-5 séries intramarginais de dentículos curtos, quase sempre direcionados para o ápice, 1-2 séries irregulares de dentículos ao longo da base da semicélula imediatamente acima do istmo, alguns dentículos esparsos próximo à região mediana da semicélula, pontuação entre os dentículos e por toda a face da semicélula, cloroplastídio com vários pirenoides; vista lateral das semicélulas elíptica, ápice subtruncado, vista apical da célula não observada.

DISTRIBUIÇÃO GEOGRÁFICA NO ESTADO DE SÃO PAULO

EM LITERATURA: Nada consta (ver Comentários).

MATERIAL EXAMINADO: **Município de Araras** (SP371024), **Município de Assis** (SP239089), **Município de Buri** (SP371025), **Município de Cerqueira César** (SP336348), **Município de Joanópolis** (SP371022), **Município de Junqueirópolis** (SP390857), **Município de Novo Horizonte** (SP336349, SP370950), **Município de Palmital** (SP370973), **Município de Ribeirão Bonito** (SP365688) e **Município de São Pedro do Turvo** (SP355399).

COMENTÁRIOS

Grönblad (1945) discutiu a variação de formas documentada para *Cosmarium denticulatum* Borge mencionando, especialmente, a forma em Borge (1896) e a dificuldade para providenciar a separação morfológica de todas elas. Com isso, o referido autor propôs as seguintes variedades: var. *triangulare* Grönblad, com base no formato mais triangular das semicélulas e no ápice mais retuso e estreito que o da variedade típica da espécie; var. *ovale* Grönblad, com as semicélulas de formato oval-piramidal, ápice mais arredondado; e var. *perspinosum* Grönblad, com espinhos cobrindo toda a semicélula. Em suma, tais variedades são distintas pelo tamanho, formato das semicélulas e distribuição dos espinhos. Apenas a var. *perspinosum* Grönblad apresenta espinhos por toda a semicélula, enquanto que as demais duas apresentam a parte central da semicélula lisa ou com espinhos esparsos. Grönblad (1945) apresentou, ainda, uma tabela (Grönblad 1945: tab. 3), com outras variedades propostas por ele ao longo de diversos estudos e suas diferenças.

Com base em Grönblad (1945) e na variação populacional detectada no presente material de São Paulo, observando a forma mais triangular da semicélula em algumas populações do que em outras optou-se por identificar os atuais espécimes de São Paulo com os da var. *triangulare* Grönblad.

De acordo com Grönblad (1945: tab. 3 do presente estudo), a forma não nomeada em Borge (1918, como *C. denticulatum* Borge forma) foi presentemente identificada de material dos municípios de Pirassununga e Moji Guaçu e é, de fato, a var. *triangulare* Grönblad. Entretanto, tal registro taxonômico providenciado para o Estado de São Paulo e a citação em Grönblad (1945) não serão atualmente considerados, por que Borge (1918) apenas mencionou o táxon que já havia sido citado para o Uruguai (também em trabalho anterior: Borge 1899).

Estrela *et al.* (2011) identificaram populações das var. *triangulare* Grönblad e var. *ovale* Grönblad em material de lagoas do Distrito Federal, separando-as pela relação comprimento:largura celular e pela forma do seno mediano (var. *triangulare* Grönblad > 1,5 vezes mais longas que largas e seno mediano fechado; var. *ovale* Grönblad > 1,1 vezes mais longas que largas e seno mediano acutangular), além de comentarem que os representantes da var. *triangulare* Grönblad foram bem menos comuns do que os da var. *ovale* Grönblad. Os indivíduos nas atuais populações do Estado de São Paulo apresentaram maior semelhança com os identificados por Estrela *et al.* (2011) como representantes da var. *ovale* Grönblad do que da var. *triangulare* Grönblad. Entretanto, a opção atual pela identificação com a var. *triangulare* Grönblad foi baseada na descrição original e nas figuras em Grönblad (1945: fig. 101-102).

Bittencourt-Oliveira (1993a) reportou o encontro de exemplares da presente var. *triangulare* Grönblad no rio Tibagi, Estado do Paraná, os quais apresentaram dimensões e morfologia mais semelhantes às das populações do Estado de São Paulo.

O material coletado em São Paulo concordou com o registrado por Förster (1982) para a Europa. O último autor incluiu longa discussão a respeito da var. *triangulare* Grönblad e das demais.

A var. *triangulare* Grönblad ocorre no Distrito Federal (Estrela *et al.* 2011), Pará (Grönblad 1945, Förster 1969, Thomasson 1971a, Costa *et al.* 2014), Paraná (Bittencourt-Oliveira 1993, 2002) e Rio de Janeiro (Borge 1903, forma não nomeada). O presente registro consiste no primeiro da presença da variedade no Estado de São Paulo.

Cosmarium dichondrum West & West var. *dichondrum* (Fig. 106)

Transactions of the Linnean Society of Botany 5: 65, pl. 7, fig. 12. 1895.

Célula 1,1-1,2 vezes mais longa que larga, 15-27 µm compr., 13-25 µm larg., istmo 4-10 µm larg., constrição mediana profunda, seno mediano linear, levemente dilatado no ápice; semicélulas oblongo-elípticas, ângulos basais arredondados, margens laterais convexas, ângulos apicais arredondados, margem apical levemente convexa a truncada; parede celular granulosa, grânulos dispostos irregularmente a mais ou menos concêntricos, 2 grânulos intrapicais grandes, proeminentes, cloroplastídio com 1 pirenoide; vista lateral da semicélula elíptica, margem granulosa, 1 grânulo proeminente de cada lado próximo do ápice, vista apical da célula elíptica, margem granulosa, 2 grânulos proeminentes de cada lado.

DISTRIBUIÇÃO GEOGRÁFICA NO ESTADO DE SÃO PAULO

EM LITERATURA: **Município de São Paulo** (Bicudo 1969) e **Município de Valinhos** (Díaz 1972).

MATERIAL EXAMINADO: **Município de Angatuba** (SP188215), **Município de Assis** (SP239089), **Município de Avaré** (SP130956), **Município de Cerqueira César** (SP336348), **Município de Florínea** (SP370955), **Município de Ibitinga** (SP365704), **Município de Itajobi** (SP371018), **Município de Juquiá** (SP113672), **Município de Lençóis Paulista** (SP239236), **Município de Macedônia** (SP239144), **Município de Martinópolis** (SP370960), **Município de Mococa** (SP113553), **Município de Novo Horizonte** (SP370950), **Município de Palmital** (SP370973), **Município de Panorama** (SP370966), **Município de Pitangueiras** (SP355382), **Município de Ribeirão Grande** (SP428505, SP428506), **Município de Santo Antônio de Aracanguá** (SP355386), **Município de São Pedro do Turvo** (SP355399), **Município de Sertãozinho** (SP365702), **Município de Sorocaba** (SP139737), **Município de Tatuí** (SP365710) e **Município de Tremembé** (SP188437).

COMENTÁRIOS

As populações coletadas no Estado de São Paulo coincidiram perfeitamente com a circunscrição original de *Cosmarium dichondrum* em West & West (1895). Ocorreu, entretanto, variação morfológica na disposição dos grânulos da parede celular, que ora se apresentaram irregularmente dispostos, ora mais ou menos concêntricos como sucedeu em uma forma não nomeada por Borge (1903) e em Bicudo (1969).

Após avaliar distintas populações do Estado de São Paulo, optou-se por sua identificação com a variedade típica da espécie por considerar pouco consistente o peso taxonômico atribuído à variação na disposição dos grânulos da parede celular na identificação de uma novidade taxonômica. Aliás, esta mesma argumentação já havia sido apresentada por Bicudo (1969).

Bicudo (1969) e Díaz (1972) também apontaram para a semelhança de *C. dichondrum* West & West com *Cosmarium sphalerostichum* Nordstedt f. *bituberculatum* Förster. Concorda-se, presentemente, com Bicudo (1969) que considerou os dois materiais acima idênticos e que o último deveria ser considerado sinônimo taxonômico de *C. dichondrum* West & West.

Grönblad *et al.* (1964) e Díaz (1972) comentaram a semelhança entre *C. dichondrum* West & West e *Cosmarium bimamillatum* Krieger, afirmando que o último apresenta ampla variação morfológica e deveria, portanto, ser considerado uma forma taxonômica de *C. dichondrum* West & West.

COSMARIUM DIMAZIFORME (GRÖNBLAD) SCOTT & GRÖNBLAD VAR. *DIMAZIFORME* (FIG. 107)

Acta Societatis Scientiarum Fennicae: sér. B, 2(8): 17. 1957.

Basiônimo: *Cosmarium monomazum* Lundell var. *dimaziforme* Grönblad, Acta Societatis Scientiarum Fennicae: sér. B, 2(6): 19, pl. 6, fig. 128. 1945.

Célula 1,1-1,4 vezes mais larga que longa, 14-26 μm compr., 19-32 μm larg., istmo 5-9 μm larg., constrição mediana profunda, seno mediano acutangular, quase fechado externamente pelas projeções dos ângulos basais das semicélulas, ápice estreito; semicélulas subsemicirculares a partir de uma base angular, ângulos basais 2-papilados, projetados para a semicélula oposta, margens laterais levemente convexas, 1-2-onduladas, fortemente convergentes para o ápice, ângulos apicais obtusamente arredondados, margem apical truncada; parede celular granulosa, lisa em grande parte, 1-2 grânulos cônicos de cada lado da margem, 1-3 grânulos cônicos intramarginais, dispostos em séries subparalelas às margens laterais, 2 tubérculos grandes, verticalmente orientados, acima do istmo, cloroplastídio com 2 pirenoides; vista lateral da semicélula não observada, vista apical da célula elíptica, polos amplamente truncados, 1 inflação mediana leve de cada lado, 1 tubérculo proeminente, grande.

DISTRIBUIÇÃO GEOGRÁFICA NO ESTADO DE SÃO PAULO

EM LITERATURA: **Município de Moji Guaçu**, como "*Cosmarium dimaziforme* (Grönblad) Scott & Grönblad var. *concavum* Förster *ex* Förster", texto original (Marinho 1994).

MATERIAL EXAMINADO: **Município de Angatuba** (SP188215), **Município de Moji Guaçu** (SP255733), **Município de Palmital** (SP370973) e **Município de Pontes Gestal** (SP114558).

COMENTÁRIOS

Scott & Grönblad (1957) optaram pela elevação da variedade *Cosmarium monomazum* Lundell var. *dimaziforme* Grönblad ao nível espécie, propondo a combinação *Cosmarium dimaziforme* (Grönblad) Scott & Grönblad, porque os representantes da variedade não apresentavam as margens com a série de verrugas características de *C. monomazum* Lundell.

Förster (1964a) propôs duas novas variedades e, entre elas, *C. dimaziforme* (Grönblad) Scott & Grönblad var. *undulatum* Förster com base nas células com as margens onduladas e presença de três grânulos intramarginais nas margens laterais. Também, quando o tubérculo central foi substituído por uma grande papila, Förster (1964) propôs uma nova forma taxonômica, porém, esta não nomeada. Contudo, tais características podem ser encontradas na variedade típica da espécie, que pode apresentar margens laterais 1-2-onduladas e um a três grânulos intramarginais nas margens laterais. Além disso, é comum o tubérculo central apresentar a variação morfológica antes mencionada. Consequentemente, não há necessidade da proposição da nova variedade, que deve ser considerada sinônimo da variedade típica da espécie.

Marinho (1994) identificou a partir de material coletado no Açude do Jacaré, Município de Moji Guaçu, a var. *concavum* Förster *ex* Förster, entretanto, não apresentou descrição completa nem ilustração satisfatória para comprovar a identificação da aludida variedade. A var. *concavum* Förster *ex* Förster (Förster 1964) foi proposta com base, principalmente, nas margens côncavas das semicélulas, além da presença de grânulos situados um abaixo do ângulo apical, outro no ângulo basal e dois centrais. O exemplar ilustrado por Marinho (1994: pl. 3, fig. 4) não mostra a concavidade característica das margens laterais ilustrada em Förster (1964: pl. 22, fig. 17-18). Além disso, a margem apical da referida ilustração em Marinho (1994) é ondulada em uma das semicélulas. Ao nosso entender, este material deverá ser mais propriamente identificado como representante da variedade típica da espécie.

Cosmarium dimaziforme (Grönblad) Scott & Grönblad ocorre na América do Norte (Prescott *et al.* 1981). Esta é a primeira citação da ocorrência da variedade típica da espécie no Brasil e, por conseguinte, também no Estado de São Paulo.

COSMARIUM ENTOCHONDRUM West & West var. *MEDIOGRANULATUM* Förster (Fig. 108)

Algological Studies 28(2): 239. 1981.

Célula 1,2-1,5 vezes mais longa que larga, 29-40 μm compr., 20-34 μm larg., istmo 6-10 μm larg., constrição mediana profunda, seno mediano fechado pela convexidade das margens basais das semicélulas, levemente aberto externamente, dilatado no ápice; semicélulas oblongas a trapeziformes, ângulos basais sub-retangular-obtusos, 1 grânulo cônico, pequeno, margens laterais convexas, 3-5-onduladas, ângulos apicais levemente arredondados, 1 grânulo, margem apical amplamente truncada a levemente convexa; parede celular granulosa, escrobiculada, 1 série de grânulos intramarginais, 3 grânulos maiores, 1 grânulo proeminente, supraistmial, grânulos menores dispostos radialmente entre estes, escrobículos entre os grânulos, cloroplastídio com 2 pirenoides; vista lateral da semicélula circular, grânulos proeminentes próximo do istmo e do ápice, margem apical truncada, vista apical da célula elíptica, grânulos proeminentes na região mediana de cada lado, margens granulosas.

DISTRIBUIÇÃO GEOGRÁFICA NO ESTADO DE SÃO PAULO

EM LITERATURA: Nada consta.

MATERIAL EXAMINADO: **Município de Angatuba** (SP188215), **Município de Cerqueira César** (SP336348) e **Município de Tremembé** (SP188437).

COMENTÁRIOS

Ao propor *Cosmarium decussiferum* Borge var. *mediogranulatum* Förster & Eckert, Förster (1964) a distinguiu da variedade-tipo da espécie pela presença de cinco papilas localizadas imediatamente abaixo da margem apical das semicélulas, das quais três são maiores, mais proeminentes e entre elas ocorrem três grânulos pequenos. Mais tarde, na validação de vários nomes de desmídias, Förster (1981) providenciou sua transferência para *Cosmarium entochondrum* West & West var. *mediogranulatum* Förster em virtude de sua maior semelhança com indivíduos desta espécie.

Förster (1982) mencionou a presença da var. *mediogranulatum* Förster & Eckert na Europa Central, cujos exemplares apresentaram dimensões celulares maiores do que as do presente estudo (40-49 x 32-43 µm, ist. 9-14 µm larg.). Além disso, destacou suas características diagnósticas como segue: forma trapeziforme da semicélula, 3-5 verrugas subapicais e 6 verrugas ornamentando a face da semicélula.

Cosmarium entochondrum West & West var. *mediogranulatum* Förster ocorre no Brasil em Goiás (Förster 1964) e no Pará (Förster 1969, Thomasson 1971ab, Costa *et al.* 2014) como *C. decussiferum* Borge var. *mediogranulatum* Förster & Eckert *ex* Förster. A presente citação é a primeira da ocorrência da ocorrência da variedade no Estado de São Paulo.

COSMARIUM EXCAVATUM NORDSTEDT VAR. *EXCAVATUM* (FIG. 109)

Videnskabelige Meddelelser fra den Naturhistoriska Forening i Kjöbenhavn 1870(14-15): 214. 1870; 1887: pl. 3, fig. 25. 1887.

Célula ca. 1,6 vezes mais longa que larga, 21-32 µm compr., 13-20 µm larg., istmo 9-12 µm larg., constrição mediana rasa, seno mediano amplamente aberto, istmo alongado; semicélulas subsemicirculares, margem apical subtruncada; parede celular granulosa, 10-14 grânulos visíveis na margem da semicélula, grânulos na face da semicélula dispostos em 4-6 séries horizontais a subconcêntricas, cloroplastídio com 1 pirenoide; vista lateral da semicélula similar à frontal, vista apical da célula circular, 17-24 grânulos na margem.

DISTRIBUIÇÃO GEOGRÁFICA NO ESTADO DE SÃO PAULO

EM LITERATURA: Nada consta.

MATERIAL EXAMINADO: **Município de Álvares Florence** (SP355381), **Município de Avaí** (SP139747), **Município de Florínea** (SP370955), **Município de Guaratinguetá** (SP96959), **Município de Igaratá** (SP371019), **Município de Joanópolis** (SP371022), **Município de Mairiporã** (SP239242), **Município de Martinópolis** (SP370960), **Município de Novo Horizonte** (SP370950), **Município de Palmital** (SP370973), **Município de Pitangueiras** (SP355382), **Município de Santo Antônio de Aracanguá** (SP355386), **Município de São Pedro do Turvo** (SP355399), **Município de Sorocaba** (SP139737) e **Município de Sumaré** (SP123865).

COMENTÁRIOS

Nordstedt (1870) descreveu *Cosmarium excavatum* var. *excavatum* de maneira sucinta a partir de material coletado por E. Warming em Lagoa Santa, Estado de Minas Gerais, fornecendo dimensões e uma boa ilustração (Nordstedt 1887: pl. 3, fig. 25), com as quais condiz o material ora proveniente do Estado de São Paulo.

Börgesen (1890) fez referência ao encontro desta espécie em Moji, no Estado de São Paulo, a partir de material em Nordstedt (1870). O referido autor não definiu, entretanto, qual Moji, se Moji das Cruzes, Moji Guaçu ou Moji Mirim e tampouco forneceu descrição, dimensão e ilustração do material estudado. Também para o Estado de São Paulo, Borge (1918) apresentou três expressões morfológicas da espécie, a saber: a forma típica, uma forma "major" (24-26 x 14,5-16 µm) e uma forma não nomeada a partir de material coletado em várias regiões dos municípios de São Paulo e Pirassununga. Entretanto, Borge (1918) forneceu apenas medidas para a referida forma "major" e a forma não nomeada, sem descrever nem ilustrar os materiais examinados. Taniguchi *et al.* (2003) reportaram a presença de *C. excavatum* Nordstedt var. *excavatum* na Estação Ecológica de Jataí, região mediana do rio Moji Guaçu, no Estado de São Paulo. Mas, referiram a identificação com dúvida, como *"conferatur"*, em razão das maiores medidas dos exemplares da população que avaliaram (29,1-32,1 x 18,4 µm). Tais materiais não puderam ser reidentificados e, portanto, não foram considerados no presente estudo.

Grönblad (1945) reportou a ocorrência da espécie no Estado do Pará fornecendo-lhe apenas medidas, não descrição nem ilustração.

A análise de um maior número de populações do Estado de São Paulo permitiu-nos verificar um gradiente métrico para a espécie, que foi desde próximo às medidas originalmente descritas por Nordstedt (1870: 20 x 11,5 µm) até maiores, como as registradas por Lopes & Bicudo (2003: 25-30 x 14-18 µm), Felisberto & Rodrigues (2010: 30-31 x 16-20,4 µm), Oliveira *et al.* (2010: 30-34 x 16-20 µm), Biolo *et al.* (2013: 26,4-30,4 x 14-18,4 µm) e Menezes *et al.* (2013: 24,5-33,2 x 13,9-21,6 µm). Desta forma, confirmamos a ampliação dos limites métricos dos espécimes da espécie.

Cosmarium excavatum Nordstedt é morfologicamente bastante próximo de *Cosmarium subexcavatum* West & West (difere por apresentar seno mediano moderado, em formato de "V" e maior número de grânulos marginais e intramarginais), *Cosmarium isthmium* West (difere por apresentar granulação mais densa, maiores dimensões celulares e seno mediano mais profundo e fechado), *Cosmarium praegrandiforme* Schmidle (apresenta granulação jamais disposta em séries verticais e dimensões celulares maiores) e *Cosmarium bisphaericum* Printz (grânulos dispostos em séries concêntricas e outros esparsos na região mediana, além de dimensões celulares maiores).

No Brasil, além do Estado de São Paulo, *Cosmarium excavatum* Nordstedt var. *excavatum* ocorre nos Estados de Amazonas (Lopes & Bicudo 2003), Bahia (Oliveira *et al.* 2010, Ramos *et al.* 2011), Mato Grosso, forma típica e forma não nomeada Nordstedt (Borge 1903, 1925, De-Lamonica-Freire 1989, Freitas & Loverde-Oliveira 2013), Minas Gerais (Nordstedt 1870, 1887, Wille 1884, Warming 1892, Borge 1903), Pará (Grönblad 1945, Costa *et al.* 2014), Paraná (Felisberto & Rodrigues 2005a, 2010, Biolo *et al.* 2013, Menezes *et al.* 2013), Rio Grande do Sul (Borge 1903, Torgan *et al.* 2001) e em vários locais em um catálogo de algas do Brasil, mas, apenas citação (Araújo *et al.* 2010).

COSMARIUM FAVUM WEST & WEST VAR. FAVUM (FIG. 110)

Transactions of the Linnean Society of London: sér. Bot. 2, 5(5): 250, pl. 15, fig. 5-6. 1896.

Célula 1,2-1,3 vezes mais longa que larga, (37-)47-64 μm compr., (36-)42-59 μm larg., istmo (11-)15-20 μm larg., constrição mediana profunda, seno mediano fechado externamente pelas margens basais convexas das semicélulas, levemente dilatado no ápice; semicélulas transversalmente oblongo-elípticas a sub-reniformes, ângulos basais arredondados, margens laterais levemente convexas a retas, ângulos apicais arredondados, margem apical convexa; parede celular granulosa, grânulos grandes dispostos em séries decussantes, em cada ângulo ao redor de cada grânulo 1 crista hexagonal com pontuações profundas, cloroplastídio com 2 pirenoides; vista lateral da semicélula aproximadamente circular, margem granulosa, vista apical da célula amplamente elíptica, margens granulosas.

DISTRIBUIÇÃO GEOGRÁFICA NO ESTADO DE SÃO PAULO

EM LITERATURA: Nada consta.

MATERIAL EXAMINADO: **Município de Assis** (SP239089), **Município de Iporanga** (SP365708), **Município de Itu** (SP139733), **Município de Joanópolis** (SP371022), **Município de Juquiá** (SP113672), **Município de Marília** (SP239086), **Município de Moji Guaçu** (SP255733), **Município de Pitangueiras** (SP355382), **Município de**

Porangaba (SP139741), **Município de São Carlos** (SP104699), **Município de Sarapuí** (SP365711), **Município de Sorocaba** (SP139736) e **Município de Tatuí** (SP365710).

Comentários

O material descrito por West & West (1896) e o registrado por Prescott *et al.* (1981) possuem semicélulas mais arredondadas em razão das margens laterais relativamente mais convexas que, junto com a ornamentação diferenciada, distinguem *Cosmarium favum* West & West var. *favum* de *Cosmarium margaritatum* Roy & Bisset. No entanto, os espécimes ora identificados apresentaram semicélulas com as margens laterais levemente convexas a notadamente mais retusas. O padrão reticulado da decoração da parede celular formando hexágonos ao redor de cada grânulo e a pontuação mais profunda em cada ângulo dos espessamentos celulares constituem as características diagnósticas de *C. favum* West & West var. *favum*.

Em âmbito mundial, *C. favum* West & West só ocorre na América do Norte (Prescott *et al.* 1981). O presente estudo consiste na primeira citação da ocorrência da variedade no Estado de São Paulo e no Brasil.

Cosmarium favum West & West var. *africanum* Fritsch & Rich (Fig. 111)

Transactions of the Royal Society of South Africa 25(2): 187, fig. 13a-13c. 1937.

Célula ca. 1,4 vezes mais longa que larga, ca. 50 μm compr., ca. 35 μm larg., istmo ca. 18 μm larg., constrição mediana moderada, seno mediano aberto, acuminado no ápice; semicélulas transversalmente oblongas, ângulos basais obtusamente arredondados, margens laterais levemente convexas, ângulos apicais arredondados, margem apical truncada, levemente convexa; parede celular granulosa, 6-7 grânulos proeminentes logo abaixo do ápice, grânulos menores dispostos em séries decussantes na face da semicélula, 1 crista hexagonal com pontuações profundas em cada ângulo ao redor de cada grânulo, cloroplastídio não observado; vistas lateral e apical da célula não observadas.

Distribuição geográfica no Estado de São Paulo

Em literatura: Nada consta.

Material Examinado: **Município de Tremembé** (SP188437).

Comentários

A var. *africanum* Fritsch & Rich difere da típica da espécie por apresentar seno mediano aberto, acuminado e grânulos intrapicais proeminentes. Apesar de ter sido encontrado apenas um indivíduo deste tipo durante a pesquisa, tal indivíduo enquadrou-se nas características da variedade e foi, por isso, identificado como seu representante.

Förster (1982) identificou a presença de representantes da var. *africanum* Fritsch & Rich na Europa Central, com dimensões de 55-67 x 40-53 µm e istmo de 15-18 µm de largura e comentou que outros materiais parecidos igualmente apresentam grânulos cônicos ou papiliformes e seno mediano fechado como, por exemplo, *Cosmarium papilliferum* Schmidle e *Cosmarium malinvernianum* Schmidle var. *badense* Schmidle.

A presente variedade ocorre na África, na América do Norte e na Europa (Prescott *et al.* 1981, Förster 1982), apesar de Prescott *et al* (1981) discutirem a validade da ocorrência da variedade na América do Norte. Esta é a primeira citação da ocorrência da var. *africanum* Fritsch & Rich no Estado de São Paulo e no Brasil e, consequentemente, na América do Sul.

COSMARIUM FORMOSULUM HOFFMANN VAR. *FORMOSULUM* (FIG. 112)

Videnskabelige Meddelelser Naturhistorisk Forening i Kjöbenhavn 1888: 194, pl. 6, fig. 6-7. 1888.

Célula ca. 1,2 vezes mais longa que larga, 32-48 µm compr., 26-39 µm larg., istmo 9-13 µm larg., constrição mediana profunda, seno mediano fechado, levemente dilatado no ápice; semicélulas trapeziformes a piramidal-truncadas, ângulos basais obtusamente arredondados, margens laterais levemente convexas, 5-7-crenadas, levemente emarginadas, ângulos apicais arredondados, margem apical truncada, 4-5 ondulações suaves, crenulações apicais 2-granuladas; parede celular crenulada, granulosa, pares de grânulos estendendo das crenulações à região mediana da semicélula, grânulos simples na região mediana, intumescência facial mediana com 4-5 séries verticais de grânulos, cloroplastídio com 2 pirenoides; vistas lateral e apical da célula não observadas.

DISTRIBUIÇÃO GEOGRÁFICA NO ESTADO DE SÃO PAULO

EM LITERATURA: Nada consta.

MATERIAL EXAMINADO: **Município de Barra Bonita** (SP255742), **Município de Buri** (SP371025), **Município de Capão Bonito** (SP365693), **Município de Itu** (SP139733), **Município de Jaú** (SP130426), **Município de Miracatu** (SP255763), **Município de Salmourão** (SP370967) e **Município de São Paulo** (SP130972).

COMENTÁRIOS

Hoff descreveu a espécie em Nordstedt (1888) a partir de coletas provenientes de local não especificado na Dinamarca, com dimensões celulares de 40-50 x 34-40 µm e istmo com 10-15,5 µm de largura. O autor distinguiu-o de *Cosmarium subspeciosum*

Nordstedt e caracterizou a nova espécie pela forma das semicélulas, do ápice e do istmo mais estreitos e pela presença de dois pirenoides em cada plastídio. Além disso, Hoff comentou a granulação da parede celular da nova espécie afirmando que as margens laterais das semicélulas apresentam seis crenulações 2-granuladas, enquanto que as crenulações apicais apresentam apenas um grânulo cada uma. Nordstedt (1888) reafirmou tais características e a proximidade morfológica entre *Cosmarium formosulum* Hoff, *C. subspeciosum* Nordstedt e *Cosmarium quasilus* Lundell. *Cosmarium quasilus* Lundell é diferente de *C. formosulum* Hoff pelo ápice celular mais pronunciado, truncado e 2-ondulado e pelos ângulos basais ondulados e denticulados.

As populações de *C. formosulum* Hoff coletadas no Estado de São Paulo apresentaram dimensões menores do que as referidas na literatura, inclusive na descrição original em Nordstedt (1888) e as descrições do material coletado no território europeu por West & West (1908: 40-50 x 34-40 µm), Coesel (1991: 40-58 x 34-54 µm) e Förster (1982: 36-57 x 32-48(-50) µm e do material proveniente da América do Norte em Prescott *et al.* (1981: 40-50 x 34-48 µm). Concordou, ainda, com a descrição dos exemplares da Nova Zelândia documentados em Croasdale & Flint [1988: 36-50(-57) x 32-38(-50) µm], cujas autoras mensionaram ser a espécie bastante adaptável, pois pode viver em águas oligo a eutróficas e ácidas a alcalinas; e do Chile (Parra *et al.* 1983: 32-34 x 25-26 µm, ist. 8-9 µm larg.).

A observação de limites métricos menores já havia sido documentada em outros trabalhos realizados com material coletado no território brasileiro, especificamente em distintos ambientes no Estado do Paraná por Silva & Cecy (2004: 31-41 x 24-34 µm), Bortolini *et al.* (2010b: 30,7-31,5 x 25,9-26,5 µm), Menezes *et al.* (2011: 31,5-34,9 x 27,4-29,4 µm) e Aquino *et al.* (2014: 31,9-34,4 x 28,3-31,5 µm).

West & West (1908) discutiram a semelhança de *C. formosulum* Hoff com as formas maiores de *Cosmarium subcostatum* Nordstedt, que apresentam as margens com incisões; e com *Cosmarium costatum* Nordstedt, este com a intumescência facial mediana notadamente mais granulosa.

A espécie ocorre em Goiás (Felisberto & Rodrigues 2004), Paraná (Silva & Cecy 2004, Bortolini *et al.* 2010b, Menezes *et al.* 2011, Aquino *et al.* 2014) e Rio Grande do Sul (Sophia *et al.* 2005, Araújo *et al.* 2010). Esta é a primeira citação da ocorrência da espécie no Estado de São Paulo.

COSMARIUM FORMOSULUM HOFFMANN VAR. *MESOCHONDRIUM* (SCHMIDLE) HIRANO (FIG. 113)

Contributions from the Biological Laboratory of Kyoto University 5: 197, pl. 28, fig. 35. 1957.

Basiônimo: *Cosmarium mesochondrium* Schmidle, Hedwigia 34: 85. 1895.

Célula ca. 1,2 vezes mais longa que larga, ca. 33 µm compr., ca. 27 µm larg., istmo ca. 8 µm larg., constrição mediana profunda, seno mediano linear, fechado; semicélulas trapeziformes, ângulos basais amplamente arredondados, margens laterais levemente convexas, 4 crenulações emarginadas, ângulos apicais sub-retangulares, margem apical truncada, quase reta, levemente crenulada; parede celular granulosa, crenulada, pares de grânulos estendendo das crenulações à região mediana da semicélula, grânulos simples na região mediana, dispostos irregularmente, cloroplastídio com 2 pirenoides; vista lateral e apical da célula não observadas.

DISTRIBUIÇÃO GEOGRÁFICA NO ESTADO DE SÃO PAULO

EM LITERATURA: Nada consta.

MATERIAL EXAMINADO: **Município de Nova Granada** (SP370951).

COMENTÁRIOS

Hirano (1957) transferiu *Cosmarium mesochondrium* Schmidle para *Cosmarium formosulum* Hoff, porém, no nível variedade por conta das crenulações e do formato da semicélula. Tais características seriam insuficientes para a proposição de uma espécie, razão pela qual Hirano (1957) optou pelo nível variedade: *C. formosulum* Hoff var. *mesochondrium* (Schmidle) Hirano. Apenas um espécime deste tipo foi atualmente observado no Estado de São Paulo, o qual se enquadrou perfeitamente na circunscrição da referida variedade e foi, por isso, assim identificado.

A presente publicação é o primeiro registro da existência da variedade na América do Sul e, consequentemente, no Estado de São Paulo e no Brasil.

COSMARIUM FORMOSULUM **HOFFMANN VAR.** *NATHORSTII* **(BOLDT) WEST & WEST (FIG. 114)**

A Monograph of the British Desmidiaceae 3: 242, pl. 88, fig. 4-5. 1908.

Basiônimo: *Cosmarium nathorstii* Boldt, Bihang till Kungliga Svenska Vetenskaps-Akademiens Handlingar 13(5): 20, pl. 1, fig, 21. 1888.

Célula tão longa quanto larga, 30-40 µm compr., 28-40 µm larg., istmo 9-12 µm larg., constrição mediana profunda, seno mediano fechado, levemente dilatado no ápice; semicélulas semicircular-trapeziformes, ângulos basais pronunciadamente arredondados, margens laterais levemente convexas, 4-6 crenulações emarginadas, às vezes 2-granuladas, ângulos apicais arredondados, margem apical truncada, 4-5 ondulações suaves, crenulações apicais 2-granuladas; parede celular granulosa, crenada, pares de grânulos estendendo das crenulações à região mediana da semicélula, grânulos simples na região mediana, intumescência facial mediana com 4-5 séries verticais de grânulos, cloroplastídio com 2 pirenoides; vista lateral da semicélula não observada, vista apical da célula oval, intumescência leve na região mediana de cada lado da margem.

DISTRIBUIÇÃO GEOGRÁFICA NO ESTADO DE SÃO PAULO

EM LITERATURA: Nada consta.

MATERIAL EXAMINADO: **Município de Iepê** (SP370954), **Município de Itapura** (SP370964) e **Município de Porto Feliz** (SP365709).

COMENTÁRIOS

A presente var. *nathorstii* (Boldt) West & West apresenta células proporcionalmente mais largas do que na variedade típica da espécie, podendo apresentar ângulos basais pronunciadamente mais arredondados, margens laterais com 3-6 crenulações emarginadas, às vezes 2-granuladas e uma protuberância facial mediana com grânulos mais proeminentes do que na variedade típica (West &West 1908, Prescott *et al.* 1981).

West & West (1908) ressaltaram a inconsistência da manutenção de *Cosmarium nathorstii* Boldt como espécie, preferindo sua transferência para *Cosmarium formosulum* Hoff como uma variedade, a var. *nathorstii* (Boldt) West & West, em razão de suas características morfológicas gerais e da disposição dos grânulos nas semicélulas.

O material ora identificado para o Estado de São Paulo apresentou dimensões celulares menores do que as referidas na literatura (West & West 1908: 45,6-53 x 44,4-47 μm, Prescott *et al.* 1981: 44-60 x 42-47 μm).

Mundialmente, *C. formosulum* Hoff var. *nathorstii* (Boldt) West & West ocorre nas Américas do Norte e do Sul, no Ártico, na Ásia e na Europa (Prescott *et al.* 1981, Guiry & Guiry 2015). O presente registro consiste na primeira citação de ocorrência da variedade no Estado de São Paulo e no Brasil.

COSMARIUM FURCATOSPERMUM WEST & WEST VAR. *FURCATOSPERMUM* (FIG. 115)

Journal of the Royal Microscopical Society 30: 7, pl. 1, fig. 13. 1894.

Célula pouco mais longa que larga, 22,1-25,5 μm compr., 18,7-23,8 μm larg., istmo 6,8-8,5 μm larg., constrição mediana profunda, seno mediano linear, raramente aberto; semicélulas subsemicirculares, ângulos basais arredondados, margens laterais levemente convexas, ângulos apicais arredondados, margem apical convexa a subtruncada; parede celular granulosa, 2 séries de grânulos intramarginais dispostos irregularmente, região central da face da semicélula lisa a finamente pontuada, cloroplastídio com 1 pirenoide; vista lateral da semicélula subcircular, vista apical da célula elíptica, margens lisas, polos granulados.

DISTRIBUIÇÃO GEOGRÁFICA NO ESTADO DE SÃO PAULO

EM LITERATURA: **Município de Rio Claro, Município de São Paulo e Município de Tremembé** (Bicudo 1969)

MATERIAL EXAMINADO: **Município de Rio Claro, Município de São Paulo e Município de Tremembé** (descrição e ilustração em Bicudo 1969).

COMENTÁRIOS

Bicudo (1969) informou sobre o zigósporo de *Cosmarium furcatospermum* West & West, descrevendo-o angular-globoso, decorado com espinhos delgados, curtos, dos quais sete são visíveis perifericamente; e enfatizou a última característica junto com a porção lisa da parede celular no centro da semicélula como os caracteres que diferenciam esta espécie de *Cosmarium sphalerostichum* Nordstedt.

O material do Estado de São Paulo registrado em Bicudo (1969) está de acordo com aqueles do Reino Unido em West & West (1908), dos Países Baixos em Coesel (1991) e do Japão em Hirano (1957). West & West (1908) também comentaram a semelhança entre *C. furcatospermum* West & West e *C. sphalerostichum* Nordstedt dizendo que o primeiro é diferente pelo ápice subondulado, pela face lisa das semicélulas, pela vista apical relativamente mais estreita, pelos grânulos arredondados e mais achatados e pelo zigósporo decorado com espinhos.

Martins & Bicudo (1987) registraram a ocorrência de *C. furcatospermum* West & West na Ilha de Tinharé, Estado da Bahia, mas, apresentaram apenas medidas (20,7-24,8 x 17,9-20,7 µm, ist. 6,2-8,3 µm larg.) e ilustração do material. Acrescentaram, contudo, um comentário bastante sucinto sobre a morfologia da espécie, onde descrevem o padrão de granulação da parede celular como segue: margens laterais 5-6-crenuladas, margem apical 6-crenulada, 1-2 séries intramarginais de grânulos e grânulos distribuídos de forma variável na face das semicélulas.

Oliveira *et al.* (2010) identificaram a presença de indivíduos de *C. furcatospermum* West & West em ambientes aquáticos também do Estado da Bahia, comentando que tais exemplares apresentavam um anel supraistmial de grânulos. No entanto, na ilustração que forneceram não é possível ver claramente esse padrão de grânulos.

Cosmarium furcatospermum West & West foi citado para o Brasil, além de no Estado de São Paulo, também no da Bahia (Martins & Bicudo 1987, Oliveira *et al.* 2010, Araújo *et al.* 2010) e de Mato Grosso (Fonseca *et al.* 2014).

Cosmarium hexagonum Nordstedt var. *hexagonum* (Fig. 116)

Videnskabelige Meddelelser fra den naturhistoriske Forening i Kjöbenhavn 1870(14-15): 208. 1870; 1887: pl. 3, fig. 18. 1887.

Célula 1,1-1,2 vezes mais longa que larga, 43-54 µm compr., 38-47 µm larg., istmo 11-13 µm larg., constrição mediana profunda, seno mediano linear, fechado ou aberto ao longo da margem basal das semicélulas, acuminado no ápice; semicélulas elíptico-hexagonais, ângulos basais angular-arredondados, margens laterais levemente convexas, angulosas, divergentes na parte inferior, convergentes na parte superior, ângulos apicais arredondados, margem apical levemente convexa a subtruncada; parede celular granulosa, escrobiculada, 2 séries de grânulos grandes, proeminentes, subapicais, escrobiculações dispostas hexagonalmente, raro em círculo, cloroplastídio com 2 pirenoides; vista lateral da semicélula semicircular, ápice truncado, vista apical da célula elíptica, margens granulosas, polos acuminados.

Distribuição geográfica no Estado de São Paulo

Em literatura: Nada consta.

Material examinado: **Município de Assis** (SP239089), **Município de Ibirá** (SP113497), **Município de Palmital** (SP370973), **Município de Pitangueiras** (SP355382), **Município de São Paulo** (SP239097), **Município de São Pedro do Turvo** (SP355399) e **Município de Sorocaba** (SP139737).

Comentários

Nordstedt (1870) descreveu *Cosmarium hexagonum* a partir de material coletado por E. Warming em Lagoa Santa, Estado de Minas Gerais e apresentou a ilustração (Nordstedt 1887: pl. 3, fig. 18) de um indivíduo em vista frontal, com a angulação da região mediana da margem lateral bastante proeminente, causando um formato mais ou menos hexagonal à semicélula. O material ora identificado para o Estado de São Paulo apresentou variação na forma da semicélula, que se apresentou desde bastante angulosa até elíptico-angulosa. Tal variação também ocorreu no material examinado por Förster (1964), que comentou que os indivíduos coletados no Município de Conceição, Estado de Goiás, não apresentaram as semicélulas tão estendidas lateralmente. Forma semelhante havia sido descrita por Grönblad (1945).

Warming (1892) fez apenas referência ao material de Nordstedt (1870) na lista dos materiais ocorrentes em Lagoa Santa, Estado de Minas Gerais.

Förster (1964) também apontou para a escassez de detalhes na literatura especializada àcerca da decoração da parede celular desta espécie, a qual consiste em sulcos (não linhas!)

que incluem superfícies poligonais ao redor de uma grande escrobiculação. O número de grânulos das séries intrapicais parece ser um caráter bastante variável ao considerar os registros da espécie em Förster (1964, 1982) e De-Lamonica-Freire (1985; dados não publicados).

Cosmarium hexagonum Nordstedt pode ser, à primeira vista, facilmente confundido com *Cosmarium subnudiceps* West & West var. *angulare* Scott & Grönblad, no entanto, o último é diferente por apresentar três séries de grânulos intercaladas por escrobiculações triangulares ou circulares conectadas por linhas formando triângulos intercoordenados (Prescott *et al.* 1981).

Para o Brasil, após de sua descrição original a espécie aparece citada para Goiás (Förster 1964), Mato Grosso (De-Lamonica-Freire 1985, Heckman 1998, Freitas & Loverde-Oliveira 2013), Minas Gerais (Nordstedt 1870, 1887, Warming 1892) e Rio Grande do Sul (Sophia & Pérez 2010). Esta é a primeira citação de ocorrência da espécie no Estado de São Paulo.

COSMARIUM HORRIDUM BORGE VAR. *HORRIDUM* (FIG. 117)

Bihang Svenska Vetenskaps-Akademiens Handlingar 4(12): 23, pl. 1, fig. 27. 1899.

Célula pouco mais longa que larga, 57-75 µm compr. (com espinhos), 46-62 µm (sem espinhos), 50-87 µm larg. (com espinhos), 40-57 µm (sem espinhos), istmo 14-19 µm larg., constrição mediana profunda, seno mediano aberto; semicélulas elipsoides, ângulos basais arredondados, margens laterais convexas, ângulos apicais amplamente arredondados, margem apical convexa a levemente truncada, às vezes ápice pronunciado; parede celular granulosa, espinhosa, 4 espinhos intramarginais apicais, 2 espinhos intramarginais em cada margem lateral, inflação mediana central, ca. 16 grânulos (4 + 12), 1-4 dentículos no ápice, cloroplastídio não observado; vistas lateral e apical da célula não observadas.

DISTRIBUIÇÃO GEOGRÁFICA NO ESTADO DE SÃO PAULO

EM LITERATURA: **Município de Pirassununga** (Borge 1918).

MATERIAL EXAMINADO: **Município de Pirassununga** (descrição e ilustração em Borge 1918).

COMENTÁRIOS

Borge (18993) descreveu *Cosmarium horridum* Borge ao estudar material original da Guiana. O registro da ocorrência da espécie no Estado de São Paulo é de Borge (1918), entretanto, apenas com a menção ao encontro da espécie e referência ao material da Guiana. Borge (1918) descreveu duas variações morfológicas (formas não nomeadas) de *C. horridum* Borge após examinar material coletado em Pirassununga, Estado de São Paulo. Estes morfotipos podem ser considerados representativos da forma típica da espécie devido à elevada variabilidade morfológica na disposição e no número dos espinhos na espécie.

Tais variações foram documentadas também por Coesel & Menken (1988) em material coletado na Colômbia e por Estrela *et al.* (2011) em amostras do Distrito Federal, Brasil.

Coesel & Menken (1988) comentaram a distribuição restrita às Américas, especificamente à América do Sul, de vários táxons de desmídias, especialmente de *C. horridum* Borge. Mais tarde, Estrela *et al.* (2011) descreveram populações com limites métricos levemente menores (48-60 x 45-67 μm, ist. 6-12 μm larg.) do que os citados originalmente.

Grönblad (1945) apenas fez menção ao encontro de *C. horridum* Borge (como *Cosmarium lagoense* Nordstedt var. *horridum* Borge) no Estado do Pará, sem incluir qualquer outra informação. Costa *et al.* (2014) reproduziram, em seu catálogo, a referência a Grönblad (1945). Pela ausência de informação detalhada, tal registro não foi considerado no presente estudo.

Cosmarium horridum Borge foi encontrado no Brasil, além de São Paulo (Borge 1918) também para o Distrito Federal (Senna *et al.* 1998, Estrela *et al.* 2011), Mato Grosso (Borge 1918) e Pará (Grönblad 1945, Costa *et al.* 2014, como *C. lagoense* Nordstedt var. *horridum* Borge; ver comentários anteriores).

COSMARIUM HUMILE NORDSTEDT *EX* DE TONI VAR. *HUMILE* (FIG. **118**)

Sylloge algarum omnium hucusque cognitarum 1: 965. 1889.

Célula ca. 1,1 vezes mais longa que larga, 13-24 μm compr., 12-23 μm larg., istmo 3-6 μm larg., constrição mediana profunda, seno mediano linear, dilatado no ápice; semicélulas trapeziformes, ângulos basais pouco arredondados, porção basal das margens laterais convexa, 3-ondulada, porção apical retusa, ângulos apicais pouco pronunciados, retuso-emarginados, margem apical amplamente truncada, 2-4-ondulada; parede celular granulosa, grânulos intramarginais pequenos, irregularmente dispostos, face da semicélula com 1 grânulo na região mediana, cloroplastídio com 1 pirenoide; vista lateral da semicélula subcircular, 1 grânulo achatado imediatamente acima da região mediana de cada lado, vista apical da célula elíptica, 1 grânulo achatado em cada lado na região mediana da margem.

Distribuição geográfica no Estado de São Paulo

Em literatura: Nada consta.

Material examinado: **Município de Álvares Florence** (SP355381), **Município de Ibitinga** (SP365704), **Município de Martinópolis** (SP370960), **Município de Pitangueiras** (SP355382) e **Município de Rio Claro** (SP188219).

COMENTÁRIOS

West & West (1908) identificaram *Cosmarium humile* Nordstedt *ex* De Toni a partir de material coletado na Grã-Bretanha e comentaram a grande variação que observaram na granulação da parede celular. Embora muitas vezes pouco notável, tal granulação também foi observada nas populações do Estado de São Paulo. A espécie ocorreu em ambiente mesotrófico, ou seja, relativamente rico em nutrientes e em águas desde levemente ácidas até alcalinas da Europa, conforme informação em Coesel (1991). A morfologia desse material concorda com a do material paulista que ocorreu em águas mesotróficas e calcáreas, ácidas a alcalinas. Nos espécimes da Nova Zelândia (Croasdale & Flint 1988), as dimensões foram levemente menores do que as obtidas no presente estudo.

Borge (1918) citou a ocorrência da espécie na cidade de São Paulo, mas não disponibilizou ilustração, medidas e/ou descrição dos espécimes que estudou razão pela qual tal registro foi taxonomicamente desconsiderado no presente estudo.

O presente material do Estado de São Paulo está de pleno acordo com o reportado por Croasdale & Flint (1988) para a Nova Zelândia, exceto algumas populações constituídas por exemplares maiores do presente estudo e da Europa Central em Förster (1982).

Apesar de seu cosmopolitismo em nível mundial, no Brasil a espécie foi apenas citada em estudos ecológicos efetuados com material da Bahia (Lopes *et al.* 2008), do Distrito Federal (Senna *et al.* 1998) e do Paraná (Algarte *et al.* 2006). O presente registro consiste no primeiro confirmado da presença da espécie no Estado de São Paulo, visto que o material em Borge (1918) não pode ser reidentificado; e para o Brasil, visto a não possibilidade de reidentificação dos materiais mencionados em trabalhos ecológicos.

COSMARIUM INAEQUALINOTATUM SCOTT & GRÖNBLAD VAR. *INAEQUALINOTATUM* (FIG. 119)

Acta Societatis Scientiarum Fennicae: sér. B, 2(8): 18, pl. 8, fig. 5. 1957.

Célula 1,2-1,3 vezes mais longa que larga, 21-28 μm compr., 17-23 μm larg., istmo 6-12 μm larg., constrição mediana profunda, seno mediano linear, fechado; semicélulas subquadrangulares a levemente piramidais, ângulos basais pouco arredondados, 1 tubérculo proeminente, margens laterais convexas, 3-onduladas, ângulos apicais sub-retangulares, margem apical ampla, truncada, 3-ondulada; parede celular granulosa, face das semicélulas com 2 séries intramarginais de grânulos, série de grânulos próximo da margem emarginada, leve intumescência decorada com 1 par transversal de grânulos acima e outro par transversal de grânulos menores abaixo, ambos acima do istmo, cloroplastídio com 1 pirenoide; vista lateral da semicélula amplamente elíptica, margem apical da célula truncada, ângulos apicais com 1 tumor granuloso, intumescência presente na região mediana, 1 tubérculo grande, 1 grânulo menor abaixo, vista apical da célula amplamente elíptica, 1 intumescência emarginada, mamilada, em cada lado da região mediana da margem.

DISTRIBUIÇÃO GEOGRÁFICA NO ESTADO DE SÃO PAULO

EM LITERATURA: Nada consta.

MATERIAL EXAMINADO: **Município de Álvares Florence (SP355381), Município de Angatuba (SP188215), Município de Igaratá (SP371019), Município de Itatinga (SP365712), Município de Jacupiranga (SP371020), Município de Joanópolis (SP371022), Município de Mococa (SP113553), Município de Palmital (SP370973), Município de Pirassununga (SP123888), Município de Pitangueiras (SP355382), Município de São Pedro do Turvo (SP355399), Município de Sarapuí (SP365711)** e **Município de Sorocaba (SP139737).**

COMENTÁRIOS

Scott & Grönblad (1957) descreveram *Cosmarium inaequalinotatum* após examinarem material coletado nos Estados Unidos da América, com o qual o atual do Estado de São Paulo coincide perfeitamente em termos de descrição e ilustração.

Mundialmente, a espécie ocorria apenas na América do Norte (Prescott *et al.* 1981). Esta é a primeira citação da ocorrência da espécie no Estado de São Paulo e no Brasil.

COSMARIUM ISTHMOCHONDRUM NORDSTEDT VAR. *GROENBLADII* (FÖRSTER) FÖRSTER (FIG. 120)

Archiv fur Hydrobiologie: supl., 60(3): 240. 1981.

Basiônimo: *Cosmarium polymorphum* Nordstedt var. *groenbladii* Förster *ex* Förster, Archiv für Hydrobiologie, supl., 60(3): 229. 1981.

Célula ca. 1,2 vezes mais longa que larga, 21-39 μm compr., 18-32 μm larg., istmo 6-12 μm larg., constrição mediana profunda, seno mediano linear, dilatado no ápice; semicélulas subtrapeziformes, ângulos basais retangulares, margens laterais levemente convexas, subparalelas na região inferior, convergentes para o ápice, 5-6-crenuladas, ângulos apicais arredondados, margem apical truncada, reta a levemente convexa, 6-crenulada, ondulações apicais não tão conspícuas quanto as laterais; parede celular granulosa, 1 série de grânulos intramarginais, 2-4 grânulos intrapicais maiores, escavados, 2 grânulos dispostos horizontalmente na região mediana da face da semicélula, cloroplastídio com 2 pirenoides; vista lateral das semicélulas subcircular, ápice truncado, 2 grânulos apicais proeminentes de cada lado, vista apical da célula elíptica, 2 grânulos de cada lado da margem.

DISTRIBUIÇÃO GEOGRÁFICA NO ESTADO DE SÃO PAULO

EM LITERATURA: **Município de "Moji"** (?), como *Cosmarium polymorphum* Nordstedt f. (Börgesen 1890).

MATERIAL EXAMINADO: **Município de Araras** (SP365714, SP371024), **Município de Avaí** (SP139747), **Município de Barretos** (SP255772), **Município de Ibitinga** (SP365704, SP371017), **Município de Iepê** (SP370954), **Município de Igaratá** (SP371019), **Município de Macedônia** (SP239144), **Município de Martinópolis** (SP370960), **Município de Moji Guaçu** (SP113662, SP255733), **Município de Novo Horizonte** (SP336349, SP370950), **Município de Palmital** (SP370973), **Município de Paraguaçu Paulista** (SP336350), **Município de Pontes Gestal** (SP114558), **Município de São Carlos** (SP104699), **Município de São Luiz do Paraitinga** (SP188323), **Município de São Paulo** (SP188322), **Município de São Pedro do Turvo** (SP355399), **Município de Sarapuí** (SP365711), **Município de Tremembé** (SP188437) e **Município de Ubatuba** (SP96890).

COMENTÁRIOS

Nordstedt (1870) propôs *Cosmarium polymorphum* com base em material de um ambiente não especificado localizado próximo a Lagoa Santa, Estado de Minas Gerais. O referido autor apresentou algumas expressões morfológicas, todavia, sem nomeá-las. Tais morfotipos foram posteriormente citados por Börgesen (1890) como *C. polymorphum* Nordstedt f., para os quais apresentou as seguintes características diagnósticas em latim: grânulos muito maiores na região mediana de cada semicélula, logo abaixo da série subapical formada por quatro grânulos levemente menores que os anteriores e presença de dois pirenoides por plastídio. Borge (1918) também citou a forma documentada em Nordstedt (1870) e Börgesen (1890), mas apresentou apenas as medidas do material examinado (37 x 28,5 µm, ist. 8 µm larg.). Sem dispor de ilustração, não houve possibilidade de reidentificar esses materiais, razão pela qual não foram considerados no presente estudo. Outras formas igualmente não nomeadas foram apresentadas por Borge (1918), entretanto, também não acompanhadas de informação suficiente que permitissem sua reidentificação, o que impediu sua consideração neste estudo.

A forma em Nordstedt (1870) também aparece citada por Grönblad (1945), mas foi somente em Förster (1969) que tal forma foi nomeada e elevada a variedade taxonômica oficial: *C. polymorphum* Nordstedt var. *groenbladii* Förster. Förster (1969) comentou que a nova variedade foi apresentada inicialmente em Grönblad (1945) sem o "status" de uma nova forma taxonômica, como aparece posteriormente na legenda da figura (Grönblad 1945: pl. 6, fig. 132) e que a vista apical da variedade típica de *C. polymorphum* Nordstedt apresenta três verrugas, diferente da var. *groenbladii* Förster. A var. *groenbladii* Förster apresenta semicélulas trapezoidais, com as margens laterais retas ou suavemente côncavas e a margem apical levemente truncada (também visível em vista lateral). Além disso, ocorrem duas verrugas robustas logo abaixo do ápice na região mediana de cada semicélula, as quais são visíveis também na vista apical de cada lado da margem.

Cosmarium polymorphum Nordstedt var. *groenbladii* Förster apresenta grande semelhança morfológica com *C. isthmochondrum* Nordstedt, razão pela qual Förster (1981) propôs a nova combinação *C. isthmochondrum* Nordstedt var. *groenbladii* (Förster) Förster. De acordo com Förster (1981), as populações do Brasil apresentam duas verrugas grandes na região mediana da face de cada semicélula e nenhum tubérculo na região supraistmial, características estas suficientemente constantes para justificar a nova combinação *C. isthmochondrum* Nordstedt var. *groenbladii* (Förster) Förster. A variedade típica de *C. isthmochondrum* Nordstedt apresenta o referido tubérculo na região istmial.

Förster (1969) comentou a semelhança entre a presente variedade (como *C. polymorphum* Nordstedt var. *groenbladii* Förster) e *Cosmarium bipunctatum* Börgesen var. *maius* Förster & Eckert (Förster 1964), nas quais as verrugas localizadas imediatamente abaixo do ápice são robustamente desenvolvidas. Concordamos com tal semelhança e propomos a sinonimização deste último com *C. polymorphum* Nordstedt var. *groenbladii* Förster.

Os indivíduos do Estado de São Paulo estão de acordo com os registros brasileiros de Grönblad (1945, como *C. polymorphum* Nordstedt forma Grönblad) e Förster (1969) para o Estado do Pará e de Estrela *et al.* (2011) para o Distrito Federal.

Taniguchi *et al.* (2003) registraram a presença de *Cosmarium* sp. 2 na Estação Ecológica de Jataí, Estado de São Paulo, o qual lembra bastante representantes de *C. isthmochondrum* Nordstedt var. *groenbladii* (Förster) Förster. Entretanto, a ilustração e o padrão de granulação característico da espécie não foram suficientes para avaliar a identificação de *Cosmarium* sp. 2, razão pela qual não foi considerado no presente estudo.

Cosmarium isthmochondrum Nordstedt var. *groenbladii* (Förster) Förster ocorre no Brasil e foi coletado no Distrito Federal (Estrela *et al.* 2011) e no Estado do Pará (Grönblad 1945, como *C. polymorphum* Nordstedt forma Grönblad, Förster 1969, como *C. polymorphum* Nordstedt var. *groenbladii* Förster, Thomasson 1977, Costa *et al.* 2014). No Estado de São Paulo, esta é a segunda notícia da ocorrência da variedade considerando o registro anterior em Börgesen (1890) como *C. polymorphum* Nordstedt f.

COSMARIUM ITATIAYAE KRIEGER FORMA (FIG. 121)

Célula 1,2-1,3 vezes mais longa que larga, 28-34 µm compr., 23-27 µm larg., istmo 6-10 µm larg., constrição mediana profunda, seno mediano linear, estreito na parte próxima do istmo, levemente dilatado no ápice; semicélulas oblongo-elípticas, ângulos basais arredondados, margens laterais convexas, onduladas, ângulos apicais arredondados, margem apical levemente truncada; parede celular granulosa, escrobiculada, 3 séries de grânulos dispostos de forma aproximadamente concêntrica, às vezes 2 grânulos maiores centrais, apicais, grânulos perfurados por poros, escrobiculações regularmente arranjadas ao redor dos grânulos, cloroplastídio com 1 pirenoide; vistas lateral da semicélula e apical da célula não observadas.

DISTRIBUIÇÃO GEOGRÁFICA NO ESTADO DE SÃO PAULO

EM LITERATURA: Nada consta (ver Comentários).

MATERIAL EXAMINADO: **Município de Moji Guaçu** (SP255733) e **Município de Palmital** (SP370973).

COMENTÁRIOS

Krieger (1950) descreveu *Cosmarium itatiayae* a partir de material coletado em local não especificado na região serrana entre os Estados do Rio de Janeiro e de São Paulo. A descrição é sucinta, mas apresenta as características diagnósticas da espécie, a saber: constrição mediana profunda, seno mediano fechado, semicélula elíptica, margens grosseiramente onduladas, parede celular decorada com grânulos grandes, arredondados, perfurados por um poro. A ilustração fornecida por Krieger (1950: fig. 32) não apresenta a vista apical da célula, mas a frontal é informativa ao mostrar que a célula é elíptica em vista frontal, as margens granulosas, existe uma série de grânulos intramarginais e a área central é destituída de grânulos, porém, densamente escrobiculada.

Bicudo descreveu, por sua vez, em Prescott *et al.* (1981) uma variedade muito semelhante a *C. itatiayae* Kriger. Segundo o referido autor, *Cosmarium bimamillatum* Krieger var. *evolutum* C. Bicudo difere da variedade típica da espécie por apresentar grânulos em toda a região mediana da semicélula, 2-3 grânulos maiores situados apicalmente e escrobiculações regularmente organizadas entre os grânulos. Tanto em *C. itatiayae* Krieger quanto em *C. bimamillatum* Krieger var. *evolutum* C. Bicudo a vista apical da célula é elíptica (apesar de não constar na descrição, porém, na ilustração em Krieger 1950).

Os atuais espécimes do Estado de São Paulo apresentaram semicélulas oblongo-elípticas, seno mediano estreito graças à margem basal convexa das semicélulas e padrão de disposição dos grânulos conforme descrito para *C. bimamillatum* Krieger var. *evolutum*

C. Bicudo. Todavia, os grânulos nos atuais espécimes de São Paulo apresentaram perfurações conforme descrito para C. *itatiayae* Krieger. Bicudo não mencionou em Prescott *et al.* (1981) a presença de grânulos com poros na descrição de C. *bimamillatum* Krieger var. *evolutum* C. Bicudo, ao passo que C. *itatiayae* Krieger foi descrito com margens basais retusas, porém, sem menção às escrobiculações arranjadas ordenadamente ao redor dos grânulos, mesmo que apareçam ilustradas na vista apical.

Como Krieger (1950) é a publicação mais antiga, conforme o princípio da prioridade do CIN (Turland *et al.* 2018) optou-se pela identificação das populações de São Paulo como uma nova forma de C. *itatiayae* Krieger. A publicação oficial desta nova variedade ocorrerá oportunamente.

Förster (1963) reportou a ocorrência de uma forma de C. *itatiayae* Krieger no Estado de Roraima, a qual não batizou, mas caracterizou com uma breve descrição das menores dimensões celulares (26 x 20-21,5 μm, ist. 10,5 μm larg.) e da membrana ondulada regularmente granulosa e destituída de impregnação por sais do ambiente. O referido autor citou a parede celular lisa desse material.

Cosmarium itatiayae Krieger foi documentado até o momento só para o Brasil restringindo-se, portanto, à América do Sul (Krieger 1950, Förster 1963). Krieger (1950) não precisou o local onde foi coletado o material que serviu para descrever a espécie: se São Paulo ou Rio de Janeiro. Provavelmente Rio de Janeiro, pois a maior parte das terras do Parque Nacional do Itatiaia está localizada nesse Estado. Por conseguinte, considera-se esta a primeira citação da ocorrência da espécie no Estado de São Paulo.

COSMARIUM LACUNATUM G.S. WEST VAR. *LACUNATUM* (FIG. 122)

Journal of the Linnean Society: sér. Bot., 38: 122, pl. 7, fig. 9. 1907.

Célula ca. 1,2 vezes mais larga que longa, 76-79 μm compr., 90-91 μm larg., istmo 20-26 μm larg., constrição mediana profunda, seno mediano linear externamente, bastante dilatado internamente, formando istmo aproximadamente cilíndrico; semicélulas trapeziformes, ângulos basais e apicais arredondados, margens laterais convexas, divergentes, margem apical amplamente reta a retusa; parede celular granulosa, pontuada, grânulos dispostos em séries oblíquas, decussantes, ca. 35 grânulos ao longo da margem de cada semicélula, pontuações arranjadas em hexágonos ao redor de cada grânulo, cloroplastídio com 2 pirenoides; vista lateral da semicélula circular, margens granulosas, istmo alongado, vista apical da célula elíptica, margens paralelas, polos arredondados.

Distribuição geográfica no Estado de São Paulo

Em literatura: Nada consta.

Material examinado: **Município de Barra Bonita** (SP255742) e **Município de Rio Claro** (SP188219).

Comentários

A espécie foi proposta por West (1907), basicamente, por conta das três características seguintes: (1) formato relativamente trapeziforme das semicélulas, (2) vista apical da célula ca. 2,3 vezes mais longa que larga e (3) seno mediano internamente amplamente dilatado. Os espécimes que serviram de base para a proposta da espécie apresentaram células tão longas quanto largas, enquanto que os atuais do Estado de São Paulo foram pouco mais largos.

Cosmarium lacunatum G.S. West pode ser facilmente confundido com a vista frontal de *Cosmarium biretum* Brébisson *ex* Ralfs em Förster (1982). No entanto, a vista apical de *C. lacunatum* G.S. West é elíptica, com as margens retas e destituídas da intumescência na região mediana de ambas as margens que caracterizam *Cosmarium biretum* Brébisson *ex* Ralfs. West (1907) comentou ainda a semelhança de *C. lacunatum* G.S. West com *Cosmarium sublatum* Nordstedt, mas o último apresenta as margens laterais proporcionalmente não tão divergentes e os ângulos apicais não tão proeminentes e arredondados, além do seno mediano mais fechado internamente.

O espécime ilustrado por Silva & Cecy (2004) e identificado com *Cosmarium porrectum* Nordstedt deve, muito provavelmente, ser um exemplar de *C. lacunatum* G.S. West devido ao aspecto do seno mediano e ao formato das semicélulas. No entanto, as autoras antes mencionadas não informaram sobre a vista apical da célula. O material descrito e ilustrado por Ungaretti (1981b: fig. 44a-b) como *C. porrectum* Nordstedt (inclusive em sua vista apical) a partir de material do Estado de Rio Grande do Sul, talvez seja um espécime de *C. lacunatum* G.S. West. Na dúvida, a presente citação de *C. lacunatum* G.S. West é entendida como pioneira para o Estado de São Paulo e para o Brasil.

Cosmarium lagoense (Nordstedt) Nordstedt var. *amoebum* Förster & Eckert (Fig. 123)

Hydrobiologia 23(3-4): 394, pl. 24, fig. 10-13. 1964.

Célula tão larga quanto longa a 1,1 vezes mais larga que longa, 36-42 μm compr. (sem dentículos), 36-47 μm larg. (sem dentículos), istmo 12-18 μm larg., dentículos 1-6 μm compr., constrição mediana profunda, seno mediano linear a aberto em forma de U, fechado (às vezes aberto) externamente; semicélulas oval-alongadas, estendidas lateralmente formando projeções semelhantes a "lobos" convexos, ângulos basais e apicais arredondados, margens laterais convexas, margem apical truncada, elevada; parede celular granulosa, às vezes pontuada, grânulos intramarginais laterais dispostos de forma mais ou menos padronizada, um tanto disformes, grânulos espiniformes curtos, às vezes com verrugas emarginadas, às vezes pontuações presentes entre grânulos, protrusão mediana na face da semicélula com padrão de grânulos proeminentes, maiores, arredondados, poligonais ou um tanto disformes, dispostos mais ou menos concentri-camente na protrusão, 1-2 grânulos maiores, proeminentes, na margem istmial da protrusão, cloroplastídio com 2 pirenoides; vista lateral da semicélula não observada, vista apical da célula aproximadamente oval, polos formando quase "lobos" com emarginações entre os lobos polares e as protrusões medianas laterais, que dão aparência 4-lobada à célula, margens granulosas.

DISTRIBUIÇÃO GEOGRÁFICA NO ESTADO DE SÃO PAULO

EM LITERATURA: Nada consta.

MATERIAL EXAMINADO: **Município de Assis** (SP239089), **Município de Barretos** (SP255772), **Município de Cerqueira César** (SP336348), **Município de Descalvado** (SP371023), **Município de Igaratá** (SP371019), **Município de Itatinga** (SP365712), **Município de Martinópolis** (SP370960), **Município de Palmital** (SP370973), **Município de Paraguaçu Paulista** (SP336350), **Município de Ponta Linda** (SP370957), **Município de Pontes Gestal** (SP114558), **Município de Sarapuí** (SP365711) e **Município de Sumaré** (SP123865).

COMENTÁRIOS

Förster (1964) descreveu a var. *amoebum* Förster & Eckert a partir de material coletado em Conceição, Estado de Goiás, por apresentar dimensões celulares maiores (44-60 x 52-63 μm, sem dentículos), dentículos marginais relativamente mais longos e aculeados, face da semicélula ornamentada com maior número de verrugas poligonais ou disformes e uma verruga maior supraistmial.

Prescott *et al.* (1981) discutiram a validade do uso da granulação na proposição de uma nova variedade. A var. *amoebum* Förster & Eckert foi descrita a partir de material brasileiro, mas a descoberta de sua existência em diversas outras partes do território nacional (Felisberto & Rodrigues 2004, 2010, Camargo *et al.* 2009, Oliveira *et al.* 2010, Estrela *et al.* 2011) demonstrou a consistência de tais caracteres morfológicos e de seu uso na delimitação da presente variedade. Além disso, a descrição e a ilustração original da variedade típica, ainda como *Cosmarium ornatum* Ralfs var. *lagoense* Nordstedt (Nordstedt 1870, 1887), apresentaram o padrão divergente da granulação da protuberância facial e as medidas celulares menores (43-48 x 26 µm). Todavia, a var. *amoebum* Förster & Eckert pode atingir dimensões maiores e possuir maior quantidade de grânulos, conforme descrição original em Förster (1964).

Acredita-se, por conseguinte, que tais características diagnósticas da var. *amoebum* Förster & Eckert sejam verdadeiramente consistentes optando-se, então, pela identificação do material coletado no Estado de São Paulo com os representantes dessa variedade, especialmente no que diz respeito ao padrão de granulação.

Ocorreram no Estado de São Paulo indivíduos com dimensões celulares menores que os registrados por Felisberto & Rodrigues (2004) no reservatório de Corumbá, Estado de Goiás (36,5-45,9 x 32,6-43,2 µm), por Felisberto & Rodrigues (2010) no reservatório de Rosana, Estado do Paraná (34-36 x 38-40 µm), por Camargo *et al.* (2009) no Pantanal matogrossense (36-38 x 34-43 µm), por Oliveira *et al.* (2010) na planície costeira litorânea da Bahia (41,5-43 x 46,5-48 µm) e por Estrela *et al.* (2011) em lagoas do Distrito Federal (40 x 50 µm). As dimensões do material registrado em São Paulo coincidem, concluindo, com os limites métricos mínimos da descrição original da var. *amoebum* Förster & Eckert.

A variedade ocorre no Brasil nos Estados do Amazonas (Förster 1964, 1974, Aprile & Mera 2007), Bahia (Oliveira *et al.* 2010), Goiás (Förster 1964, Felisberto & Rodrigues 2004, Araújo *et al.* 2010), Mato Grosso (Förster 1964, Camargo *et al.* 2009), Minas Gerais (Förster 1964), Pará (Förster 1969, Thomasson 1977, Martins-da-Silva & Bicudo 2007, Costa *et al.* 2014), Paraná (Felisberto & Rodrigues 2005a, 2010, Menezes *et al.* 2011, 2013), Rio Grande do Sul, (Rosa *et al.* 1987, 1988, Torgan *et al.* 2001) e no Distrito Federal (Senna *et al.* 1998, Estrela *et al.* 2011). Este é o primeiro registro da presença da variedade no Estado de São Paulo.

COSMARIUM LOGIENSE BISSET VAR. *LOGIENSE* (FIG. 124)

Journal of the Royal Microscopical Society 2(4): 194, pl. 5, fig. 4. 1884.

Célula 1,3-1,5 vezes mais longa que larga, 63-91 µm compr., 41-70 µm larg., istmo 14-25 µm larg., constrição mediana profunda, seno mediano fechado pela convexidade da margem basal das semicélulas, dilatado no ápice; semicélulas elípticas a reniformes, ângulos basais angular-arredondados, margens laterais convexas, ângulos apicais arredondados, margem apical levemente convexa a truncada; parede celular granulosa, escrobiculada, grânulos dispostos em séries mais ou menos verticais e horizontais, 16-22 séries verticais, 30-40 grânulos na margem da semicélula, grânulos pequenos, sólidos, linhas decussantes, escrobiculações entre os grânulos, cloroplastídio com 2 pirenoides; vista lateral da semicélula aproximadamente circular, margem granulosa, vista apical da célula amplamente elíptica, margem granulosa.

Distribuição geográfica no Estado de São Paulo

Em literatura: Nada consta.

Material examinado: **Município de Álvares Florence** (SP355381), **Município de Angatuba** (SP188215), **Município de Engenheiro Coelho** (SP371026), **Município de Florínea** (SP370955), **Município de Macedônia** (SP239144), **Município de Martinópolis** (SP370960), **Município de Moji Guaçu** (SP113662), **Município de Pitangueiras** (SP355382), **Município de Salmourão** (SP370967) e **Município de Santo Antônio de Aracanguá** (SP355386).

Comentários

Ao propor *Cosmarium logiense*, Bisset (1884) não forneceu ilustração que mostrasse, de maneira irretorquível, as características diagnósticas de sua nova espécie. Tal ilustração foi divulgada 10 anos depois em Roy & Bisset (1894: pl. 2, fig. 15).

Grönblad (1945) mencionou a ocorrência da espécie no Estado do Pará sem também descrever precisamente o material examinado, inclusive identificando-o como uma forma taxonômica baseada em ilustração de Borge (1899: pl. 1, fig. 21) de material oriundo de Cuba.

Prescott (1957) registrou a presença da espécie em Goiás, como uma expressão morfológica não nomeada em razão das menores dimensões celulares (43,5-46 x 30-33,5 μm).

A primeira citação comprovada da ocorrência da espécie no território brasileiro ocorreu em Oliveira *et al.* (2011), que identificaram espécimes com dimensões celulares maiores (70-78 x 48-54 μm) vivendo em ambientes lênticos e lóticos da planície litorânea da Bahia.

Ramos *et al.* (2011) também registraram a presença da espécie na Bahia, através de espécimes com dimensões levemente menores (60-65 x 48-50 μm) vivendo em fitotelmos de bromélias. As populações atualmente identificadas para o Estado de São Paulo apresentaram características que coincidem com a circunscrição da variedade-tipo de *C. logiense* Bisset, exceto no que tange à população do Município de Pitangueiras, que apresentou dimensões celulares distintamente maiores (80-91 x 60-70 μm). Estas dimensões maiores levaram Felisberto & Rodrigues (2010) a identificar os espécimes do Reservatório de Rosana, Estado do Paraná, com *Cosmarium decoratum* West & West. Entretanto, o espécime que ilustraram coincide com os de *C. logiense* Bisset, o mesmo ocorrendo com aqueles em Biolo *et al.* (2013).

Tais limites métricos maiores levaram Skuja, em 1967, à proposta de uma nova forma taxonômica (f. *facile* Skuja). Tal proposta não se fez, entretanto, acompanhar de descrição nem ilustração, mas só indicou serem suas dimensões maiores, tornando o nome inválido (Croasdale & Flint 1988). Croasdale & Flint (1988) também registraram exemplares de C. *logiense* Bisset na Nova Zelândia com limites métricos maiores (75-80 x 47-50 μm), identificando-os com C. *logiense* Bisset f. Skuja.

Os limites métricos maiores obtidos dos exemplares coletados em território brasileiro foram gradualmente elevados e se sobrepõem, em grande parte, entre as diferentes populações. Por esta razão, optou-se presentemente por identificar os espécimes ora examinados com os da variedade típica da espécie.

A ilustração em De-Lamonica-Freire (1985: fig. 188; dados não publicados) para *Cosmarium quadrum* Lundell registrada para o Estado de Mato Grosso lembra muito C. *logiense* Bisset. Em dúvida, preferiu-se não considerar por agora tal registro.

A população coletada em São Paulo concorda também com as registradas em Hirano (1957) de material do Japão e Croasdale & Flint (1988) da Nova Zelândia.

Bicudo (1969) descreveu uma nova forma taxonômica de C. *logiense* Bisset para o Estado de Minas Gerais, C. *logiense* Bisset f. *minus* C. Bicudo, em razão das menores dimensões celulares (42,5-46 x 27,2-33,5 μm, ist. 10,2-11,5 μm larg.) se comparadas com as da literatura até então.

Cosmarium logiense Bisset lembra, quanto à morfologia, *Cosmarium panamense* Prescott var. *smithii* Hughes, que difere do primeiro por apresentar semicélulas ovoide-comprimidas em vista frontal e célula oblongo-elíptica em vista apical, além de dimensões celulares maiores.

Esta é a primeira notícia da ocorrência da espécie no Estado de São Paulo. No Brasil, foi citada para os Estados da Bahia (Oliveira *et al.* 2011, Ramos *et al.* 2011), uma forma não nomeada em Goiás (Prescott 1957), Pará (Grönblad 1945, Costa *et al.* 2014) e Rio Grande do Sul (Torgan *et al.* 2001).

COSMARIUM MAMILLIFERUM NORDSTEDT VAR. *BRASILIENSE* (BORGE) BOURRELLY & COUTÉ (FIG. 125)

Amazoniana 7(3): 246. 1982.

Basiônimo: *Cosmarium moerlianum* Lütkemüller var. *brasiliense* Borge, Arkiv för Botanik 15(13): 36, pl. 3, fig. 13. 1918.

Célula 1,1-1,3 vezes mais longa que larga, 23-26 μm compr., 18-23 μm larg., istmo 5-8 μm larg., constrição mediana profunda, seno mediano linear, dilatado no ápice, levemente aberto externamente; semicélulas subpiramidal-trapeziformes, ângulos basais amplamente arredondados, margens laterais 2-onduladas (2 concavidades e 1 crista mediana não muito proeminente) a partir de uma base amplamente achatada, ângulos apicais sub-retangulares, margem apical reta a levemente convexa; parede celular inconspicuamente pontuada, face da semicélula com 2 grânulos subapicais dispostos verticalmente na região mediana, cloroplastídio com 1 pirenoide; vistas lateral da semicélula e apical da célula não observadas.

Distribuição geográfica no Estado de São Paulo

Em literatura: **Município de Pirassunnga**, Pirassununga, como *Cosmarium moerlianum* Lütkemüller var. *brasiliense* Borge (Borge 1918).

Material examinado: **Município de Avaí** (SP139747), **Município de Buri** (SP371025) e **Município de Moji Guaçu** (SP113662).

Comentários

Borge (1918) propôs *Cosmarium moerlianum* Lütkemüller var. *brasiliense* a partir de material coletado no Município de Pirassununga, Estado de São Paulo, diferindo-a da típica da espécie pela ausência dos dois grânulos intramarginais em cada margem lateral das semicélulas, ausência de uma inflação mediana ornamentada com dois grânulos grandes, centrais e vista apical amplamente elíptica, com dois grânulos de cada lado da margem na região mediana.

Förster (1969) comentou haver estreita semelhança morfológica entre *C. moerlianum* Lütkemüller var. *brasiliense* Borge e *Cosmarium mamilliferum* Nordstedt, sugerindo até uma possível sinonimização. Bourrelly & Couté (1982) efetuaram a nova combinação *C. mamilliferum* Nordstedt var. *brasiliense* (Borge) Bourrelly & Couté com base na maior proximidade morfológica da espécie com *C. mamilliferum* Nordstedt do que com *C. moerlianum* Lütkemüller.

A população de *C. mamilliferum* Nordstedt var. *brasiliense* (Borge) Bourrelly & Couté ora examinada coincidiu com a dos exemplares registrados por Prescott *et al.* (1981) como *C. moerlianum* Lütkemüller var. *brasiliense* Borge para a América do Norte e por Förster (1982) para a Europa. Também, como *C. moerlianum* Lütkemüller var. *brasiliense* Borge em outros Estados brasileiros, onde algumas populações apresentaram dimensões celulares pouco menores (Förster 1969: 24-25,5 x 18-19 μm; Felisberto & Rodrigues 2010: 22,5-24,9 x 18-21,6 μm, ist. 5-7,7 μm larg.; Oliveira *et al.* 2010: 22-30 x 16-24,5 μm, ist. 5,5-8 μm larg.).

De-Lamonica-Freire (1985; dados não publicados) comentou que o material de Mato Grosso que identificou com *C. moerlianum* Lütkemüller var. *brasiliense* Borge não apresentou um múcron conspícuo na região inferior das margens laterais das semicélulas, como foi ilustrado por Prescott *et al.* (1981: pl. 269, fig. 1) e Förster (1982: pl. 26, fig. 23); e que tal múcron pode estar ausente ou ser bastante inconspícuo, como em Förster (1974: pl. 15, fig. 9-10, como *C. moerlianum* Lütkemüller var. *brasiliense* Borge). No

Estado de São Paulo, encontramos indivíduos distribuídos na última possibilidade acima, isto é, segundo um gradiente morfológico em que o múcron pode ter forma mais ou menos perceptível.

Cosmarium mamilliferum Nordstedt var. *brasiliense* (Borge) Bourrelly & Couté foi citado no Brasil como *C. moerlianum* Lütkemüller var. *brasiliense* Borge para os Estados da Bahia (Oliveira *et al.* 2010), de Mato Grosso do Sul (Heckman 1998), do Pará (Förster 1969, Costa *et al.* 2014) e do Paraná (Felisberto & Rodrigues 2005a, 2010, Araújo *et al.* 2010).

COSMARIUM MARGARITATUM (LUNDELL) ROY & BISSET VAR. *MARGARITATUM* F. *MARGARITATUM* (FIG. 126)

Journal of Botany 24: 194. 1885.

Basiônimo: *Cosmarium latum* Brébisson var. *margaritatum* Lundell, Nova Acta Regiae Societatis Scientiarum Upsaliensis: sér. 3, 8(2): 26. 1871.

Célula 1,2-1,3 vezes mais longa que larga, 40-89 µm compr., 33-67 µm larg., istmo 10-25 µm larg., constrição mediana profunda, seno mediano linear, dilatado no ápice; semicélulas sub-retangulares a sub-retangular-elipsoides, ângulos basais arredondados, margens laterais pouco a amplamente convexas (nunca divergentes), ângulos apicais amplamente convexos, margem apical reta a levemente convexa; parede celular uniformemente granulosa, pontuada, grânulos sólidos, dispostos em séries oblíquas decussantes, 26-32 grânulos na margem de cada semicélula, parede celular pontuada entre os grânulos, pontuação organizada em hexágonos ao redor de cada grânulo, cloroplastídio com 2 pirenoides; vista lateral da semicélula subcircular, margens granulosas, vista apical da célula oblongo-elíptica, margens granulosas.

DISTRIBUIÇÃO GEOGRÁFICA NO ESTADO DE SÃO PAULO

EM LITERATURA: **Município de São Paulo** (Agujaro 1990, dado não publicado).

MATERIAL EXAMINADO: **Município de Álvares Florence** (SP355381), **Município de Assis** (SP239089), **Município de Capão Bonito** (SP365693), **Município de Descalvado** (SP371023), **Município de Dois Córregos** (SP114545), **Município de Florínea** (SP370955), **Município de Ibirá** (SP113497), **Município de Ibitinga** (SP365704, SP371017), **Município de Igaratá** (SP371019), **Município de Jacupiranga** (SP371020), **Município de Joanópolis** (SP371022), **Município de Juquiá** (SP113672), **Município de Lençóis Paulista** (SP239236), **Município de Mococa** (SP113553), **Município de Moji Guaçu** (SP113662), **Município de Nova Granada** (SP370951), **Município de Orlândia** (SP355380), **Município de Palmital** (SP370973), **Município de Pedro de Toledo**

(SP365691), **Município de Pirassununga** (SP123888), **Município de Pitangueiras** (SP355382), **Município de Porto Feliz** (SP365709), **Município de Ribeirão Bonito** (SP365688), **Município de Rio Claro** (SP188219), **Município de Salesópolis** (SP123881), **Município de São Paulo** (SP239097), **Município de São Pedro do Turvo** (SP355399), **Município de Sertãozinho** (SP365702), **Município de Sumaré** (SP123865), **Município de Tambaú** (SP113574) e **Município de Tatuí** (SP365710).

COMENTÁRIOS

Prescott *et al.* (1981) discutiram as circunscrições da forma típica e da f. *minor* (Boldt) West & West da espécie afirmando ser a descrição original da espécie muito incipiente e destituída de ilustração; e da f. *minor* (Boldt) West & West (West & West 1897) ter sido representada apenas pelas medidas celulares, sem incluir descrição nem ilustração do material estudado.

Como as populações de *Cosmarium margaritatum* (Lundell) Roy & Bisset apresentaram variação nas dimensões celulares, inclusive sobreposição de tamanho entre as duas aludidas formas taxonômicas (Prescott *et al.* 1981: forma típica 60-105 x 56-82 μm; f. *minor* (Boldt) West & West 44-60 x 38-51 μm) e a f. *minor* (Boldt) West & West consistir apenas um morfotipo local quando foi descrita de material coletado no Ártico (Förster 1982) concordamos, consequentemente, com Prescott *et al.* (1981) e Förster (1982) que afirmaram que a f. *minor* (Boldt) West & West que engloba as formas menores da espécie não deve ser mantida independente, mas, sinonimizada com a forma-tipo da espécie.

Esta discussão também foi apresentada por Agujaro (1990) e Oliveira *et al.* (2010), tendo a primeira autora registrado populações de um tanque artificial situado na cidade de São Paulo, especificamente no epifíton de *Spirodela oligorrhiza* (Kurz) Hegelmaier, com dimensões celulares que sobrepõem os limites de ambas as formas taxonômicas (forma típica e f. *minor* (Boldt) West & West), enquanto que Oliveira *et al.* (2010) indicaram que, a despeito das propostas de sinonimização feitas por Prescott *et al.* (1981) e Förster (1982), autores como Lopes & Bicudo (2003), Menezes *et al.* (2011) e Aquino *et al.* (2014) registraram a existência de populações dentro dos distintos limites métricos propostos para as duas formas taxonômicas sugerindo, por isso, que ambas sejam mantidas separadas.

No presente estudo também foram examinadas populações que sobrepuseram as medidas de seus constituintes, inclusive com tamanhos intermediários às descrições das duas formas taxonômicas, indicando que populações metricamente distintas podem ser tão-somente representantes de locais distintos e que não esteja envolvida qualquer relação com o patrimônio genético. Portanto, corrobora-se as sugestões de sinonimização de ambas as formas com base nos materiais documentados para o Estado de São Paulo e registros na literatura mundial, identificando os representantes das diferentes populações com os da forma típica da espécie.

O material coletado no Estado de São Paulo concordou com as características descritivas e métricas dos exemplares das populações do Amazonas examinadas por Förster (1963), Sophia & Pérez (2010) na lagoa Merin, Estado do Rio Grande do Sul e Oliveira *et al.* (2010) em ambientes aquáticos da planície litorânea do Estado da Bahia. Ungaretti (1981b) identificou, por um lado, espécimes com dimensões celulares menores (45-48 x 40-43 µm) do que as do presente estudo ao trabalhar com material de um açude no Município de Porto Alegre, Estado do Rio Grande do Sul. Por outro lado, entretanto, Förster (1982) e Croasdale & Flint (1988) registraram a presença da espécie na Europa Central e na Nova Zelândia, respectivamente, com dimensões celulares maiores (60-105 x 50-82 µm) do que as do presente material do Estado de São Paulo. O mesmo ocorreu com o material do Chile identificado por Para *et al.* (1983: 66-103 x 56-82 µm, ist. 19-31 µm larg.).

Cosmarium margaritatum (Lundell) Roy & Bisset var. *margaritatum* f. *margaritatum* é uma forma taxonômica bastante comum nos ambientes aquáticos continentais e assemelha-se muito a *Cosmarium quadrum* Lundell, da qual difere por nunca apresentar margens laterais divergentes para o ápice e vista apical com os lados convexos, além de menor número de grânulos nas margens das semicélulas. Com exceção da variedade *C. quadrum* Lundell var. *sublatum* (Nordstedt) West & West, *C. margaritatum* (Lundell) Roy & Bisset difere de *C. quadrum* Lundell também por possuir pontuação intergranular na forma de um sistema regular de poros. Assemelha-se, ainda, a *Cosmarium conspersum* Ralfs var. *conspersum*, *Cosmarium conspersum* Ralfs var. *latum* (Brébisson) West & West e *Cosmarium dentiferum* Corda *ex* Nordstedt, os quais são diferentes pelo ápice levemente convexo a retuso, ângulos basais e apicais relativamente menos arredondados, maior relação entre o comprimento e a largura celular e semicélulas com as margens laterais fortemente divergentes a retas e paralelas (Förster 1982).

A população no presente estudo concorda, morfologicamente, com as da América do Norte (Prescott *et al.* 1981), Europa (West & West 1912, Förster 1982, Coesel 1991) e Nova Zelândia (Croasdale & Flint 1988). As últimas autoras registraram a presença da espécie em águas oligo a eutróficas e ácidas a alcalinas.

Cosmarium margaritatum (Lundell) Roy & Bisset var. *margaritatum* f. *margaritatum* é uma espécie cosmopolita. No Brasil, além do Estado de São Paulo (Agujaro 1990 e presente estudo), foi identificado para os Estados do Amazonas (Förster 1963, Thomasson, 1971, Lopes & Bicudo 2003, como forma típica e f. *minor*; Araújo *et al.* 2010), Bahia (Fuentes *et al.* 2010, Oliveira *et al.* 2010, Severiano *et al.* 2012), Distrito Federal (Senna *et al.* 1998), Goiás (Prescott 1957, Oliveira & Krau 1960), Mato Grosso (Heckman 1998, Schultz & De-Lamonica-Freire 2000, Freitas & Loverde-Oliveira

2013), Maranhão (Almeida *et al.* 2005), Pará (Thomasson 1971a, Costa *et al.* 2014), Paraná (Lozovei & Luz 1976, Lozovei & Hohmann 1977, Cecy 1986, Picelli-Vicentim 1986, Cecy *et al.* 1997, Rodrigues & Bicudo 2001, Cetto *et al.* 2004, Silva & Cecy 2004 como f. *minor*, Felisberto & Rodrigues 2005a como f. *minor*, Murakami *et al.* 2009, Bortolini *et al.* 2010b como f. *minor*, Menezes *et al.* 2011, Algarte & Rodrigues 2013, Aquino *et al.* 2014), Rio Grande do Sul (Ungaretti 1981b, Torgan *et al.* 2001, Sophia & Pérez 2010) e Rio de Janeiro (Menezes *et al.* 2012).

COSMARIUM MARGARITATUM (LUNDELL) ROY & BISSET VAR. *MARGARITATUM* F. *SUBROTUNDATUM* WEST & WEST (FIG. 127)

A Monograph of the British Desmidiaceae 4: 19, pl. 100, fig. 1. 1912.

Célula 1,1-1,2 vezes mais longa que larga, 68-80 µm compr., 57-73 µm larg., istmo 20-26 µm larg., constrição mediana profunda, seno mediano linear, dilatado no ápice; semicélulas elipsoide-sub-retangulares, quase reniformes, ângulos basais arredondados, margens laterais convexas (nunca divergentes), ângulos apicais amplamente convexos, margem apical suavemente convexa; parede celular uniformemente granulosa, pontuada, grânulos apicalmente escavados, dispostos em séries oblíquas decussantes, 30-32 grânulos na margem de cada semicélula, pontuação entre os grânulos e arranjadas em hexágonos ao redor de cada grânulo, cloroplastídio com 2 pirenoides; vista lateral da semicélula subcircular, margens granulosas, vista apical da célula oblongo-elíptica, margens granulosas.

DISTRIBUIÇÃO GEOGRÁFICA NO ESTADO DE SÃO PAULO

EM LITERATURA: Nada consta.

MATERIAL EXAMINADO: **Município de Ibitinga** (SP365704), **Município de Itajobi** (SP371018), **Município de Macedônia** (SP239144), **Município de Nova Granada** (SP370951), **Município de Panorama** (SP370966), **Município de Pitangueiras** (SP355382) e **Município de Rio Claro** (SP188219).

COMENTÁRIOS

West & West (1912) propuseram a f. *subrotundatum* West & West (adequada gramaticalmente do nome original "*subrotundata*") para incluir os espécimes com semicélulas relativamente mais arredondadas e grânulos escavados apicalmente. As dimensões do material no presente estudo são menores do que as apresentadas pelos autores originais, que são: ca. 92 x 80 µm, istmo ca. 31 µm larg., no entanto, as demais características diacríticas são absolutamente consistentes com as da descrição original.

Förster (1982) comentou que a f. *subrotundatum* West & West apresenta como característica marcante (diagnóstica) a forma quase reniforme das semicélulas; além disso, informou ter sido rara sua ocorrência no plâncton da Europa Central.

Em nível mundial, a presente forma ocorre nas Américas do Norte e do Sul, na Ásia e na Europa (Prescott *et al.* 1981). A presente citação é a primeira da ocorrência da forma taxonômica no Estado de São Paulo e no Brasil.

Cosmarium margaritiferum Meneghini *ex* Ralfs var. *margaritiferum* f. *minus* Larsen (Fig. 128)

Meddelelser om Grönland 33: 332, pl. 7, fig. 10. 1907.

Célula 1,1-1,2 vezes mais longa que larga, 26-33 µm compr., 22-31 µm larg., istmo 7-11 µm larg., constrição mediana profunda, seno mediano linear, levemente dilatado no ápice; semicélulas piramidal-truncadas a sub-reniformes, ângulos basais amplamente arredondados, margens laterais pouco convexas, ângulos apicais arredondados, margem apical reta a levemente convexa, destituída de grânulos marginais; parede celular granulosa, finamente pontuada, escrobiculada, grânulos arredondados, sólidos, grandes, dispostos de forma variada, às vezes em séries oblíquas equidistantes, grânulos da região central e próximos dos ângulos basais e margens laterais, estes às vezes maiores que os demais, 4-5 grânulos em cada margem lateral, escrobiculações ao redor dos grânulos da região central, cloroplastídio com 2 pirenoides; vista lateral das semicélulas circular, margens granulosas, ápice liso, vista apical da célula elíptica, grânulos de cada lado da região mediana maiores que os demais, área central pontuada, destituída de grânulos.

Distribuição geográfica no Estado de São Paulo

Em literatura: Nada consta.

Material examinado: **Município de Álvares Florence** (SP355381), **Município de Florínea** (SP370955), **Município de Juquiá** (SP113672), **Município de Lençóis Paulista** (SP239236), **Município de Macedônia** (SP239144), **Município de Martinópolis** (SP370960), **Município de Moji Guaçu** (SP113662), **Município de Orlândia** (SP355380), **Município de Pitangueiras** (SP355382), **Município de Salmourão** (SP370967), **Município de Santo Antônio de Aracanguá** (SP355386) e **Município de São Paulo** (SP188322).

Comentários

West & West (1908) comentaram que *Cosmarium margaritiferum* Meneghini *ex* Ralfs é uma das espécies mais mal interpretadas ou confundidas do gênero, por causa da falta de informação nos estudos iniciais sobre as desmidiáceas. Os referidos autores reforçaram o zigósporo como característica taxonômica importante para identificação da espécie, porém, tal estrutura não foi encontrada nos materiais do presente estudo. Todavia, pelo conjunto das demais características morfológicas foi possível identificar a espécie com boa margem de segurança.

A f. *minus* Larsen é característica pelas menores dimensões celulares. Förster (1969) descreveu a var. *brasiliense* Förster depois de examinar material do Pará, que diferiu do típico da espécie por possuir maiores dimensões celulares, seno mediano levemente aberto, istmo amplo, parede celular densamente decorada por grânulos organizados em séries, pontuações esparsas pela semicélula excetuados o ápice e a região istmial e por apresentar um poro na região apical da célula.

A presente é a primeira notícia da ocorrência da forma no Estado de São Paulo e no Brasil.

COSMARIUM MONOMAZUM Lundell var. *DIMAZUM* Krieger f. *BRASILIENSE* Förster (Fig. 129)

Hydrobiologia 23(3-4): 396, pl. 22, fig. 24, pl. 47, fig. 18. 1964.

Célula tão longa quanto larga a 1,1 vezes mais larga que longa, 21-36 μm compr., 21-38 μm larg., istmo 8-11 μm larg., constrição mediana profunda, seno mediano linear, dilatado no ápice ou aberto, acutangular nas células mais jovens; semicélulas piramidal-truncadas a semicirculares, ângulos basais acuminados, margens laterais convexas a partir da base amplamente achatada, ângulos apicais arredondados, margem apical levemente reta; parede celular lisa na maior parte, granulosa, 2 séries de grânulos emarginados dispostas paralelamente uma à outra, face da semicélula com 2 papilas pequenas, dispostas verticalmente na região mediana, 2 cloroplastídios com 1 pirenoide cada; vista lateral da semicélula subcircular, 2 grânulos de cada lado, 2 séries divergentes de grânulos emarginados estendendo da base aos grânulos apicais, vista apical da célula elipsoide, polos truncados, 1 papila na região mediana de cada lado, 3 grânulos nos polos, 2 séries de grânulos alongados dispostos próximo da margem.

Distribuição geográfica no Estado de São Paulo

Em literatura: Nada consta.

Material examinado: **Município de Martinópolis** (SP370960), **Município de Pitangueiras** (SP355382), **Município de São Paulo** (SP239097) e **Município de Tatuí** (SP365710).

COMENTÁRIOS

Ao propor *C. monomazum* Lundell var. *dimazum* Krieger f. *brasiliense* Förster a partir de material oriundo de Conceição, Estado de Goiás, Förster (1964) a distinguiu da típica da variedade por apresentar menores dimensões celulares e presença de duas papilas dispostas verticalmente, ornamentando a face da semicélula.

As populações coletadas no Estado de São Paulo apresentaram dimensões celulares maiores do que as constantes da proposição original (Förster 1964: 22,5 x 13 µm), bem como do material identificado para a Bahia por Oliveira *et al.* (2010: 31,5-35 x 31,5-35 µm). Além disso, o seno mediano apresentou-se desde fechado até acutangular nas formas mais jovens (menores).

Cosmarium monomazum Lundell var. *dimazum* Krieger f. *brasiliense* Förster assemelha-se a outra variedade da espécie, *C. monomazum* Lundell var. *polymazum* Nordstedt, que é distinta da primeira por apresentar três grânulos transversalmente dispostos na região mediana da semicélula e outro maior acima do istmo. Ainda, *C. monomazum* Lundell var. *dimazum* Krieger f. *brasiliense* Förster é bastante próximo de *C. cuneatum* Joshua, que é diferente por possuir três séries de espinhos pequenos em vista apical e quatro grânulos ornamentando a face da semicélula.

Mundialmente, *C. monomazum* Lundell var. *dimazum* Krieger f. *brasiliense* Förster é conhecido apenas da América do Sul, especificamente do Brasil, onde foi coletado nos Estados da Bahia (Oliveira *et al.* 2010) e de Goiás (Förster 1964). Esta citação é a primeira da ocorrência da forma taxonômica no Estado de São Paulo.

COSMARIUM NOVAESEMLIAE WILLE VAR. *SIBIRICUM* BOLDT (FIG. **130**)

Öfversigt af Kungliga VetenskapsAkademiens Förhandlingar 42(2): 48, pl. 5, fig. 14. 1885.

Célula pouco mais longa que larga, ca. 13,6 µm compr., ca. 11,9 µm larg., istmo ca. 5,1 µm larg., constrição mediana moderada, seno mediano linear; semicélulas transversalmente suboblongas, ângulos basais levemente arredondados, margens laterais levemente convexas, ângulos apicais arredondados, margem apical retusa; parede celular irregularmente granulosa, denticulada, grânulos arredondados, 2-3 dentículos nas margens laterais, cloroplastídio com 1 pirenoide; vista lateral da semicélula ovoide-elíptica, 1 papila de cada lado da margem, vista apical da célula estreitamente elíptica, polos com ca. 5 dentículos, 1 papila de cada lado da margem.

DISTRIBUIÇÃO GEOGRÁFICA NO ESTADO DE SÃO PAULO

EM LITERATURA: **Município de Itirapina** (Bicudo 1969).

MATERIAL EXAMINADO: **Município de Itirapina** (descrição e ilustração em Bicudo 1969).

Comentários

Bicudo (1969) diferiu a var. *sibiricum* Boldt da típica da espécie pela presença de seno mediano mais profundo, istmo proporcionalmente estreito e menor número de dentículos não tão acuminados. Comentou, ainda, que o presente táxon é distinto de *Cosmarium regnesi* Reinsch pelo maior comprimento da célula, disposição dos dentículos e existência de uma papila central de cada lado da semicélula.

De fato, a descrição e, principalmente, a ilustração apresentada por Bicudo (1969: pl. 16, fig. 181) para *Cosmarium novaesemliae* Wille var. *sibiricum* Boldt é bastante semelhante à de uma expressão morfológica de *C. regnesi* Reinsch ilustrada em Prescott *et al.* (1981: pl. 258, fig. 3); e que West & West (1908) haviam referido como uma das possíveis expressões morfológicas de *C. regnesi* Reinsch por possuir oito grânulos espiniformes, dos quais dois são laterais e três aparecem arranjados de forma equidistante. A presença da papila na face da semicélula em *C. novaesemliae* Wille var. *sibiricum* Boldt e as maiores medidas das células possibilitaram a identificação do presente material. Croasdale & Flint (1988) ainda adicionaram à distinção da presente variedade de *C. regnesi* Reinch a existência de margens proporcionalmente mais arredondadas, com quatro (não três) grânulos laterais.

A var. *sibiricum* Boldt difere da típica da espécie pelo seno mediano mais profundo (istmo consequentemente mais estreito), ápice da semicélula retuso-emarginado, dentículos proeminentes nas margens laterais, dois ou três dentículos apenas em cada margem e vista apical da célula relativamente mais estreita.

Cosmarium novaesemliae Wille var. *sibiricum* Boldt tem distribuição cosmopolita ocorrendo na América do Norte, América do Sul, Ártico, Ásia, Europa e Oceania (Prescott *et al.* 1981, Guiry & Guiry 2017). Bicudo (1969) foi o primeiro e único registro da ocorrência da variedade no Brasil e no Estado de São Paulo.

COSMARIUM OBTUSATUM (SCHMIDLE) SCHMIDLE VAR. *OBTUSATUM* (FIG. 131)

Engler's Botanische Jahrbücher 26(1): 38. 1898.

Basiônimo: *Cosmarium undulatum* Corda var. *obtusatum* Schmidle, Berichte der Deutsche Botanischen Gesellschaft 11(10): 550, pl. 28, fig. 11. 1893.

Célula 1,1-1,5 mais longa que larga, 35-54 µm compr., 30-43 µm larg., istmo 10-15 µm larg., constrição mediana profunda, seno mediano linear, dilatado no ápice; semicélulas piramidal-truncadas a subsemicirculares, ângulos basais arredondados, margens laterais convexas, onduladas, ângulos apicais arredondados, margem apical subtruncada a levemente convexa; parede celular levemente granulosa, ondulada, pontuada, 2 séries de grânulos inconspícuos intramarginais, pontuações inconspicuamente dispostas, cloroplastídio com 2 pirenoides; vista lateral da semicélula elíptica, vista apical da célula oblongo-elíptica, polos ondulados.

Distribuição geográfica no Estado de São Paulo

Em literatura: **Município de Luiz Antônio**, Estação Ecológica de Jataí (Taniguchi *et al.* 2003).

Material examinado: **Município de Avaí** (SP139747), **Município de Bragança Paulista** (SP188324), **Município de Buri** (SP371025), **Município de Cerqueira César** (SP336348), **Município de Florínea** (SP370955), **Município de Ibirá** (SP113497), **Município de Ibitinga** (SP371017), **Município de Igaratá** (SP371019), **Município de Jaú** (SP130426), **Município de Joanópolis** (SP371022), **Município de Lençóis Paulista** (SP239236), **Município de Macedônia** (SP239144), **Município de Mococa** (SP113553), **Município de Moji Guaçu** (SP113662), **Município de Olímpia** (SP365707), **Município de Orlândia** (SP355380), **Município de Palmital** (SP370973), **Município de Pitangueiras** (SP355382), **Município de Pontes Gestal** (SP114558), **Município de Santo Antônio de Aracanguá** (SP355386), **Município de São Paulo** (SP239097), **Município de São Pedro do Turvo** (SP355399), **Município de Sertãozinho** (SP365702) e **Município de Tambaú** (SP113574).

Comentários

Sophia (1999) mencionou, ao discutir *Cosmarium obtusatum* (Schmidle) Schmidle, após estudar material de ambiente fitotelmo bromelícola do Rio de Janeiro, a existência de um extenso trabalho realizado por Rù•ièka, em 1953, àcerca desta espécie, suas variedades e formas taxonômicas, além de outros táxons semelhantes. A população ora avaliada apresentou limites métricos mínimos pouco menores do que os registrados por Sophia (1999: 48-58 x 32-48 µm) para o Estado do Rio de Janeiro. No entanto, tais medidas foram maiores do que as dos exemplares em Camargo *et al.* (2009) provenientes de exemplares do Pantanal matogrossense (30-35 x 25-30 µm). Entretanto, os espécimes reportados por Oliveira *et al.* (2011) e Ramos *et al.* (2011) de ambientes aquáticos situados na Bahia mostraram dimensões concordantes (44-49 x 37-40 µm e 41-47 x 33-37,5 µm, respectivamente) com as dos atuais indivíduos do Estado de São Paulo. Os últimos indivíduos diferem daqueles em Sophia (1999) pelo formato da semicélula, que é piramidal-truncado no último.

Prescott *et al.* (1981: 42-64 x 37-53 µm) noticiaram a presença de indivíduos maiores do que os presentes nos Estados Unidos da América e Coesel (1991: (40-)55-72 x (35-)47-61 µm) nos Países Baixos. Coesel (1991) também noticiou que exemplares de *C. obtusatum* (Schmidle) Schmidle var. *obtusatum* foram encontrados em águas meso-eutróficas desde pouco ácidas até alcalinas da Europa.

Parra *et al.* (1983) registraram a ocorrência de *C. obtusatum* (Schmidle) Schmidle no Chile, cujos exemplares concordaram integralmente com os do presente material do Estado de São Paulo.

Cosmarium obtusatum (Schmidle) Schmidle lembra *Cosmarium subochthodes* Schmidle, mas o último difere por apresentar células maiores, seno mediano totalmente fechado e três séries de grânulos ao redor de cada semicélula.

Mundialmente, *C. obtusatum* (Schmidle) Schmidle é cosmopolita (Prescott *et al.* 1981, Guiry & Guiry 2017). No Brasil, além de São Paulo, a espécie foi reportada para os Estados do Amazonas (Uherkovich & Rai 1979), Bahia (Oliveira *et al.* 2011, Ramos *et al.* 2011), Goiás (Nabout & Nogueira 2008), Mato Grosso (Heckman 1998, Schults & De-Lamonica-Freire 2000, Camargo *et al.* 2009, Freitas & Loverde-Oliveira 2013), Pará (Grönblad 1945, Costa *et al.* 2014) e Rio de Janeiro (Sophia 1999, Sophia *et al.* 2004, Araújo *et al.* 2010).

COSMARIUM OCCULTUM SCHMIDLE VAR. *OCCULTUM* (FIG. 132)

Botanical Jahrbuch Systematik 32: 69, pl. 1, fig. 25. 1902.

Célula 1,1-1,2 vezes mais longa que larga, 21-25 µm compr., 18-23 µm larg., istmo 5-9 µm larg., constrição mediana profunda, seno mediano linear; semicélulas piramidal-truncadas, ângulos basais obtusos, margens laterais convexas, 3-crenadas, porção basal das margens laterais menor, 3-crenada, mais longa que a porção apical, ângulos apicais arredondados, margem apical reta, truncada, 3-4-crenulada; parede celular granulosa, 2 séries de grânulos intramarginais concêntricos, face da semicélula lisa, cloroplastídio com 1 pirenoide; vistas lateral da semicélula e apical da célula não observadas.

DISTRIBUIÇÃO GEOGRÁFICA NO ESTADO DE SÃO PAULO

EM LITERATURA: **Município de Luiz Antônio**, Estação Ecológica do Jataí, como *Cosmarium* sp. 3 (Taniguchi *et al.* 2003).

MATERIAL EXAMINADO: **Município de Buri** (SP371025), **Município de Iepê** (SP370954), **Município de Panorama** (SP370966), **Município de Pilar do Sul** (SP188431), **Município de Piracaia** (SP365699), **Município de Ribeirão Bonito** (SP365688) e **Município de Sertãozinho** (SP365702).

COMENTÁRIOS

Cosmarium occultum Schmidle lembra morfologicamente bastante *Cosmarium ctenoideum* Turner, do qual difere pelo último apresentar seno mediano aberto. Schmidle (1902) propôs a nova espécie a partir de material coletado na África, cujas dimensões celulares (22 x 20 µm) coincidem com as do material do Estado de São Paulo.

West (1907) registrou a presença de *Cosmarium subprotumidum* Nordstedt na África ao inventariar as desmídias coletadas durante expedição ao lago Tanganyika e apontou a semelhança desta espécie com C. *occultum* Schmidle. West & West (1908) também comentaram a semelhança de C. *subprotumidum* Nordstedt var. *gregorii* (Roy & Bisset) West & West com C. *occultum* Schmidle, especulando que o último possa se tratar de uma expressão morfológica de C. *subprotumidum* Nordstedt. Entretanto, C. *subprotumidum* Nordstedt é distinto por apresentar semicélulas trapeziforme-subsemicirculares, margens laterais com duas concavidades e uma crista mediana na porção superior. Diferem também pela margem celular apical possuir duas a quatro pequenas ondulações, grânulos intramarginais distribuídos aos pares e uma intumescência facial mediana com três séries verticais de grânulos. *Cosmarium occultum* Schmidle apresenta ainda a margem lateral relativamente retusa, dando às semicélulas o formato piramidal-truncado, além dos grânulos dispostos de forma concêntrica e da face mediana da semicélula lisa.

Hirano (1957) registrou a presença da espécie no Japão, cujas dimensões de seus representantes (22,4 x 19,6 μm, ist. 7 μm larg.) coincidem com as do material do presente estudo. Taniguchi *et al.* (2003) identificaram *Cosmarium* sp. 3 e discutiram sua extrema semelhança com C. *occultum* Schmidle. Os referidos autores afirmaram, ainda, que a população coletada na Estação Ecológica de Jataí apresentou o seno mediano fechado, enquanto que em C. *occultum* Schmidle é aberto. Conforme Schmidle (1902), C. *occultum* Schmidle apresenta seno mediano linear, característica esta reforçada por Hirano (1957). Desta forma, *Cosmarium* sp. 3 registrado por Taniguchi *et al.* (2003) é, indubitavelmente, idêntico a C. *occultum* Schmidle.

A presente citação da espécie é pioneira para o Estado de São Paulo e para o Brasil e, muito provavelmente, também para a América do Sul.

COSMARIUM OCHTHODES **NORDSTEDT VAR.** *SUBCIRCULARE* **WILLE (FIG. 133)**

Bidrag til Kundskaben om Norges Ferskvandsalger. 26, pl. 1, fig. 8. 1870.

Célula 1,2-1,3 vezes mais longa que larga, 55-60 μm compr., 45-48 μm larg., istmo 15-16 μm larg., constrição mediana profunda, seno mediano linear, ápice levemente dilatado; semicélulas subsemicirculares, base achatada, ângulos basal e apical arredondados, margens laterais e apical convexas, nitidamente 9-10-crenuladas, crenulações suaves, mais arredondadas próximo dos ângulos basais, maiores e achatadas para o ápice; parede celular crenulada, granulosa, pontuada, verrugas densas, achatadas, às vezes de formato indefinido (aproximadamente circulares irregulares), dispostas em séries radiais, concêntricas, às vezes irregulares, gradualmente inconspícuas para a região mediana da semicélula, face da semicélula inconspicuamente pontuada, cloroplastídio com 2 pirenoides; vista lateral da semicélula obovada, vista apical da célula elíptica.

Distribuição geográfica no Estado de São Paulo

Em literatura: Nada consta.

Material examinado: **Município de Ibitinga** (SP365704, SP371017).

Comentários

A presente var. *subcirculare* Wille é típica pelo formato semicircular das semicélulas. O material coletado no Estado de São Paulo apresentou dimensões celulares maiores do que as do indivíduo em West & West (1912: 48 x 42 μm), tomadas de espécimes coletados na Inglaterra. Além disso, os referidos autores não citaram na descrição nem fizeram constar na ilustração da variedade a pontuação da parede celular, característica esta presente na população coletada em São Paulo.

Esta variedade ocorre na Europa (West & West 1912, Guiry & Guiry 2017). A presente citação é a primeira da ocorrência da var. *subcirculare* Wille no Estado de São Paulo e no Brasil.

Cosmarium ordinatum (Börgesen) West & West var. *ordinatum* (Fig. 134)

Transactions of the Linnean Society of London: sér. Bot. 5(5): 251, pl. 15, fig. 14. 1896.

Basiônimo: *Cosmarium brasiliense* (Wille) Nordstedt subsp. *ordinatum* Börgesen, Videnskabelige Meddelelser Naturhistorisk Forening i Kjöbenhavn 1890: 945 (sep. p. 40), pl. 4, fig. 32. 1890.

Célula pouco mais longa que larga, 20-28 μm compr., 18-25 μm larg., istmo 6-9 μm larg., constrição mediana profunda, seno mediano acuminado na extremidade, abrindo externamente, às vezes todo fechado; semicélulas semicircular-elipsoides, ângulos basais retangulares, margens laterais convexas, ângulos apicais amplamente arredondados, margem apical uniformemente convexa; parede celular granulosa, 6-7 séries verticais de verrugas emarginadas, 4-7 séries horizontais de verrugas menos distintas, 12-14 grânulos visíveis na margem de cada semicélula, base da semicélula lisa, cloroplastídio com 1 pirenoide; vista lateral das semicélulas subcircular, margens granular-onduladas, vista apical da célula elíptica, margem granular-ondulada, 1 série de verrugas emarginadas.

Distribuição geográfica no Estado de São Paulo

Em literatura: **Município de "Moji"** (?), como *Cosmarium brasiliense* (Wille) Nordstedt subsp. *ordinatum* Börgesen (Börgesen 1890).

Material examinado: **Município de Assis** (SP239089), **Município de Florínea** (SP370955), **Município de Igaratá** (SP371019), **Município de Joanópolis** (SP371022),

Município de Martinópolis (SP370960), **Município de Moji Guaçu** (SP113662), **Município de Palmital** (SP370973), **Município de Pitangueiras** (SP355382), **Município de São Carlos** (SP104699), **Município de Sarapuí** (SP365711) e **Município de Sorocaba** (SP139737).

COMENTÁRIOS

Börgesen (1890) propôs *Cosmarium brasiliense* (Wille) Nordstedt subsp. *ordinatum* Börgesen após estudar material do Estado de São Paulo.

O exemplar de *Cosmarium ordinatum* (Börgesen) West & West ilustrado em West & West (1896: pl. 15, fig. 14) apresenta os grânulos representados de forma exacerbada e seu padrão de distribuição também está um tanto diferente daquele de *C. brasiliense* (Wille) Nordstedt subsp. *ordinatum* Börgesen originalmente proposto por Börgesen (1890); e dos presentemente estudados do Estado de São Paulo.

Grönblad (1945) registrou a presença de *C. ordinatum* (Börgesen) West & West no Estado do Pará, no entanto, divulgou apenas a dimensão do zigósporo do material encontrado e uma ilustração do mesmo. Borge (1925) relacionou *C. ordinatum* (Börgesen) West & West para o Estado do Rio de Janeiro e apresentou dimensões do material estudado sem, contudo, ilustrá-lo.

Oliveira *et al.* (2011) anotou a presença de *C. ordinatum* (Börgesen) West & West var. *ordinatum* em ambientes aquáticos da Bahia, com as dimensões celulares quase idênticas às do material do Estado de São Paulo.

As dimensões celulares obtidas por Estrela *et al.* (2011: 19-22 x 19-20 µm, ist. 9 µm larg.) de exemplares de *C. ordinatum* (Börgesen) West & West var. *ordinatum* do Distrito Federal foram levemente menores do que as dos espécimes de São Paulo.

Os exemplares de São Paulo concordaram com os estudados por Prescott *et al.* (1981) para a América do Norte, por Croasdale & Flint (1988) para a Nova Zelândia e por Coesel (1991) e Förster (1982) para a Europa. Coesel (1991) comentou que o material que examinou foi coletado de águas oligo-mesotróficas.

Cosmarium ordinatum (Börgesen) West & West var. *ordinatum* ocorre no Brasil, além de São Paulo, nos Estados da Bahia (Oliveira *et al.* 2011), Mato Grosso (De-Lamonica-Freire 1989, Freitas & Loverde-Oliveira 2013), Pará (Grönblad 1945, Costa *et al.* 2014), Rio de Janeiro (Borge 1925) e no Distrito Federal (Senna *et al.* 1998, Estrela *et al.* 2011).

COSMARIUM ORDINATUM (BÖRGESEN) WEST & WEST VAR. *BORGEI* SCOTT & GRÖNBLAD (FIG. 135)

Acta Societatis Scientiarum Fennicae: sér. B, 2(8): 20, pl. 8, fig. 4. 1957.

Célula pouco mais longa que larga, 26-29 µm compr., 25-32 µm larg., istmo 9-11 µm larg., constrição mediana profunda, seno mediano linear, levemente dilatado no ápice; semicélulas semicircular-elipsoides, ângulos basais arredondados, margens laterais convexas, ângulos apicais amplamente arredondados, margem apical truncada; parede celular granulosa, 6-8 séries verticais de verrugas emarginadas, 4-5 séries horizontais de verrugas menos distintas que as primeiras, verrugas grandes, às vezes 2-4-granuladas na região facial mediana da semicélula, 16-20 grânulos visíveis na margem de cada semicélula, base da semicélula lisa, cloroplastídio com 2 pirenoides; vistas lateral da semicélula e apical da célula não observadas.

DISTRIBUIÇÃO GEOGRÁFICA NO ESTADO DE SÃO PAULO

EM LITERATURA: Nada consta.

MATERIAL EXAMINADO: **Município de Florínea (SP370955)**, **Município de Juquiá (SP113672)**, **Município de Novo Horizonte (SP336349)** e **Município de Tatuí (SP365710)**.

COMENTÁRIOS

Scott & Grönblad (1957) propuseram esta variedade para reunir as expressões morfológicas com a porção central das semicélulas ornada por verrugas grandes, 2-4-granuladas que, segundo os referidos autores, são semelhantes às de *Cosmarium geminatum* Lundell, entretanto, esta última espécie apresenta semicélulas de forma distinta.

Os indivíduos coletados em São Paulo apresentaram o seno mediano linear, como nas populações da América do Norte (Scott & Grönblad 1957: pl. 8, fig. 4; Prescott *et al.* 1981: pl. 251, fig. 10). Oliveira (2011; dados não publicados) registrou em uma tese de doutorado a presença no Estado da Bahia das variedades típica da espécie e a var. *borgei* Scott & Grönblad. Mas, o registro da var. *borgei* Scott & Grönblad não constou em trabalho algum publicado até o momento.

Mundialmente, *Cosmarium ordinatum* (Börgesen) West & West var. *borgei* Scott & Grönblad ocorre na América do Norte, América do Sul e Ásia (Prescott *et al.* 1981). Para o Estado de São Paulo, a presente é a primeira citação da ocorrência da var. *borgei* Scott & Grönblad e a segunda para o Brasil.

COSMARIUM ORNATUM **RALFS VAR.** *ORNATUM* (**FIG. 136**)

British Desmidieae. 104, pl. 16, fig. 7. 1848.

Célula tão larga quanto longa, 20-30 µm compr., 19-32 µm larg., istmo 7-12 µm larg., constrição mediana profunda, seno mediano linear, ápice levemente dilatado; semicélulas reniformes, ângulos basais amplamente arredondados, margens laterais arredondadas na região inferior, às vezes levemente retusas na região superior, ângulos apicais arredondados, margem apical levemente elevada, amplamente truncada; parede celular granulosa, grânulos arredondados, proeminentes, algumas vezes geminados, outras vezes dando aparência denteada às margens das semicélulas, dispostos em séries oblíquas, curtas, intramarginais, laterais, 1-2 séries apicais, face das semicélulas com 1 protuberância na região mediana, granulosa, grânulos arredondados, conspícuos, variáveis em disposição e tamanho, cloroplastídio com 2 pirenoides; vista lateral das semicélulas subcircular-achatada, ápice levemente projetado, truncado, vista apical das células elíptico-oblonga, polos amplamente arredondados, protuberância ampla na região mediana de cada lado.

DISTRIBUIÇÃO GEOGRÁFICA NO ESTADO DE SÃO PAULO

EM LITERATURA: **Município de "Moji"** (?), forma *major* (Börgesen 1890).

MATERIAL EXAMINADO: **Município de Álvares Florence** (SP355381), **Município de Araras** (SP365714, SP371024), **Município de Assis** (SP239089), **Município de Buri** (SP371025), **Município de Cotia** (SP114516), **Município de Florínea** (SP370955), **Município de Ibitinga** (SP365704, SP371017), **Município de Itatinga** (SP365712), **Município de Juquiá** (SP113672), **Município de Mococa** (SP113553), **Município de Novo Horizonte** (SP336349, SP370950), **Município de Orlândia** (SP355380), **Município de Palmital** (SP370973), **Município de Pirassununga** (SP123888), **Município de São Carlos** (SP104699), **Município de São Luiz do Paraitinga** (SP188323), **Município de São Paulo** (SP355407), **Município de São Pedro do Turvo** (SP355399), **Município de Sarapuí** (SP365711), **Município de Sertãozinho** (SP365702), **Município de Sumaré** (SP123865), **Município de Tatuí** (SP365710) e **Município de Tremembé** (SP188437).

COMENTÁRIOS

Ralfs (1848: pl. 16, fig. 17) descreveu pioneiramente e ilustrou *C. ornatum* de forma pouco satisfatória (West & West 1908). Segundo os últimos autores, a granulação da protuberância facial das semicélulas está mal representada e a elevação dos ápices exacerbada. West & West (1908) também comentaram o arranjo da granulação na protuberância facial mediana, a qual pode variar desde séries curtas verticais até séries concentricamente dispostas; também, os grânulos podem estar irregularmente distribuídos. Ao contrário, a granulação do restante da parede celular parece ser mais constante.

Os indivíduos de *C. ornatum* Ralfs coletados no Estado de São Paulo concordaram com os provenientes do Reino Unido, exceto pelas maiores dimensões celulares (West & West 1908: 32-41 x 33-41 μm, ist. 10-11,5 μm larg.) e também os da América do Norte (Prescott *et al.* 1981: 32-41 x 30-41 μm, ist. 9-13 μm larg.), Europa (Sampaio 1944: 32-42 x 33-41 μm, ist. 10-11,5 *μm* larg.; Förster 1982: 28-42 x 30-43 μm, ist. 9-16 μm larg.; Coesel 1991: 32-41 x 33-41), América do Sul (Parra *et al.* 1983: 30-35 x 30-34 μm, ist. 10-13 μm larg.) e Ásia (Hirano 1957: 32-39 x 36-41 μm). Coesel (1991) informou que as populações que examinou provieram de águas meso-oligotróficas e acidófilas.

Börgesen (1890) apresentou apenas dimensões dos exemplares que identificou de C. *ornatum* Ralfs var. *ornatum* provenientes do Estado de São Paulo, sem descrever nem ilustrar o material estudado. Por isso, essa citação não foi atualmente considerada como registro taxonômico. Börgesen (1890) apresentou também uma expressão morfológica da espécie com grânulos espiniformes 2- ou 3-geminados e maiores dimensões celulares, a qual denominou forma "*major*" (Börgesen 1890: 47 x 52 μm, ist. 12,5 μm larg.), porém, sem qualquer conotação nomenclatural. Börgesen (1890) acrescentou uma descrição extremamente sucinta do aparentemente único espécime que examinou e sua ilustração (Börgesen 1890: pl. 4, fig. 29) e identificou como sendo de um representante da forma típica da espécie.

Ungaretti (1981a) publicou medidas (29 x 31 μm, ist. 11 μm larg.) e ilustração (Ungaretti 1981a: fig. 39a-c) das vistas frontal, apical e lateral do também único espécime encontrado nas amostras do Município de Porto Alegre, Estado do Rio Grande do Sul. No entanto, a ilustração não é boa por não apresentar, sobretudo, os caracteres diagnósticos da espécie. Para o Município de Viamão, ainda no Rio Grande do Sul, Bicudo & Ungaretti (1986) registraram a presença de *C. ornatum* Ralfs var. *ornatum* fornecendo-lhe medidas e ilustração da variação morfológica observada na população. Tal variação abordou o número e o tamanho dos grânulos das margens laterais e os da face da semicélula que, às vezes, se apresentaram espiniformes como observado nos materiais do presente estudo. Bicudo & Ungaretti (1986) comentaram o elevado grau de polimorfismo exibido pela espécie e que certas de suas variedades e formas taxonômicas podem constituir apenas expressões morfológicas dentro da população. Todavia, encontramos no material do Estado de São Paulo populações bastante segregadas da variedade típica da espécie e concordantes com a var. *amoebum* Förster & Eckert. Franceschini (1992) também reportou a presença da espécie no Município de Porto Alegre e apresentou apenas medidas maiores (30-35 x 31-34 μm, ist. 8,5-11,5 μm larg.) e ilustração (Franceschini 1992: pl. 15, fig. 12) do material que examinou.

Foi apenas em Oliveira *et al.* (2010) que *C. ornatum* Ralfs var. *ornatum* aparece descrito de maneira satisfatória a partir de material coletado no Estado da Bahia. Tais populações apresentaram espécimes com dimensões maiores do que a dos espécimes do presente estudo (32-40 x 36-42,5 µm, ist. 7,5-11 µm larg.).

Taniguchi *et al.* (2003) identificaram *Cosmarium* sp. 7 bastante semelhante a C. *ornatum* Ralfs e que deva, provavelmente, ser um representante desta espécie. Contudo, a ilustração e a descrição do material que identificaram não são suficientes para sua reidentificação o que levou a não considera-la no presente estudo.

De acordo com Guiry & Guiry (2016), C. *ornatum* Ralfs var. *pernornatum* Grönblad deve ser considerado, conforme citação em Kouwets datada de 1999, sinônimo da variedade típica da espécie.

Mundialmente, C. *ornatum* Ralfs var. *ornatum* ocorre na África, Américas Central, do Norte e do Sul, Ásia e Europa (Prescott *et al.* 1981, Guiry & Guiry 2016). Para o Brasil, a espécie foi citada para os Estados do Amazonas (Uherkovich & Franken 1980), Bahia (Oliveira *et al.* 2010), Mato Grosso (Schmidle 1901, Borge 1903, De-Lamonica-Freire 1989, Freitas & Loverde-Oliveira 2013), Pará (Dickie 1880, Förster 1969, Costa *et al.* 2014), São Paulo (Börgesen 1890, forma típica e f. *"major"*; Hino &Tundisi 1977, Tundisi & Hino 1981), Rio Grande do Sul (Borge 1903, Ungaretti 1981a, Bicudo & Ungaretti 1986, Rosa *et al.* 1987, Franceschini 1992, Torgan *et al.* 2001, Araújo *et al.* 2010) e para a fronteira Paraná-São Paulo (Ferrareze & Nogueira 2006).

COSMARIUM ORNATUM RALFS VAR. *AMOEBUM* FÖRSTER & ECKERT (FIG. 137)

Hydrobiologia 23: 398, pl. 24, fig. 8. 1964.

Célula tão ou pouco mais longa que larga, 27-42 µm compr., 26-38 µm larg., istmo 7-13 µm larg., constrição mediana profunda, seno mediano linear, ápice levemente dilatado; semicélulas subsemicirculares, ângulos basais amplamente arredondados, margens laterais convexas, convergentes para o ápice, às vezes levemente retusas na região superior, ângulos apicais arredondados, margem apical truncada; parede celular granulosa, grânulos arredondados a ameboides, 4-5 séries intramarginais laterais de grânulos, 1-2 séries intramarginais apicais, inconspícuas, face das semicélulas com 1 protuberância granulosa na região mediana, grânulos arredondados a ameboides, dispostos mais ou menos concentricamente, cloroplastídio com 2 pirenoides; vista lateral da semicélula não observada, vista apical da célula elíptica, polos amplamente arredondados, ampla protuberância na região mediana de cada lado.

DISTRIBUIÇÃO GEOGRÁFICA NO ESTADO DE SÃO PAULO

EM LITERATURA: Nada consta.

MATERIAL EXAMINADO: **Município de Araras** (SP365714), **Município de Barretos** (SP255772), **Município de Capão Bonito** (SP365693), **Município de Iepê** (SP370954),

Município de Itatinga (SP365712), **Município de São Paulo** (SP355407), **Município de Tambaú** (SP113574) e **Município de Tatuí** (SP365710).

COMENTÁRIOS

Förster & Eckert (Förster 1964) descreveram *Cosmarium ornatum* Ralfs var. *amoebum* com base na forma da semicélula ao examinar material coletado em Goiás. Os representantes desta variedade apresentaram as margens mais retusas e o seno mediano fechado, ao passo que o ápice elevado dos representantes da variedade típica não ocorreu nesta variedade. Além disso, as semicélulas são quase semicirculares e, segundo aqueles autores, ocorrem duas séries de grânulos intramarginais laterais, com grânulos ameboides situados sobre a protuberância central da face da semicélula. Os grânulos ocorrem também na região intramarginal apical, onde são menores e distribuem-se de forma irregular. Em vista apical, a célula apresenta uma intumescência mediana de cada lado bem maior e mais conspícua do que na variedade típica da espécie. Segundo comentários de Förster e Eckert (Förster 1964), os grânulos (verrugas) que ocorrem nesta variedade são maiores do que os das demais formas descritas em literatura.

O material atualmente examinado proveniente de São Paulo apresentou semicélulas com 4-5 séries de grânulos intramarginais laterais e grânulos arredondados, além dos grânulos ameboides típicos da variedade. As dimensões e demais características diacríticas da var. *amoebum* Förster & Eckert concordaram com aquelas do material do presente estudo.

Croasdale (1956) identificou como sendo de *C. ornatum* Ralfs ? var. *perornatum* Grönblad a população coletada no Alaska, comentando ser semelhante à de *Cosmarium pseudoornatum* Eichler & Gutwinski e à de *C. ornatum* Ralfs f. *rotunda* Schmidle. Na verdade, a referida autora havia registrado a presença de exemplares de *C. ornatum* Ralfs var. *amoebum* Förster & Eckert, uma variedade que seria proposta mais tarde por Förster e Eckert, em 1964. Mundialmente, após considerar o registro de Croasdale (1956, como *C. ornatum* Ralfs ? var. *perornatum* Grönblad), *C. ornatum* Ralfs var. *amoebum* Förster & Eckert encontra-se, até o momento, restrito às Américas do Norte e do Sul. O presente registro representa a segunda menção à ocorrência da var. *amoebum* Förster & Eckert no Brasil e a primeira no Estado de São Paulo.

COSMARIUM PENTACHONDRUM BÖRGESEN VAR. *PENTACHONDRUM* (FIG. 138)

Videnskabelige Meddelelser fra den naturhistoriske Forening i Kjöbenhavn 46: 39, pl. 4, fig. 31. 1890.

Célula ca. 1,4 vezes mais longa que larga, ca. 26 µm compr., ca. 19 µm larg., istmo ca. 9 µm larg., constrição mediana moderada, seno mediano linear; semicélulas subsemicirculares, ângulos basais retangulares, margens laterais levemente convexas, convergentes para o ápice, ângulos apicais arredondados, margem apical levemente convexa a truncada; parede celular granulosa, denteado-ondulada, 8 ondulações nas margens laterais, ângulo basal 2-denteado, série intramarginal de grânulos, 5 grânulos maiores na região mediana da face da semicélula, cloroplastídio não observado; vista lateral das semicélulas circular, vista apical da célula elíptica, série de ca. 6 grânulos intramarginais dispostos transversalmente.

Distribuição geográfica no Estado de São Paulo

Em literatura: **Município de "Moji"** (?) (Börgesen 1890).

Material examinado: **Município de "Moji"** (?) (descrição e ilustração em Börgesen, 1890).

Comentários

Börgesen (1890) descreveu esta espécie aparentemente baseado em um único indivíduo coletado no Município de "Moji", contudo, sem especificar qual dos três locais designados com o esse nome: Moji das Cruzes, Moji Guaçu ou Moji Mirim.

Cosmarium porrectum Nordstedt var. *porrectum* (Fig. 139)

Videnskabelige Meddelelser fra den naturhistoriske Forening i Kjöbenhavn 1870(14-15): 207. 1870; pl. 3, fig. 28. 1887.

Célula tão larga quanto longa a levemente mais larga que longa, 65-71 μm compr., 66-76 μm larg., istmo 21-26 μm larg., constrição mediana profunda, seno mediano linear, levemente dilatado no ápice; semicélulas subtrapeziformes, ângulos basais retangular-arredondados, margens laterais retusas, amplamente divergentes para o ápice, ângulos apicais amplamente arredondados, bastante proeminentes, margem apical amplamente reta a retusa; parede celular granulosa, pontuada, 44-54 grânulos visíveis na margem da semicélula, grânulos arredondados, dispostos em séries oblíquas decussantes, pontuações dispostas hexagonalmente ao redor de cada grânulo, cloroplastídio com 2 pirenoides; vista lateral da semicélula e apical da célula não observadas.

Distribuição geográfica no Estado de São Paulo

Em literatura: Nada consta.

Material examinado: **Município de Itapura** (SP370964) e **Município de Marti-nópolis** (SP370960).

Comentários

Nordstedt (1870) descreveu *Cosmarium porrectum* Nordstedt a partir de material coletado por Eugene Warming em Lagoa Santa, Estado de Minas Gerais. O presente material do Estado de São Paulo concordou com a descrição e a ilustração da espécie em Nordstedt (1887: pl. 3, fig. 28).

Felisberto & Rodrigues (2010a) comentaram sobre o material que identificaram com *C. porrectum* Nordstedt coletado no Reservatório de Rosana, fronteira entre os Estados do Paraná e de São Paulo, mencionando a ocorrência de indivíduos com uma das semicélulas com os ângulos apicais tipicamente pronunciados e a outra com tais ângulos não tão proeminentes. Tal característica não foi observada no presente estudo, no entanto, um dos indivíduos examinados apresentou os ângulos celulares comparativamente não tão proeminentes. Assim como as autoras antes citadas, tal espécime foi identificado como representando uma variação morfológica da população. Por outro lado, Prescott *et al.* (1981: pl. 282, fig. 6-7) documentaram o exame de indivíduos representantes desta espécie com os ângulos apicais muito mais pronunciados do que o atual material de São Paulo, gerando uma concavidade na margem lateral das semicélulas. Sophia (1991) reportou a presença de *C. porrectum* Nordstedt no Estado do Rio de Janeiro a partir de espécimes concordantes com aqueles do presente estudo para São Paulo.

Os espécimes de material do Estado do Paraná identificados por Silva & Cecy (2004) e do Estado de Rio Grande do Sul por Ungaretti (1981b) como representantes de *C. porrectum* Nordstedt, mas podem, provavelmente, ser exemplares de *Cosmarium lacunatum* G.S. West devido ao aspecto do seno mediano (amplamente dilatado no ápice) e ao formato não proeminente das semicélulas e dos ângulos apicais. Tais características coincidem com o que menciona a descrição original de *C. lacunatum* G.S. West.

Cosmarium porrectum Nordstedt ocorre no Brasil nos Estados de Mato Grosso (Borge 1903, De-Lamonica-Freire 1989, Freitas & Loverde-Oliveira 2013), Minas Gerais (Nordstedt 1870, 1887, Warming 1892), Paraná (Felisberto & Rodrigues 2005a, 2010a, Menezes *et al.* 2011, Neif *et al.* 2014), Rio Grande do Sul (Borge 1925, Torgan *et al.* 2001) e Rio de Janeiro (Huszar & Esteves 1987, Huszar *et al.* 1988a, Sophia 1991, Araújo *et al.* 2010).

COSMARIUM PORTEANUM ARCHER VAR. *PORTEANUM* F. *PORTEANUM* (FIG. 140)

Proceedings of the Natural History Society of Dublin 3: 49, pl. 1, fig. 8-9. 1860.

Célula 1,3-1,4 vezes mais longa que larga, 40-55 μm compr., 28-42 μm larg., istmo 10-17 μm larg., constrição mediana profunda, seno mediano gradualmente aberto a partir do ápice arredondado, istmo alongado; semicélulas elípticas a sub-reniformes, ângulos basal e apical arredondados, margens laterais convexas, paralelas entre si, margem apical levemente convexa; parede celular granulosa, 16-24 grânulos arredondados visíveis na margem da semicélula, 10-13 séries verticais de grânulos, às vezes séries oblíquas, cloroplastídio com 2 pirenoides; vista lateral da semicélula circular, istmo alongado, vista apical da célula elíptica.

Distribuição geográfica no Estado de São Paulo

Em literatura: Nada consta.

Material examinado: **Município de Arujá** (SP130815), **Município de Barra Bonita** (SP255742), **Município de Florínea** (SP370955), **Município de Ibirá** (SP113497), **Município de Iepê** (SP370954), **Município de Itapura** (SP370964), **Município de Jaú** (SP130426), **Município de Joanópolis** (SP371022), **Município de Juquiá** (SP113672), **Município de Martinópolis** (SP370960), **Município de Nova Granada** (SP370951), **Município de Novo Horizonte** (SP370950), **Município de Rio Claro** (SP188219), **Município de São Pedro do Turvo** (SP355399), **Município de Sarapuí** (SP365711), **Município de Sertãozinho** (SP365702), **Município de Sorocaba** (SP139737) e **Município de Tremembé** (SP188437).

Comentários

A grafia do epíteto específico de *Cosmarium porteanum* Archer (adequada de "*portianum*") está conforme recomendação de Guiry & Guiry (2017), que explicou a origem do epíteto como uma homenagem de W. Archer a um amigo, G. Porte, de Dublin (Archer 1860).

Os espécimes ora estudados apresentaram dimensões celulares maiores do que as das populações do Japão (Hirano 1957: 33-35 x 25-27 μm), América do Norte (Prescott *et al.* 1981: 26-40 x 20-33 μm), América do Sul (Parra *et al.* 1983: 30-34,5 x 23-37 μm), Indonésia (Scott & Prescott 1961: 20 x 18 μm) e Europa [Coesel 1991: (22-)26-40 x (17-)19-30(-32) μm, Förster 1982: (22-)26-44 x (17-)19-32 μm]. No entanto, foram menores do que as divulgadas em Scott & Prescott (1961) para a var. *majus* Scott & Prescott, uma variedade proposta para as formas maiores de *C. porteanum* Archer (58 x 45 μm).

As populações amostradas do Estado de São Paulo apresentaram dimensões celulares próximas às de *Cosmarium reniforme* (Ralfs) Archer var. *alaskanum* Croasdale (47-70 x 39 x 52 μm). Medidas idênticas às dos espécimes originais foram mencionadas por Prescott *et al.* (1981) para espécimes da América do Norte. De fato, estas últimas são muito semelhantes às de *C. porteanum* Archer, no entanto, a relação entre o comprimento e a largura celulares em *C. reniforme* (Ralfs) Archer var. *alaskanum* Croasdale é ca. 1,5 vezes mais longa que larga, diferente das populações registradas em São Paulo (1,3-1,4 vezes mais longas que largas).

Ainda, algumas populações identificadas para São Paulo apresentaram semicélulas de formato sub-reniforme, o que as faz bastante semelhantes aos representantes de *C. reniforme* (Ralfs) Archer; todavia, a relação comprimento:largura celular foi maior (1,2-1,4 vezes mais longa que larga) do que as da variedade-tipo da espécie, ao englobar indivíduos pouco mais longos do que largos.

Além disso, junto com a granulação diferenciada da parede comentada anteriormente, os atuais espécimes coincidem em todas as demais características com *C. porteanum* Archer que, por sua vez, uma espécie que apresenta acentuado polimorfismo em suas semicélulas, como pôde ser observado no presente estudo (semicélulas elípticas a sub-reniformes). Borge (1918) fez menção à exsicata da coleção Wittrock & Nordstedt (1880) de uma forma não nomeada de *C. porteanum* Archer (como *C. portianum* Archer f.) coletada em Pirassununga, Estado de São Paulo e a documentou novamente para esse município. O referido autor caracterizou a forma anônima antes mencionada pelas suas dimensões celulares maiores (73-79 x 57-60 μm, ist. 25-26 μm larg.), margem apical quase reta e grânulos dispostos concentricamente nas semicélulas. Esta forma lembra *Cosmarium trachydermum* West & West (West & West 1895), no entanto, as medidas celulares são maiores, os grânulos estão dispostos concentricamente e a vista apical da célula é oblonga na forma em Borge (1918).

Felisberto & Rodrigues (2004, 2010) reportaram para o Reservatório de Corumbá, Estado de Goiás e para o Reservatório de Rosana, Estado do Paraná, a existência de indivíduos cujas dimensões celulares são coincidentes com as do presente material do Estado de São Paulo (40,7-52,2 x 32,1-41,7 μm e 40-45,6 x 32,4-36 μm, respectivamente). Além disso, as semicélulas de ambas as populações nos estudos acima apresentaram polimorfismo, variando de formato desde reniforme até retangular. Tal coincidência nas dimensões e no formato das semicélulas também foi registrada por Biolo *et al.* (2013) em populações de um tributário do Reservatório de Itaipu, no Estado do Paraná (39-49 x 33-38,8 μm).

Oliveira *et al.* (2011) encontraram no Estado da Bahia indivíduos maiores do que os do presente estudo (65-78 x 45-58 μm) e discutiram sua identificação no que toca suas características diacríticas: semicélula ovada, istmo alongado e aberto e grânulos da parede celular arranjados em séries longitudinais. O formato da semicélula apresentou polimorfismo em algumas populações do presente estudo, mostrando-se desde elíptico até sub-reniforme.

Cosmarium porteanum Archer é amplamente distribuído mundialmente (Prescott *et al.* 1981, Guiry & Guiry 2017). No Brasil, ocorre (como *C. portianum* Archer) nos Estados da Bahia (Oliveira *et al.* 2011), Goiás (Felisberto & Rodrigues 2004), Pará (Thomasson 1977, Costa *et al.* 2014), Paraná (Felisberto & Rodrigues 2005a, 2005b, 2010, Algarte & Rodrigues 2013, Biolo *et al.* 2013) e Rio Grande do Sul (Borge 1918, forma não nomeada).

COSMARIUM PORTEANUM ARCHER VAR. *PORTEANUM* F. *EXTENSUM* PRESCOTT (FIG. 141)

A synopsis of North American desmids 2(3): 229, pl. 255, fig. 1. 1981.

Célula ca. 1,2 vezes mais longa que larga, 39-49 µm compr., 33-42 µm larg., istmo 12-15 µm larg., constrição mediana profunda, seno mediano gradualmente aberto, ápice arredondado, istmo levemente alongado; semicélulas oblongo-elípticas, alongadas, ca. 2 vezes mais largas que longas, ângulos basais arredondados, margens laterais convexas, ângulos apicais arredondados, margem apical levemente convexa; parede celular granulosa, grânulos arredondados, dispostos em séries oblíquas, decussantes, 23-24 grânulos na margem de cada semicélula, cloroplastídio com 2 pirenoides; vista lateral da semicélula circular, istmo alongado, vista apical da célula oblongo-elíptica.

DISTRIBUIÇÃO GEOGRÁFICA NO ESTADO DE SÃO PAULO

EM LITERATURA: Nada consta.

MATERIAL EXAMINADO: **Município de Assis** (SP239089) e **Município de Macedônia** (SP355366).

COMENTÁRIOS

A eponímia do epíteto específico *Cosmarium porteanum* Archer foi adequada conforme recomendação de Guiry & Guiry (2017) explicada acima.

Na descrição original desta forma taxonômica em Prescott *et al.* (1981), Prescott diferiu-a da típica da espécie pelas semicélulas alongadas aproximadamente duas vezes mais largas do que longas e pelo formato elíptico-alongado das semicélulas. O material coletado em dois municípios do Estado de São Paulo apresentou semicélulas oblongo-elípticas e dimensões celulares maiores (35 x 31 µm, istmo 12 µm larg.).

Em nível mundial, a f. *extensum* Prescott ocorre apenas na América do Norte. Este levantamento florístico representa a primeira citação da ocorrência da forma no Estado de São Paulo e no Brasil.

COSMARIUM PORTEANUM ARCHER VAR. *NEPHROIDEUM* WITTROCK (FIG. 142)

Bihang till Kungliga Svenska Vetenskaps-Akademiens Handlingar 1(1): 57. 1872.

Célula 1,1-1,2 vezes mais longa que larga, 38-54 µm compr., 32-47 µm larg., istmo 10-17 µm larg., constrição mediana profunda, seno mediano amplamente aberto, istmo alongado; semicélulas oblongo-reniformes a reniformes, ângulos basais arredondados, margens laterais convexas, ângulos apicais arredondados, margem apical truncada;

parede celular granulosa, às vezes pontuada, grânulos arredondados, sólidos, dispostos em séries oblíquas, decussantes, às vezes séries indistintamente verticais, algumas vezes 6 pontuações ao redor de cada grânulo, cloroplastídio com 2 pirenoides; vista lateral da semicélula circular, vista apical da célula oblongo-elíptica.

DISTRIBUIÇÃO GEOGRÁFICA NO ESTADO DE SÃO PAULO

EM LITERATURA: Nada consta.

MATERIAL EXAMINADO: **Município de Arujá** (SP130815), **Município de Barra Bonita** (SP255742), **Município de Ibirá** (SP113497), **Município de Jacupiranga** (SP371020), **Município de Jaú** (SP130426), **Município de Joanópolis** (SP371022), **Município de Juquiá** (SP113672), **Município de Nova Granada** (SP370951), **Município de Olímpia** (SP365707), **Município de Orlândia** (SP355380), **Município de Panorama** (SP370966), **Município de Pedro de Toledo** (SP365691), **Município de Pirassununga** (SP123888), **Município de Pitangueiras** (SP355382), **Município de Rio Claro** (SP188219), **Município de Sertãozinho** (SP365702), **Município de Sorocaba** (SP139737) e **Município de Sumaré** (SP123865).

COMENTÁRIOS

A presente var. *nephroideum* difere do tipo da espécie nas menores dimensões celulares e semicélulas sub-reniformes a semicircular-elípticas (Wittrock 1872). Os espécimes neste inventário apresentaram as semicélulas variáveis morfologicamente desde sub-reniformes até perfeitamente reniformes. Prescott *et al.* (1981) e Coesel (1991) comentaram que os tamanhos menores podem ocorrer também em espécimes da variedade típica e que o formato da semicélula é a única característica diagnóstica entre essas duas variedades.

Croasdale (1956) identificou *Cosmarium reniforme* (Ralfs) Archer var. *alaskanum* Croasdale a partir de populações do Alasca, cujos espécimes representantes mostraram dimensões celulares de 63-70 x 47-52 µm e ist. 22-25 µm larg. Como comentado pela referida autora, a var. *alaskanum* Croasdale é bastante semelhante a *Cosmarium porteanum* Archer, da qual difere pelas dimensões celulares expressivamente maiores e pelo istmo mais amplo e anguloso. Além disso, o padrão de distribuição dos grânulos no material do Estado de São Paulo enquadra-se na gama de variação dos exemplares da última espécie.

Van Westen (2015) propôs *Cosmarium pseudoreniforme* ao observar indivíduos com contorno celular sub-retangular e grânulos subdivididos em dois ou três outros menores. Encontrados na Europa, esses exemplares deveriam ser entendidos como representantes de uma nova espécie que não *C. reniforme* (Ralfs) Archer. *Cosmarium pseudoreniforme* van Westen lembra bastante algumas formas examinadas no presente estudo, todavia, o padrão de distribuição dos grânulos de C. *pseudoreniforme* van Westen não condiz com aquele do material do Estado de São Paulo.

O único registro da presença de C. *reniforme* (Ralfs) Archer var. *alaskanum* Croasdale no Brasil foi, até então, devido a Grönblad (1945), que apenas citou a ocorrência da variedade no Pará e forneceu as dimensões de, ao que tudo indica, um único indivíduo: 45 x 34 μm. Em razão da ausência de informação que possibilite a reidentificação desse material, esse registro não foi considerado no presente estudo. Costa *et al.* (2014) apenas referiram Grönblad (1945) em seu catálogo de algas do Estado do Pará.

O presente material do Estado de São Paulo concorda com o examinado por Hirano (1957) oriundo do Japão, exceto pelas menores dimensões celulares dos últimos exemplares.

Em nível mundial, C. *porteanum* Archer var. *nephroideum* Wittrock ocorre nas Américas do Norte e do Sul, no Ártico, na Ásia e na Europa (Prescott *et al.* 1981, Guiry & Guiry 2017). No Brasil, foi citado por Grönblad (1945) e Costa *et al.* (2014) para o Pará. Em virtude da ausência de informação que possibilite a reidentificação do provável único exemplar nesses dois trabalhos, esta consiste a primeira citação da ocorrência da variedade no Estado de São Paulo e no Brasil.

COSMARIUM PROTRACTUM (NÄGELI) DE BARY VAR. *PROTRACTUM* (FIG. 143)

Untersuchungen über die Familie der Conjugaten, Zygnemeen und Desmidieen. 72. 1858.

Basiônimo: *Euastrum protractum* Nägeli, Neue Denkschriften der Allgemeinen Schweizerischen Gesellschaft für die Gesammten Naturwissenschaften. 119, pl. 7a, fig. 4. 1849.

Célula pouco mais longa que larga, 19-23 μm compr., 18-23 μm larg., istmo 5-7 μm larg., constrição mediana profunda, seno mediano linear, dilatado no ápice; semicélulas oblongas, 3-lobadas, ângulos basais amplamente arredondados, margens laterais levemente retas, convergentes, ângulos apicais obtusos, margem apical levemente truncada, proeminente; parede celular granulosa, 8 grânulos na margem apical, 2-3 séries concêntricas de grânulos laterais, subapicais, protrusão facial mediana, anel de grânulos ao redor de 1 grânulo central, cloroplastídio não observado; vista lateral da semicélula elíptica, 1 inflação na região mediana de cada lado, vista apical da célula suboblonga, margens granulosas, margens laterais infladas na região mediana de cada lado, polos com ca. 3 séries concêntricas de grânulos nos polos e na região mediana.

DISTRIBUIÇÃO GEOGRÁFICA NO ESTADO DE SÃO PAULO

EM LITERATURA: Nada consta (ver Comentários).

MATERIAL EXAMINADO: **Município de Capão Bonito** (SP365693), **Município de Pilar do Sul** (SP188431), **Município de São Pedro do Turvo** (SP355399), **Município de Sorocaba** (SP139737), **Município de Sumaré** (SP123865), **Município de Tambaú** (SP113574) e **Município de Tatuí** (SP365710).

COMENTÁRIOS

Prescott *et al.* (1981) comentaram a semelhança entre *Cosmarium protractum* (Nägeli) De Bary var. *protractum* e algumas expressões morfológicas de *Cosmarium ornatum* Ralfs. Para esses autores, o ápice pronunciado formando um "lobo" apical bem definido é a característica distintiva entre tais morfotipos e a variedade-tipo da espécie em pauta. West & West (1908) já haviam descrito e ilustrado *C. protractum* (Nägeli) De Bary com tal característica (Prescott *et al.* 1981: pl. 82, fig. 8, pl. 94, fig. 4-5) e comentado que, sem dúvida, algumas variedades de *C. ornatum* Ralfs (var. *protractum* Wolle, var. *minor* Wolle e var. *polonicum* Raciborski) deveriam ser entendidas como simples expressões morfológicas de *C. protractum* (Nägeli) De Bary. West & West (1908) enfatizaram, sem lhes dar maior atenção, as duas características que diagnosticam *C. protractum* (Nägeli) De Bary: o tipo de ápice extremamente elevado formando um "lobo" e a decoração da face da semicélula com uma inflação ornamentada por um anel de grânulos.

No presente estudo foram eobservados espécimes sem o ápice pronunciado ao lado de outros em que a margem apical se elevava formando um ápice levemente proeminente. Também foram encontradas populações com o ápice extremamente elevado, formando um "lobo" apical bastante definido. Conforme West & West (1908) e Prescott *et al.* (1981), optou-se atualmente pela identificação das formas com ápice pronunciado, mas não propriamente elevado em um "lobo", como *C. ornatum* Ralfs; e as formas conspicuamente 3-lobadas como *C. protractum* (Nägeli) De Bary.

O material identificado e ilustrado em Araújo & Bicudo (2006) como *C. protractum* (Nägeli) De Bary var. *protractum* foi coletado no Parque Estadual das Fontes do Ipiranga, Município de São Paulo. Entretanto, de acordo com as considerações acima, sugere-se que tal material seja identificado com *C. ornatum* Ralfs. Por esta razão, o registro desses autores não foi considerado neste estudo para a presente espécie.

Felisberto & Rodrigues (2004, 2010) identificaram a presença de *C. protractum* (Nägeli) De Bary var. *protractum* no Reservatório de Corumbá, em Goiás e no Reservatório de Rosana, no Paraná. Pelo fato das ilustrações que utilizaram nos três trabalhos apresentarem seno mediano aberto, semelhante ao dos espécimes de

Cosmarium commissurale Brébisson descritos e ilustrados em West & West (1908: pl. 78, fig. 11-14), sugere-se que o material em Felisberto & Rodrigues (2004) deva ser referido como representante desta última espécie.

Bortolini *et al.* (2010b) reportaram a ocorrência de *C. protractum* (Nägeli) De Bary var. *protractum* no Parque Nacional do Iguaçu, Estado do Paraná. Contudo, a ilustração que forneceram não condiz com a descrição apresentada e com os ilustrados em West & West (1908: pl. 82, fig. 8, pl. 94, fig. 4-5). Menezes *et al.* (2013) e Sophia & Pérez (2010) também identificaram *C. protractum* (Nägeli) De Bary var. *protractum* de materiais dos Estados do Paraná e Rio Grande do Sul, respectivamente. Entretanto, a ilustração nesses dois trabalhos retrata, em conformidade com as discussões anteriormente apresentadas, a morfologia de *C. ornatum* Ralfs (West & West 1908: pl. 78, fig. 1-10). Na dúvida, tais estudos não foram considerados no presente estudo.

Biolo *et al.* (2013) descreveram e ilustraram *C. protractum* (Nägeli) De Bary var. *protractum* ainda de material do Estado do Paraná, contudo, com dimensões celulares bastante maiores (56 x 50 µm, ist. 12 µm larg.) do que divulgam a literatura e o presente estudo. A ilustração nesse trabalho mostrou os grânulos da parede celular exageradamente representados.

O registro da ocorrência da espécie no Estado de São Paulo está de acordo com aqueles da Europa, exceto pelas maiores dimensões celulares divulgadas pelos últimos autores (Förster 1982: 34-52 x 33-48 µm, Coesel 1991: 34-52 x 33-48 µm).

Apesar da incerteza na identificação dos materiais registrados para o Brasil (ver comentários anteriores), a variedade foi citada para os Estados de Goiás (Felisberto & Rodrigues 2004), Paraná (Cecy *et al.* 1997, Felisberto & Rodrigues 2005a, 2010, Bortolini *et al.* 2010b, Biolo *et al.* 2013, Menezes *et al.* 2013) e Rio Grande do Sul (Sophia & Pérez 2010).

COSMARIUM PSEUDAMOENUM WILLE VAR. *PSEUDAMOENUM* (FIG. 144)

Kongliga Svenska Vetenskaps-Akademiens Handlingar 8(18): 18, pl. 1, fig. 37. 1884.

Célula ca. 2,2 vezes mais longa que larga, 35-54 µm compr., 16-25 µm larg., istmo 12-20 µm larg., constrição mediana rasa, seno mediano aberto; semicélulas oblongas, ângulos basais e apical arredondados, margens laterais retas a levemente convexas, margem apical amplamente arredondada ou levemente truncada na região mediana; parede celular uniformemente granulosa, grânulos pequenos, dispostos de forma variável, às vezes irregularmente, outras vezes em séries longitudinais mais ou menos distintas, cloroplastídio com 1 pirenoide; vista lateral da semicélula oblonga, vista apical célula subcircular-elíptica.

DISTRIBUIÇÃO GEOGRÁFICA NO ESTADO DE SÃO PAULO

EM LITERATURA: Nada consta.

MATERIAL EXAMINADO: **Município de Igaratá** (SP371019), **Município de Moji Guaçu** (SP255733), **Município de Novo Horizonte** (SP370950), **Município de Pirapozinho** (SP370959), **Município de Ponta Linda** (SP370957), **Município de Pontes Gestal** (SP114558), **Município de São Pedro do Turvo** (SP355399), **Município de Sarapuí** (SP365711) e **Município de Tremembé** (SP188437).

COMENTÁRIOS

O material coletado no Estado de São Paulo apresentou limites métricos coincidentes com os da descrição original da espécie em Wille (1884: 51 x 26 µm, ist. 20 µm larg.), cujo material foi coletado em Minas Gerais por Anders Fredrik Regnell; no entanto, esses mesmos limites foram levemente inferiores aos apresentados por Prescott *et al.* (1981: 44-59 x 18-29 µm) para espécimes da América do Norte e por Förster (1982: 40-59 x 21-29) para os da Europa Central. Förster (1963) propôs a f. *minus* Förster para as expressões morfológicas com dimensões menores do que as da variedade-tipo, no entanto, os limites dos espécimes coletados por Kurt Förster em Roraima são ainda menores do que os do presente material proveniente de São Paulo. Desta forma, optamos por identificar as populações do Estado de São Paulo com as da variedade típica da espécie.

Guiry & Guiry (2016) sinonimizaram a var. *basilare* Nordstedt, que difere da típica da espécie por apresentar o seno mediano raso e aberto, porém, linear e arredondado no ápice e os grânulos 2-seriados situados logo acima do istmo. O material de São Paulo apresentou variação morfológica principalmente no que tange ao seno mediano, embora não apresentando o padrão antes mencionado de granulação acima do istmo. Na dúvida, preferiu-se não corroborar a sinonimização apresentada em Guiry & Guiry (2016), porque tais características não foram entendidas atualmente como consistentes para a proposta de uma variedade diferente da típica.

Os representantes coletados no Estado de São Paulo apresentaram as semicélulas relativamente mais longas do que as dos indivíduos ilustrados por Croasdale & Flint (1988: pl. 55, fig. 10-11), inclusive dos espécimes que as referidas autoras consideraram representantes da var. *basilare* Nordstedt (Croasdale & Flint 1988: pl. 55, fig. 12-15).

Sophia *et al.* (2005: fig. 16) registraram a presença de *Cosmarium simplicius* (West & West) Grönblad no Estado do Rio Grande do Sul. Entretanto, na ilustração do material examinado foi representado um espécime cujo cloroplastídio apresenta um pirenoide, provavelmente correspondendo a *Cosmarium pseudamoenum* Wille, pois *C. simplicius* (West & West) Grönblad apresenta definitivamente dois pirenoides, conforme ilustrado em Prescott *et al.* (1981: pl. 286, fig. 1).

Cosmarium pseudamoenum Wille difere de *Cosmarium amoenum* Brébisson *ex* Ralfs por apresentar semicélulas relativamente mais cilíndricas e apenas um pirenoide por plastídio (Prescott *et al.* 1981).

Mundialmente, *C. pseudamoenum* Wille var. *pseudamoenum* ocorre na África, Américas do Norte e do Sul, Ártico, Ásia, Europa e Oceania (Prescott *et al.* 1981, Guiry & Guiry 2016). No Brasil, foi identificado para os Estados de Minas Gerais (Wille 1884), Pará (Grönblad 1945, Costa *et al.* 2014), Rio Grande do Sul (Borge 1903, Bicudo & Martau 1974, Torgan *et al.* 2001) e Rio de Janeiro (Araújo *et al.* 2010, como *C. pseudoamoenum* Wille var. *pseudoamoenum*). A presente citação é a primeira da ocorrência da espécie no Estado de São Paulo.

COSMARIUM PSEUDOBROOMEI WOLLE VAR. PSEUDOBROOMEI (FIG. 145)

Bulletin of the Torrey Botanical Club 11(2): 16, pl. 44, fig. 36-37. 1884.

Célula tão larga quanto longa, 27-43 μm compr., 28-44 μm larg., istmo 8-15 μm larg., constrição mediana profunda, seno mediano linear, levemente dilatado no ápice; semicélulas oblongo-retangulares a sub-retangulares, ângulos basais levemente arredondados, margens laterais convexas, ângulos apicais arredondados, margem apical retusa a levemente convexa; parede celular densamente granulosa, grânulos pequenos, sólidos, arranjados em séries oblíquas, decussantes, 23-32 grânulos na margem de cada semicélula, cloroplastídio com 2 pirenoides; vista lateral da semicélula não observada, vista apical da célula oblonga, margens subparalelas, polos amplamente arredondados.

DISTRIBUIÇÃO GEOGRÁFICA NO ESTADO DE SÃO PAULO

EM LITERATURA: **Município de Luiz Antônio**, Estação Ecológica do Jataí (Taniguchi *et al.* 2003), **Município de São Paulo** (Araújo & Bicudo 2006, Araújo *et al.* 2010).

MATERIAL EXAMINADO: **Município de Araras** (SP365714), **Município de Assis** (SP239089), **Município de Avaí** (SP139747), **Município de Iepê** (SP370954), **Município de Itapura** (SP370964), **Município de Joanópolis** (SP371022), **Município de Martinópolis** (SP370960), **Município de Mogi Guaçu** (SP255733), **Município de Nova Granada** (SP370951), **Município de Orlândia** (SP355380), **Município de Palmital** (SP370973), **Município de Paraguaçu Paulista** (SP336350), **Município de Pirassununga** (SP123888, SP123900), **Município de Pitangueiras** (SP355382), **Município de São Carlos** (SP104699), **Município de São Luiz do Paraitinga** (SP188323), **Município de São Pedro do Turvo** (SP355399), **Município de Sarapuí** (SP365711), **Município de Sertãozinho** (SP365702), **Município de Sorocaba** (SP139737) e **Município de Sumaré** (SP123865).

Comentários

Wolle (1884) descreveu *Cosmarium pseudobroomei* diferenciando-o de *Cosmarium broomei* (Thwaites) Ralfs apenas pela ausência de uma pequena inflação mediana na face das células, a qual é facilmente vista em vista apical. O formato da semicélula é oblongo-quadrangular como mostra a ilustração que acompanha a proposta da nova espécie (Wolle 1884: pl. 62, fig. 36-37) e o diâmetro celular então divulgado variou entre 30-45 μm. West & West (1912) diferenciaram essas duas espécies também pela granulação relativamente mais grosseira da parede celular e pela vista apical da célula elíptica em C. *broomei* (Thwaites) Ralfs e oblonga em C. *pseudobroomei* Wolle. Ainda mais, os zigósporos têm a parede lisa em ambos os casos, contudo, elipsoides em C. *broomei* (Thwaites) Ralfs e esféricos em C. *pseudobroomei* Wolle. No presente estudo, não foram observados zigósporos e a vista apical dos indivíduos examinados não apresentou tal intumescência.

Cosmarium pseudobroomei Wolle também é bastante semelhante a *Cosmarium quadrum* Lundell var. *minus* Nordstedt, mas o primeiro apresenta dimensões celulares levemente menores (31-38 x 27-45 μm), enquanto que o segundo mede 38-50 x 38-48 μm. Conforme Prescott *et al.* (1981), C. *pseudobroomei* Wolle tem menor número de grânulos na margem das semicélulas (23-32 grânulos), enquanto que C. *quadrum* Lundell var. *minus* Nordstedt tem 34-37 grânulos. Além do mais, a vista apical da célula é oblonga em C. *pseudobroomei* Wolle e oblongo-elíptica com lados paralelos em C. *quadrum* Lundell var. *minus* Nordstedt (Prescott *et al.* 1981). Conforme comentaram Araújo & Bicudo (2006), a distinção entre essas duas espécies pode ser até bastante difícil e apenas a análise de populações permite sua definição. Felisberto & Rodrigues (2010) corroboraram tal dificuldade ao distinguir C. *pseudobroomei* Wolle de C. *quadrum* Lundell var. *minus* Nordstedt; e ainda incluíram o problema ao separar as populações de C. *pseudobroomei* Wolle das de C. *reniforme* (Ralfs) Archer encontradas no Reservatório de Rosana, Estado do Paraná. Para separar as três espécies, as referidas autoras utilizaram o formato da semicélula como uma das características diagnósticas (além da vista apical e demais características) da seguinte forma: semicélulas relativamente mais quadráticas em C. *pseudobroomei* Wolle, semicélulas mais arredondadas em C. *quadrum* Lundell var. *minus* Nordstedt e semicélulas mais reniformes em C. *reniforme* (Ralfs) Archer.

No presente estudo, não foram encontrados indivíduos com o número de grânulos nas margens na vista apical condizente com os de C. *quadrum* Lundell var. *minus* Nordstedt, apesar das dimensões celulares do material de São Paulo terem levemente ultrapassado os limites em Prescott *et al.* (1981) para C. *pseudobroomei* Wolle var. *pseudobroomei* e sobrepostos os de C. *quadrum* Lundell var. *minus* Nordstedt, no entanto, ainda dentro do limite da descrição original de C. *pseudobroomei* Wolle em Wolle

(1884). Observou-se atualmente variação na forma das semicélulas desde oblongo-retangulares até sub-retangulares. Por isso optou-se, em nível populacional, pela identificação dos presentes espécimes com C. *pseudobroomei* Wolle var. *pseudobroomei*, em razão da granulação das margens celulares, da vista apical da célula, do formato das semicélulas e das dimensões dominantes na população serem mais condizentes com as da descrição original de C. *pseudobroomei* Wolle var. *pseudobroomei*.

No Brasil, além dos registros para o Estado de São Paulo, a espécie foi citada para o Amazonas (Aprile & Mera 2007, Souza *et al.* 2007, Melo & Souza 2009), Espírito Santo (Delazari-Barroso *et al.* 2007, Cavati & Fernandes 2008), Pará (Grönblad 1945, Costa *et al.* 2014), Paraná (Bittencourt-Oliveira 1993, 2002, Felisberto & Rodrigues 2010) e Rio Grande do Sul (Torgan *et al.* 2001).

COSMARIUM PSEUDOBROOMEI WOLLE VAR. *COMPRESSUM* G.S. WEST (FIG. 146)

Journal of the Linnean Society: Botany, 38: 123, pl. 7, fig. 11. 1907.

Célula ca. 1,1 vezes mais larga que longa, 29-36 µm compr., 31-41 µm larg., istmo 10-12 µm larg., constrição mediana profunda, seno mediano linear, levemente dilatado no ápice; semicélulas amplamente oblongo-retangulares, ângulos basais levemente arredondados, margens laterais convexas, ângulos apicais arredondados, margem apical retusa; parede celular densamente granulosa, grânulos pequenos, sólidos, arranjados em séries oblíquas, decussantes, 23-26 grânulos na margem de cada semicélula, cloroplastídio com 2 pirenoides; vista lateral da semicélula não observada, vista apical da célula oblonga, margens subparalelas, polos amplamente arredondados.

DISTRIBUIÇÃO GEOGRÁFICA NO ESTADO DE SÃO PAULO

EM LITERATURA: Nada consta.

MATERIAL EXAMINADO: **Município de Avaí** (SP139747), **Município de Itapura** (SP370964), **Município de Juquiá** (SP113672), **Município de Macedônia** (SP355366), **Município de Pirassununga** (SP123900), **Município de Santo Antônio de Aracanguá** (SP355386) e **Município de Sorocaba** (SP139736).

COMENTÁRIOS

West (1907) descreveu a atual variedade a partir de material da África, a qual considerou bastante consistente apesar das numerosas variedades já propostas para a espécie. West (1907) fundamentou sua nova variedade nos ângulos apicais das semicélulas muito mais arredondados e nas células levemente mais largas que longas. Características idênticas foram observadas nos espécimes do Estado de São Paulo, o que permitiu sua identificação com relativa facilidade.

Mundialmente, a variedade só ocorreu, até o momento, na África. Esta é a primeira citação da ocorrência de *Cosmarium pseudobroomei* Wolle var. *compressum* G.S. West fora da África e, mais especificamente, no Brasil e no Estado de São Paulo.

COSMARIUM PSEUDOMAGNIFICUM HINODE VAR. *BRASILIENSE* (FÖRSTER & ECKERT) FÖRSTER (FIG. 147)

Archiv fur Hydrobiologie, Supl., 60(3): 241. 1981.

Basiônimo: *Cosmarium pseudomagnificum* Hinode *ex* Förster var. *pseudomagnificum* f. *brasiliense* Förster, Revue Algologique 7(1): 74, pl. 7, fig. 2. 1981.

Célula 1,3-1,4 vezes mais longa que larga, 76-81 µm compr., 57-59 µm larg., istmo 26-29 µm larg., constrição mediana profunda, seno mediano linear, levemente dilatado no ápice; semicélulas piramidal-truncadas, ângulos basais sub-retangulares, margens laterais convexas, convergentes para o ápice, ângulos apicais obtusamente arredondados, margem apical truncada; parede celular granulosa, pontuada, escrobiculada, região mediana do ápice sem grânulos, grânulos dispostos em séries oblíquas, decussantes, 26-33 grânulos visíveis na margem da semicélula, grânulos cônicos, 6 escrobiculações circulares ao redor de cada grânulo, pontuações entre os grânulos, 2 cloroplastídios com 2 pirenoides cada; vista lateral da semicélula elíptica, vista apical da célula não observada.

DISTRIBUIÇÃO GEOGRÁFICA NO ESTADO DE SÃO PAULO

EM LITERATURA: Nada consta.

MATERIAL EXAMINADO: **Município de Cerqueira César (SP336348).**

COMENTÁRIOS

Förster (1963) descreveu originalmente *Cosmarium pseudomagnificum* Hinode *ex* Förster var. *pseudomagnificum* f. *brasiliense* Förster & Eckert da seguinte maneira: parede celular inteiramente granulosa, grânulos ordenados em forma de quincunce, cada grânulo circundado por seis escrobículos maiores; região mediana do ápice sem grânulos, mas com poros ordenados e membrana incolor. O referido autor comentou então que a f. *brasiliense* Förster & Eckert difere da típica da espécie por conta da ausência da granulação da região mediana do ápice das semicélulas e do sistema de poros grandes, semelhantes aos de *Cosmarium decoratum* West & West. No entanto, os escrobículos ao redor dos grânulos não são triangulares como em *C. decoratum* West & West, mas circulares. Com a descrição da nova forma taxonômica, Förster (1963) noticiou que até aquele momento a forma típica da espécie não havia sido registrada no Brasil.

Förster (1969) apresentou a f. *brasiliense* Förster & Eckert no nível hierárquico variedade: var. *brasiliense* (Förster & Eckert) Förster. Ao contrário de *C. decoratum* West & West, ocorrem quatro pirenoides em *Cosmarium pseudomagnificum* Hinode var. *brasiliense* (Förster & Eckert) Förster. Mas, foi somente em Förster (1981) que a elevação da forma ao nível variedade tornou-se validamente publicada.

Förster (1982) registrou *C. pseudomagnificum* Hinode var. *brasiliense* (Förster & Eckert) Förster para a Europa Central com dimensões celulares de 70-74 x 53-59 µm e ist. 25-28 µm larg.

Cosmarium pseudomagnificum Hinode var. *brasiliense* (Förster & Eckert) Förster ocorre na América do Sul, Ásia e Europa (Förster 1969, Förster 1982, Islam & Irfanullah 2006). No Brasil, além da presente citação para o Estado de São Paulo, a forma taxonômica foi documentada também em material dos Estados do Amapá (Förster 1963, como *C. pseudomagnificum* Hinode f. *brasiliense* Förster & Eckert) e do Pará (Förster 1969, como *C. pseudomagnificum* Hinode f. *brasiliense* Förster & Eckert, Thomasson 1971a, 1977).

Cosmarium pseudotaxichondrum Nordstedt var. *trichondrum* Lagerheim (Fig. 148)

Öfversigt af Kungliga VetenskapsAkademiens Förhandlingar 42(7): 238, pl. 27, fig. 9. 1885.

Célula aproximadamente tão larga quanto longa, ca. 26 µm compr., ca. 29 µm larg., istmo ca. 7 µm larg., constrição mediana bastante profunda, seno mediano linear, levemente dilatado no ápice, quase fechado externamente pelos grânulos cônicos dos ângulos basais; semicélulas piramidal-truncadas, ângulos basais acuminados, margens laterais convexas, fortemente convergentes para o ápice a partir de uma base achatada, ângulos apicais obtusamente arredondados, margem apical levemente reta, ampla; parede celular granulosa, lisa em grande parte, série de 3 grânulos grandes, arredondados, dispostos horizontalmente na região mediana da face da semicélula, cloroplastídio com 2 pirenoides; vistas lateral da semicélula e apical da célula não observadas.

Distribuição geográfica no Estado de São Paulo

Em literatura: Nada consta.

Material examinado: **Município de Moji Guaçu (SP255733).**

Comentários

Cosmarium pseudotaxichondrum Nordstedt var. *trichondrum* Lagerheim (classificada no nível variedade a partir da subsp. *trichondrum* Lagerheim) é distinta da variedade típica da espécie por apresentar o ápice mais amplo e levemente retuso e a ornamentação das semicélulas constituída por uma série de três grânulos grandes, arredondados, horizontalmente dispostos na região mediana da face das semicélulas. O único espécime deste tipo observado durante o presente estudo foi coletado no Município de Moji Guaçu e coincide, perfeitamente, com as características da variedade em questão com a qual foi, portanto, identificado.

Borge propôs uma nova variedade de *Cosmarium pseudotaxichondrum* Nordstedt, *C. pseudotaxichondrum* Nordstedt var. *paulense* Borge (Borge 1918), a partir de material coletado no Município de Pirassununga, Estado de São Paulo. Bicudo (em Prescott *et al.* 1981) sinonimizou a variedade em Borge (1918) e deu-lhe um novo nome, *C. pseudotaxichondrum* Nordstedt var. *foersteri* C. Bicudo. Todavia, ao analisar a var. *paulense* Borge em Borge (1918) vê-se que seus representantes apresentam as mesmas características descritivas da var. *trichondrum* Lagerheim, porém, diferentes daquelas da var. *foersteri* C. Bicudo (Prescott *et al.* 1981). Em dúvida, decidiu-se não considerar a variedade proposta por Borge (1918) no presente estudo.

Borge (1925) documentou uma expressão morfológica de *C. pseudotaxichondrum* Nordstedt var. *trichondrum* Lagerheim, entretanto, não a nomeou, mas caracterizou pela margem apical achatada, levemente arredondada e menores dimensões celulares, além da série de três grânulos dispostos logo abaixo do ápice e não na região mediana da semicélula.

Em nível mundial, *C. pseudotaxichondrum* Nordstedt var. *trichondrum* Lagerheim ocorre nas Américas do Norte e do Sul (Prescott *et al.* 1981). Para o Brasil, a presente é a primeira citação da ocorrência da var. *trichondrum* Lagerheim e, consequentemente, no Estado de São Paulo.

COSMARIUM PULCHERRIMUM NORDSTEDT VAR. *PULCHERRIMUM* (FIG. 149)

Videnskabelige Meddelelser Naturhistorisk Forening i Kjöbenhavn 1870(14-15): 213, pl. 3, fig. 24. 1870.

Célula tão longa quanto larga a 1,4-1,5 vezes mais longa que larga, 44-55 μm compr., 32-37 μm larg., istmo 11-13 μm larg., constrição mediana bastante profunda, seno mediano linear, levemente dilatado no ápice; semicélulas semielípticas, ângulos basais retangulares, levemente obtusos, margens laterais convexas, ângulos apicais arredondados, margem apical convexa, levemente truncada; parede celular crenulada, granulosa, 18-20 crenulações na margem da semicélula, crenulações menores que as demais próximo dos ângulos basais, 2 grânulos intramarginais, diminutos, em cada crenulação, 3-4 séries de grânulos pareados dispostos concentricamente, protuberância facial mediana supraistmial com 5-6 séries verticais de grânulos pequenos, cloroplastídio com 2 pirenoides; vistas lateral da semicélula e apical da célula não observadas.

DISTRIBUIÇÃO GEOGRÁFICA NO ESTADO DE SÃO PAULO

EM LITERATURA: Nada consta.

MATERIAL EXAMINADO: **Município de Juquiá** (SP113672) e **Município de São Paulo** (SP188322).

COMENTÁRIOS

Nordstedt (1870) descreveu *Cosmarium pulcherrimum* Nordstedt a partir de material coletado por E. Warming no Município de São Paulo. As medidas desses exemplares foram as seguintes: ca. 43 x 28-33 µm, ist. ca. 9 µm larg. Nordstedt (1870) comentou a semelhança dos exemplares dessa espécie com os de *Cosmarium coelatum* Ralfs (*Cosmario coelato* Ralfs de acordo com o texto original), pois o último apresenta uma incisão apical na vista lateral das semicélulas (Nordstedt 1870).

Dickie (1880), Warming (1892) e Wille (1884) apenas mencionaram a ocorrência de *C. pulcherrimum* Nordstedt nos Estados do Amazonas (Dickie 1880) e de Minas Gerais (Wille 1884, Warming 1892). Pela ausência de informação taxonômica, tais ocorrências foram desconsideradas no presente estudo.

Börgesen (1890) fez menção à ocorrência de *C. pulcherrimum* Nordstedt em "Moji" (sem especificar qual: Moji das Cruzes, Moji Guaçu ou Moji Mirim), Estado de São Paulo, referindo-se à descrição original em Nordstedt (1870) e comentando a presença de dois pirenoides por semicélula. No entanto, por não constar qualquer outra informação nem ilustração em Börgesen (1890) que permitisse sua reidentificação, tal referência deixou de ser considerada no presente estudo. Borge (1918) também mencionou a ocorrência de *C. pulcherrimum* Nordstedt em São Paulo, incluindo as dimensões celulares dos espécimes que observou, contudo, sem adicionar qualquer outra informação nem ilustração. Tal registro não é, pois, suficiente para permitir a reidentificação do material. Desta forma, a referência em Borge (1918) deixou, igualmente, de ser considerada no presente estudo.

Os exemplares de *C. pulcherrimum* Nordstedt presentemente identificados condisseram com os registrados em West & West (1908) derivados da análise de material das ilhas britânicas e em Prescott *et al.* (1981) da América do Norte.

Cosmarium pulcherrimum Nordstedt assemelha-se a *Cosmarium subspeciosum* Nordstedt e *Cosmarium binum* Nordstedt, mas difere de ambos pelas semicélulas de ápice amplamente arredondado, seno mediano mais profundo e grânulos da protuberância facial menores do que em *C. binum* Nordstedt e mais próximos de *C. subspeciosum* Nordstedt (West & West 1908).

No Brasil, além de São Paulo (ver comentários anteriores) a espécie foi citada como estando presente nos Estados de Mato Grosso (De-Lamonica-Freire 1989, Freitas &

Loverde-Oliveira 2013), Minas Gerais (Nordstedt 1870, 1887, Wille 1884, Warming 1892; ver Comentários anteriores) e Pará (Dickie 1880; ver Comentários anteriores).

COSMARIUM PUNCTULATUM BRÉBISSON VAR. *PUNCTULATUM* (FIG. 150)

Mémoires de la Société Impériale des Sciences Naturelles de Cherbourg 4: 129, pl. 1, fig. 16. 1856.

Célula tão longa quanto larga a 1,2 vezes mais longa que larga, (17-)22-35 μm compr., (15-)19-34 μm larg., istmo (5-)7-11 μm larg., constrição mediana profunda, seno mediano linear, levemente dilatado no ápice; semicélulas oblongo-trapeziformes, ângulos basais arredondados, margens laterais convexas, levemente convergentes para o ápice, ângulos apicais arredondados, margem apical amplamente truncada, reta a levemente convexa; parede celular granulosa, grânulos sólidos, pequenos, tamanho uniforme, dispostos em séries geralmente indefinidas a verticais ou oblíquas, 20-24 grânulos na margem da semicélula, região mediana da face da semicélula às vezes com granulação reduzida ou ausente, cloroplastídio com 1 pirenoide; vista lateral da semicélula circular, vista apical da célula elíptica, 1 suave inflação na região mediana de cada lado.

DISTRIBUIÇÃO GEOGRÁFICA NO ESTADO DE SÃO PAULO

EM LITERATURA: **Município de Itirapina** (Bicudo 1969), **Município de Pirassununga** (Bicudo 1969), **Município de São Paulo** (Bicudo 1969, Sant'Anna *et al.* 1989, 1997, Bicudo *et al.* 1999, Araújo & Bicudo 2006).

MATERIAL EXAMINADO: **Município de Álvares Florence** (SP355381), **Município de Angatuba** (SP188215), **Município de Arujá** (SP130815), **Município de Assis** (SP239089), **Município de Barra Bonita** (SP255742), **Município de Barretos** (SP255772), **Município de Buri** (SP371025), **Município de Capão Bonito** (SP365693), **Município de Descalvado** (SP371023), **Município de Ibirá** (SP113497), **Município de Ibitinga** (SP365704, SP371017), **Município de Igaratá** (SP371019), **Município de Jaú** (SP130426), **Município de Juquiá** (SP113672), **Município de Lençóis Paulista** (SP239236), **Município de Limeira** (SP365687), **Município de Martinópolis** (SP370960), **Município de Moji Guaçu** (SP255733), **Município de Nova Granada** (SP370951), **Município de Palmital** (SP370973), **Município de Panorama** (SP370966), **Município de Paraguaçu Paulista** (SP336350), **Município de Pedro de Toledo** (SP365691), **Município de Pilar do Sul** (SP188431), **Município de Pirapozinho** (SP370959), **Município de Pitangueiras** (SP355382), **Município de Ribeirão Bonito** (SP365688), **Município de Santo Antônio de Aracanguá** (SP355386), **Município de São Luiz do Paraitinga** (SP188323), **Município de São Pedro do Turvo** (SP355399), **Município de Sarapuí** (SP365711), **Município de Sertãozinho** (SP365702), **Município de Sorocaba** (SP139737), **Município de Sumaré**

(SP123865), **Município de Tambaú** (SP113574), **Município de Tatuí** (SP365710) e **Município de Tremembé** (SP188437).

COMENTÁRIOS

Brébisson (1856) propôs *Cosmarium punctulatum*, porém, não forneceu as dimensões do material que examinou, além de descrever e ilustra-lo com poucos detalhes. West & West (1908), Prescott *et al.* (1981), Förster (1982) e Croasdale & Flint (1988) publicaram amplas descrições, discussões e variedades da espécie a partir de materiais coletados, respectivamente, nas ilhas britânicas, na América do Norte, na Europa Central e na Nova Zelândia. A espécie ocorre em uma ampla variedade de corpos aquáticos, como comentaram Croasdale & Flint (1988).

Destaque entre essas variedades, a var. *subpunctulatum* (Nordstedt) Börgesen que foi amplamente discutida no que tange às diferenças que apresenta da variedade típica da espécie em West & West (1908). A var. *subpunctulatum* (Nordstedt) Börgesen inclui os espécimes com a região mediana da face da semicélula levemente inflada e decorada com grânulos maiores do que os demais; às vezes, os grânulos se dispõem circundando um central, maior, que aparece rodeado por uma área sem granulação. A var. *minor* van Oye & Cornil engloba, por sua vez, os indivíduos com dimensões celulares que atingem a metade daquelas da variedade típica da espécie (Prescott *et al.* 1981: 28-42 x 20-38 µm). Entretanto, por não se fazer acompanhar de diagnose ou descrição em latim, comentaram Prescott *et al.* (1981) que a var. *minor* van Oye & Cornil deve ser tratada como um sinônimo da variedade típica da espécie, até que mais estudos sejam realizados a fim de provar sua existência e seja providenciada a formalização da variedade.

No presente estudo, foram coletadas populações com variação na granulação da região mediana da parede celular, cujos indivíduos com o padrão de granulação própria da var. *subpunctulatum* (Nordstedt) Börgesen foram nela circunscritos. Os demais espécimes foram interpretados conforme seus limites métricos e identificados com a variedade-tipo da espécie (West & West 1908: 34,8-37,8 x 29,4-31 µm) e com sua var. *minor* van Oye & Cornil. No entanto, houve também populações cujos espécimes constituintes apresentaram dimensões intermediárias às destas duas variedades. Além disso, tais limites métricos menores e sobrepujantes foram registrados em exemplares de outras regiões do Brasil identificados com os da variedade típica da espécie [Bicudo 1969: (22,1-)31,3-37,4 x (20,4-)25,5-30,6 µm, Sant'Anna *et al.* 1989: 19-21 x 17-19 µm, Francheschini 1992: 23,5-32,5 x 21,5-28 µm, Cecy *et al.* 1997: 24 x 28 µm, Lopes & Bicudo 2003: 22-30 x 22-29 µm, Felisberto & Rodrigues 2004: 16,96-20,88 x 18,27-23,49 µm, Silva & Cecy 2004: 21-25 x 21-25 µm, Araújo & Bicudo 2006: (22,1-)31,3-37,4 x (20,4-)25,5-30,6 µm, Felisberto & Rodrigues 2008a: 24-27 x 22-25 µm, Felisberto & Rodrigues 2010: 24-27 x 22-25 µm, Bortolini *et al.* 2010a: 22,9-26,7 x 20,5-26,7 µm e Aquino *et al.* 2014: 25,2-29,3 x 21,8-28,9 µm].

Desta forma, (1) a partir de análise populacional o material do Estado de São Paulo apresentou limites métricos graduais entre aqueles das duas variedades; (2) do estudo crítico e detalhado da literatura; e (3) corroborando a sugestão de Prescott *et al.* (1981), optou-se por identificar os indivíduos de São Paulo com os representantes da variedade-tipo da espécie, a var. *punctulatum*. Bicudo (1969) informou sobre a morfologia do zigósporo de *C. punctulatum* Brébisson por ele identificado nos Estados de São Paulo e Minas Gerais, afirmando ser globoso e decorado com uma série de espinhos robustos, longos, dos quais ca. 11 são visíveis marginalmente, cada espinho possui base cônica e é bifurcado uma ou duas vezes na extremidade.

Guiry & Guiry (2016) informaram a sinonimização de *C. punctulatum* Brébisson var. *granulusculum* (Roy & Bisset) West & West com a variedade típica da espécie.

Cosmarium punctulatum Brébisson var. *punctulatum* foi bastante citado para o Brasil. Além dos registros para São Paulo, a variedade-tipo da espécie ocorre no Amazonas (Lopes & Bicudo 2003, Souza *et al.* 2007, Araújo *et al.* 2010), Mato Grosso (Schmidle 1901, De-Lamonica-Freire 1989, Freitas & Loverde-Oliveira 2013), Mato Grosso do Sul (Heckman 1998), Paraná (Lozovei & Luz 1976, Lozovei & Hohmann 1977, Picelli-Vicentim 1984, Cecy *et al.* 1997, Cetto *et al.* 2004, Felisberto & Rodrigues 2004, 2005a, 2008a, 2010, Silva & Cecy 2004, Algarte *et al.* 2006, Bortolini *et al.* 2010b, Aquino *et al.* 2014, Neif *et al.* 2014), Rio de Janeiro (Bicudo & Bicudo 1969), Rio Grande do Norte (Araújo *et al.* 2000) e Rio Grande do Sul (Borge 1903, Franceschini 1992, Torgan *et al.* 2001), além de no Distrito Federal (Senna *et al.* 1998).

Cosmarium punctulatum Brébisson var. *rotundatum* Klebs (Fig. 151)

Schriften der Physikalisch-Ökonomischen Gesellschaft zu Königsberg 22: 37, pl. 3, fig. 52, 54, 56, 60. 1879.

Célula tão longa quanto larga a 1,2 vezes mais longa que larga, 25-26 µm compr., 20-25 µm larg., istmo ca. 7 µm larg., constrição mediana profunda, seno mediano linear, levemente dilatado no ápice; semicélulas oblongas, ângulos basais arredondados, margens laterais convexas, levemente convergentes para o ápice, ângulos apicais arredondados, margem apical levemente convexa; parede celular granulosa, grânulos sólidos, pequenos, tamanho uniforme, dispostos uniformemente, cloroplastídio com 1 pirenoide; vista lateral da semicélula circular, vista apical célula elíptica.

Distribuição geográfica no Estado de São Paulo

Em literatura: **Município de Itirapina** (Bicudo 1969).

Material examinado: **Município de Pilar do Sul** (SP188431) e **Município de São Paulo** (SP239097).

COMENTÁRIOS

Cosmarium punctulatum Brébisson var. *rotundatum* Klebs difere da variedade-tipo da espécie pelo formato mais inflado das semicélulas, que não são tão piramidais, e pela margem apical convexa, além da ornamentação da parede celular apresentar os grânulos distribuídos uniformemente por toda a célula. West & West (1908) mencionaram que o material de C. *punctulatum* Brébisson var. *rotundatum* Klebs por eles coletado na Índia apresentava granulação igual à da variedade típica da espécie. O presente material do Estado de São Paulo apresentou maior uniformidade na distribuição da granulação, como comentou Bicudo (1969) ao examinar material coletado em Itirapina, no Estado de São Paulo.

Apesar dos atuais espécimes examinados apresentarem limites métricos bem menores do que informa a literatura (West & West 1908: 37 x 29 μm, Hirano 1957: 43-47,3 x 30-34,4 μm, Prescott *et al.* 1981: 37-40 x 29-34 μm, Bicudo 1969: 34-35,7 x 28,9 μm), optou-se presentemente pela identificação dos atuais espécimes de São Paulo com representantes de C. *punctulatum* Brébisson var. *rotundatum* Klebs por conta das demais características.

Cosmarium punctulatum Brébisson var. *rotundatum* Klebs ocorre no Estado de São Paulo citada por Bicudo (1969). Esta é a segunda citação da ocorrência da variedade no Brasil.

COSMARIUM PUNCTULATUM BRÉBISSON VAR. *SUBPUNCTULATUM* (NORDSTEDT) BÖRGESEN (FIG. 152)

Meddelelser om Grönland 1: 11. 1894.

Basiônimo: *Cosmarium subpunctulatum* Nordstedt, Botaniska Notiser 1887: 161. 1887.

Célula 1,1-1,2 vezes mais longa que larga, 17-21 μm compr., 15-18 μm larg., istmo 5-7 μm larg., constrição mediana profunda, seno mediano linear, levemente dilatado no ápice; semicélulas oblongo-trapeziformes, ângulos basais arredondados, margens laterais convexas, levemente convergentes para o ápice, ângulos apicais arredondados, margem apical amplamente truncada, retusa a levemente convexa; parede celular granulosa, grânulos sólidos, pequenos, tamanho uniforme, dispostos em séries geralmente indefinidas a verticais ou oblíquas, 18-24 grânulos na margem da semicélula, região mediana da face da semicélula com 1 leve intumescência com grânulos dispostos em forma de círculo ao redor de 1 grânulo central proeminente, cloroplastídio com 1 pirenoide; vista lateral da semicélula circular, vista apical célula elíptica, 1 inflação na região mediana de cada lado.

DISTRIBUIÇÃO GEOGRÁFICA NO ESTADO DE SÃO PAULO

EM LITERATURA: **Município de São Paulo** (Araújo & Bicudo 2006).

MATERIAL EXAMINADO: **Município de Orlândia** (SP355380), **Município de Palmital** (SP370973) e **Município de São Pedro do Turvo** (SP355399).

Comentários

Cosmarium punctulatum Brébisson var. *subpunctulatum* (Nordstedt) Börgesen difere da típica da espécie porque apresenta uma intumescência na região facial mediana da semicélula ornada com uma decoração de grânulos geralmente maiores, distribuídos caoticamente ou segundo um padrão circular rodeando um grânulo central proeminente. Desta forma, mesmo com os limites métricos um tanto menores do que menciona a literatura (West & West 1908: 29-33 x 26-30 µm, Prescott *et al.* 1981: 32-34 x 27-32 µm, Croasdale & Flint 1988: 32-40 x 30-33 µm, Coesel 1991: 24-40 x 22-35 µm, Förster 1982: 24-42 x 22-37 µm), optou-se por identificar os espécimes de São Paulo com representantes de *C. punctulatum* Brébisson var. *subpunctulatum* (Nordstedt) Börgesen. A variedade é amplamente distribuída, ocorrendo nos mais variados tipos de ambientes aquáticos, da mesma forma que a variedade típica da espécie (Croasdale & Flint 1988).

Cosmarium punctulatum Brébisson var. *subpunctulatum* (Nordstedt) Börgesen foi documentado para São Paulo por Borge (1918), no entanto, a referência foi apenas a uma forma não nomeada em Börgesen (1890), sem qualquer informação adicional àcerca da proveniência da amostra original além de "Cândido Pereira".

Förster (1963) reportou uma forma não nomeada para o Pará em razão da margem apical se apresentar levemente elevada e 4-ondulada.

Araújo & Bicudo (2006) registraram a presença de espécimes da variedade em lagos artificiais (reservatórios) do Parque Estadual das Fontes do Ipiranga, Município de São Paulo, cujos indivíduos analisados apresentaram dimensões celulares proporcionalmente maiores (26,5-34 x 21-27 µm).

Apesar de separarem os indivíduos em formas não nomeadas, sendo uma com ápice liso (forma á) e a outra com ápice granuloso (forma â), West & West (1908) observaram que a granulação do ápice da semicélula é altamente variável e que a var. *subpunctulatum* (Nordstedt) Börgesen difere do tipo da espécie unicamente pela granulação distinta e proeminente na região central da face das semicélulas, às vezes sobre uma leve inflação mediana. Por esta razão, optou-se pela identificação dos indivíduos do Estado de São Paulo que apresentaram tais características com representantes da presente variedade.

Cosmarium punctulatum Brébisson var. *subpunctulatum* (Nordstedt) Börgesen ocorre no Brasil, além do Estado de São Paulo, também em Mato Grosso (Borge 1903, De-Lamonica-Freire 1989, como *C. subpunctulatum* Nordstedt, Freitas & Loverde-Oliveira 2013, como *C. subpunctulatum* Nordstedt) e Roraima (Förster 1963, forma não nomeada).

COSMARIUM QUADRIFARIUM LUNDELL VAR. *QUADRIFARIUM* (FIG. 153)

Nova Acta Regiae Societatis Scientiarum Upsaliensis: sér. 3, 8(2): 32, pl. 3, fig. 12. 1871.

Célula ca. 1,4 vezes mais longa que larga, 34-38 µm compr., 25-28 µm larg., istmo 10-12 µm larg., constrição mediana profunda, seno mediano linear, ápice levemente dilatado; semicélulas semicirculares, ângulos basais sub-retangulares, levemente arredondados, margens laterais e apical amplamente convexas; parede celular granulosa, 15 grânulos emarginados, truncados, grânulos dos ângulos basais reduzidos, 1 série de grânulos semelhantes intramarginais, protrusão mediana facial, granulosa, cloroplastídio com 2 pirenoides; vistas lateral da semicélula e apical da célula não observadas.

DISTRIBUIÇÃO GEOGRÁFICA NO ESTADO DE SÃO PAULO

EM LITERATURA: Nada consta.

MATERIAL EXAMINADO: **Município de Bragança Paulista** (SP188324).

COMENTÁRIOS

Lundell (1871) descreveu *Cosmarium quadrifarium* após exame de material coletado na Suécia, que possuía 17 grânulos emarginados e a protrusão mediana facial com 12-17 grânulos. As dimensões fornecidas pelo referido autor foram 40-44 x 32-36 µm, ist. ca. 15 µm larg., ou seja, levemente maiores do que as dos indivíduos do presente estudo.

Os indivíduos de *C. quadrifarium* Lundell coletados no Estado de São Paulo coincidiram em suas feições morfológicas com os originalmente descritos por Lundell (1871). A população examinada por Prescott *et al.* (1981) apresentou dimensões celulares levemente maiores e escrobiculações entre os grânulos da protuberância facial, características estas não observadas no presente material do Município de Bragança Paulista. Coesel (1991) e Förster (1982) também encontraram indivíduos maiores na Europa (35-69 x 27-55 µm e 35-58 x 27-40 µm, respectivamente), bem como Croasdale & Flint (1988) para a Nova Zelândia (40-48 x 34-36 µm). No último trabalho, as autoras comentaram a adaptabilidade da espécie aos mais variados tipos de ambientes aquáticos.

Prescott (1957) forneceu apenas medidas (52 x 39,2 µm, ist. 14 µm larg.) e uma ilustração de *C. quadrifarium* Lundell identificado de material de Formoso, Estado de Goiás.

Silva & Cecy (2004) identificaram como de *C. quadrifarium* Lundell um indivíduo coletado no Estado do Paraná que media 41 x 33 µm, ist. 12 µm larg. e possuía duas séries de grânulos intramarginais, a última com grânulos únicos, diferente do material do presente estudo. O único espécime examinado por Silva & Cecy (2004) pode, provavelmente, ser um representante de outra variedade ou de uma forma taxonômica que não a típica da espécie. Oliveira *et al.* (2010) registraram a presença da espécie na planície litorânea do Estado da Bahia, com dimensões bastante próximas das atualmente obtidas de material do Estado de São Paulo: 36,5-38,5 x 27,5-30 µm, ist. 12-13 µm larg.

Estrela *et al.* (2011) documentaram a presença de um único indivíduo de tamanho ainda menor (32 x 25 µm, ist. 11 µm larg.) nos lagos do Distrito Federal, entretanto, com todas as demais características morfológicas coincidentes com as do material original.

No reservatório de Rosana, Estado do Paraná, Felisberto & Rodrigues (2010) identificaram com *C. quadrifarium* Lundell indivíduos com dimensões celulares menores (32-35,7 x 30-41,7 µm, ist. 8,4-13 µm larg.), seno mediano levemente aberto e grânulos pareados formando linhas concêntricas, radiais, a última série dos quais formada por grânulos únicos. O formato da semicélula do indivíduo ilustrado (Felisberto & Rodrigues 2010: fig. 64) é piramidal-truncado e o padrão de granulação diferente de *C. quadrifarium* Lundell. O indivíduo ilustrado pertence, provavelmente, a outra espécie, não a *C. quadrifarium* Lundell, pois esta espécie é bastante característica pelo formato da célula, pela intumescência basal e pela granulação, conforme discussão em Oliveira *et al.* (2010).

No Brasil, *C. quadrifarium* Lundell foi citado para Bahia (Oliveira *et al.* 2010), Goiás (Prescott 1957), Paraná (Silva & Cecy 2004, Araújo *et al.* 2010, Felisberto & Rodrigues 2010) e Distrito Federal (Estrela *et al.* 2011). O presente registro é o primeiro da ocorrência de *C. quadrifarium* Lundell no Estado de São Paulo.

COSMARIUM QUADRUM LUNDELL VAR. *QUADRUM* (FIG. 154)

Nova Acta Regiae Societatis Scienriarum Upsaliensis: sér. 3, 8(2): 25, fig. 11. 1871.

Célula tão longa quanto larga a pouco mais longa que larga, 37-71 µm compr., 34-64 µm larg., istmo 11-22 µm larg., constrição mediana profunda, seno mediano linear, ápice levemente dilatado; semicélulas sub-retangulares, ângulos basais arredondados, margens laterais levemente convexas, às vezes quase retas, divergentes para o ápice, ângulos apicais amplamente arredondados, margem apical levemente retusa, às vezes reta; parede celular densamente granulosa, grânulos sólidos, dispostos em séries oblíquas, decussantes, 34-36 grânulos nas margens da semicélula, reduzidos próximos da região mediana do ápice, cloroplastídio com 2 pirenoides; vista lateral das semicélulas subcircular, vista apical da célula oblongo-elíptica, lados paralelos, retos.

DISTRIBUIÇÃO GEOGRÁFICA NO ESTADO DE SÃO PAULO

EM LITERATURA: **Município de Rio Claro** (Bicudo 1969), **Município de Luiz Antônio**, Estação Ecológica de Jataí (Taniguchi *et al.* 2003).

MATERIAL EXAMINADO: **Município de Assis** (SP239089), **Município de Avaí** (SP139747), **Município de Barra Bonita** (SP255742), **Município de Bragança Paulista** (SP188324), **Município de Ibirá** (SP113497), **Município de Ibitinga** (SP365704, SP371017), **Município de Juquiá** (SP113672), **Município de Lençóis Paulista** (SP239236), **Município de Nova Granada** (SP370951), **Município de Orlândia** (SP355380), **Município de Paraguaçu Paulista** (SP336350), **Município de Pitangueiras** (SP355382), **Município de Ponta Linda** (SP370957), **Município de Rancharia** (SP114513), **Município de Rio Claro** (SP188219), **Município de Sertãozinho** (SP365702) e **Município de Tatuí** (SP365710).

COMENTÁRIOS

Lundell (1871) propôs *Cosmarium quadrum* a partir de material coletado na Suécia, com dimensões celulares de 73-78 x 70-72 µm, ist. 29 µm larg. As dimensões relativamente menores (38-60 x 38-50 µm) levaram Nordstedt a propor, em 1873, a var. *minus* Nordstedt (West & West 1912, Förster 1982).

Observou-se durante este estudo e em outros levantamentos realizados no Brasil (ver comentários mais adiante) que os limites métricos de algumas populações sobrepujaram os de outras, fazendo desaparecer a lacuna entre as circunscrições métricas das variedades tipo da espécie e var. *minor* Nordstedt. Em razão desta situação, em que desapareceram os limites métricos dos indivíduos de uma e outra variedade, foi nossa decisão não considerar a var. *minor* Nordstedt e incluí-la como sinônimo na circunscrição da variedade-tipo da espécie.

West & West (1912) documentaram indivíduos coletados no Reino Unido com dimensões celulares levemente maiores (60-83 x 54-74 µm, ist. 18-29 µm larg.) do que as dos espécimes do presente estudo. West & West (1912) comentaram também que *C. quadrum* Lundell é uma espécie razoavelmente típica e que difere de *Cosmarium margaritatum* (Lundell) Roy & Bisset e *C. conspersum* Ralfs por apresentar o contorno quase retangular das semicélulas, com a margem apical amplamente truncada, as margens laterais muitas vezes divergentes para o ápice e a vista apical da célula oblonga, com os lados retos. Além disso, *C. quadrum* Lundell apresenta a razão comprimento:largura celular menor do que *C. margaritatum* (Lundell) Roy & Bisset e não tem pontuação entre os grânulos, ou seja, a parede celular é lisa entre os grânulos na primeira espécie.

Prescott *et al.* (1981) identificaram *C. quadrum* Lundell var. *quadrum* após estudar material da América do Norte com dimensões de 60-83 x 41-74 µm, ist. 17-29 µm larg. e a var. *minus* Nordstedt com dimensões menores (38-50 x 38-48 µm, ist. 14 µm larg.). As ilustrações que apresentaram estão de acordo com as respectivas dos indivíduos neste estudo.

Cosmarium quadrum Lundell foi identificado por Förster (1982) a partir de material da Europa e Croasdale & Flint (1988) da Nova Zelândia. Tais materiais apresentaram dimensões celulares relativamente maiores (60-90 x 54-85 µm, ist. 18-30 µm larg.) do que as dos exemplares das populações do Estado de São Paulo. A espécie ocorre nos mais variados tipos de ambiente aquático (Croasdale & Flint 1988).

Borge (1918) identificou espécimes do Estado São Paulo com dimensões celulares menores do que as referidas na literatura original, no entanto, com com o formato da semicélula bastante semelhante ao de *Cosmarium pseudobroomei* Wolle. Borge considerou tais exemplares representantes de uma expressão morfológica de *C. quadrum* Lundell var. *minus* Nordstedt a qual, no entanto, não nomeou; e também citou outra expressão morfológica (igualmente não nomeada) com dimensões celulares maiores. Analisando Borge (1918) concluiu-se que se trata de espécimes polimórficos que, no entanto, se encaixam na gama de variação da variedade típica da espécie, como está indicado no presente estudo (dimensões celulares menores).

Grönblad (1945) apenas citou a ocorrência de *C. quadrum* Lundell no Estado do Pará sem, contudo, apresentar descrição, medidas e ilustração do material estudado.

Bicudo (1969) registrou no Município de Rio Claro, Estado de São Paulo, a presença de um indivíduo com dimensões celulares menores do que incluído na descrição original da variedade típica (54,4 x 51 µm, ist. 17 µm larg.), porém, concordantes com as do presente estudo.

Dimensões menores do que as da variedade-tipo da espécie foram também obtidas por Ungaretti (1981b: 42-50 x 42-48 µm, ist. 12-13 µm larg.) a partir de material de *C. quadrum* Lundell var. *quadrum* proveniente do Estado do Rio Grande do Sul, porém, concordantes com as do material do presente estudo.

Taniguchi *et al.* (2003) registraram a presença de *C. quadrum* Lundell var. *quadrum* na Estação Ecológica do Jataí, Estado de São Paulo, cujos indivíduos representantes apresentaram dimensões celulares igualmente menores do que as da variedade típica da espécie documentadas em literatura (56,6-67,2 x 44,4-49 µm, ist. 13,9-16,8 µm), todavia, concordantes com as medidas dos indivíduos registrados no presente estudo. Além disso, o indivíduo identificado com *C. pseudobroomei* Wolle e ilustrado por Taniguchi *et al.* (2003: fig. 41) possui as margens laterais divergentes, característica esta que define *C. quadrum* Lundell não *C. pseudobroomei* Wolle, como foi identificado pelos autores antes citados. *Cosmarium quadrum* Lundell var. *minus* Nordstedt também consta no referido trabalho a partir de indivíduos com as seguintes medidas 41,3-49 x 35,2-42,8 µm.

Cosmarium quadrum Lundell var. *quadrum* foi documentado para outros locais no Brasil, sempre com dimensões celulares menores quando comparadas com as da descrição original, entretanto, concordantes com as do presente estudo (Oliveira *et al.* 2011: 54-

68 x 52-63 µm, ist. 14-17 µm larg., Lopes & Bicudo 2003: 52-56 x 48 µm, ist. 19 µm larg.). A ilustração em Lopes & Bicudo (2003: fig. 88) representa um espécime com os ângulos apicais comparativamente mais retangulares e forma das semicélulas igualmente mais retangulares do que no presente material de São Paulo.

Menezes *et al.* (2011) encontraram populações em um tributário do Reservatório de Itaipu, no Estado do Paraná, cujos limites métricos englobaram desde a var. *minor* Nordstedt até a variedade típica da espécie (26,8-82,4 x 28,8-86,5 µm, ist. 6,2-20,6 µm larg.), além das células serem relativamente mais largas do que longas.

Concluindo, questiona-se se os limites menores das células dos representantes da var. *minor* Nordstedt são consistentes para definir a variedade, visto que as populações ora examinadas apresentaram ampla variação métrica em cada uma das duas variedades, de modo a interpenetrarem as circunscrições de uma e outra variedades. A ilustração em De-Lamonica-Freire (1985: fig. 188; dados não publicados) para *C. quadrum* Lundell preparada de material do Estado de Mato Grosso lembra bastante *Cosmarium logiense* Bisset. Na dúvida, preferiu-se não considerar tal registro no presente estudo.

Sophia (1991) incluiu apenas medidas e ilustração de *C. quadrum* Lundell var. *quadrum*, todavia, a ilustração mostra uma célula com o seno mediano amplamente dilatado e semicélulas reniformes. Tais características são, indubitavelmente, descritivas de indivíduos de *Cosmarium reniforme* (Ralfs) Archer. Desta forma, esse registro não foi considerado no presente estudo.

Cosmarium quadrum Lundell ocorre de forma cosmopolita no Brasil, tendo sido citado, além do Estado de São Paulo, também para os de Amazonas (Lopes & Bicudo 2003), Bahia (Oliveira *et al.* 2010), Mato Grosso (Heckman 1998, Freitas & Loverde-Oliveira 2013, Fonseca *et al.* 2014b), Maranhão (Moschini-Carlos & Pompêo 2001, Moschini-Carlos *et al.* 2008), fronteira Maranhão-Piauí (Pompêo *et al.* 1998), Pará (Grönblad 1945, Costa *et al.* 2014), Paraná (Cecy *et al.* 1997, Rodrigues & Bicudo 2001, Menezes *et al.* 2011), fronteira Paraná-São Paulo (Ferreira *et al.* 2005), Pernambuco (Campeche *et al.* 2009), Rio Grande do Sul (Ungareti 1981b, Torgan *et al.* 2001) e catálogo de algas do Brasil, vários locais (Araújo *et al.* 2010).

COSMARIUM QUADRUM LUNDELL VAR. *SUBLATUM* (NORDSTEDT) WEST & WEST F. *SUBLATUM* (FIG. 155)

A Monograph of the British Desmidiaceae 4: 21, pl. 100, fig. 2. 1912.

Basiônimo: *Cosmarium sublatum* Nordstedt, Kungliga Svenska Vetenskaps-Akademiens Handlingar 22(8): 45, pl. 5, fig. 1-4. 1888.

Célula tão longa quanto larga a levemente mais longa que larga, 52-58 µm compr., 48-54 µm larg., istmo 16-18 µm larg., constrição mediana profunda, seno mediano linear, dilatado no ápice; semicélulas sub-retangulares, ângulos basais arredondados, margens laterais levemente convexas, às vezes quase retas, muito pouco divergentes para o ápice, ângulos apicais amplamente arredondados, margem apical levemente retusa, às vezes reta; parede celular densamente granulada, pontuada, grânulos escavados, dispostos em séries oblíquas, decussantes, 34-36 grânulos nas margens da semicélula, pontuações entre os grânulos, cloroplastídio com 2 pirenoides; vista lateral das semicélulas não observada, vista apical da célula oblongo-elíptica, lados paralelos, retos.

DISTRIBUIÇÃO GEOGRÁFICA NO ESTADO DE SÃO PAULO

EM LITERATURA: Nada consta.

MATERIAL EXAMINADO: **Município de Juquiá** (SP113672) e **Município de Panorama** (SP370966).

COMENTÁRIOS

West & West (1912) comentaram a semelhança entre *Cosmarium sublatum* Nordstedt e *Cosmarium quadrum* Lundell, afirmando que o primeiro é diferente do segundo apenas nos grânulos escavados e nas pontuações entre os grânulos. Assim, West & West (1912) transferiram *C. sublatum* Nordstedt para *C. quadrum* Lundell como uma variedade, *C. quadrum* Lundell var. *sublatum* (Nordstedt) West & West. Felisberto & Rodrigues (2010a) registraram a presença no Reservatório de Rosana, Estado do Paraná, de indivíduos com o ápice celular tanto mais quanto menos dilatado, inclusive citando a forma reportada por Prescott *et al.* (1981: f. *dilatatum*), que engloba os indivíduos com ápice mais dilatado. No entanto, as autoras há pouco mencionadas incluíram tanto as formas de ápice celular mais dilatado quanto as menos na var. *sublatum* (Nordstedt) West & West, sem distingui-las e mesmo que o indivíduo ilustrado apresentasse o ápice proporcionalmente mais dilatado (Felisberto & Rodrigues 2010: fig. 69-70).

Menezes *et al.* (2011) também registraram a ocorrência de *C. quadrum* Lundell var. *sublatum* (Nordstedt) West & West no Estado do Paraná e apresentaram a ilustração de um espécime com o ápice dilatado (Menezes *et al.* 2011: fig. 17).

No presente estudo, foram encontrados espécimes com as duas formas de ápice, mais e menos dilatado, e optou-se por inclui-las em duas formas taxonômicas, a saber, a presente forma típica da variedade (f. *sublatum*) para os indivíduos com o ápice mais estreito e a f. *dilatatum* Scott & Grönblad para os indivíduos com o ápice mais dilatado, que se mostra mais largo do que a base das semicélulas. Os indivíduos do presente estudo apresentaram dimensões celulares relativamente menores do que menciona a literatura (Prescott *et al.* 1981: 85-108 x 68-98 μm, ist. 21-31 μm larg.).

Cosmarium quadrum Lundell var. *sublatum* (Nordstedt) West & West f. *sublatum* documentado no presente estudo está de acordo com o material da Nova Zelândia (Croasdale & Flint 1988), nos quais os limites métricos foram muito mais amplos. As mesmas autoras noticiaram também a preferência da var. *sublatum* (Nordstedt) West & West por águas mais alcalinas e, especialmente, as situadas na região tropical do que aquelas das regiões temperadas.

Cosmarium quadrum Lundell var. *sublatum* (Nordstedt) West & West f. *sublatum* ocorre no Brasil no Estado do Paraná citada por Felisberto & Rodrigues (2005a, 2010; ver comentários anteriores) e Menezes *et al.* (2011; ver Comentários anteriores). Para o Estado de São Paulo a presente citação de ocorrência da var. *sublatum* (Nordstedt) West & West é pioneira.

COSMARIUM QUADRUM LUNDELL VAR. *SUBLATUM* (NORDSTEDT) WEST & WEST F. *DILATATUM* SCOTT & GRÖNBLAD (FIG. 156)

Acta Societatis Scientiarum Fennicae: sér. B, 2(8): 22, pl. 6, fig. 5. 1957.

Célula tão longa quanto larga a levemente mais longa que larga, 51-56 µm compr., 48-56 µm larg., istmo 12-19 µm larg., constrição mediana profunda, seno mediano linear, dilatado no ápice; semicélulas sub-retangulares, ângulos basais arredondados, margens laterais levemente convexas, às vezes quase retas, divergentes para o ápice, ângulos apicais amplamente arredondados, pronunciados, margem apical levemente retusa, às vezes reta, mais ampla que a base da semicélula; parede celular densamente granulada, pontuada, grânulos escavados, dispostos em séries oblíquas, decussantes, 34-36 grânulos na margem da semicélula, pontuações arranjadas hexagonalmente ao redor dos grânulos, cloroplastídio com 2 pirenoides; vista lateral das semicélulas não observada, vista apical da célula oblongo-elíptica, lados paralelos, retos.

DISTRIBUIÇÃO GEOGRÁFICA NO ESTADO DE SÃO PAULO

EM LITERATURA: Nada consta.

MATERIAL EXAMINADO: **Município de Igaratá** (SP371019), **Município de Itajobi** (SP371018), **Município de Juquiá** (SP113672), **Município de Macedônia** (SP239144) e **Município de Panorama** (SP370966).

COMENTÁRIOS

Scott & Grönblad (1957) propuseram a f. *dilatatum* após estudar material coletado na América do Norte, para as expressões morfológicas que possuem o ápice mais dilatado, significativamente maior do que a base da semicélula. Os referidos autores comentaram ainda que o seno mediano é dilatado no ápice, mas não tanto quanto em *Cosmarium lacunatum* G.S. West e que os grânulos são comparativamente maiores do que na forma típica da variedade.

As populações examinadas no presente estudo concordam com a circunscrição da f. *dilatatum* Scott & Grönblad em Scott & Grönblad (1957) e também em Prescott *et al.* (1981), exceto pelas dimensões celulares que são menores do que consta em Scott & Grönblad (1957) e Prescott *et al.* (1981: 60-84 x 56-77 μm, ist. 21-27 μm larg.).

Mundialmente, a f. *dilatatum* Scott & Grönblad é conhecida da América do Norte e da Europa (Prescott *et al.* 1981, Guiry & Guiry 2016). Para o Brasil e também para o Estado de São Paulo, esta é a primeira notícia da ocorrência da f. *dilatatum* Scott & Grönblad.

COSMARIUM QUINARIUM LUNDELL VAR. *QUINARIUM* (FIG. 157)

Nova Acta Regiae Societatis Scientiarum Upsaliensis: sér. 3, 8(2): 28, pl. 2, fig. 14. 1871.

Célula tão larga quanto longa a levemente mais larga que longa, 32-37 μm compr., 26-30 μm larg., istmo 7-10 μm larg., constrição mediana profunda, seno mediano linear, levemente dilatado no ápice; semicélulas piramidal-truncadas, ângulos basais obtusos, margens laterais levemente convexas, às vezes retusas na porção intermediária, convergentes para o ápice, ângulos apicais obtusos, margem apical truncada; parede celular granulosa, 12-15 grânulos visíveis na margem da semicélula, grânulos tanto acuminados quanto arredondados, 1 série de grânulos intramarginais, 2 séries de grânulos na face mediana da semicélula, dispostos horizontalmente (2 + 2), cloroplastídio com 2 pirenoides; vistas lateral da semicélula e apical da célula não observadas.

DISTRIBUIÇÃO GEOGRÁFICA NO ESTADO DE SÃO PAULO

EM LITERATURA: Nada consta.

MATERIAL EXAMINADO: **Município de Buri** (SP371025), **Município de Florínea** (SP370955), **Município de Moji Guaçu** (SP255733), **Município de Pitangueiras** (SP355382), **Município de Ponta Linda** (SP370957) e **Município de São Paulo** (SP239097).

COMENTÁRIOS

As medidas originais de *Cosmarium quinarium* Lundell em Lundell (1871) são maiores (39-42 x 33-34 μm, ist. 9,5 μm larg.) do que as do atual material de São Paulo. Contudo, as demais características são concordantes com a descrição proposta por esse autor. A ilustração disponibilizada por Lundell (1871: pl. 2, fig. 14) não é satisfatória ao representar os grânulos acuminados e arredondados proporcionalmente muito maiores em comparação com a semicélula.

Prescott *et al.* (1981) também disponibilizaram uma descrição bastante completa e, igualmente, ilustrações bastante ricas do material registrado para a América do Norte, bem como medidas celulares maiores (38-42 x 32-38 µm, ist. 9-11 µm larg.) do que as obtidas das populações do Estado de São Paulo. O mesmo ocorreu em relação ao material de Hirano (1957) do Japão.

Förster (1982) reportou *C. quinarium* Lundell para a Europa com dimensões mais próximas (25-)36-48(-52) x (21-)30-39(-47) µm, ist. (7-)9-13 µm larg.) daquelas dos indivíduos do presente estudo. Entretanto, as margens laterais do material em Förster (1982: pl. 29, fig. 4) são bastante convexas, enquanto que os indivíduos do Estado de São Paulo apresentaram tais margens retusas a apenas levemente convexas. As medidas também foram próximas às do material europeu identificado por Coesel (1991: 36-42 x 30-36 µm).

Felisberto & Rodrigues (2010) registraram a presença de *C. quinarium* Lundell no Estado do Paraná com as seguintes medidas: 40 x 30 µm, ist. 9 µm larg., no entanto, não forneceram uma ilustração razoável do material que identificaram (Felisberto & Rodrigues 2010: fig. 71).

A espécie ocorre no Brasil no Amazonas (Scott *et al.* 1965) e no Paraná (Felisberto & Rodrigues 2005a, 2010).

Cosmarium redimitum Borge var. *redimitum* (Fig. 158)

Bihang Svenska Vetenskaps-Akademiens Handlingar: sér. 2, 3(12): 18, pl. 1, fig. 18. 1899.

Célula 1,6-1,7 vezes mais longa que larga, 60-68 µm compr., 37-40 µm larg., istmo 15-19 µm larg., constrição mediana profunda, seno mediano aberto em forma de U, espessado no ápice; semicélulas subcirculares, margens laterais convexas, margem apical reta a levemente convexa; parede celular granulosa, pontuada, escrobiculada, tubérculos arredondados, sólidos, 7 tubérculos dispostos em 1 série longitudinal intrapical, pontuações arranjadas hexagonalmente ao redor de cada escrobículo, cloroplastídio com 4 pirenoides; vistas lateral da semicélula e apical da célula não observadas.

Distribuição geográfica no Estado de São Paulo

Em literatura: Nada consta.

Material examinado: **Município de Cerqueira Césár** (SP336348) e **Município de Palmital** (SP370973).

Comentários

Cosmarium redimitum Borge é uma espécie bastante atípica e rara do gênero, inconfundível por sua estrutura onirradiada e dimensões celulares estáveis (Förster 1982). Ao propor e descrevê-lo de material oriundo da Guiana, Borge (1899) comentou que todos os indivíduos examinados apresentaram um anel apical formado por 13 tubérculos em vista apical. O material do Estado de São Paulo apresentou dimensões celulares levemente menores se compradas com as da descrição original em Borge (1899: 68-71,5 x 43-44 µm, ist. 16-17 µm larg.); e intermediárias quando comparadas com as do material coletado em Porto do Campo e rio Sepotuba, ambas as localidades em Mato Grosso (Borge 1925: 57-58 x 34-36 µm, ist. 13-14 µm larg.). Amplia-se, desta forma, os limites métricos da presente espécie. Neste último trabalho, Borge (1925) não apresentou ilustração do material que estudou, comentando que encontrou apenas células com conteúdo celular, o que dificultou o registro da ornamentação da parede celular.

Os demais registros da ocorrência da espécie no Brasil não contêm descrição completa, mas apenas alguns comentários. Grönblad (1945) registrou a presença de *C. redimitum* Borge em vários ambientes do Estado do Pará, com dimensões levemente maiores (64 x 38 µm). O último autor informou a posição parietal do cloroplastídio em vista apical, formado por cinco lâminas longitudinais irradianto de um centro comum e forneceu em uma ilustração (Grönblad 1945: pl. 7, fig. 138) a presença de seis tubérculos subapicais nas semicélulas em vista frontal.

Förster (1964) comentou que os exemplares que examinou coletados em Conceição, Estado de Goiás, apresentaram uma coroa de 10 tubérculos no ápice das semicélulas em vista apical e as demais características típicas da espécie, que são: parede celular extremamente espessa e de coloração castanho-escuro, além da típica estrutura em favo de mel formada pelas pontuações ao redor de uma grande central.

A partir de material do lago Jucuruí, no Estado do Pará, Förster (1969) registrou o encontro de material com membrana celular variando de incolor a amarelo-acastanhado e dimensões de 61-70 x 36-42 µm, ist. 13-16 µm larg. Comentou também que a espécie foi de ocorrência comum no ambiente que estudou. A ilustração que apresentou (Förster 1969: pl. 16, fig. 4) é bem completa e mostra a estrutura de cloroplastídios e pirenoides, além do anel de tubérculos (15 tubérculos) em vista apical e em vista frontal (7-8 tubérculos), além da estrutura espessa, pontuada e escrobiculada da parede celular.

Thomasson (1971) apenas citou a ocorrência de *C. redimitum* Borge em uma lista das algas que ocorreram no rio Jucuruí, no Pará, referindo-se ao trabalho de Grönblad (1945). Não forneceu descrição, mas as seguintes dimensões para o material que identificou: 64 x 40 µm; e uma ilustração pouco satisfatória (Thomasson 1971a: pl. 9, fig. 12), que não mostra todas as características diacríticas da espécie. Os exemplares do Estado de São Paulo concordaram com os registrados por Förster (1982) para a Europa Central.

A espécie é conhecida da América Central, América do Sul e Europa (Förster 1982, Coesel 1996a, 1996b, Salazar & Guarrera 2000, Guiry & Guiry 2016). No Brasil, os registros constam para os Estados do Amazonas e Goiás (Förster 1964), Mato Grosso (Borge 1925, Förster 1964, De-Lamonica-Freire 1989, Freitas & Loverde-Oliveira 2013) e Pará (Grönblad 1945, Förster 1969, Thomasson 1971a, 1977, Costa *et al.* 2014), além do Distrito Federal (Senna *et al.* 1998). A presente citação é pioneira para o Estado de São Paulo.

COSMARIUM REGNESI REINSCH VAR. *REGNESI* (FIG. 159)

Abhandlungen der Naturhistorischen Gesellschaft zu Nürnberg 6(2): 112, pl. 8, fig. 8. 1866.

Célula tão longa quanto larga até pouco mais longa que larga, 6-16 µm compr., 6-15 µm larg., istmo 3-6 µm larg., constrição mediana profunda, seno mediano aberto, escavado, arredondado na extremidade; semicélulas transversalmente oblongo-retangulares, ângulos basais arredondados, margens laterais côncavas, pronunciadas, ângulos apicais arredondados, margem apical pouco côncava a amplamente reta; parede celular parcialmente granulosa, grânulos espiniformes, 6(-8) grânulos dispostos nas margens das semicélulas, cloroplastídio com 1 pirenoide; vistas lateral da semicélula e apical da célula não observadas.

DISTRIBUIÇÃO GEOGRÁFICA NO ESTADO DE SÃO PAULO

EM LITERATURA: Nada consta.

MATERIAL EXAMINADO: **Município de Álvares Florence** (SP355381), **Município de Angatuba** (SP188215), **Município de Arujá** (SP130815), **Município de Avaí** (SP139747), **Município de Barra Bonita** (SP255742), **Município de Cerqueira César** (SP336348), **Município de Igaratá** (SP371019), **Município de Mairiporã** (SP239242), **Município de Martinópolis** (SP370960), **Município de Novo Horizonte** (SP336349), **Município de Palmital** (SP370973), **Município de Pitangueiras** (SP355382), **Município de Salmourão** (SP370967), **Município de Sorocaba** (SP139737) e **Município de Sumaré** (SP123865).

COMENTÁRIOS

Reinsch (1866) forneceu as seguintes dimensões para os espécimes de *Cosmarium regnesi* Reinsch que examinou: 10-13 x 10-13 µm; mas, West & West (1908: 6-10 x 6,2-

9,5) e Prescott *et al.* (1981: 6-10 x 6,2-9,5 µm) forneceram medidas relativamente menores para exemplares da variedade típica da espécie provenientes da Europa e da América do Norte, respectivamente. Coesel (1991) registrou em espécimes dos Países Baixos limites métricos maiores, de 6-13(-15) x 6-13(-15) µm. Förster (1982) e Croasdale & Flint (1988) encontraram indivíduos com limites métricos maiores, com até 16 x 13 µm na Europa Central e Nova Zelândia, respectivamente.

West & West (1908) comentaram a variação morfológica de *C. regnesi* Reinsch, em que os morfotipos considerados típicos da espécie apresentaram seis grânulos espiniformes nas margens das semicélulas e no ápice retuso. A partir desta expressão morfológica, outras foram reconhecidas dentro da variedade típica da espécie, a saber: (1) formas com oito grânulos espiniformes, dos quais dois são laterais e outros três aparecem arranjados de forma equidistante; e (2) formas onde o grânulo superior da margem lateral é substituído por dois agrupados que, no conjunto, dão a ideia de um ângulo apical saliente e os basais pronunciados de modo a modificar a forma do seno mediano. A vista apical dos espécimes é, entretanto, sempre elíptica podendo, algumas vezes, apresentar uma protuberância central nas margens de cada lado. Os referidos autores também comentaram o encontro de formas imaturas ainda unidas após a divisão celular, formando cadeias muito curtas, motivo pelo qual Schmidt classificou, em 1903, *C. regnesi* Reinsch no gênero *Sphaerozosma* Corda *ex* Ralfs, como *Sphaerozosma wallichii* Jacobsen.

Borge (1903) fez apenas menção à ocorrência de *C. regnesi* Reinsch no Estado do Rio Grande do Sul, sem apresentar descrição, medidas e/ou ilustração do material que examinou e não foi, por isso, considerado no presente estudo.

West & West (1908) comentaram que *C. regnesi* Reinsch var. *polonicum* (Eichler & Gutwinski) Compère (como *C. regnesi* Reinsch var. *montanum* Schmidle) apresenta várias expressões morfológicas entre a variedade típica da espécie e a var. *polonicum* (Eichler & Gutwinski) Compère (como var. *montanum* Schmidle). Prescott *et al.* (1981: pl. 258, fig. 2-4) ilustraram três expressões morfológicas da variedade-tipo da espécie. Oliveira *et al.* (2010) providenciaram uma análise crítica detalhada das ilustrações em Prescott *et al.* (1981) e chegaram à conclusão de que tais expressões morfológicas seriam táxons distintos e que somente a fig. 3 representaria, de fato, *C. regnesi* Reinsch var. *regnesi*. Prescott *et al.* (1981) comentaram que os espécimes coletados no Brasil mostraram células reduzidas na projeção dos "lobos" laterais e na forma das margens apical e laterais.

Felisberto & Rodrigues (2008, 2010) encontraram indivíduos de *C. regnesi* Reinsch var. *regnesi* nos reservatórios Salto do Vau e Rosana, ambos localizados no Estado do Paraná, com dimensões concordantes com as da variedade típica da espécie em Reinsch (1866), no entanto, maiores do que as apresentadas por Prescott *et al.* (1981). Apesar de medidas terem sido utilizadas por estes últimos autores para distinguir a variedade típica da var. *polonicum* (Eichler & Gutwinski) Compère (como var. *montanum* Schmidle), as ilustrações apresentadas por Felisberto & Rodrigues (2008a: fig. 25; 2010: fig. 76) estão de acordo com a da figura 3 em Prescott *et al.* (1981: pl. 258, fig. 3). Nota-se, também, que os grânulos espiniformes foram exageradamente representados nas ilustrações em Felisberto & Rodrigues (2008a: fig. 25; 2010: fig. 76).

A presença de C. *regnesi* Reinsch var. *regnesi* foi documentada por Bortolini *et al.* (2010a) em amostras coletadas de um reservatório no Estado do Paraná, com medidas de 9,7-10,7 x 9-11,6 μm. A ilustração que forneceram (Bortolini *et al.* 2010a: fig. H) representa um indivíduo com o istmo mais raso do que o dos espécimes do presente estudo.

Oliveira *et al.* (2010) registraram populações de C. *regnesi* Reinsch var. *regnesi* provenientes do Estado da Bahia, cujas dimensões celulares variaram bastante, como segue: (7,5-)12,5-14,5 x (5-)10-12,5 μm. O material do Estado de São Paulo é diferente de algumas ilustrações em Oliveira *et al.* (2010: fig. 58, 59 e 61), mas também ocorreram indivíduos semelhantes àquele da figura 60.

Estrela *et al.* (2011) reportaram a presença de indivíduos de C. *regnesi* Reinsch var. *regnesi* com dimensões intermediárias às das variedades típica da espécie e da var. *polonicum* (Eichler & Gutwinski) Compère (como var. *montanum* Schmidle) em Prescott *et al.* (1981), no entanto, cuja morfologia concorda apenas com a do morfotipo representado na figura 3 pelos últimos autores (Prescott *et al.* 1981: pl. 258, fig. 3). Algumas populações coletadas em São Paulo concordaram com o indivíduo ilustrado por Estrela *et al.* (2011: fig. 55).

Menezes *et al.* (2013, como C. *regnesi* Reinsch) registraram a ocorrência de representantes de C. *regnesi* Reinsch var. *regnesi* no perifíton de *Utricularia foliosa* Linnaeus, no Paraná, cujas dimensões (9,1-11,6 x 9,1-10,5 μm: fig. 21) e ilustração concordaram com as de algumas expressões morfológicas de populações do presente estudo. De fato, foram encontradas no presente estudo inúmeras expressões morfológicas de C. *regnesi* Reinsch ao longo de um gradiente morfológico contínuo, algumas das quais semelhantes às ilustrações em Prescott *et al.* (1981: pl. 258, fig. 2-4, 6). O material do Estado de São Paulo foi de difícil identificação em nível varietal [variedade típica e var. *polonicum* (Eichler & Gutwinski) Compère]. Na dúvida, optou-se por identificar as populações de São Paulo com os representantes da variedade típica da espécie.

Cosmarium regnesi Reinsch foi citado no Brasil para a Bahia (Oliveira *et al.* 2010, Santos *et al.* 2013), Mato Grosso (De-Lamonica-Freire 1989, Freitas & Loverde-Oliveira 2013), Minas Gerais (Soares *et al.* 2007), Pará (Thomasson 1971a, Costa *et al.* 2014), Paraná (Felisberto & Rodrigues 2005a, 2005b, 2008, 2010, Araújo *et al.* 2010, Bortolini *et al.* 2010a, Felisberto *et al.* 2011, Algarte & Rodrigues 2013, Menezes *et al.* 2013) e Rio

Grande do Sul (Borge 1903, Bicudo & Martau 1974, Torgan *et al.* 2001, como *C. regnesi* Reinsch), além do Distrito Federal (Estrela *et al.* 2011). O presente registro é o primeiro da presença da espécie no Estado de São Paulo.

COSMARIUM RENIFORME (RALFS) ARCHER VAR. *RENIFORME* (FIG. 160)

Journal of Botany 12: 92. 1874.

Basiônimo: *Cosmarium margaritiferum* Meneghini var. *reniformis* Ralfs, British Desmidieae. 100. 1848.

Célula pouco mais longa que larga, 38-53 µm compr., 36-49 µm larg., istmo 11-17 µm larg., constrição mediana profunda, seno mediano fechado, abrindo externamente, amplamente dilatado no ápice; semicélulas reniformes, ângulos basais e apicais arredondados, margens apical e laterais levemente convexas; parede celular uniformemente granulosa, grânulos arredondados, dispostos em séries oblíquas, decussantes, às vezes em séries verticais, inconspícuas, 30-33 grânulos na margem de cada semicélula, cloroplastídio com 2 pirenoides; vista lateral da semicélula circular, vista apical da célula elíptica.

DISTRIBUIÇÃO GEOGRÁFICA NO ESTADO DE SÃO PAULO

EM LITERATURA: **Município de Valinhos** (Díaz 1972), entre os municípios de Rosana, no Estado de São Paulo e Diamante do Norte, no Estado do Paraná, Reservatório de Rosana (Bicudo *et al.* 1992) e **Município de Luiz Antônio**, Estação Ecológica de Jataí (Taniguchi *et al.* 2003a).

MATERIAL EXAMINADO: **Município de Arujá** (SP130815), **Município de Barra Bonita** (SP255742), **Município de Capão Bonito** (SP365693), **Município de Cerqueira César** (SP336348), **Município de Descalvado** (SP371023), **Município de Ibirá** (SP113497), **Município de Iepê** (SP370954), **Município de Itatinga** (SP365712), **Município de Jacupiranga** (SP371020), **Município de Jaú** (SP130426), **Município de Joanópolis** (SP371022), **Município de Junqueirópolis** (SP390857), **Município de Nova Granada** (SP370951), **Município de Orlândia** (SP355380), **Município de Panorama** (SP370966), **Município de Piquete** (SP355360), **Município de Ribeirão Bonito** (SP365688), **Município de Rio Claro** (SP188219), **Município de Sarapuí** (SP365711), **Município de Sumaré** (SP123865) e **Município de Tambaú** (SP113574).

COMENTÁRIOS

West & West (1908) relataram a vasta ocorrência de *Cosmarium reniforme* (Ralfs) Archer var. *reniforme* nas ilhas britânicas, com as seguintes dimensões: 46-57 x 44-54, ist. 14-17 µm larg. Comentaram também que a espécie é única graças ao formato de rim de suas semicélulas. *Cosmarium reniforme* (Ralfs) Archer var. *reniforme* é comumente encontrado no território brasileiro e apresenta-se bastante polimórfico.

Borge (1918) citou a presença de *C. reniforme* (Ralfs) Archer var. *reniforme* em Pirassununga, Estado de São Paulo e de uma forma que não nomeou ao referir-se às exsicatas de Wittrock e Nordstedt. Contudo, Borge (1918) não forneceu descrição nem ilustração do material estudado, apenas medidas, de modo que a referência em pauta não foi considerada no presente estudo. O mesmo ocorreu para o material em Hino & Tundisi (1977) da Represa do Lobo (= Represa do Broa) e em Ferreira *et al.* (2005) para o rio Paranapanema.

Bicudo (1969) é o registro seguinte da presença de *C. reniforme* (Ralfs) Archer no Brasil e, mais especificamente, no Município de Caeté, Estado de Minas Gerais, com limites métricos levemente maiores do que os do presente material: 39,1-57,8 x 39,1-51 µm, ist. 11,9-18,7 µm.

Bicudo & Martins (1989) divulgaram apenas medidas e ilustração de *C. reniforme* (Ralfs) Archer de material da Bahia. Posteriormente, para o mesmo Estado, Oliveira *et al.* (2010) registraram a espécie através de induvíduos de dimensões maiores do que as que constam na descrição original, isto é, de 62-70 x 48-56,5 µm, ist. 12-15 µm larg. Segundo tais autores, *C. reniforme* (Ralfs) Archer var. *reniforme* é morfologicamente semelhante a *Cosmarium intermedium* Delponte var. *intermedium*, da qual difere pelas margens laterais aconcavadas, convergentes para o ápice e ângulos basais das semicélulas arredondados; e a *Cosmarium margaritiferum* Meneghini var. *margaritiferum* f. *margaritiferum*, mas é diferente por apresentar margem celular apical reta e escrobiculações entre as verrugas situadas no centro da semicélula.

Taniguchi *et al.* (2003) identificaram *C. reniforme* (Ralfs) Archer var. *reniforme* para o Estado de São Paulo, com dimensões de 42,8 x 36,7 µm, ist. 13,8 µm larg. O espécime (aparentemente único) descrito e ilustrado encaixou-se no espectro das expressões morfológicas observadas durante o presente estudo.

Díaz (1972) reportou a presença de, aparentemente, um único indivíduo no Município de Valinhos, Estado de São Paulo, o qual apresentou pontuações dispostas hexagonalmente ao redor dos grânulos. Tal forma de parede celular com grânulos e poros (pontos) foi registrada durante o presente estudo e também nos municípios de Descalvado e Orlândia, respectivamente, por Grönblad (1960) e Croasdale (1964). Acredita-se que tal material possa representar uma nova variedade taxonômica da espécie, a qual será proposta oportunamente, conforme o CIN (Turland *et al.* 2018). Ainda para o Estado de São Paulo, Bicudo *et al.* (1992) identificaram material da espécie no Reservatório de Rosana, fornecendo apenas medidas e ilustração dos espécimes que examinaram. Os referidos autores comentaram que o formato reniforme e a vista apical elíptica das semicélulas são características diagnósticas de *C. reniforme* (Ralfs) Archer.

Cosmarium reniforme (Ralfs) Archer foi representado em Ungaretti (1981a) por material do Estado do Rio Grande do Sul, através apenas das medidas e de uma ilustração pouco satisfatória. A vista celular apical oblonga desses representantes remete, provavelmente, a *Cosmarium margaritatum* (Lundell) Roy & Bisset. Na dúvida, esta citação não foi atualmente considerada. Franceschini (1992) registrou a presença de *C. reniforme* (Ralfs) Archer no Rio Grande do Sul, mas forneceu apenas as medidas dos espécimes examinados. Quando analisada a ilustração nesse trabalho, vê-se que é bastante semelhante às de algumas expressões morfológicas de *C. reniforme* (Ralfs) Archer identificadas no presente estudo e que foram identificadas com a var. *apertum* West & West da espécie.

Felisberto & Rodrigues (2004) estudaram material do Reservatório Corumbá, Estado de Goiás com dimensões de 32,1-44,37 x 43,06-52,2 µm, ist. 10,44-15,66 µm larg. Posteriormente, as mesmas autoras (Felisberto & Rodrigues 2008) identificaram a presença de *C. reniforme* (Ralfs) Archer var. *reniforme* no Estado do Paraná e, mais precisamente, no Reservatório Salto do Vau (43,4-44 x 36-41 µm, ist. 12-16 µm larg.) utilizando a mesma ilustração do trabalho anterior (Felisberto & Rodrigues 2004: fig. 19). Outras citações foram providenciadas para o Estado do Paraná por Felisberto & Rodrigues (2010) para o Reservatório de Rosana (36-44 x 32-45 µm, ist. 12-16 µm larg.), no entanto, novamente reproduzindo a ilustração em Felisberto & Rodrigues (2004: fig. 19); e por Biolo *et al.* (2013) para um tributário do Reservatório de Itaipu, com dimensões de 32-51 x 30-40,8 µm e ist. 8-12 µm larg.

Camargo *et al.* (2009) citaram pela primeira vez para o Estado de Mato Grosso a ocorrência de *C. reniforme* (Ralfs) Archer var. *reniforme* coletado na região pantaneira, cujos limites métricos dos espécimes examinados foram de 38-58 x 29-37 µm e ist. 10-16 µm larg. No entanto, os citados autores descreveram o material examinado com a vista celular apical oblonga e o seno mediano aberto. Esse material encaixa-se melhor na circunscrição da var. *apertum* West & West da espécie (West & West 1908). A var. *apertum* West & West é característica por suas células não muito claramente reniformes e o seno mediano abrindo a partir de um ápice arredondado (West & West 1908).

Melo & Souza (2009) citaram a presença de *C. reniforme* (Ralfs) Archer var. *reniforme* no estudo ecológico de um lago de inundação de águas pretas no Amazonas e forneceram uma ilustração infelizmente insuficiente para a reidentificação do material.

Estrela *et al.* (2011) descreveram espécimes coletados no Distrito Federal com dimensões celulares bastante diminutas para a espécie (19 x 15-16 µm, ist. 8 µm larg.), comentando serem morfologicamente próximos dos de *C. reniforme* (Ralfs) Archer var. *minor* Irénée-Marie em Prescott *et al.* (1981); no entanto, o próprio autor da var. *minor* Irénée-Marie sugeriu a análise de um maior número de exemplares para testar essa diferença de tamanho, o que levou Estrela *et al.* (2011) a identificarem o material que estudaram com os representantes da variedade-tipo da espécie.

Coesel (1991: pl. 14, fig. 1-2) e Förster (1982: pl. 30, fig. 10) identificaram indivíduos da Europa com dimensões celulares semelhantes às do material do Estado de São Paulo, entretanto, as semicélulas que ilustraram são bastante arqueadas e típicas da espécie. As figuras 3-4 da prancha 44 em Croasdale & Flint (1988) de espécimes da Nova Zelândia e a figura 5 da prancha 26 em Hirano (1957) de indivíduos do Japão mostram indivíduos com morfologias mais próximas das apresentadas pelos exemplares do Estado de São Paulo. As duas autoras antes mencionadas (Croasdale & Flint 1988) ainda comentaram que a espécie é bastante difundida nos mais variados tipos de corpos aquáticos.

Sophia (1991) divulgou apenas medidas e uma ilustração de *Cosmarium quadrum* Lundell var. *quadrum*, porém, tal ilustração mostra uma célula com o seno mediano bastante dilatado e semicélulas reniformes. Tais características são, sem dúvida, de indivíduos de *C. reniforme* (Ralfs) Archer.

Cosmarium reniforme (Ralfs) Archer var. *reniforme* possui ampla distribuição geográfica, ocorrendo na África, Américas do Norte e do Sul, Ártico, Ásia, Europa e Oceania (Prescott *et al.* 1981, Guiry & Guiry 2016). A variedade-tipo foi citada no Brasil para o Amazonas (Melo & Souza 2009, Araújo *et al.* 2010), Bahia (Bicudo & Martins 1989, Oliveira *et al.* 2010), Goiás (Felisberto & Rodrigues 2004), Mato Grosso (Camargo *et al.* 2009, Freitas & Loverde-Oliveira 2013), Minas Gerais (Bicudo 1969), Paraná (Cecy 1986, Cetto *et al.* 2004, Felisberto & Rodrigues 2005a, 2005b, 2008, 2010, Biolo *et al.* 2013), Pernambuco (Campeche *et al.* 2009), Rio Grande do Sul (Ungaretti 1981a, ver Comentários; Borge 1903, Bicudo & Martau 1974, Franceschini 1992, ver comentários; Rosa *et al.* 1987, Torgan *et al.* 2001) e Distrito Federal (Estrela *et al.* 2011).

COSMARIUM RENIFORME (RALFS) ARCHER VAR. *APERTUM* WEST & WEST (FIG. 161)

A Monograph of the British Desmidiaceae 3: 159, pl. 79, fig. 5. 1908.

Célula ca. 1,2 vezes mais longa que larga, 41-56 µm compr., 34-45 µm larg., istmo 11-19 µm larg., constrição mediana profunda, seno mediano linear, pouco aberto externamente, amplamente dilatado a partir do ápice arredondado; semicélulas praticamente reniformes, ângulos basais arredondados, margens laterais convexas, ângulos apicais arredondados, margem apical convexa a levemente reta; parede celular uniformemente granulosa, grânulos arredondados, sólidos, dispostos em séries oblíquas, decussantes, 28-32 grânulos ao longo da margem da semicélula, cloroplastídio com 2 pirenoides; vista lateral das semicélulas circular, vista apical célula elíptica.

DISTRIBUIÇÃO GEOGRÁFICA NO ESTADO DE SÃO PAULO

EM LITERATURA: Nada consta.

MATERIAL EXAMINADO: **Município de Barra Bonita** (SP255742), **Município de Buri** (SP371025), **Município de Ibirá** (SP113497), **Município de Itajobi** (SP371018), **Município de Martinópolis** (SP370960), **Município de Nova Granada** (SP370951), **Município de Paraíso** (SP365706), **Município de Pedro de Toledo** (SP365691), **Município de Pirapozinho** (SP370959), **Município de Pitangueiras** (SP355382), **Município de Sarapuí** (SP365711) e **Município de Sertãozinho** (SP365702).

COMENTÁRIOS

West & West (1908) propuseram esta variedade por conta das semicélulas quase reniformes, com as margens basais convexas e o seno mediano pouco aberto externamente a partir do ápice amplamente dilatado e arredondado. O atual material do Estado de São Paulo apresentou o seno mediano variando desde leve até amplamente aberto. Em razão desta gradação morfológica em nível populacional, optou-se por identificar todos os indivíduos na população como representantes de *Cosmarium reniforme* (Ralfs) Archer var. *apertum* West & West.

Förster (1965a) comentou a semelhança entre C. *reniforme* (Ralfs) Archer var. *apertum* West & West e *Cosmarium rugosum* Turner por ele registrado para o Nepal, afirmando que o primeiro apresenta istmo mais amplo e grânulos maiores, enquanto que C. *rugosum* Turner apresenta parede celular destituída de poros entre os grânulos menores.

Camargo *et al.* (2009) citaram C. *reniforme* (Ralfs) Archer var. *reniforme* pioneiramente para o Estado de Mato Grosso a partir de material originário da região pantaneira do Estado, entretanto, os referidos autores descreveram o material estudado com a célula oblonga em vista apical e o seno mediano aberto, características estas que enquadram esses exemplares na descrição da var. *apertum* West & West em West & West (1908).

A var. *apertum* West & West ocorre nas Américas do Sul e do Norte e na Europa. A presente citação é a primeira de sua ocorrência no Brasil.

COSMARIUM RENIFORME (RALFS) ARCHER VAR. *COMPRESSUM* NORDSTEDT (FIG. 162)

Botaniska Notiser 1887: 159. 1887.

Célula pouco mais longa que larga, 41-50 µm compr., 38-51 µm larg., istmo 11-17 µm larg., constrição mediana profunda, seno mediano fechado, dilatado no ápice; semicélulas indistintamente reniformes, achatadas, ângulos apicais e basais arredondados, margens laterais levemente convexas, margem apical pouco convexa a levemente truncada; parede celular uniformemente granulosa, grânulos arredondados, dispostos em séries oblíquas, decussantes, às vezes séries verticais inconspícuas, 30-33 grânulos na margem da semicélula, cloroplastídio com 2 pirenoides; vista lateral da semicélula circular, vista apical da célula oblongo-elíptica a oblonga.

DISTRIBUIÇÃO GEOGRÁFICA NO ESTADO DE SÃO PAULO

EM LITERATURA: Nada consta.

MATERIAL EXAMINADO: **Município de Barra Bonita** (SP255742), **Município de Capão Bonito** (SP365693), **Município de Divinolândia** (SP365697), **Município de Itatinga** (SP365712), **Município de Itu** (SP139733), **Município de Olímpia** (SP365707), **Município de Panorama** (SP370966), **Município de Piquete** (SP355360), **Município de Pirassununga** (SP123888), **Município de Pitangueiras** (SP355382), **Município de Pradópolis** (SP365701), **Município de Salesópolis** (SP123881) e **Município de Tatuí** (SP365710).

COMENTÁRIOS

Nordstedt (1887) propôs a var. *compressum* Nordstedt acompanhada de um comentário extremamente breve, que traduzido para o português diz: grânulos dispostos em quincunce, semicélulas em vista apical estreitamente elípticas ou oblongas, com as margens laterais paralelas.

O material coletado no Estado de São Paulo apresentou semicélulas amplamente comprimidas, concordantes com o registrado por Prescott *et al.* (1981) para a América do Norte e Hirano (1957) para o Japão. Os indivíduos ilustrados em Croasdale & Flint (1988: pl. 44, fig. 6-7) apresentaram semicélulas mais arqueadas, não tão comprimidas.

Bicudo & Ventrice (1968) documentaram a presença de representantes desta variedade no Estado de Minas Gerais, que mediram 68-72,5 x 65-71 μm, ist. 19,5-20 μm larg., ou seja, concordantes com os exemplares das populações do Estado de São Paulo. Os referidos autores comentaram que os espécimes do Brasil são maiores do que os respectivos da Nova Zelândia (Croasdale & Flint 1988).

Felisberto & Rodrigues (2004) identificaram a presença da var. *compressum* Nordstedt ao estudarem material do Reservatório Corumbá, em Goiás, com dimensões de 38,33-46,3 x 45,8-54,20 μm, ist. 10,83-12,1 μm larg. Todavia, o indivíduo que ilustraram parece mais ser um representante da variedade típica da espécie e, acredita-se, que deva ter ocorrido um erro tipográfico na legenda das figuras.

Menezes *et al.* (2011) coletaram exemplares da var. *compressum* Nordstedt no Reservatório de Itaipu, Estado do Paraná, com dimensões concordantes com as do presente estudo: 45,3-61,4 x 41,2-49,9 µm e istmo 12,4-15,6 µm larg. No mesmo Estado, Aquino *et al.* (2014) identificaram, ao inventariar as desmídias do rio Cascavel localizado no município de mesmo nome, espécimes da var *compressum* Nordstedt medindo 41,3-47,8 x 38,9-44,1 *µm* e istmo 10,1-12,8 µm larg. As semicélulas dos exemplares do Paraná apresentaram-se bastante oblongas, semelhantes às de algumas formas do atual material de São Paulo. A variedade também foi citada por Felisberto & Rodrigues (2005, 2010b) como ocorrendo no Estado do Paraná, contudo, sem maior informação.

Cosmarium reniforme (Ralfs) Archer var. *compressum* Nordstedt ocorre no Brasil em Goiás (Felisberto & Rodrigues 2004), Paraná (Felisberto & Rodrigues 2005a, 2010, Menezes *et al.* 2011, Aquino *et al.* 2014) e Rio de Janeiro (Bicudo & Ventrice 1968). A presente notícia é a primeira da presença de *C. reniforme* (Ralfs) Archer var. *compressum* Nordstedt no Estado de São Paulo.

COSMARIUM SCABRUM TURNER VAR. *SCABRUM* (FIG. 163)

Kongliga Svenska Vetenskaps-Akademiens Handlingar 25(5): 65, pl. 9, fig. 32. 1892.

Célula aproximadamente tão longa quanto larga, ca. 48 µm compr., ca. 51 µm larg., istmo ca. 15 µm larg., constrição mediana profunda, seno mediano linear, dilatado no ápice; semicélulas transversalmente retangulares, ângulos basais e apicais sub-retangulares, margens laterais retusas, margem apical retusa, truncada; parede celular densamente granulosa, escabrosa, grânulos dispostos em séries oblíquas, decussantes, 24-28 grânulos na margem da semicélula, pontuação arranjada em hexágono ao redor de cada grânulo, cloroplastídio com 2 pirenoides; vista lateral da semicélula não observada; vista apical da célula oblonga, polos arredondados.

DISTRIBUIÇÃO GEOGRÁFICA NO ESTADO DE SÃO PAULO

EM LITERATURA: Nada consta.

MATERIAL EXAMINADO: **Município de Iepê** (SP370954).

COMENTÁRIOS

Turner (1892) não apresentou as vistas lateral e apical do provavelmente único espécime que utilizou para propor esta nova espécie. De fato, *Cosmarium scabrum* Turner lembra algumas variedades de *Cosmarium quadrum* Lundell, entretanto, não apresenta as margens laterais marcadamente divergentes para o ápice e a parede celular é bastante escabrosa (com pontuação robusta ordenada ao redor dos grânulos). Os espécimes de *Cosmarium scabrum* Turner também são semelhantes aos de *Cosmarium pseudobroomei* Wolle, mas a última apresenta grânulos sólidos e não possui poros entre os grânulos (Scott & Prescott 1961).

Scott & Prescott (1961) compararam o material coletado na Indonésia e o identificado com *Cosmarium pardalis* Cohn em West & West (1902) de material do Sri Lanka, o qual os referidos autores consideraram idênticos a *C. scabrum* Turner. De acordo com Scott & Prescott (1961), os espécimes em West & West (1902) devem ser representantes de *C. scabrum* Turner, não de *C. pardalis* Cohn, por conta das seguintes características: 8-9 séries horizontais decussantes de grânulos na parede celular, com 20-22 grânulos cada uma; e grânulos pequenos e sólidos rodeados por seis poros cada um. Tais características não condizem com as do material em West & West (1902) e são típicas de *C. pardalis* Cohn. Além disso, os autores que posteriormente seguiram a identificação conforme a ilustração de *C. pardalis* Cohn em West & West (1902) e de *C. scabrum* Turner por Scott & Prescott (1961) referiram a espécie como *C. scabrum* Turner, conforme recomendação dos últimos autores.

O único indivíduo deste tipo coletado no Estado de São Paulo apresentou dimensões dentro dos limites divulgados em Shukla *et al.* (2008: 40 x 38 µm, ist. 10 µm larg.) para material da Índia e em Scott & Prescott (1961: 50 x 52 µm, ist. 15 µm larg.) para material da Indonésia.

A espécie ocorreu, até então, apenas na Ásia (Scott & Prescott 1961, Hirano 1992, Shukla *et al.* 2008). A presente notícia é a primeira da ocorrência de *C. scabrum* Turner no Brasil e, consequentemente, no Estado de São Paulo.

COSMARIUM SEELYANUM WOLLE VAR. *SEELYANUM* (FIG. 164)

Bulletin of the Torrey Botanical Club 10(2): 16, pl. 27, fig. 14-14a. 1883.

Célula 1,1-1,2 vezes mais longa que larga, 18-19 µm compr., 15-17 µm larg., istmo 6-7 µm larg., constrição mediana profunda, seno mediano linear; semicélulas transversalmente sub-retangulares, ângulos basais retangulares, margens laterais levemente convexas, 2 cristas distintas e 1 depressão, 1 crista formando o ângulo apical, lateralmente pronunciado, margem apical reta, pronunciada, 4-ondulada, ondulações inconspícuas; parede celular parcialmente granulosa, 1 série intramarginal de grânulos, 3-4 grânulos nos ângulos, face da semicélula com 1 anel de 4-5 grânulos, 1 grânulo central, cloroplastídio com 1 pirenoide; vista lateral da semicélula trapeziforme, polos truncados; vista apical da célula elíptica, polos granulosos, grânulos na região mediana de cada margem.

DISTRIBUIÇÃO GEOGRÁFICA NO ESTADO DE SÃO PAULO

EM LITERATURA: Nada consta.

MATERIAL EXAMINADO: **Município de Pitangueiras** (SP355382).

Comentários

Os espécimes originalmente descritos por Wolle (1883: 25-30 µm compr.) e os identificados por Prescott *et al.* (1981: 23-30 x 23-30 µm, ist. 6-7 µm larg.) de material da América do Norte apresentaram dimensões celulares maiores do que as atualmente obtidas de material do Estado de São Paulo. O espécime ilustrado por Wolle (1883: pl. 27, fig. 14-14a) apresenta os ângulos apicais lateralmente projetados, enquanto que nos identificados durante este estudo são divergentemente pronunciados, porém, morfologicamente semelhantes àqueles das expressões morfológicas em Prescott *et al.* (1981: pl. 284, fig. 1-4).

Coesel & Krienitz (2008) levantaram a possibilidade de *Cosmarium seelyanum* Wolle, *Cosmarium wallichii* West & West, *Cosmarium divergens* Krieger, *Cosmarium naivashensis* Rich, *Cosmarium nobile* (Turner) Krieger e *Cosmarium subnobile* Hinode serem idênticos uns aos outros e nomenclaturalmente sinônimos em razão das poucas diferenças morfológicas entre os representantes de tais espécies não possuírem maior peso taxonômico.

Em nível mundial, *C. seelyanum* Wolle ocorre na América do Norte e na Oceania (Prescott *et al.* 1981, Guiry & Guiry 2016). Presentemente, a presença da espécie é considerada pioneira para o Brasil e para o Estado de São Paulo.

COSMARIUM SEXNOTATUM Gutwinski var. *TRISTRIATUM* (Lütkemuller) Schmidle (Fig. 165)

Österreichische Botanische Zeitschrift 45: 458, pl. 15, fig. 33a-b. 1895.

Basiônimo: *Cosmarium blyttii* Wille var. *tristriatum* (Lütkemuller) Lütkemuller, Verhandlungen der Zoologisch-Botanischen Gesellschaft in Wien 50: 66. 1900.

Célula pouco mais longa que larga, 26-30 µm compr., 24-27 µm larg., istmo 6-9 µm larg., constrição mediana profunda, seno mediano linear; semicélulas piramidal-trapeziformes, ângulos basais sub-retangulares, margens laterais levemente convexas, às vezes quase retas, 4-crenadas, ângulos apicais sub-retangulares, margem apical truncada, 4-crenada; parede celular granulosa, crenulada, série de grânulos supraistmiais, centrais, divididos em 2 partes, geralmente uma mais longa que a outra, cloroplastídio com 1 pirenoide; vista lateral da semicélula subcircular; vista apical da célula elíptica, margens granulosas, 3 grânulos proeminentes na região mediana de cada margem.

Distribuição geográfica no Estado de São Paulo

Em literatura: **Município de Itirapina** (Bicudo 1969, como *Cosmarium sexnotatum* Gutwinski var. *tristiatum* (Lütkemuller) Schmidle, erro tipográfico).

Material examinado: **Município de Itapura** (SP370964) e **Município de São Paulo** (SP130972).

COMENTÁRIOS

Schmidle (1895) comentou que os indivíduos de *Cosmarium blyttii* Wille var. *tristriatum* (Lütkemuller) Lütkemuller apresentaram forma mais arredondada (forma "*rotundata*") das semicélulas, o que lhes conferiu maior proximidade morfológica com *Cosmarium sexnotatum* Gutwinski justificando, assim, sua transferência para *C. sexnotatum* Gutwinski var. *tristriatum* (Lütkemuller) Schmidle.

Grönblad (1945) apenas mencionou, sem maior informação, a ocorrência da referida variedade no Pará. Bicudo (1969) comentou que a forma piramidal-trapeziforme das semicélulas de *C. sexnotatum* Gutwinski var. *tristriatum* (Lütkemuller) Schmidle [como *C. sexnotatum* Gutwinski var. *tristiatum* (Lütkemuller) Schmidle, erro tipográfico] é a principal característica diferencial (diagnóstica) entre esta e a variedade-tipo da espécie. O mesmo autor apontou para o caráter variável das dimensões celulares na var. *tristriatum* (Lütkemuller) Schmidle e da granulação central da parede celular. O presente material do Estado de São Paulo concordou plenamente com o analisado por Bicudo (1969).

Felisberto & Rodrigues [2010, como *C. sexnotatum* Gutwinski var. *tristiatum* (Lütkemuller) Schmidle, erro tipográfico] identificaram a maior convexidade das margens laterais e os grânulos mais conspícuos como características fundamentais na separação da var. *tristriatum* (Lütkemuller) Schmidle da típica da espécie. O material ilustrado por essas autoras não representa, entretanto, de maneira satisfatória, *C. sexnotatum* Gutwinski var. *tristriatum* (Lütkemuller) Schmidle; lembra, isto sim, *Cosmarium seelyanum* Wolle em razão da crenulação das margens laterais divergentes para o ápice das semicélulas e dos ângulos apicais claramente pronunciados. Na dúvida, optamos por não considerar tal referência no presente estudo.

O atual registro da var. *tristriatum* (Lütkemuller) Schmidle no Estado de São Paulo está de acordo com o de Förster (1982) para a Europa Central.

No Brasil, *C. sexnotatum* Gutwinski var. *tristriatum* (Lütkemuller) Schmidle ocorre, além de São Paulo (Bicudo 1969), também nos Estados do Pará (Grönblad 1945, Costa *et al.* 2014; ver comentários anteriores) e do Paraná (Felisberto & Rodrigues 2010; ver Comentários anteriores).

COSMARIUM SIMPLICIUS (WEST & WEST) GRÖNBLAD VAR. *SIMPLICIUS* (FIG. 166)

Societatis Scientiarum Fennicae, Commentationes Biologicae 3(17): 7. 1931.

Basiônimo: *Cosmarium elegantissimum* Lundell var. *simplicius* West & West, Journal of the Linnean Society of London, Botany 33: 308. 1898.

Célula 1,9-2,1 vezes mais longa que larga, 31-35 µm compr., 16-17 µm larg., istmo 12-13 µm larg., constrição mediana rasa, seno mediano levemente escavado; semicélulas oblongas, base retangular, ângulos basais acutangulares, margens laterais retas a inconspicuamente convexas, paralelas, ângulos apicais arredondados, margem apical amplamente convexa; parede celular granulosa, grânulos dispostos em ca. 7 séries verticais e ca. 6 séries horizontais regulares, 16 grânulos visíveis na margem da semicélula, cloroplastídio com 2 pirenoides; vistas lateral da semicélula e apical da célula não observadas.

Distribuição geográfica no Estado de São Paulo

Em literatura: **Municípios de São Paulo e Pirassununga**, como *Cosmarium elegantissimum* Lundell var. *simplicius* West & West, forma não nomeada (Borge 1918).

Material examinado: **Município de Igaratá** (SP371019).

Comentários

Lundell (1871) descreveu *Cosmarium elegantissimum* Lundell com base na ornamentação da parede celular, com grânulos geminados dispostos em séries horizontais e nos limites métricos dos indivíduos de 82-88 x 33-37 μm. Ao documentar a existência de exemplares menores e ornados com grânulos não geminados, West & West (1898) propuseram a var. *simplicius*. Grönblad (1931) questionou a separação da variedade-tipo de *C. elegantissimum* Lundell e a var. *simplicius* West & West e afirmou que ambas deveriam ser consideradas espécies separadas e, portanto, efetuou a combinação *C. simplicius* (West & West) Grönblad.

Além de *C. simplicius* (West & West) Grönblad, Guiry & Guiry (2016) apresentaram os seguintes sinônimos para a espécie: *C. elegantissimum* Lundell f. *minus* ("*minor*") W. West (= *C. elegantissimum* Lundell var. *minor* W. West) e *C. elegantissimum* Lundell f. *minus* W. West. Seguimos no presente trabalho essa sinonimização.

O material de *C. simplicius* (West & West) Grönblad que ocorre no Estado de São Paulo apresenta morfologia que encaixa plenamente na circunscrição original da espécie, entretanto, com limites métricos bem menores do que descrito na literatura. Tal característica também foi observada nos espécimes da Bahia estudados por Oliveira *et al.* (2011, como *C. elegantissimum* Lundell var. *minor* W. West) e do Rio de Janeiro por Sophia (1991, como *C. elegantissimum* Lundell var. *elegantissimum* f. *minor* W. West).

Sophia *et al.* (2005) registraram a presença de *C. simplicius* (West & West) Grönblad no Estado do Rio Grande do Sul. Contudo, na ilustração da espécie nesse trabalho consta um espécime com cloroplastídio com um pirenoide por semicélula, característica esta de outra espécie bastante semelhante, *Cosmarium pseudamoenum* Wille. *Cosmarium simplicius* (West & West) Grönblad apresenta cloroplastídio com dois pirenoides, conforme ilustrado por Prescott *et al.* (1981: pl. 288, fig. 1).

Os indivíduos reportados por Coesel (1991) de material dos Países Baixos estão de acordo com os do presente estudo, exceto pelas maiores dimensões celulares (47-64 x 21-28 µm). O autor antes citado identificou os indivíduos em amostras de águas mesotróficas.

A presença de C. *simplicius* (West & West) Grönblad no Brasil foi registrada nos Estados da Bahia (Oliveira *et al.* 2011, como C. *elegantissimum* Lundell f. *minor* W. West), Pará (Grönblad 1945, como C. *elegantissimum* Lundell var. *simplicius* f., Costa *et al.* 2014), Rio Grande do Sul (Bicudo & Ungaretti 1986, como C. *elegantissimum* Lundell f. *minus* West, Torgan *et al.* 2001) e Rio de Janeiro (Sophia 1991).

COSMARIUM SPECIOSUM LUNDELL VAR. *SPECIOSUM* F. *MINUS* FÖRSTER (FIG. 167)

Ergebnisse des Forschungsunternehmens Nepal Himalaya 2: 48, pl. 4, fig. 14. 1965.

Célula ca. 1,5 vezes mais longa que larga, 35-45 µm compr., 24-30 µm larg., istmo 8-11 µm larg., constrição mediana profunda, seno mediano linear, ápice levemente dilatado; semicélulas sub-retangulares, ângulos basais levemente arredondados, margens laterais retas, convergentes para o ápice, crenuladas, 6-8 crenulações laterais, ângulos apicais arredondados, margem apical levemente truncada, 4-5 crenulada; parede celular granulosa, crenulada, grânulos simples, regularmente dispostos em séries radiais, concêntricas, 4 grânulos em cada série vertical na face mediana da semicélula, 4-5 grânulos em cada série, cloroplastídio não observado; vistas lateral da semicélula e apical da célula não observadas.

DISTRIBUIÇÃO GEOGRÁFICA NO ESTADO DE SÃO PAULO

EM LITERATURA: Nada consta.

MATERIAL EXAMINADO: **Município de Assis** (SP239089), **Município de Barretos** (SP255772) e **Município de Tremembé** (SP188437).

COMENTÁRIOS

A f. *minus* Förster foi descrita a partir de material coletado no Nepal e difere da típica da espécie apenas pelas dimensões celulares relativamente menores: 38-41 x 24-25,5 µm, ist. 10-13 µm larg. (Förster 1965a). As características morfológicas dos exemplares dos três municípios em que a f. *minus* Förster ocorreu no Estado de São Paulo concordaram com aquelas em Prescott *et al.* (1981) para material da América do Norte, com a leve diferença no formato da semicélula, cujo ápice do material de São Paulo é comparativamente mais amplo.

Em nível mundial, *Cosmarium speciosum* Lundell var. *speciosum* f. *minus* Förster ocorre só na América do Norte e na Ásia (Prescott *et al.* 1981). A presente citação é a primeira de sua ocorrência no Brasil e na América do Sul.

COSMARIUM SPECIOSUM LUNDELL VAR. *SIMPLEX* NORDSTEDT F. *INTERMEDIA* WILLE (FIG. 168)

Öfversigt af Kungliga VetenskapsAkademiens Förhandlingar 5: 41, pl. 12, fig. 29. 1879.

Célula 1,4-1,6 vezes mais longa que larga, 32-38 µm compr., 23-24 µm larg., istmo 7-10 µm larg., constrição mediana profunda, seno mediano linear, levemente dilatado no ápice; semicélulas sub-retangulares, atenuadas para o ápice, ângulos basais levemente arredondados, margens laterais convergentes, crenuladas, 4-5 crenulações, ângulos apicais arredondados, margem apical truncada, crenulada; parede celular granulosa, crenulada, grânulos simples, regularmente dispostos em séries radiais, concêntricas, 3-4 grânulos em cada série, cloroplastídio com 1 pirenoide; vistas lateral da semicélula e apical da célula não observadas.

DISTRIBUIÇÃO GEOGRÁFICA NO ESTADO DE SÃO PAULO

EM LITERATURA: Nada consta.

MATERIAL EXAMINADO: **Município de Barra Bonita (SP255742)**, **Município de Barretos (SP255772)** e **Município de Novo Horizonte (SP370950)**.

COMENTÁRIOS

Cosmarium speciosum Lundell apresenta de seis a nove séries verticais de grânulos na face da semicélula, situados imediatamente acima do istmo, cada série com quatro ou cinco grânulos. Tais séries verticais estão ausentes ou são bastante inconspícuas nos representantes da var. *simplex* Nordstedt da espécie, nos quais as semicélulas também são mais atenuadas no sentido do ápice e apresentam grânulos simples. Adicionalmente, a var. *simplex* Nordstedt f. *intermedia* Wille em pauta é caracterizada pelas suas menores dimensões celulares.

Förster (1982) considerou os indivíduos representativos da presente variedade idênticos aos da típica da espécie. Contudo, corroborando Croasdale & Flint (1988) considerou-se no presente estudo as seguintes características suficientes para a circunscrição de uma variedade distinta: (1) semicélula mais atenuada no sentido do ápice e (2) diminuição e até ausência dos grânulos centrais.

Cosmarium speciosum Lundell var. *simplex* Nordstedt f. *intermedia* Wille ocorre na América do Norte e no Ártico (Prescott *et al.* 1981). A presente citação de ocorrência da f. *intermedia* Wille é pioneira para o Brasil e, consequentemente, para o Estado de São Paulo.

Cosmarium spyridion West & West var. *spyridion* (Fig. 169)

Transactions of the Linnean Society of London: sér. 2, 5(2): 64, pl. 7, fig. 26. 1895.

Célula tão longa quanto larga a pouco mais longa que larga, 12-14 µm compr., 12-13 µm larg., istmo 3-4 µm larg., constrição mediana moderada, seno mediano aberto, obtuso; semicélulas hegaxonal-elípticas, ângulos basais retos, margens laterais levemente convexas, ângulos apicais arredondados, margem apical saliente, reta, 1 concavidade entre as margens laterais e apical; parede celular parcialmente granulosa, 4 grânulos intramarginais apicais, 3 grânulos intramarginais laterais, face da semicélula com 1 papila, cloroplastídio com 1 pirenoide; vista lateral das semicélulas circular, margem apical truncada, 1 papila nas margens de cada lado, vista apical da célula não observada.

Distribuição geográfica no Estado de São Paulo

Em literatura: Nada consta.

Material examinado: **Município de Igaratá** (SP371019), **Município de Pitangueiras** (SP355382), **Município de São Paulo** (SP239097) e **Município de Sorocaba** (SP139737).

Comentários

Grönblad (1945) propôs *Cosmarium pseudoblyttii* com base em material da Fazenda Taperinha, Estado do Pará, com as seguintes dimensões: célula 14 x 13-16 µm, istmo 5,7-6,9 µm larg.

Quando *C. pseudoblyttii* Grönblad é comparado com *Cosmarium spyridion* West & West proposto a partir de material de Madagascar, na África, verifica-se serem extremamente semelhantes. Desta forma, no caso de sinonímia, obedecendo os Artigos 11 e 15 do ICN (Turland *et al.* 2018), *C. spyridion* West & West deve prevalecer como o nome válido por ser o mais antigo publicado efetivamente. Consequentemente, *C. pseudoblyttii* Grönblad deve ser considerado seu sinônimo.

Scott & Prescott (1961) documentaram a ocorrência de *C. spyridion* West & West na Indonésia através da ilustração e das medidas de um único espécime: 13 x 13 µm, ist. 5 µm larg.

Oliveira *et al.* (2011) registraram a presença de *C. spyridium* West & West na Bahia, embora com leves diferenças morfológicas quando comparado com a descrição original em

West & West (1895), especialmente no que diz respeito à papila presente na face da semicélula, que é menor nos espécimes da Bahia. No entanto, as ilustrações em Oliveira *et al.* (2011) são também um pouco diferentes por não apresentarem o seno mediano aberto como em West & West (1895) e no presente material do Estado de São Paulo.

Os atuais espécimes do Estado de São Paulo apresentaram comprimento celular levemente maior do que descrito originalmente por West & West (1895: 11,5-12,5 x 12,5-13,5 µm, ist. 5,5-6,5 µm larg.), mas coincidente com Oliveira *et al.* (2011: 12-14,5 x 14-17 µm, ist. 5,5-8,5 µm larg., como C. *spyridium* West & West).

Mundialmente, *C. spyridion* West & West é conhecido da África, da América do Sul e da Ásia (Scott & Prescott 1961, Guiry & Guiry 2016). Especificamente no Brasil, foi documentado para a Bahia (Oliveira *et al.* 2011, como C. *spyridium* West & West) e para o Pará (Grönblad 1945, como C. *pseudoblyttii* Grönblad, Costa *et al.* 2014, como *C. spyridium* West & West). A presente é a primeira citação da ocorrência da espécie no Estado de São Paulo.

COSMARIUM SUBHAMMERI RICH VAR. *ITALICUM* GRÖNBLAD (FIG. 170)

Acta Societatis Scientiarum Fennicae 22(4): 42, pl. 4, fig. 82-84. 1960.

Célula ca. 1,3 vezes mais longa que larga, 21-24 µm compr., 16-19 µm larg., istmo 5-6 µm larg., constrição mediana profunda, seno mediano linear, fechado; semicélulas subhexagonal-oblongas, ângulos basais obtusangulares, margens laterais angulosas, porção basal da margem lateral levemente convexa, porção superior levemente convexa a retusa, divergente para o ápice, ângulos apicais levemente arredondados, margem apical reta; parede celular lisa na maior parte, com 2 verrugas subapicais, cloroplastídio com 1 pirenoide; vista lateral da semicélula não observada, vista apical da célula elíptica, 2 grânulos na região mediana de cada margem.

DISTRIBUIÇÃO GEOGRÁFICA NO ESTADO DE SÃO PAULO

EM LITERATURA: Nada consta.

MATERIAL EXAMINADO: **Município de Sorocaba** (SP139737) e **Município de Tambaú** (SP113574).

COMENTÁRIOS

Grönblad (1960) propôs esta variedade ao estudar material oriundo da Itália caracterizando-o pelas células destituídas de ápice elevado e semicélulas subhexagonal-oblongas. De acordo com o mesmo autor, as duas verrugas subapicais são de difícil visualização se a célula estiver preenchida com protoplasma.

Oliveira *et al.* (2011) registraram a presença de *Cosmarium subhammeri* Rich pioneiramente para o Brasil, no entanto, o espécime que ilustraram (Oliveira *et al.* 2011: fig. 25-26) deve ser, muito provavelmente, um representante de *C. subhammeri* Rich var. *italicum* Grönblad; além do que os referidos autores mencionaram não ser pronunciado o ápice da semicélula dos espécimes examinados. Assim sendo, consideramos o atual registro o primeiro da ocorrência da variedade no território brasileiro.

Mundialmente, *C. subhammeri* Rich var. *italicum* Grönblad ocorria só na Europa (Grönblad 1960, Guiry & Guiry 2016). A presente citação é a primeira da ocorrência da var. *italicum* Grönblad no Estado de São Paulo e também no Brasil.

COSMARIUM SUBPRAEMORSUM BORGE VAR. *SUBPRAEMORSUM* (FIG. **171**)

Arkiv för Botanik 15(13): 27, pl. 2, fig. 18. 1918.

Célula 1,2-1,5 vezes mais longa que larga, 44-47 µm compr., 35-39 µm larg., istmo 10-11 µm larg., constrição mediana profunda, seno mediano fechado, abrindo externamente, levemente dilatado no ápice; semicélulas subsemicirculares a levemente reniformes, ângulos basais arredondados, margens laterais convexas, ângulos apicais arredondados, margem apical subtruncada; parede celular granulosa, 4-6 grânulos nas margens laterais, margem apical lisa, série intramarginal de grânulos concêntricos, 5 grânulos maiores na série mais externa, 1-2 grânulos supraistmiais medianos presentes ou ausentes, cloroplastídio não observado; vista lateral das semicélulas obovada-circular, vista apical da célula elíptica, margens granulosas, 1 série de grânulos intramarginais, os da região mediana maiores.

DISTRIBUIÇÃO GEOGRÁFICA NO ESTADO DE SÃO PAULO

EM LITERATURA: **Município de Pirassununga** (Borge 1918).

MATERIAL EXAMINADO: **Município de Pirassununga** (descrição e ilustração em Borge 1918).

COMENTÁRIOS

Borge (1918) descreveu a espécie após estudar material coletado em Pirassununga, no Estado de São Paulo e citou *Cosmarium praemorsum* Brébisson, *Cosmarium poltaviense* Petlovani (como *Cosmarium subreniforme* Alexenko no texto original) e *Cosmarium pilgeri* Schmidle como as espécies morfologicamente mais próximas de sua nova espécie, porém, sem detalhar tais semelhanças. *Cosmarium praemorsum* Brébisson difere das três espécies por apresentar grânulos de tamanho homogêneo por toda a face da semicélula.

Grönblad (1945) propôs uma nova variedade, *Cosmarium subpraemorsum* Borge var. *asymmetricum*, a partir de espécimes do Pará com base na diferença na disposição dos grânulos. Todavia, Förster (1969) avaliou mais espécimes coletados no Pará e sinonimizou a referida variedade de Grönblad com a típica da espécie, em razão da variabilidade morfológica que a var. *asymmetricum* Grönblad pode apresentar em relação à disposição dos referidos grânulos.

Ungaretti (1981a) inventariou as desmídias de um arroio no Rio Grande do Sul e identificou C. *subpraemorsum* Borge, mas apresentou apenas medidas e uma ilustração pouco informativa sobre a granulação da parede dos indivíduos que examinou.

O material registrado em Borge (1918) para o Estado de São Paulo concordou com aquele da América do Norte em Prescott *et al.* (1981).

No Brasil, além do Estado de São Paulo, C. *subpraemorsum* Borge foi citado para o Pará (Grönblad 1945, como C. *subpraermosum* Borge var. *asymmetricum* Grönblad, Förster 1969, Thomasson 1977, Costa *et al.* 2014) e o Rio Grande do Sul (Ungaretti 1981a, Torgan *et al.* 2001).

COSMARIUM SUBSPECIOSUM NORDSTEDT VAR. *SUBSPECIOSUM* (FIG. 172)

Öfversigt af Kungliga VetenskapsAkademiens Förhandlingar 22(6): 13. 1875.

Célula 1,2-1,5 vezes mais longa que larga, 34-60 µm compr., 29-41 µm larg., istmo 9-15 µm larg., constrição mediana profunda, seno mediano fechado, levemente dilatado no ápice; semicélulas piramidal-truncadas a subsemicirculares, ângulos basais sub-retangulares, margens laterais levemente convexas, crenuladas, 6-8 crenulações, granulosas, ângulos apicais arredondados, margem apical truncada, 4 crenulações; parede celular crenulada, granulosa, grânulos estendendo em séries radiais a partir de cada crenulação até à região mediana da semicélula, crenulações pareadas (geminadas) na região apical, únicas no sentido da região mediana, grânulos simples a partir das margens laterais, face da semicélulas com 1 protrusão mediana, grânulos dispostos em 5-6 séries subverticais a irregulares, cloroplastídio com 2 pirenoides; vista lateral da semicélula subovada, ápice truncado, granuloso, região inferior das margens laterais infladas, vista apical da célula elíptica, polos arredondados, inflação mediana em cada lado da margem.

Distribuição geográfica no Estado de São Paulo

Em literatura: **Municípios de Pirassununga** e **São Paulo** (Borge 1918).

Material examinado: **Município de Araras** (SP371024, SP365714), **Município de Arujá** (SP130815), **Município de Avaí** (SP139747), **Município de Barra Bonita** (SP255742), **Município de Barretos** (SP255772), **Município de Bragança Paulista** (SP188324), **Município de Buri** (SP371025), **Município de Cerqueira César**

(SP336348), **Município de Descalvado** (SP371023), **Município de Iepê** (SP370954), **Município de Itatinga** (SP365712), **Município de Itu** (SP139733), **Município de Jaú** (SP130426), **Município de Joanópolis** (SP371022), **Município de Mococa** (SP113553), **Município de Moji Guaçu** (SP113662), **Município de Novo Horizonte** (SP336349, SP370950), **Município de Olímpia** (SP365707), **Município de Orlândia** (SP355380), **Município de Palmital** (SP370973), **Município de Paraíso** (SP365706), **Município de Pedro de Toledo** (SP365691), **Município de Pirassununga** (SP123888), **Município de Ponta Linda** (SP370957), **Município de Pontes Gestal** (SP114558), **Município de Ribeirão Bonito** (SP365688), **Município de Santa Rita do Oeste** (SP355394), **Município de Santo Antônio de Aracanguá** (SP355386), **Município de São Carlos** (SP104699), **Município de São Paulo** (SP188322), **Município de São Pedro do Turvo** (SP355399), **Município de Sarapuí** (SP365711), **Município de Sertãozinho** (SP365702), **Município de Tambaú** (SP113574, SP370948) e **Município de Tatuí** (SP365710).

Comentários

Nordstedt (1875a) descreveu *Cosmarium subspeciosum* ao estudar 130 amostras coletadas em território sueco por F.R. Kjellman entre 1872 e 1873, durante a expedição Nordenskiöldin ao Lago Tanganyika, na África. Algumas características diagnósticas da espécie incluem semicélulas quase semicirculares a gradualmente mais estreitas a partir da base, com a protrusão mediana ora com grânulos em séries verticais, ora em séries irregulares, radiais.

Sugere-se que *C. subspeciosum* Nordstedt var. *subspeciosum* f. *brasiliense* proposto por Förster (1969) a partir de material da Amazônia e que difere da forma típica da espécie apenas pela disposição dos grânulos em 5-6 séries verticais, com a primeira série de grânulos levemente mais conspícuos, não se sustente quando avaliada face à descrição original da espécie em Nordstedt (1875a). Consequentemente, *C. subspeciosum* Nordstedt var. *subspeciosum* f. *brasiliense* Förster deve ser considerada idêntica à forma-tipo da espécie e, nomenclaturalmente, seu sinônimo.

Nordstedt (1875a) também documentou a presença de espécimes com dimensões concordantes com as do material do presente estudo (41-48 x 30-36 μm, ist. 13-16 μm larg.). No entanto, deixou em dúvida a quantidade de pirenoides presentes em cada semicélula: se um ou dois. Wille (1884) mencionou a ocorrência de *C. subspeciosum* Nordstedt em Rio D'Ouro, Estado do Rio de Janeiro, após estudar coletas realizadas por Glaziou, mas, não forneceu descrição nem ilustração do material estudado, apenas as medidas de um espécime: 54 x 40 μm, ist. 16 μm larg.

West & West (1908) registraram a ocorrência de *C. subspeciosum* Nordstedt var. *subspeciosum* nas ilhas britânicas com dimensões de 41-50,4 x 28,8-36 μm, ist. 12-16,2 μm larg. Os referidos autores diferenciaram *C. subspeciosum* Nordstedt de *Cosmarium speciosum* Lundell pela proporção entre o comprimento e a largura da célula, pelas semicélulas relativamente mais piramidais e pela protrusão mediana menor e mais arredondada em *C. subspeciosum* Nordstedt, contudo, sem as séries horizontais de grânulos em Nordstedt (1875a). Ainda, diferiram-no de *Cosmarium pulcherrimum* Nordstedt pela forma das semicélulas menos convexa e mais truncada no ápice; e de *Cosmarium binum* Nordstedt pelas crenulações emarginadas mais conspícuas, ápice mais amplo e a protrusão mediana facial.

Prescott *et al.* (1981) documentaram a presença de indivíduos com limites métricos ampliados (41-64 x 28-53 μm, ist. 12-24 μm larg.) na América do Norte tanto em relação à descrição original da espécie, quanto à do material do presente estudo. Para a região central da Europa, Förster (1982) documentou indivíduos com dimensões e morfologia concordantes com as do presente estudo. O mesmo foi visto em relação às populações da Nova Zelândia (Croasdale & Flint 1988).

Borge (1903) registrou a presença da espécie no Estado de Mato Grosso, em Coxipó, mas sem fornecer descrição, medidas e ilustração do material estudado. Tal informação aparece somente na forma não nomeada proposta pelo mesmo autor (Borge 1903) a partir de material coletado no Município de Porto Alegre, Estado do Rio Grande do Sul. Esta forma foi caracterizada por apresentar um tumor basal granulado, com os grânulos dispostos em ca. 5 séries verticais (jamais horizontais), grânulos a partir da margem dispostos em séries radiais e concêntricas, duas ou três séries mais externas com grânulos duplos, séries interiores com grânulos simples e dimensões de 46 x 35,5 μm, ist. 13 μm larg.

As dimensões propostas por Borge (1918: 40-47 x 29-36 μm, ist. 11,5-13 μm larg.) obtidas das populações coletadas no Município de São Paulo coincidem com aquelas do material do presente estudo. Borge (1925) fez menção a Borge (1903) ao registrar a existência de *C. subspeciosum* Nordstedt nos Estados do Rio de Janeiro e Mato Grosso.

As diferenças registradas nas populações originárias do Estado de São Paulo ocorreram de forma pouco marcada em relação à granulação das séries faciais, à protrusão mediana e às dimensões celulares. No geral, as populações de São Paulo concordaram com as do Rio Grande do Sul estudadas por Franceschini (1992), Felisberto & Rodrigues (2004) a partir de espécimes de Goiás, Felisberto & Rodrigues (2008, 2010), Bortolini *et al.* (2010a), Menezes *et al.* (2011) e Aquino *et al.* (2014) de espécimes do Paraná e Estrela *et al.* (2011, forma típica e f. *brasiliense* Förster, ver comentários anteriores) de espécimes do Distrito Federal.

Cosmarium subspeciosum Nordstedt var. *subspeciosum* ocorre no Brasil, além do Estado de São Paulo, também no Amazonas (Förster 1969, f. *brasiliense* Förster), Goiás (Felisberto & Rodrigues 2004), Mato Grosso (Borge 1903, 1918, forma não nomeada, Borge 1925, forma não nomeada, De-Lamonica-Freire 1989, Freitas & Loverde-Oliveira 2013), Paraná (Silva & Cecy 2004, f. *brasiliense* Förster, Felisberto & Rodrigues 2005a, 2005b, 2008, 2010, Araújo *et al.* 2010, Bortolini *et al.* 2010a, Menezes *et al.* 2011, Aquino *et al.* 2014, Neif *et al.* 2014), Rio de Janeiro (Wille 1884), Rio Grande do Sul (Borge

1903, forma não nomeada, 1918, forma não nomeada, Bicudo & Martau 1974, forma não nomeada, Franceschini 1992, Torgan *et al.* 2001), Rondônia (Feitosa *et al.* 2015) e Distrito Federal (Estrela *et al.* 2011).

COSMARIUM SUBSPECIOSUM NORDSTEDT VAR. *VALIDIUS* NORDSTEDT (FIG. 173)

Bihang till Kungliga Svenska Vetenskaps-Akademiens Handlingar 22(8): 49, pl. 5, fig. 10. 1888.

Célula ca. 1,4 vezes mais longa que larga, 73-98 μm compr., 52-72 μm larg., istmo 10-15 μm larg., constrição mediana profunda, seno mediano fechado, levemente dilatado no ápice; semicélulas piramidal-truncadas a semicirculares, ângulos basais sub-retangulares, margens laterais levemente convexas, crenuladas, ângulos apicais arredondados, margem apical truncada a levemente convexa, crenulada; parede celular crenulada, 22-25 crenulações, granulosa, grânulos estendendo a partir de cada crenulação em séries radiais até à região mediana da semicélula, crenulações pareadas (geminadas) na região apical, únicas no sentido da região mediana, grânulos simples a partir das margens laterais, face da semicélulas com 1 protrusão mediana, grânulos dispostos em séries subverticais, às vezes grânulos geminados formando espessamentos, primeira série de grânulos acima do istmo às vezes mais conspícua, cloroplastídio com 2 pirenoides; vista lateral das semicélulas subovada, ápice truncado, granuloso, região inferior das margens laterais infladas, vista apical da célula elíptica, polos arredondados, inflação mediana em cada lado da margem.

DISTRIBUIÇÃO GEOGRÁFICA NO ESTADO DE SÃO PAULO

EM LITERATURA: **Município de Luiz Antônio**, Estação Ecológica de Jataí (Taniguchi *et al.* 2003).

MATERIAL EXAMINADO: **Município de Álvares Florence** (SP355381), **Município de Araras** (SP365714, SP371024), **Município de Arujá** (SP130815), **Município de Buri** (SP371025), **Município de Cerqueira César** (SP336348), **Município de Cotia** (SP114516), **Município de Divinolândia** (SP365697), **Município de Ibirá** (SP113497), **Município de Iporanga** (SP365708), **Município de Itatinga** (SP365712), **Município de Novo Horizonte** (SP336349, SP370950), **Município de Olímpia** (SP365707), **Município de Orlândia** (SP355380), **Município de Pedro de Toledo** (SP365691), **Município de Pirassununga** (SP123888), **Município de Piratininga** (SP139750), **Município de Salesópolis** (SP123881), **Município de São Paulo** (SP239097) e **Município de Tatuí** (SP365710).

COMENTÁRIOS

Nordstedt (1888) propôs *Cosmarium subspeciosum* Nordstedt var. *validius* de coletas realizadas na Nova Zelândia. O referido autor distinguiu-a da variedade-tipo da espécie pelas maiores dimensões da célula (68-84 x 47-53 µm, ist. 22 µm larg.) e pela maior protrusão mediana, de formato subelíptico e ornamentada com nove séries de grânulos verticais e nove ou 10 crenulações nas margens laterais. Nordstedt (1888) comentou ainda a semelhança de *C. subspeciosum* Nordstedt var. *validius* Nordstedt com *Cosmarium binum* Nordstedt, que apresenta os ângulos inferiores das semicélulas mais arredondados, margem apical 6-crenada e grânulos marginais duplos. O atual material proveniente do Estado de São Paulo concordou em suas características morfológicas com as da descrição original da variedade em Nordstedt (1888), exceto pelas dimensões celulares, que foram maiores no presente estudo.

Borge (1903) mencionou a ocorrência da var. *validius* Nordstedt nos Estados do Rio Grande do Sul e de Mato Grosso (Borge 1918), no entanto, sem fornecer descrição ou medidas do material examinado. Sem possibilidade de confirmar a identificação desse material, tal citação foi desconsiderada no presente estudo. Francheschini (1992) também registrou a presença da var. *validius* Nordstedt no Rio Grande do Sul fornecendo apenas medidas (80-86 x 59-60 µm, ist. 16-19 µm larg.) e ilustração. Taniguchi *et al.* (2003) registraram a presença, aparentemente, de um único espécime da referida variedade na comunidade perifítica de um ambiente aquático da Estação Ecológica de Jataí, no Estado de São Paulo. Esse indivíduo apresentou semicélula trapeziforme e dimensões celulares de 86,8 x 62 µm, ist. 21,7 µm larg.

No Estado do Paraná, Silva & Cecy (2004) identificaram populações de *C. subspeciosum* Nordstedt var. *validius* Nordstedt no reservatório da Usina Hidrelétrica de Salto Caxias, com dimensões celulares de 70-90 x 54-60 µm, ist. 15-16 µm larg. Felisberto & Rodrigues (2008) mencionaram a ocorrência da referida variedade em amostras do Reservatório de Salto do Vau através de exemplares com dimensões celulares condizentes com aquelas dos indivíduos do presente estudo (77-98,4 x 61,9-69,6 µm, ist. 18-22 µm larg.). Bortolini *et al.* (2010) encontraram indivíduos com maior número de crenulações (27 a 29) em um reservatório urbano (Lago Municipal de Cascavel) e limites métricos concordantes com os do material do presente estudo (77,8-98,6 x 52,4-66,4 µm, ist. 15,8-28,6 µm larg.). Nesse mesmo ambiente, Aquino *et al.* (2014) reportaram a identificação de indivíduos representantes de *C. subspeciosum* Nordstedt var. *validius* Nordstedt com dimensões celulares relativamente menores (72,6-86 x 51,8-59,8 µm, ist. 16,7-21,4 µm larg.).

Os atuais representantes de *C. subspeciosum* Nordstedt var. *validius* Nordstedt do Estado de São Paulo estão de acordo com aqueles em Prescott *et al.* (1981) identificados de material da América do Norte e em Croasdale & Flint (1988) da Nova Zelândia. As autoras por último mencionadas comentaram que os exemplares neozelandeses ocorreram em águas acidófilas, oligo a mesotróficas. Förster (1982) reportou para a Europa Central populações com dimensões celulares levemente menores do que as de São Paulo (58-85 x 41-56 µm).

A referida variedade foi citada, além do Estado de São Paulo, também para Mato Grosso (Borge 1903), Paraná (Bortolini *et al.* 2010a, Silva & Cecy 2004, Sophia *et al.* 2004, Felisberto & Rodrigues 2005a, 2008, 2010, Araújo *et al.* 2010, Aquino *et al.* 2014) e Rio Grande do Sul (Franceschini 1992, Torgan *et al.* 2001).

COSMARIUM SUBTRINODULUM WEST & WEST VAR. *SUBTRINODULUM* (FIG. 174)

Journal of Botany 38: 292, pl. 412, fig. 11. 1900.

Célula ca. 1,1 vezes mais longa que larga, 26-33 µm compr., 23-30 µm larg., istmo 7-8 µm larg., constrição mediana profunda, seno mediano fechado, levemente dilatado no ápice; semicélulas transversalmente piramidal-oblongas, ângulos basais amplamente arredondados, obtusos, margens laterais convexas, levemente 3-onduladas, ângulos apicais arredondados, margem apical truncada a levemente convexa; parede celular parcialmente granulosa, escrobiculada, pontuada, 3 verrugas subapicais, dispostas subtransversalmente, anel de escrobiculações ao redor de cada protuberância, pontuação na região apical, cloroplastídio com 2 pirenoides; vista lateral da semicélula não observada, vista apical da célula elíptica, 3 ondulações de cada lado na região mediana.

DISTRIBUIÇÃO GEOGRÁFICA NO ESTADO DE SÃO PAULO

EM LITERATURA: Nada consta.

MATERIAL EXAMINADO: **Município de Salmourão** (SP370967).

COMENTÁRIOS

As dimensões celulares de *Cosmarium subtrinodulum* em West & West (1908: 47,5 x 39 µm, ist. 11,5 µm larg.) obtidas de material da Inglaterra e por Prescott *et al.* (1981: 47,7-48 x 39 µm, ist. 11,5 µm larg.) de material dos Estados Unidos são relativamente maiores do que as registradas de material do Estado de São Paulo. Desta maneira, sugere-se que a população paulista possa ser proposta como uma nova forma taxonômica em razão de suas dimensões celulares significativamente menores. Tal proposição ocorrerá após publicação, conforme Art. 6 do ICN (Turland *et al.* 2018).

West & West (1908) discutiram a semelhança de *C. subtrinodulum* West & West var. *subtrinodulum* e *Cosmarium trinodulum* Nordstedt, mas o primeiro é suficientemente diferente na disposição dos nódulos da região superior da margem das semicélulas, nos ângulos basais mais arredondados, na disposição das protuberâncias centrais e suas escrobiculações, na vista apical inflada e na parede celular mais espessa.

Em nível mundial, C. *subtrinodulum* West & West var. *subtrinodulum* ocorre na América do Norte e na Europa (Prescott *et al.* 1981, Guiry & Guiry 2016). Esta citação é o primeiro registro da presença da espécie no Brasil e, por conseguinte, no Estado de São Paulo.

COSMARIUM TRACHYPLEURUM LUNDELL VAR. *MINUS* RACIBORSKI (FIG. 175)

Sprawozdanie Komisyi Fizyograficznej Akademia Umiejêtnoœci w Krakowie 19: 11, pl. 1, fig. 5. 1884.

Célula pouco mais longa que larga, ca. 30 µm compr., ca. 29 µm larg., istmo ca. 9 µm larg., constrição mediana profunda, seno mediano linear, levemente dilatado no ápice; semicélulas sub-reniforme-oblongas, ângulos basais arredondados, margens laterais convexas, ângulos apicais obtusamente arredondados, margem apical truncada, levemente convexa; parede celular granulosa, denticulada, pontuada, 2 séries de dentículos intramarginais, 7 grânulos grandes, arredondados, na região mediana da semicélula, dispostos irregularmente, pontuação entre os grânulos, cloroplastídio com 2 pirenoides; vista lateral da semicélula não observada, vista apical célula elíptica.

DISTRIBUIÇÃO GEOGRÁFICA NO ESTADO DE SÃO PAULO

EM LITERATURA: Nada consta.

MATERIAL EXAMINADO: **Município de Ibitinga** (SP365704).

COMENTÁRIOS

A presente var. *minus* Raciborski é diferente da típica da espécie nas menores dimensões celulares, semicélula relativamente mais oblonga, com os grânulos acuminados e marginais laterais continuando na margem apical (Prescott *et al.* 1981). Além disso, os referidos autores também comentaram que tanto esta quanto as demais variedades da espécie são mais comumente encontradas do que a variedade-tipo.

Apesar de havermos encontrado apenas um espécime desta variedade, as características diagnósticas tanto da espécie quanto da variedade puderam ser identificadas sem problemas.

Em âmbito mundial, *Cosmarium trachypleurum* Lundell var. *minus* Raciborski foi encontrado na América do Norte, Ártico, Ásia, Europa e Oceania (Prescott *et al.* 1981, Guiry & Guiry 2016). Tanto para o Estado de São Paulo quanto para o Brasil, a presente citação de ocorrência é pioneira.

Cosmarium vexatum W. West var. *vexatum* (Fig. 176)

Journal of the Royal Microscopical Society 1892: 727, pl. 9, fig. 33. 1892.

Célula pouco até ca. 1,2 vezes mais longa que larga, 30-34 µm compr., 26-31 µm larg., istmo 9-10 µm larg., constrição mediana profunda, seno mediano linear, levemente dilatado no ápice; semicélulas piramidal-truncadas, ângulos basais arredondados, margens laterais convexas, onduladas, 4-5 ondulações, ângulos apicais obtusos, margem apical truncada, subondulada, às vezes reta; parede celular granulosa, grânulos intramarginais esparsos, dispostos subconcentricamente, às vezes sub-radialmente, diminuindo de tamanho para a região mediana da semicélula, centro da face mediana da semicélula liso, cloroplastídio com 2 pirenoides; vista lateral da semicélula e apical da célula não observadas.

Distribuição geográfica no Estado de São Paulo

Em literatura: **Município de Rosana**, Reservatório de Rosana (Bicudo *et al.* 1992).

Material examinado: **Município de Descalvado** (SP371023), **Município de Paraíso** (SP365706) e **Município de São Paulo** (SP130972).

Comentários

As populações de material do Estado de São Paulo atualmente identificadas apresentaram as margens laterais das semicélulas convexas, com menor número de ondulações (4-5) que são, porém, bastante conspícuas e de aspecto quase crenulado. Além disso, as dimensões celulares dos espécimes nesse material foram menores do que as registradas em Prescott *et al.* (1981: 41-43 x 36-38 µm, ist. 13,5-14 µm larg.) para espécimes da América do Norte e por Hirano (1957: 42 x 35 µm, ist. 11,5 µm larg.) para o Japão.

Sophia (1991) é o primeiro registro publicado da presença de *Cosmarium vexatum* W. West no Brasil. A referida autora encontrou indivíduos menores do que atesta a literatura do Estado do Rio de Janeiro, no entanto, concordantes com os do presente estudo e demais registros brasileiros.

Bicudo *et al.* (1992) examinaram populações de *C. vexatum* W. West coletadas no Reservatório de Rosana, Estado de São Paulo, com dimensões de 32,5-42,3 x 30-37 µm, ist. 8-13 µm larg. Os mencionados autores comentaram que a granulação da parede celular e o número de crenulações nas margens laterais são características diagnósticas que diferem a variedade típica da espécie de sua var. *lacustre* Messikomer.

Uma forma não nomeada foi citada por Francheschini (1992) para o Estado do Rio Grande do Sul, por causa das maiores dimensões celulares. Entretanto, tal diferença deve ser vista como simples ampliação dos limites métricos, desde que Prescott *et al.*

(1981) também registraram medidas maiores para os representantes da variedade típica da espécie (41-43 x 36-38 µm, ist. 13,5-14 µm larg.) coletados na América do Norte.

Felisberto & Rodrigues (2004) identificaram *C. vexatum* W. West em material do Reservatório de Corumbá, Estado de Goiás, cujos limites métricos foram pouco mais amplos (25,83-38,62 x 30,01-43,40 µm, ist. 7,83-11,74 µm larg.) do que os dos exemplares do Estado de São Paulo. As mesmas autoras identificaram, posteriormente, a espécie após examinar material do Reservatório de Salto do Vau, Estado do Paraná (Felisberto & Rodrigues 2008) e, também, do Reservatório de Rosana (Felisberto & Rodrigues 2008) com dimensões de 30-31,2 x 26-28 µm, ist. 8,2-10 µm larg. Entretanto, a ilustração da espécie nos três trabalhos são a de um mesmo indivíduo, inviabilizando a verificação da variabilidade morfológica entre os três ambientes em que ocorreram.

Ainda para o Estado do Paraná, *C. vexatum* W. West foi registrado por Bortolini *et al.* (2010a) no rio São João, Parque Regional do Iguaçu, com dimensões de 21-35 x 16,8-26,2 µm, ist. 8,4-11,4 µm larg. A ilustração é de um indivíduo (Bortolini *et al.* 2010: fig. 21) com uma das semicélulas mais proeminente do que a outra e margens laterais convexas, características estas que conferem um aspecto menos piramidal às semicélulas. Menezes *et al.* (2010) identificaram e ilustraram *C. vexatum* W. West a partir de coletas realizadas em um tributário do Reservatório de Itaipu. Os espécimes apresentaram parede celular pontuada e dimensões de 28,8-43,2 x 22,7-37,7 µm, ist. 6,2-12,4 µm larg.

Mundialmente, *C. vexatum* W. West foi encontrado na África, América do Norte, América do Sul, Ártico, Ásia e Europa (Prescott *et al.* 1981, Guiry & Guiry 2016). No Brasil, além do Estado de São Paulo (Bicudo *et al.* 1992) a espécie foi citada para os Estados do Amazonas (Melo *et al.* 2005), Goiás (Felisberto & Rodrigues 2004), Paraná (Felisberto & Rodrigues 2005a, 2005b, 2008, 2010a, 2010b, Rodrigues *et al.* 2007a, Murakami *et al.* 2009, Bortolini *et al.* 2010b, Menezes *et al.* 2011, Neif *et al.* 2014), Rio de Janeiro (Sophia 1991, Araújo *et al.* 2010, Menezes *et al.* 2012) e Rio Grande do Sul (Franceschini 1992, forma não-nomeada, Torgan *et al.* 2001).

COSMARIUM VITIOSUM Scott & Grönblad var. *VITIOSUM* (Fig. 177)

Acta Societatis Scientiarum Fennicae: sér. B, 2(8): 24, pl. 9, fig. 1-3. 1957.

Célula 1,2-1,3 vezes mais longa que larga, 26-56 µm compr., 20-48 µm larg., istmo 5-13 µm larg., constrição mediana profunda, seno mediano linear, levemente dilatado no ápice; semicélulas trapeziforme-piramidais, ângulos basais arredondados, 1 pequeno dentículo, margens laterais convexas, convergentes, 4-6 dentículos, ângulos apicais levemente arredondados, margem apical 4-ondulada, às vezes quase reta; parede celular granulosa, escrobiculada, 4 grânulos intramarginais, subapicais, grandes, sólidos, 4 grânulos laterais, face da semicélula com 5-6 verrugas, grandes, arranjadas 3 superiores e 2 próximas do istmo, 3-5 escrobiculações entre elas, às vezes poros, pequenos, arranjados hexagonalmente, cloroplastídio com 2 pirenoides; vista lateral da semicélula ovada, 3 grânulos na região mediana de cada lado, 2-3 grânulos no ápice truncado, vista apical da célula não observada.

DISTRIBUIÇÃO GEOGRÁFICA NO ESTADO DE SÃO PAULO

EM LITERATURA: **Município de "Moji"** (?), como *Cosmarium polymorphum* Nordstedt subsp. *paulense* Börgesen (Börgesen 1890, ver Comentários).

MATERIAL EXAMINADO: **Município de Moji Guaçu** (SP255733) e **Município de São Pedro do Turvo** (SP355399).

COMENTÁRIOS

Börgesen (1890) propôs *Cosmarium polymorphum* Nordstedt subsp. *paulense* para identificar os espécimes maiores do que os da espécie-tipo. Sob este nome, Wittrock *et al.* (1896) fizeram apenas menção à sua ocorrência na coleção de exsicatas que distribuíram. Borge (1903) registrou a ocorrência de uma forma não nomeada em Cuiabá, Estado de Mato Grosso e 15 anos mais tarde Borge (1918) mencionou o encontro da variedade em Mato Grosso (referência a Borge, 1903) e para o Município de Pirassununga no Estado de São Paulo. No entanto, não apresentou descrição, medidas ou ilustração do material examinado (apenas referiu-se a Börgesen 1890). Consequentemente, tal registro não foi considerado taxonomicamente no presente estudo. O mesmo ocorreu com o material registrado pelo mesmo autor em 1925 para o Rio de Janeiro (Borge 1925).

Johnson (1895) concordou com a elevação da variedade *C. polymorphum* Nordstedt var. *paulense* Börgesen a espécie, *Cosmarium paulense* (Börgesen) Johnson, por sugestão de Nordstedt em razão de algumas diferenças suficientemente constantes para caracterizar o novo nível. No entanto, Börgesen (1890) já havia utilizado o último epíteto para outro material. Desta forma, *C. paulense* (Börgesen) Johnson deve ser considerado apenas sinônimo de *C. polymorphum* Nordstedt var. *paulense* Börgesen e um novo nome deverá ser atribuído à variedade. Finalmente, Scott & Grönblad (1957) propuseram *Cosmarium vitiosum* Scott & Grönblad var. *vitiosum* a partir de material dos Estados Unidos da América, com o qual *C. polymorphum* Nordstedt var. *paulense* Börgesen havia sido sinonimizado. Prescott *et al.* (1981) concordaram com a sinonimização, o mesmo acontecendo conosco neste trabalho.

Förster (1964) propôs *C. vitiosum* Scott & Grönblad f. *subornatum* Förster & Eckert a partir de material coletado em Goiás, para denominar as formas celulares com duas verrugas na face mediana da célula mais próximas do istmo, além do seno mediano fechado e das células ca. 1,5 vezes mais compridas do que largas. O autor ainda citou a ocorrência de um sistema de poros entre as três verrugas superiores e as duas inferiores.

Oliveira *et al.* (2010) comentaram ser a identificação de *C. vitiosum* Scott & Grönblad var. *vitiosum* bastante simples a partir das seguintes características: formato trapeziforme da semicélula, face da semicélula ornamentada com quatro verrugas e uma série de três verrugas maiores subapicais, além de mais duas verrugas na região mediana da semicélula, logo acima do istmo, com escrobículos e pontuações entre as verrugas.

Os indivíduos ora documentados para o Estado de São Paulo apresentaram as características salientadas por Oliveira *et al.* (2010), além das descritas por Förster (1964) para sua nova forma (f. *subornatum* Förster & Eckert). No entanto, conforme Prescott *et al.* (1981), pode ocorrer ampla variação na disposição das verrugas faciais, dificultando o registro de indivíduos exatamente idênticos. Além disso, o material ora examinado apresentou células entre 1,2 e 1,3 vezes mais longas que largas e dimensões celulares dentro dos limites da forma típica da espécie. Assim sendo, a disposição das verrugas inferiores mais próximo do istmo deve ser considerada uma característica variável e inconsistente para a proposta de uma nova forma taxonômica. Por sua vez, sugere-se que a f. *subornatum* Förster & Eckert seja considerada apenas um sinônimo da forma típica da espécie.

Cosmarium vitiosum Scott & Grönblad var. *vitiosum* assemelha-se a *Cosmarium subpraemorsum* Borge, mas o último é diferente por apresentar três séries de grânulos intramarginais, três verrugas arranjadas linearmente na face mediana da semicélula e cloroplastídio com dois pirenoides (Oliveira *et al.* 2010). *Cosmarium polymorphum* Nordstedt e *Cosmarium isthmochondrum* Nordstedt também lembram, morfologicamente, *C. vitiosum* Scott & Grönblad var. *vitiosum*, no entanto, não apresentam o padrão de dentículos cônicos característico da última espécie (Estrela *et al.* 2011). Apesar de Oliveira *et al.* (2010) registrarem *C. vitiosum* Scott & Grönblad var. *vitiosum* com um pirenoide central grande e utilizarem tal característica para diferenciá-lo de *C. subpraemorsum* Borge, Estrela *et al.* (2011) documentaram indivíduos com dois pirenoides, semelhantes aos espécimes examinados no presente estudo.

De-Lamonica-Freire (1985; dados não publicados) divulgou indivíduos com grânulos intramarginais laterais presentes ou ausentes e, no primeiro caso, esparsos pela parede celular, semelhantes aos observadas no presente estudo. Essa autora comentou que tal registro seria a primeira citação da ocorrência da espécie no Brasil. Contudo, sua informação jamais foi efetivamente publicada.

Cosmarium vitiosum Scott & Grönblad var. *vitiosum* ocorre no Brasil, tendo sido citado para a Bahia (Oliveira *et al.* 2010), Mato Grosso (Borge 1903, 1925, como *Cosmarium polymorphum* Nordstedt subsp. *paulense* Börgesen, formas típica e formas não nomeadas, Heckman 1998, Schultz & De-Lamonica-Freire 2000, Freitas & Loverde-Oliveira 2013) e para o Distrito Federal (Estrela *et al.* 2011). Esta é a primeira notícia da ocorrência da espécie no Estado de São Paulo.

COSMARIUM VOGESIACUM LEMAIRE VAR. *BIPUNCTATUM* (BÖRGESEN) FÖRSTER (FIG. 178)

Archiv für Hydrobiologie, supl., 60(3): 243. 1981.

Basiônimo: *Cosmarium bipunctatum* Börgesen, Videnskabelige Meddelelser fra den Naturhistoriske Forening i Kjöbenhavn 46: 40, pl. 4, fig. 33. 1890.

Célula pouco mais longa que larga, 14-25 µm compr., 13-24 µm larg., istmo 4-8 µm larg., constrição mediana profunda, seno mediano linear; semicélulas trapeziformes, ângulos basais arredondados, margens laterais convexas, crenuladas, ângulos apicais arredondados, margem apical truncada, crenulada; parede celular granulosa, crenulada, 2 séries intramarginais de grânulos dispostos irregularmente, 2 grânulos maiores na região mediana da semicélula, proeminentes, grânulos menores supraistmiais, abaixo dos grânulos centrais, cloroplastídio com 1 pirenoide; vista lateral da semicélula circular, vista apical da célula elíptica, tumor central em cada margem, série de grânulos intramarginais.

DISTRIBUIÇÃO GEOGRÁFICA NO ESTADO DE SÃO PAULO

EM LITERATURA: **Município de São Paulo** (Börgesen 1890, como *Cosmarium bipunctatum*).

MATERIAL EXAMINADO: **Município de Avaí** (SP139747), **Município de Bragança Paulista** (SP188324), **Município de Martinópolis** (SP370960), **Município de Moji Guaçu** (SP113662), **Município de Orlândia** (SP355380), **Município de Paraguaçu Paulista** (SP336350) e **Município de São Pedro do Turvo** (SP355399).

COMENTÁRIOS

Börgesen (1890) descreveu *Cosmarium bipunctatum* que foi, posteriormente, transferido por Förster (1981) para *Cosmarium vogesiacum* Lemaire var. *bipunctatum* (Börgesen) Förster, como uma variedade.

Cosmarium vogesiacum Lemaire apresenta grande variação morfológica na disposição dos grânulos, conforme discutiram Kouwets (1987) e Š•astný (2010). Kouwets (1987) baseou-se nas várias expressões morfológicas de *C. bipunctatum* Börgesen encontradas em literatura para considera-lo sinônimo de *C. vogesiacum* Lemaire. Tal sinonímia foi mais tarde corroborada por Š•astný (2010) ao documentar a presença de *C. vogesiacum* Lemaire na República Tcheca.

Schmidle (1895) descreveu *Cosmarium polonicum* Raciborski var. *alpinum* e comentou que *C. bipunctatum* Börgesen deveria ser considerado sinônimo de sua nova variedade. Kouwets (1987) reforçou essa proposta de sinonimização.

Todavia, de acordo com a plataforma AlgaeBase (Guiry & Guiry 2016), a f. *bipunctatum* (Börgesen) Laporte desta espécie, proposta em 1931, deve ser considerada sinônimo de C. *bipunctatum* Börgesen e que C. *polonicum* Raciborski var. *alpinum* é sinônimo de C. *vogesiacum* Lemaire var. *alpinum* (Schmidle) Laporte.

Optou-se no presente estudo pela proposta de sinonimização e nova combinação sugerida por Förster (1981). A situação taxonômica dos nomes sugeridos e relacionados a todos estes táxons está sumarizada na Tabela 1, a seguir:

Tabela 1 Proposições de sinonimização e nova combinação em *Cosmarium bipunctatum* Börgesen encontradas na literatura.

Nome	Situação taxonômica	Referência
Cosmarium vogesiacum Lemaire var. *bipunctatum* (Börgesen) Förster	Nome válido Nova combinação	Förster (1981: 243)
Cosmarium bipunctatum Börgesen	Basiônimo	Börgesen (1890: 40)
Cosmarium vogesiacum Lemaire var. *alpinum* (Schmidle) Laporte f. *bipunctatum* (Börgesen) Laporte	Sinônimo	Förster (1981: 243), Guiry & Guiry (2016)
Cosmarium polonicum Raciborski var. *alpinum* Schmidle	Sinônimo	Schmidle (1895: 457), Kouwets (1987: 237)
Cosmarium polonicum var. *quadrigranulatum* f. *bipunctatum* Laporte	Sinônimo	Guiry & Guiry (2016)
Cosmarium vogesiacum Lemaire var. *vogesiacum*	Nome válido Não apresenta sinônimos	Guiry & Guiry (2016)
Cosmarium bipunctatum Börgesen	Sinônimo	Kouwets (1987: 237), Šťastný (2010: 20)
Cosmarium polonicum Raciborski	Sinônimo	Kouwets (1987: 237), Šťastný (2010: 20)
Cosmarium osteri Messikomer	Sinônimo	Kouwets (1987: 237)

Os presentes espécimes do Estado de São Paulo apresentaram dois grânulos centrais na região mediana da face da semicélula, os quais podem se apresentar, às vezes, geminados e com uma série de três pequenos grânulos supraistmiais (ex. Borge 1906: pl. 2, fig. 28; Kouwets 1987: fig. 3-5; Šťastný 2010: fig. 267-268), diferente de C. *bipunctatum* Börgesen também descrito com dois grânulos centrais na região mediana da face da semicélula, mas sem a série de grânulos menores supraistmiais (ex. Börgesen 1890: pl. 4, fig. 33; Hirano 1957: pl. 28, fig. 11; Estrela *et al.* 2011: fig. 8-10).

Assim, além da presença das variações morfológicas diagnósticas (série de três grânulos supraistmiais presente ou ausente) nas populações do Estado de São Paulo, estas podem ser perfeitamente identificadas com representantes de qualquer uma das duas espécies em pauta conforme suas descrições originais e que expressões morfológicas sem a série de grânulos supraistmiais já haviam sido documentadas em outras populações no Brasil (Estrela *et al.* 2011, como *C. bipunctatum* Börgesen), decidiu-se presentemente considerar as atuais populações do Estado de São Paulo representantes de *C. vogesiacum* Lemaire var. *bipunctatum* (Börgesen) Förster.

Prescott *et al.* (1981) noticiaram a ocorrência da presente variedade (como *C. bipunctatum* Börgesen) na América do Norte, cujos espécimes apresentaram dimensões celulares levemente maiores (20-25 x 19 20 μm) e comentaram que *Cosmarium spharelostichum* Nordstedt também é uma espécie bastante próxima morfologicamente. Entretanto, os exemplares da última espécie possuem semicélulas relativamente mais achatadas na base e ângulos sub-retangulares, ao contrário de *C. bipunctatum* Börgesen. Parra *et al.* (1983: fig. 686) registraram a presença da espécie no Chile sem ilustrar ou fazer menção aos pequenos grânulos situados logo abaixo dos dois maiores centrais. Assim também agiu Hirano (1957: pl. 28, fig. 11) com material do Japão.

Borge (1918) forneceu medidas do material que examinou (como *C. bipunctatum* Börgesen) proveniente de Pirassununga, Estado de São Paulo, mas, apenas mencionou o encontro de representantes da variedade e fez referência à sua descrição original. Desta maneira, sem possibilidade de reidentificação, tal citação não foi considerada no presente estudo.

Estrela *et al.* (2011) registraram a ocorrência da variedade (como *C. bipunctatum* Börgesen) em ambientes no Distrito Federal, cujas medidas de 18-19 x 16-17 μm, ist. 4-6 μm larg. concordaram com as do presente material estudado. Os últimos autores ainda comentaram a semelhança do material que estudaram com o de *C. spharelostichum* Nordstedt f. *bituberculatum* Förster, em que os dois grânulos proeminentes estão situados subapicalmente e não na região central da face das semicélulas.

Förster (1969) documentou a ocorrência de *C. vogesiacum* Lemaire var. *bipunctatum* (Börgesen) Förster (como *C. bipunctatum* Börgesen) no Pará, com dimensões de 18-19 x 16,5-18 μm, ist. 6-7 μm larg. e comentou a presença dos dois grânulos centrais.

Cosmarium vogesiacum Lemaire var. *bipunctatum* (Börgesen) Förster foi identificado no Brasil, além de sua descrição original como *C. bipunctatum* Börgesen, para os Estados do Amazonas (Aprile & Mera 2007), Mato Grosso (Borge 1925, De-Lamonica-Freire 1989, Freitas & Loverde-OLiveira 2013) e Pará (Förster 1969, Costa *et al.* 2014) e para o Distrito Federal (Estrela *et al.* 2011).

COSMARIUM WARMINGII BÖRGESEN VAR. *WARMINGII* (FIG. 179)

Videnskabelige Meddelelser fra den naturhistoriske Forening i Kjöbenhavn 46: 41, pl. 4, fig. 34. 1890.

Célula ca. 1,4 vezes mais longa que larga, ca. 38 μm compr., ca. 27 μm larg., istmo ca. 6,5 μm larg., constrição mediana profunda, seno mediano linear, dilatado no ápice; semicélulas sub-hexagonais, ângulos basais arredondados, 1 dentículo apical, margens laterais angulosas, primeiro terço das margens laterais levemente convexo, em seguida uma leve angulação, depois retas no sentido do ápice, angulação intermediária com 1 dentículo, ângulos apicais retangulares, 1 dentículo, margem apical truncada; parede celular parcialmente granulosa, escrobiculada, 2 escrobículos intramarginais, subapicais, 2 grânulos na região central, 1 grânulo intramarginal em cada ângulo basal, cloroplastídio com 1 pirenoide; vista lateral da semicélula circular, concavidades nos ângulos apicais, vista apical da célula oblongo-elíptica, 2 grânulos de cada lado da margem, polos truncados, denticulados.

DISTRIBUIÇÃO GEOGRÁFICA NO ESTADO DE SÃO PAULO

EM LITERATURA: **Município de "Moji"** (?) (Börgesen 1890).

MATERIAL EXAMINADO: **Município de "Moji"** (descrição e ilustração em Börgesen 1890).

COMENTÁRIOS

Börgesen (1890) descreveu esta espécie baseado, aparentemente, em um único indivíduo coletado no Município de "Mogi", porém, sem especificar qual dos três locais, Moji das Cruzes, Moji Guaçu e Moji Mirim, desde que nessas três localidades no Estado de São Paulo consta a palavra Moji.

O presente registro é o único da ocorrência da espécie no mundo (Börgesen 1890).

COSMARIUM SP. 2 (FIG. 180)

Célula ca. 1,1 vezes mais longa que larga, 21-27 μm compr., 20-24 μm larg., istmo 7-9 μm larg., constrição mediana profunda, seno mediano linear, levemente dilatado no ápice; semicélulas oblongo-elípticas, ângulos basais amplamente arredondados, margens laterais convexas, ângulos apicais arredondados, margem apical truncada, reta; parede celular granulosa, 3 séries intramarginais de grânulos, os 2 grânulos centrais da segunda série maiores, conspícuos, 3 grânulos levemente maiores abaixo destes 2 grânulos, 1 série de 7-8 grânulos menores na base da semicélula, cloroplastídio com 2 pirenoides; vista lateral da semicélula subcircular, 1 grânulo proeminente de cada lado próximo do ápice, vista apical da célula não observada.

DISTRIBUIÇÃO GEOGRÁFICA NO ESTADO DE SÃO PAULO

MATERIAL EXAMINADO: **Município de Angatuba** (SP188215), **Município de Sorocaba** (SP139737).

COMENTÁRIOS

Nordstedt descreveu *Cosmarium sphalerostichum* em Nordstedt & Wittrock (1876) com base em material coletado na Itália, cujas semicélulas são sub-reniforme-trapeziformes e possuem dois ou três grânulos dispostos verticalmente, às vezes irregularmente na região mediana da semicélula. Com base nesta espécie, Förster (1963) propôs uma nova forma taxonômica, *C. sphalerostichum* Nordstedt f. *bituberculatum*, após estudar material coletado em Serra da Lua, no Estado do Pará, a qual é diferente por possuir as semicélulas amplamente elipsoides, com dois grânulos grandes localizados intrapicalmente na região mediana da semicélula. Ambas as descrições não apresentam informação sobre o número de pirenoides por semicélula. Förster (1963) comentou a semelhança morfológica de *C. sphalerostichum* Nordstedt com *C. dichondrum* West & West, mas a última espécie apresenta dimensões pouco maiores.

Cosmarium dichondrum foi descrito por West & West (1895) a partir de material coletado na África e caracterizado por possuir semicélulas elípticas, irregularmente granulosas e dois grânulos dispostos na região mediana de cada semicélula. West & West (1895) também não forneceram na descrição original da espécie informação sobre os pirenoides, ao passo que Bicudo (1969) identificou um pirenoide por semicélula. Ademais, Bicudo (1969) comentou que os espécimes de *C. dichondrum* West & West provenientes do Estado de Minas Gerais lembram morfologicamente os de *C. sphalerostichum* Nordstedt f. *bituberculatum* Förster (Förster 1963) e concluiu serem idênticos a ponto de sugerir a sinonimização de ambos. Grönblad *et al.* (1964) e Díaz (1972) comentaram a semelhança entre *C. dichondrum* West & West e *C. bimamillatum* Krieger, afirmando que o último apresenta ampla variação morfológica e deveria ser, por isso, considerado uma forma taxonômica de *C. dichondrum* West & West. Reitera-se, presentemente, a proposta de Díaz (1972) de sinonimizar *C. dichondrum* West & West e *C. bimamillatum* Krieger. Para as novas combinações propostas às variedades de *C. dichondrum* West & West pela última autora, ver comentários em *C. dichondrum* West & West var. *dichondrum* apresentados neste trabalho. Além da concordância com a sinonimização proposta de *C. dichondrum* West & West e *C. bimamillatum* Krieger, a descrição original da última espécie também não ofereceu informação a respeito do número de pirenoides. Desta forma, em razão da presença de dois pirenoides em *Cosmarium* sp. 2, fato bastante excepcional em espécies de *Cosmarium* morfologicamente similares (Coesel & Meesters 2015), a presente espécie é apresentada como novidade para a Ciência. O nome para a nova espécie será fornecido posteriormente, conforme o CIN (Turland *et al.* 2018).

Cosmarium sp. 2 foi coletado em ambientes lacustres do Estado de São Paulo, nos municípios de Sorocaba, em 1977, por C.R. Leite e de Angatuba, entre exemplares de Cyperaceae, em 1989, por A.A.J. de Castro, C.E.M. Bicudo e D.C. Bicudo.

Cosmarium sp. 3 (Fig. 181)

Célula 1,2-1,3 vezes mais longa que larga, 34-39 µm compr., 27-32 µm larg., istmo 8-11 µm larg., constrição mediana profunda, seno mediano linear, levemente dilatado no ápice; semicélulas subelípticas, ângulos basais arredondados, margens laterais convexas, às vezes quase retas na porção superior, ângulos apicais arredondados, margem apical levemente convexa ou truncada, ondulações apicais não tão conspícuas quanto as laterais; parede celular granulosa, grânulos relativamente grandes, distantes, dispostos em 7-9 séries verticais, grânulos na região mediana maiores que os demais, raramente duplos, 20-22 grânulos dispostos na margem da semicélula, cloroplastídio com 1 pirenoide; vista lateral da semicélula subcircular, ápice levemente truncado, vista apical da célula elíptica.

Distribuição geográfica no Estado de São Paulo

Material examinado: **Município de Ibitinga** (SP365704, SP371017), **Município de Palmital** (SP370973)

Comentários

As populações do Estado de São Paulo estudadas concordaram com algumas características de *Cosmarium orthostichum* Lundell, mas diferiram no que tange às séries de grânulos compostas no atual material examinado por sete ou oito grânulos. Acredita-se tratar de uma nova forma taxonômica para a Ciência. O nome a lhe ser conferido ocorrerá em publicação futura, conforme o CIN (Turland *et al.* 2018).

3.3 *Heimansia* Coesel 1993

Colônias livre-flutuantes de pequeno porte, raro com mais de 5-6 células, poucas vezes ou jamais ramificadas. Células pequenas morfologicamente idênticas às de *Cosmarium*, de parede lisa, unidas em colônias por curtos filamentos conectantes que nada mais são do que restos da parede da célula-mãe. As células de *Heimansia* são, tal como as de *Cosmarium*, constritas na região mediana e simétricas segundo os três planos ortogonais do espaço. O cloroplastídio é axial, único em cada semicélula e portador de um, raro dois pirenoides.

Heimansia derivou do gênero *Cosmocladium*, do qual difere somente pela morfologia dos filamentos interconectantes, que no primeiro gênero aparecem sob a forma de curtos filamentos transversais, remanescentes da parede da célula mãe. Os filamentos interconectantes em *Cosmocladium* apresentam, no máximo, um pequeno espessamento a aproximadamente meio caminho entre duas células, que também são remanescentes da parede da célula-mãe.

Duas espécies de *Cosmocladium* foram transferidas por Coesel (1993) para *Heimansia* (*C. pusillum* Hilse e *C. tumidum* Johnson) e feitas as combinações *H. pusilla* (Hilse) Coesel e *H. tumida* (Johnson) Coesel respectivamente. Das duas espécies, apenas a primeira foi, por enquanto, identificada de material do Estado de São Paulo.

HEIMANSIA PUSILLA (HILSE) COESEL (FIG. 182-184)

Cryptogamie Algologie 14: 106. 1993.

Basiônimo: *Cosmocladium pusillum* Hilse, *Jahresbericht* der Schlesischen *Gesellschaft* für Vaterländische Kultur 1865: 117. 1866.

Colônia livre-flutuante, em geral de pequeno porte, raro com mais de 10 células, algumas vezes ou jamais ramificada, envoltório mucilaginoso bastante delgado, escassamente perceptível, células com a superfície maior (vista frontal) usualmente perpendicular em relação aos curtos filamentos transversais interconectantes; células 1-1,5 vezes mais longas que largas, 8,6-12,4 μm compr., 5-8,6 μm larg., istmo 1,8-3 μm larg., constrição mediana profunda, seno acutangular; semicélulas transversalmente oblongo-elípticas a quase trapeziformes, ângulos basais sub-retangulares, arredondados, margens laterais convexas, margem apical amplamente truncada a suavemente convexa; parede celular hialina, lisa; cloroplastídio 1, axial, pirenoide central; vista lateral das semicélulas subcircular; vista apical da célula elíptica. Zigósporo desconhecido.

DISTRIBUIÇÃO GEOGRÁFICA NO ESTADO DE SÃO PAULO

EM LITERATURA: **Município de São Paulo**, São Paulo (Bicudo 1969, como *Cosmocladium pusillum*; Araújo & Bicudo 2006).

MATERIAL EXAMINADO: **Município de São Paulo** (SP113662).

COMENTÁRIOS

Esta espécie foi citada só duas vezes para o Estado de São Paulo sendo a primeira através de seu basiônimo, *Cosmocladium pusillum* Hilse. O material que serviu de base para ambas citações proveio da cidade de São Paulo, coletado de corpos d'água situados na entrada do Jardim Botânico de São Paulo.

4

Literatura Citada

AGUJARO, L.F. 1990. Ficoflórula epífita em *Spirodela oligorrhiza* (Lemnaceae) de um tanque artificial no Município de São Paulo, Estado de São Paulo, Brasil. Dissertação de Mestrado, Universidade Estadual Paulista, Rio Claro, 309 p.

ALGARTE, V.M., MORESCO, C. & RODRIGUES, L. 2006. Algas do perifíton de distintos ambientes na planície de inundação do alto rio Paraná. Acta Scientiarum, Biological Sciences 28: 243-251.

ALGARTE, V.M. & RODRIGUES, L. 2013. How periphytic algae respond to short-term emersion in a subtropical floodplain in Brazil. Phycologia 52: 557-564.

ALMEIDA, I.C.S., FERREIRA-CORREIA, M.M., DOURADO, E.C.S. & CARIDADE, E.O. 2005. Comunidade fitoplanctônica do lago Cajari, Baixada Maranhense, no período de cheia. Boletim do Laboratório de Hidrobiologia 18: 1-9.

APRILE, F.M. & MERA, P.A.S. 2007. Phytoplankton and phytoperiphyton of a black-waters river from North Peripheral Amazon. Brazilian Journal of Aquatic Science and Technology 11: 1-14.

AQUINO, C.A.N., BUENO, N.C. & MENEZES, V.C. 2014. Desmidioflórula (Zygnematophyceae, Desmidiales) do rio Cascavel, Oeste do Estado do Paraná, Brasil. Hoehnea 41: 365-392.

ARAÚJO, A. 2006. Diversidade específica e de hábitat dos *Cosmarium* de parede lisa (Zygnemaphyceae) do estado de São Paulo. Tese de Doutorado, Universidade Estadual Paulista, Rio Claro, 150 p.

ARAÚJO, A. & BICUDO, C.E.M. 2006. Criptógamos das Fontes do Ipiranga, São Paulo, SP. Algas 22. Zygnemaphyceae (gêneros *Actinotaenium*, *Cosmarium* e *Heimansia*). Hoehnea 33: 219-237.

ARAÚJO, A., BUENO, N.C., MEURER, T. & BICUDO, C.E.M. 2010. Charophyceae. *In*: FORZZA, R.C. *et al.* (Coords), Catálogo de Plantas e Fungos do Brasil. vol. 1. Instituto de Pesquisas do Jardim Botânico do Rio de Janeiro, Rio de Janeiro, p. 310-334.

ARAÚJO, M.F.F., COSTA, J.A.S. & CHELLAPPA, N.T. 2000. Comunidade fitoplanctônica e variáveis ambientais na lagoa de Extremoz, Natal, RN, Brasil. Acta Limnologica Brasiliensia 12: 127-140.

ARCHER, W. 1860. Description of a new species of *Cosmarium*, and of a new species of *Xanthidium*. Proceedings of the Natural History Society of Dublin 3: 49-52.

BARCELOS, E.M. 2003. Avaliação do perifíton como sensor da oligotrofização experimental em reservatório eutrófico (Lago das Gaças, São Paulo. Dissertação de Mestrado, Universidade Estadual Paulista, Rio Claro, 118 p.

BEYRUTH, Z., CALEFFI, S. & FERRAGUT, C. 1998b. Fases da reabilitação natural de lagos originados por extração de areia: macrófitas e organismos associados. Acta Limnologica Brasiliensia 10: 49-65.

BEYRUTH, Z., TUCCI-MOURA, A., FERRAGUT, C. & MENEZES, L.C.B. 1998a. Caracterização e variação do fitoplâncton de tanques de aqüicultura. Acta Limnologica Brasiliensia 10: 21-36.

BICUDO, C.E.M. 1967. *Cosmarium brancoi* and *Staurastrum prescottii*, two new desmids from São Paulo, Brazil. Transactions of the American Microscopical Society 86: 217-219.

BICUDO, C.E.M. 1969. Contribution to the knowledge of the desmids of the state of São Paulo, Brazil (including a few from the state of Minas Gerais). Nova Hedwigia 17: 433-549.

BICUDO, C.E.M. 1988. Polymorphism in the desmid *Cosmarium abbreviatum* var. *minus* (Zygnemaphyceae) and its taxonomic implications. Acta Botanica Brasilica 2: 1-6.

BICUDO, C.E.M., BICUDO, D.C., CASTRO, A.A.J. & PICELLI-VICENTIM, M.M. 1992. Fitoplâncton do trecho a represar do rio Paranapanema (Usina Hidrelétrica de Rosana), Estado de São Paulo, Brasil. Brazilian Journal of Biology 52: 293-310.

BICUDO, C.E.M. & BICUDO, R.M.T. 1965. Contribuição ao conhecimento das Desmidiaceae do Parque do Estado, São Paulo, 2. Rickia 2: 39-54.

BICUDO, C.E.M. & BICUDO, R.M.T. 1969. Algas da Lagoa das Prateleiras, Parque Nacional do Itatiaia, Brasil. Rickia 4: 1-40 (1970).

BICUDO, C.E.M. & MARTAU, L. 1974. Catálogo das algas de águas continentais do Estado do Rio Grande do Sul, Brasil, 2: Charophyceae, Chlorophyceae, Chrysophyceae, Cyanophyceae, Rhodophyceae e Xanthophyceae. Iheringia, série Botânica 19: 31-40.

BICUDO, C.E.M. & MENEZES, M. 2017. Gêneros de algas de águas continentais do Brasil: chave para identificação e descrições. RiMa Editora, São Carlos, 552 p. (3ª edição).

BICUDO, C.E.M., RAMÍREZ R., J.J., TUCCI, A. & BICUDO, D.C. 1999. Dinâmica de populações fitoplanctônicas em ambiente eutrofizado: o Lago das Garças, São Paulo. In: HENRY, R. (Ed.), Ecologia de reservatórios: estrutura, função e aspectos sociais. FUNDIBIO/FAPESP, Botucatu. p. 449-508.

BICUDO, C.E.M. & UNGARETTI, I. 1986. Desmídias da lagoa-represa de Águas Belas, Rio Grande do Sul, Brasil. Brazilian Journal of Biology 46: 285-307.

BICUDO, C.E.M. & VENTRICE, M.R. 1968. Algas do brejo da Lapa, Parque Nacional do Itatiaia, Brasil. Anais XIX Congresso Nacional de Botânica, Fortaleza, p. 3-30.

BICUDO, D.C. 1996. Algas epífitas do Lago das Ninféias, São Paulo, Brasil, 4: Chlorophyceae, Oedogoniophyceae e Zygnemaphyceae. Brazilian Journal of Biology 56: 345-374.

BIESEMEYER, K.F. 2005. Variação nictemeral da estrutura da comunidade fitoplanctônica em função da temperatura da água nas épocas de seca e chuva em reservatório urbano raso mesotrófico (Lago das

Ninfeias), Parque Estadual das Fontes do Ipiranga, São Paulo. Dissertação de Mestrado, Instituto de Botânica, São Paulo, 153 p.

BIOLO, S., BUENO, N.C., SIQUEIRA, N.S. & MORESCO, C. 2013. New records of *Cosmarium* Corda *ex* Ralfs (Desmidiaceae, Zygnemaphyceae) in a tributary of the Itaipu Reservoir, Paraná, Brazil. Acta Botanica Brasilica 27: 1-12.

BISSET, J.P. 1884. List of the Desmidieae found in gatherings made in the neighbourhood of Lake Windermere during 1883. Journal of the Royal Microscopical Society, série 2, 4: 192-197.

BITTENCOURT-OLIVEIRA, M.C. 1993. Ficoflórula do Rio Tibagi, Estado do Paraná, Brasil, 3: gêneros *Actinotaenium*, *Cosmarium* e *Staurodesmus* (Zygnemaphyceae). Semina 14: 86-95.

BITTENCOURT-OLIVEIRA, M.C. 2002. A comunidade fitoplanctônica do rio Tibagi: uma abordagem preliminar da sua biodiversidade. *In*: MEDRI, M.E., BIANCHINI, E., SHIBATTA O.A. & PIMENTA, J.A. (Eds), A bacia do rio Tibagi. M.E. Medri, Londrina, p. 373-402.

BOARETO, C.A. 2014. Efeito da infestação de macrófitas aquáticas na comunidade planctônica em um viveiro de piscicultura. Dissertação de Mestrado, Universidade Estadual Paulista, Jaboticabal, 87 p.

BÖRGESEN, F. 1890. Desmidiaceae. *In*: WARMING, E. (ed.), Symbolae ad floram Brasiliae centralis cognoscendam. Videnskabelige Meddelelser dansk Naturhistorisk Forening i København 46: 930-958.

BOLD, H.C. & WYNNE, M.J. 1985. Introduction to the Algae. Prentice-Hall, Inc., Englewood Cliffs, 720 p. (2ª edição).

BORGE, O. 1896. Australische Süsswasser Chlorophyceen. Bihang Kongliga Svenska Vetenskaps-Akademiens Handlingar 22: 3-32.

BORGE, O. 1899. Über tropische und subtropische Süsswasser-Chlorophyceen. Kongliga Svenska Vetenskapsakademiens Handlingar, série 3, 24: 1-33.

BORGE, O. 1903. Die Algen der ersten Regellschen Expedition, 2: Desmidiaceae. Arkiv für Botanik 1: 71-138.

BORGE, O. 1913. Beiträge zur Algenflora von Schweden, 2: die Algenflora um den Torne-Träsk-See in Schwedisch-Lappland. Botaniska Notiser 1913: 1-110.

BORGE, O. 1918. Die von Dr. A. Löfgren in São Paulo gessammelten Süsswasseralgen. Arkiv für Botanik 15: 1-108.

BORGE, O. 1925. Die von F.C. Hoehne Wahrend der Expedition Roosevelt-Rondon gessammelten Süsswasseralgen. Arkiv für Botanik 19: 1-56.

BORGE, O. 1928. Süsswasseralgen. Hedwigia 68: 93-114.

BORTOLINI, J.C., BUENO, N.C., MORESCO, C., BIOLO, S. & SIQUEIRA, N.S. 2010a. *Cosmarium* Corda *ex* Ralfs (Desmidiaceae) em um lago artificial urbano, Paraná, Brasil. Revista Brasileira de Biociências 8: 229-237.

BORTOLINI, J.C., MEURER, T. & BUENO, N.C. 2010b. Desmids (Zygnemaphyceae) of the São João River, Iguaçu National Park, Paraná, Brazil. Hoehnea 37: 293-313.

BOURRELLY, P. 1957. Algues d'eau douce du Soudan Français, region du Macina (A.O.F.). Bulletin de l'Institut Fondamental d'Afrique Noire 19, série A, 4: 1047-1102.

BOURRELLY, P. & COUTÉ, A. 1982. Quelques algues d'eau douce de la Guyane Française. Amazoniana 3: 221-292.

BRANCO, S.M. 1961. Biologia dos rios Biritiba, Jundiaí e Taiassupeba: previsão e sugestões sobre futuros problemas hidrobiológicos decorrentes do represamento. Revista DAE 39: 1-4.

BRANCO, S.M. 1964. Henri Charles Potel e a biologia das águas de São Paulo. Revista DAE 25: 26-28.

BRÉBISSON, A. 1856. Liste des Desmidiées observées en Basse-Normandie. Mémoirs de la Société National de Sciences Naturelle du Cherbourg 4: 113-162, 301-304.

BROOK, A.J. 1981. The biology of desmids. Botanical Monographs, 16. Blackwell Scientific Publications, Oxford, London, Edinburgh, Boston, Melbourne, 276 p.

CAMARGO, J.C., LOVERDE-OLIVEIRA, S.M., SOPHIA, M.G. & NOGUEIRA, F.M.B. 2009. Desmídias perifíticas da baía do Coqueiro, Pantanal Matogrossense, Brasil. Iheringia, série Botânica 64: 25-41.

CAMPECHE, D.F.B., PEREIRA, L.A., FIGUEIREDO, R., PAULINO, R.V., ALVES, M.A., NOVA, L.L.M.V. & GUEDES, E.A.C. 2009. Limnological parameters and phytoplankton in fish ponds with tambaqui, *Colossoma macropomum* (Cuvier, 1861) in the semi-arid region. Acta Limnologica Brasiliensia 21: 333-341.

CARTER, N. 1920. Studies on the chloropasts of Desmids: the chloroplast of *Cosmarium*. Annals of Botany 34(134): 265-285.

CARVALHO, D.P. 2003. Distribuição especial e mudanças temporais da comunidade fitoplanctônica no reservatório do Lobo (Itirapina, SP). Dissertação de Mestrado, Universidade de São Paulo, São Carlos, 126 p.

CASALI, S.P. 2014. A comunidade fitoplanctônica no reservatório de Itupararanga (Bacia do rio Sorocaba, SP). Tese de Doutorado, Universidade de São Paulo, São Carlos, 190 p.

CASARTELLI, M.R. 2014. Efeitos da complexidade de habitat sobre o estado nutricional e estrutura da comunidade de algas do perifíton: estudo observacional e experimental. Dissertação de Mestrado, Instituto de Botânica, São Paulo, 93 p.

CASARTELLI, M.R. & FERRAGUT, C. 2015. Variação sazonal da estrutura da comunidade de algas perifíticas em *Panicum repens* em um reservatório raso. Rodriguesia 66: 745-757.

CAVATI, B. & FERNANDES, V.O. 2008. Algas perifíticas em dois ambientes do baixo rio Doce (lagoa Juparanã e rio Pequeno-Linhares, Estado do Espírito Santo, Brasil): variação espacial e temporal. Acta Scientiarum, Biological Sciences 30: 439-448.

CECY, I.I.T. 1986. Estudo das algas microscópicas (Nostocophyta, Euglenophyta, Chrysophyta e Chlorophyta) do lago do Parque Barigui, em Curitiba, Estado do Paraná, Brasil. Arquivos de Biologia e Tecnologia 29: 383-405.

CECY, I.I.T., SILVA, S.R.V.F. & BOCCON, R. 1997. Fitoplâncton da represa do rio Passaúna, Município de Araucária, Estado do Paraná, 1: Divisão Chlorophyta, Família Desmidiaceae. Estudos de Biologia e Tecnologia 41: 5-32.

CERIONI, E.M., CAVAGIONI, M.G., BREIER, T.B., BARRELLA, W. & ALMEIDA, V.P. 2008. Levantamento de espécies de algas planctônicas e análise da água do lago do Zoológico Quinzinho de Barros, Sorocaba (SP). Revista Eletrônica de Biologia 1: 18-27.

CETTO, J.M., LEANDRINI, J.A., FELISBERTO, S.A. & RODRIGUES, L. 2004. Comunidade de algas perifíticas no Reservatório de Iraí, Estado do Paraná, Brasil. Acta Scientiarum, Biological Sciences 26: 1-7.

COESEL, P.F.M. 1979. Desmids of the broads area of N.W.I. Acta Botanica Neerlandica 80: 257-279.

COESEL, P.F.M. 1991. De Desmidiaceën van Nederland, 4. Stichting Uitgeverij Koninklijke Nederlandse Natuurhistorische Vereniging, Utrecht, 88 p.

COESEL, P.F.M. 1993. Taxonomic notes on Dutch desmids, 2. Cryptogamie, Algologie 14: 105-114.

COESEL, P.F.M. 1996. Biogeography of desmids. Hydrobiologia 336: 41-53.

COESEL, P.F.M. & KRIENITZ, L. 2008. Diversity and geographic distribution of desmids and other coccoid green algae. Biodiversity and Conservation 17: 381-392.

COESEL, P.F.M. & MEESTERS, K.J. 2015. Taxonomic notes on Dutch desmids, 7: new species, new names, new record. Phytotaxa 208: 55-62.

COESEL, P.F.M. & MENKEN, S.B.J. 1988. Biosystematic studies on the *Closterium moniliferum/ehrenbergii* complex (Chlorophyta, Conjugatophyceae) in Western Europe, 1: isozyme patterns. British Phycological Journal 23: 193-198.

COMPÈRE, P. 1976. *Bourrellyodesmus*, nouveau genre de Desmidiacées. Revue Algologique, nova série 11: 339-342.

COMPÈRE, P. 1977. Algues du la region du Lac Tchad, 7: Chlorophycophytes (3ᵉ partie: Desmidiées). Cahiers ORSTOM, ser. Hydrobiologie 11: 77-177.

CORRÊA, T.H.P. 2012. Avaliação quali-quantitativa do fitoplâncton presente em reservatório de sistema de aproveitamento de água pluvial para irrigação. Dissertação de Mestrado, Universidade Federal de São Carlos, São Carlos, 116 p.

COSTA, S.D., MARTINS-DA-SILVA, R.C.V., BICUDO, C.E.M., BARROS, K.D.N. & OLIVEIRA, M.E.C. 2014. Algas e cianobactérias continentais no Estado do Pará, Brasil. Embrapa, Brasília, 351 p.

CROASDALE, H. 1956. Freshwater algae of Alaska, 1: some desmids from the interior, part 2: *Actinotaenium*, *Microsterias* and *Cosmarium*. Transactions of the American Microscopical Society 75: 1-70.

CROASDALE, H. & FLINT, E.A. 1988. Flora of New Zealand: freshwater algae, Chlorophyta, Desmids with comments on their habitats. Vol. 2. DSIR, Botany Division, Christchurch, 147 p.

CROSSETTI, L.O. 2006. Estrutura e dinâmica da comunidade fitoplanctônica no período de oito anos em ambiente eutrófico raso (Lago das Garças), Parque Estadual das Fontes do Ipiranga, São Paulo. Tese de Doutorado, Universidade de São Paulo, Ribeirão Preto, 189 p.

DEBERDT, G.L.B. 1997. Produção primária e caracterização da comunidade fitoplanctônica no reservatório de Salto Grande (Americana, SP) em duas épocas do ano. Dissertação de Mestrado, Universidade de São Paulo, São Carlos, 104 p.

DE-LAMONICA-FREIRE, E.M. 1985. Desmifioflórula da Estação Ecológica da Ilha de Taiamã, Município de Cárceres, Mato Grosso. Tese de Doutorado, Universidade de São Paulo, São Paulo, 538 p.

DE-LAMONICA-FREIRE, E.M. 1989. Catálogo das algas referidas para o Estado de Mato Grosso, Brasil, 2. Brazilian Journal of Biology 49: 679-689.

DELAZARI-BARROSO, A., SANT'ANNA, C.L. & SENNA, P.A.C. 2007. Phytoplankton from Duas Bocas Reservoir, Espírito Santo State, Brazil (except diatoms). Hoehnea 34: 211-229.

DÍAZ, E.N.L. 1972. Nota sobre la Desmidiaceae de la región de Valinhos (São Paulo, Brasil). Boletín de la Sociedad Argentina de Botánica 14: 203-223.

DICKIE, M.D. 1880. Notes on algae from the Amazons and its tributaries. Journal of the Linnean Society, Botany 18: 123-132.

DILLARD, G.E. 1991. Freshwater algae of the southeastern United States, 4: Chlorophyceae: Zygnematales: Desmidiaceae, 2. Bibliotheca Phycologica 89: 1-205.

EDWALL, G. 1896. Índice das plantas do herbário da Comissão Geographica e Geológica de S. Paulo. Boletim da Commissão Geográfica de São Paulo, Serviço de Meteorologia 11: 51-215 (Algae p. 185-190).

ESTRELA, L.M.B., FONSECA, B.M. & BICUDO, C.E.M. 2011. Desmídias perifíticas de cinco lagoas do Distrito Federal, Brasil, 1: gênero *Cosmarium* Corda *ex* Ralfs. Hoehnea 38: 527-552.

FAVARO, E.G.P. 2010. Efeitos da fertilização com resíduos da alface (*Lactuca sativa* L.) nas cracterísticas físico-químicas e biológicas da água em viveiros de criação extensiva de tilápias (*Oreochromis niloticus* L.). Tese de Doutorado, Universidade Estadual Paulista, Jaboticabal, 78 p.

FEITOSA, I.B., MOURA, A.N. & SOUZA, A.C.R. 2015. Microalgas de dois ambientes lóticos amazônicos, Rondônia, Brasil. Ambiência 11: 49-64.

FELISBERTO, S.A. & RODRIGUES, L. 2004. Periphytic desmids in Corumbá reservoir, Goiás, Brazil: genus *Cosmarium* Corda. Brazilian Journal of Biology 64: 141-150.

FELISBERTO, S.A. & RODRIGUES, L. 2005a. Influence of the longitudinal gradient (river-dam) in the silimarity of the communities of the periphytic desmids. Brazilian Journal of Botany 28: 241-254.

FELISBERTO, S.A. & RODRIGUES, L. 2005b. Abundance of periphytic desmids in two Brazilian reservoirs with distinct environmental conditions. Acta Limnologica Brasiliensia 17: 433-443.

FELISBERTO, S.A. & RODRIGUES, L. 2008. Desmidiaceae, Gonatozygaceae and Mesotaeniaceae from the periphytic community in "Salto do Vau" Reservoir (Iguaçu river basin, Paraná State). Hoehnea 35: 235-254.

FELISBERTO, S.A. & RODRIGUES, L. 2010. *Cosmarium* (Desmidiaceae, Zygnemaphyceae) to the periphytic phycoflora of the Rosana reservoir, Paranapanema River Basin, Paraná/São Paulo, Brazil. Hoehnea 37: 267-292.

FERMINO, F.S. 2006. Avaliação sazonal dos efeitos do enriquecimento por N e P sobre o perifíton em represa tropical rasa mesotrófica (Lago das Ninfeias, São Paulo). Tese de Doutorado, Universidade Estadual Paulista, Rio Claro, 121 p.

FERMINO, S.F., BICUDO, C.E.M. & BICUDO, D.C. 2011. Seasonal influence of nitrogen and phosphorus enrichment on the floristic composition of the algal periphytic community in a shallow tropical, mesotrophic reservoir (São Paulo, Brazil). Oecologia Australis 15: 476-493.

FERNANDES, S. 2002. Sistemas hídricos do Jardim Botânico do Estado de São Paulo: uma experiência de educação para o meio ambiente. Dissertação de Mestrado, Universidade de São Paulo, São Carlos, 105 p.

FERRAGUT, C., LOPES, M.R.M., BICUDO, D.C., BICUDO, C.E.M. & VERCELLINO, I.S. 2005. Ficoflórula perifítica e planctônica (exceto Bacillariophyceae) de um reservatório oligotrófico raso (Lago do IAG, São Paulo). Hoehnea 32: 137-184.

FERRAREZE, M. & NOGUEIRA, M.G. 2006. Phytoplankton assemblages in lotic systems of the Paranapanema Basin (Southeast Brazil). Acta Limnologica Brasiliensia 18: 389-405.

FERRARI, F. 2010. Estrutura e dinâmica da comunidade de algas planctônicas e perifíticas (com ênfase nas diatomáceas) em reservatórios oligotrófico e hipertrófico (Parque Estadual das Fontes do Ipiranga, São Paulo). Tese de Doutorado, Universidade Estadual Paulista, Rio Claro, 359 p.

FERREIRA, R.A.R. 1998. Flutuações de curto prazo da comunidade fitoplanctônica na represa de Jurumirim (Rio Paranapanema, São Paulo) em duas estações do ano (seca e chuvosa). Dissertação de Mestrado, Universidade de São Paulo, São Carlos, 227 p.

FERREIRA, R.A.R., SANTOS, C.M. & HENRY, R. 2005. Estudo qualitativo da comunidade perifítica no complexo Canoas (Rio Paranapanema, SP/PR) durantes as fases de pré e pós enchimento. In: NOGUEIRA, M.G., HENRY, R. & JORCIN, A. (Ed.), Ecologia de reservatórios: impactos potenciais, ações de manejo e sistemas em cascata. RiMa Editora, São Carlos, p. 205-234.

FILETO, C., ARCIFA, M.S., FERRÃO-FILHO, A.S. & SILVA, L.H.S. 2004. Influence of phytoplankton fractions on growth and reproduction of tropical cladocerans. Aquatic Ecology 38: 503-514.

FÖRSTER, K. 1963. Desmidiaceen aus Brasilien, 1: Nord-Brasilien. Revue Algologique, nova série 7: 38-92.

FÖRSTER, K. 1964. Desmidiaceen aus Brasilien, 2: Bahia, Goyaz, Piauhy und Nord-Brasilien. Hydrobiologia 23: 321-505.

FÖRSTER, K. 1965. Beitrag zur kenntnis der Desmidiaceen-flora von Nepal. Erg. Forschunturn Nepal Himalaya. Khumbu Himalaya 1: 25-58.

FÖRSTER, K. 1969. Amazonische Desmidien, 1: Areal Santarém. Amazoniana 2: 5-116.

FÖRSTER, K. 1974. Amazonische Desmidieen, 2. Amazoniana 2: 135-242.

FÖRSTER, K. 1981. Revision und Validierung von Desmidiaceen Namen aus früheren Publikationen. 2. Algological Studies 28: 236-251.

FÖRSTER, K. 1982. Conjugatophyceae: Zygnematales und Desmidiales (excl. Zygnemataceae). In: HUBER-PESTALOZZI, G. (Ed.), Das Phytoplankton des Süâwassers: Systematik und Biologie. E. Schweizerbart'ache Verlagsbuchhandlung (Nägele und Obermiller), Stuttgart, 543 p.

FONSECA, B.M. 2005. Diversidade fitoplanctônica como discriminador ambiental em dois reservatórios rasos com diferentes Estados tróficos no Parque Estadual das Fontes do Ipiranga, São Paulo, SP. Tese de Doutorado, Universidade de São Paulo, São Paulo, 208 p.

FONSECA, B.M., FERRAGUT, C., TUCCI, A.C., CROSSETTI, L.O., FERRARI, F., BICUDO, D.C., SANT'ANNA, C.L. & BICUDO, C.E.M. 2014a. Biovolume de cianobactérias e algas de reservatórios tropicais do Brasil com diferentes estados tróficos. Hoehnea 41: 9-30.

FONSECA, L.W., ALVES, M.A.S., SILVA, L.C.M., RODRIGUES, N.S. & PINILLOS, A.C.N. 2014b. Zygnemaphyceae do córrego Quinera-Parque Nacional de Chapada dos Guimarães, MT: estudo qualitativo e quantitativo. Enciclopédia Biosfera 10: 3107-3117.

FRANCESCHINI, I.M. 1992. Algues d'eau douce de Porto Alegre, Brésil (les Diatomophycées excluées). Bibliotheca Phycologica 92: 1-81.

FREITAS, L.R. & LOVERDE-OLIVEIRA, S.M. 2013. Checklist of green algae (Chlorophyta) for the state of Mato Grosso, Central Brazil. Check List 9: 1471-1483.

FUENTES, E.V., OLIVEIRA, H.S.B., CORDEIRO-ARAÚJO, M.K., SEVERI, W. & MOURA, A.N. 2010. Variação espacial e temporal do fitoplâncton do Rio de Contas, Bahia, Brasil. Revista Brasileira de Engenharia de Pesca 5: 13-25.

GENTIL, R.C. 2007. Estrutura e dinâmica da comunidade fitoplanctônica de pesqueiros da Região Metropolitana de São Paulo, SP, em dois períodos do ciclo sazonal: seca e chuva. Tese de Doutorado, Instituto de Botânica, São Paulo, 128 p.

GONTCHAROV, A.A. 2008. Phylogeny and classification of Zygnematophyceae (Streptophyta): current state of affairs. Fottea 8: 87-104.

GONTCHAROV, A.A., MARIN, B. & MELKONIAN, M. 2003. Molecular phylogeny of conjugating green algae (Zygnematophyceae, Streptophyta) inferred from SSU rDNA sequence comparisons. Journal of Molecular Evolution 56: 89-104.

GONTCHAROV, A.A. & MELKONIAN, M. 2004. Unusual position of the genus *Spirotaenia* (Zygnematophyceae) among streptophytes revealed by SSU rDNA and *rbc*L sequence comparisons. Phycologia 43: 105-113.

GONTCHAROV, A.A. & MELKONIAN, M. 2005. Molecular phylogeny of *Staurastrum* Meyen *ex* Ralfs and related genera (Zygnematophyceae, Streptophyta) based on coding and noncoding rDNA sequence comparisons. Journal of Phycology 41: 887-889.

GONTCHAROV, A.A. & MELKONIAN, M. 2008. In search of monophyletic taxa in the family Desmidiaceae (Zygnematophyceae, Viridiplantae): the genus *Cosmarium*. American Journal of Botany 95: 1079-1095.

GONTCHAROV, A.A. & MELKONIAN, M. 2010. Molecular phylogeny and revision of the genus *Netrium* (Zygnematophyceae, Streptophyta): *Nucleotaenium* gen. nov. Journal of Phycology 46: 346-362.

GONTCHAROV, A.A. & MELKONIAN, M. 2011. A study of conflict between molecular phylogeny and taxonomy in the Desmidiaceae (Streptophyta, Viridiplantae): analyses of 291 *rbc*L sequences. Protist 162: 253-267.

GRANADO, D.C. 2011. Influência da variação do nível hidrométrico na comunidade fitoplanctônica na Região de Transição Rio Paranapanema-Reservatório de Jurumirim (SP). Tese de Doutorado, Universidade de São Paulo, São Paulo, 211 p.

GRÖNBLAD, R. 1931. A critical review of some recently published desmids, 1. Commentationes Biologicae 3: 1-9.

GRÖNBLAD, R. 1945. De algis brasiliensibus, praecipue Desmidiaceis, in regione inferiore fluminis Amazonas a professore August Ginzberger (Wein). Acta Societatis Scientiarum Fennicae, nova série B, 2: 1-42.

GRÖNBLAD, R. 1960. Contributions to the knowledge of the freshwater algae of Italy. Acta Societatis Scientiarum Fennicae 22: 1-85.

GRÖNBLAD, R., SCOTT, A.M. & CROASDALE, H.T. 1964. Desmids from Uganda and Lake Victoria colleted by Dr. Edna M. Lind. Acta Botanica Fennica 66: 1-57.

GUIRY, M.D. 2013. Taxonomy and nomenclature of the Conjugatophyceae (= Zygnematophyceae). Algae 28: 1-29.

GUIRY, M.D. & GUIRY, G.M. 2016. *AlgaeBase:* World-wide electronic publication, National University of Ireland, Galway, disponível em: http://www.algaebase.org. Acesso em 28 de novembro de 2018.

HACKBART, V.C.S., MARQUES, A.R.P., KIDA, B.M.S., TOLUSSI, C.E., NEGRI, D.D.B., MARTINS, I.A., FONTANA, I., COLLUCCI, M.P., BRANDIMARTI, A.L., MOSCHINI-CARLOS, V., SILVA, S.C., MEIRINHO, P.A., FREIRE, R.H.F. & POMPÊO, M. 2015. Avaliação expedita da heterogeneidade espacial horizontal intra e inter reservatórios do sistema Cantareira (represas Jaguari e Jacareí, São Paulo). *In:* POMPÊO, M., MOSCHINI-CARLOS, V., NISHIMURA, P.Y., SILVA, S.C. & LÓPEZ-DOVAL, J.C. (Orgs), 2015. Ecologia de reservatórios e interfaces. Universidade de São Paulo, São Paulo, 460 p.

HALL, J.D., KAROL, K.G., MCCOURT, R.M. & DELWICHE, C.F. 2008. Phylogeny of the conjugating green algae based on chloroplast and mitochondrial nucleotide sequence data. Journal of Phycology 44: 467-477.

HECKMAN, C.W. 1998. The Pantanal of Poconé. Kluwer Academic Plubishers, Dordrecht, 622 p.

HENRY, R., USHINOHAMA, E. & FERREIRA, R.M.R. 2006. Phytoplankton in three lateral lakes and in the Paranapanema River in its mouth zone into Jurumirim Reservoir, São Paulo, Brazil, during a long drought period. Brazilian Journal of Botany 29: 399-414.

HINO, K. & TUNDISI, J.G. 1977. Atlas de algas da Represa do Broa. Universidade Federal de São Carlos, São Carlos, 125 p. (Série Atlas 2).

HIRANO, M. 1951. Some new or noteworthy Desmids from Japan. Acta Phytotaxonomica et Geobotanica 14: 69-71.

HIRANO, M. 1957. Flora Desmidiarum Japonicarum, 4. Contributions from the Biological Laboratory, Kyoto University 5: 166-225.

HIRANO, M. 1968. Desmids of Artic Alaska. Contributions from the Biological Laboratory 21: 1-53.

HIRANO, M. 1992. Desmids from Thailand and Malaysia. Contributions from the Biological Laboratory 28: 1-98.

HOMFELD, H. 1929. Beitrag zur kenntnis der Desmidiaceen nordwestdeutschlands, besonders ihrer zygoten. Pflanzenforschung 12: 1-96.

HUSZAR, V.L.M. & ESTEVES, F.A. 1987. Considerações sobre o fitoplâncton de rede de 14 lagoas costeiras do Estado do Rio de Janeiro, Brasil. Acta Limnologica Brasiliensia 2: 323-346.

HUSZAR, V.L.M., NOGUEIRA, I.S. & SILVA, L.H.S. 1988a. Fitoplâncton da Lagoa do Campelo, Campos, Rio de Janeiro, Brasil: uma contribuição ao seu conhecimento. Acta Botanica Brasilica 1, Supl.: 209-219.

IRÉNÉE-MARIE, Fr. 1952. Contribution à la connaissance des Desmidiées de la région du Lac St. Jean. Hydrobiologia 4: 1-208.

ISLAM, A.K.M.N. & IRFANULLAH, H.M. 2006. Hydrobiological studies within the tea gardens at Srimangal, Bangladesh, 5: Desmids (*Euastrum*, *Micrasterias*, *Actinastrum* and *Cosmarium*). Bangladesh Journal of Plant Taxonomy 13: 1-20.

JATI, S. 1998. Estrutura e dinâmica da comunidade fitoplanctônica no reservatório de Barra Bonita (SP): uma análise em diferentes escalas de tempo. Dissertação de Mestrado, Universidade de São Paulo, São Carlos, 147 p.

JOLY, A.B. 1963. Gêneros de algas de água doce da cidade de São Paulo e arredores. Rickia, supl. 1: 1-188.

JOHNSON, L.N. 1895. Some new and rare desmids of the United States, 2. Bulletin of the Torrey Botanical Club 22(7): 289-298.

KIM, H.S. 2014. Records of desmids (Chlorophyta) newly found in Korea. Journal of Ecology and Environment 37: 299-313.

KLEEREKOPER, H. 1937. Biologia da represa velha de Santo Amaro (Represa do Guarapiranga). Boletim R.A.E. 1: 151-161.

KLEEREKOPER, H. 1939. Estudo limnológico da represa de Santo Amaro em S. Paulo. Boletim da Faculdade de Filosofia e Ciências de São Paulo, série Botânica, 2: 11-151.

KOUWETS, F.A.C. 1987. Desmids from the Auvergne (France). Hydrobiologia 146: 193-263.

KRIEGER, W. 1950. Desmidiaceen aus der montanen region Südöst Brasilien. Berichte der Deutschen Botanischen Gesellschaft 63: 35-42.

KRIEGER, W. & GERLOFF, J. 1962. Die Gattung *Cosmarium*, 1. J. Cramer, Weinheim, p. 1-112.

KRIEGER, W. & GERLOFF, J. 1965. Die Gattung *Cosmarium*, 2. J. Cramer, Weinheim, p. 113-240.

KRIEGER, W. & GERLOFF, J. 1969. Die Gattung *Cosmarium*, 3-4. J. Cramer, Weinheim, p. 241-410.

KRIENITZ, L. & BOCK, C. 2012. Present state of the systematics of planktonic coccoid green algae of inland waters. Hydrobiologia 696: 295-326.

LACHI, G.B. 2006. Qualidade da água e identificação da comunidade fitoplanctônica de um viveiro de piscicultura utilizado para irrigação. Dissertação de Mestrado, Universidade Estadual Paulista, Jaboticabal, 43 p.

LACHI, G.B. & SIPAÚBA-TAVARES, L.H. 2008. Qualidade da água e composição fitoplanctônica de um viveiro de piscicultura utilizado para fins de pesca esportiva e irrigação. Boletim do Instituto de Pesca 34: 29-38.

LEE, R.E. 1999. Phycology. Cambridge University Press, Cambridge, 614 p. (3ª edição).

LEMMERMANN, E. 1914. Algologische Beitrage, 13: über das Vorkommen von Algen in den Schläuchen von *Utricularia*. Abhandlungen Naturwissenschaftlicher Verein zu *Bremen* 23: 261-267.

LEWIS, L.A. & MCCOURT, R.M. 2004. Green algae and the origin of land plants. American Journal of Botany 91: 1535-1556.

LIMA, D. 2004. Análise da composição, abundância e distribuição da comunidade fitoplanctônica nos reservatórios do sistema em cascata do médio e baixo rio Tietê/SP. Tese de Doutorado, Universidade de São Paulo, São Carlos, 323 p.

LOPES, A.G.A. 2007. Fitoplâncton de pesqueiros da Região Metropolitana de São Paulo: levantamento florístico. Dissertação de Mestrado, Universidade de São Paulo, São Paulo, 116 p.

LOPES, M.R.M. 1992. Desmidioflórula do lago Novo Andirá (rio Sere), Estado do Amazonas. Dissertação de Mestrado, Universidade de São Paulo, São Paulo, 166 p.

LOPES, M.R.M. 1999. Eventos perturbatórios que afetam a biomassa, a composição e a diversidade de espécies do fitoplâncton em um lago tropical oligotrófico raso (Lago do Instituto Astronômico e Geofísico, São Paulo, SP). Tese de Doutorado, Universidade de São Paulo, São Paulo, 213 p.

LOPES, M.R.M. & BICUDO, C.E.M. 2003. Desmidioflórula de um lago de planície de inundação do rio Acre, Estado do Amazonas, Brasil. Acta Amazonica 33: 167-212.

LOPES, J.P., PONTES, C.S., ARAÚJO, A. & SANTOS-NETO, M.A. 2008. Fatores bióticos e abióticos que influenciam o desenvolvimento de *Branconeta* (Crustacea, Anostraca). Revista Brasileira de Engenharia de Pesca 3(1): 76-90.

LOZOVEI, A.L. & HOHMANN, E. 1977. Principais gêneros de microalgas em biótopos de larvas de mosquito de Curitiba, Estado do Paraná, Brasil, 3: levantamento e constatação da ecologia. Acta Biológica Paranaense 6: 123-152.

LOZOVEI, A.L. & LUZ, E. 1976. Diptera culicidae em Curitiba e arredores, 1: ocorrência. Arquivos de Biologia e Tecnologia 19: 25-42.

LUNDELL, P.M. 1871. De Desmidiaceis, quae in Suecia inventae sunt, observationes criticae. Nova Acta Regiae Societatis Scientiarum Upsaliensis, série 3, 8: 1-100.

LÜTKEMMÜLLER, J. 1910. Zur kenntnis der Desmidiaceen Böhmens. Abhandlungen der Kaiserlich-Königlichen Zoologisch-Botanischen Gesellschaft in Wien 60: 478-503.

LUZIA, A.P. 2009. Estrutura organizacional do fitoplâncton nos sistemas lóticos e lênticos da bacia do Rio Tietê-Jacaré (UGRHi Tietê-Jacaré) em relação à qualidade da água e estado trófico. Tese de Doutorado, Universidade Federal de São Carlos, São Carlos, 169 p.

MARINHO, M.M. 1994. Dinâmica da comunidade fitoplanctônica de um pequeno reservatório raso densamente colonizado por macrófitas aquáticas submersas (Açude do Jacaré, Mogi-Guaçu, SP, Brasil). Dissertação de Mestrado, Universidade de São Paulo, São Paulo. 150 p.

MARINHO, M.M. & SOPHIA, M.G. 1997. Desmidioflórula do Açude do Jacaré, Município de Moji Guaçu, SP, Brasil. Hoehnea 24: 37-53.

MARTINS, D.V. 1980. Desmidioflórula dos lagos Cristalino e São Sebastião, Estado do Amazonas. Tese de Doutorado, Instituto Nacional de Pesquisas da Amazônia e Fundação Universidade do Amazonas, Manaus, 248 p.

MARTINS, D.V. & BICUDO, C.E.M. 1987. Desmídias da Ilha de Tinharé, Estado da Bahia, Brasil. Revista Brasileira de Biologia 47: 1-16.

MARTINS-DA-SILVA, R.C.V. & BICUDO, C.E.M. 2007. Algas planctônicas (exclusive Diatomaceae) do lago Água Preta, Município de Belém, Estado do Pará. In: GOMES, J.I., MARTINS, M., MARTINS-DA-SILVA, R.C.V. & ALMEIRA, S. (Orgs), Mocambo: diversidade e dinâmica biológica da área de pesquisa ecológica do Guamá (APEG). Embrapa, Belém, p. 175-249.

MATSUZAKI, M. 2002. A comunidade fitoplanctônica de um pesqueiro na cidade de São Paulo: aspectos ecológicos e sanitários. Dissertação de Mestrado, Universidade de São Paulo, São Paulo, 135 p.

MCCOURT, R.M., KAROL, K.G., BELL, J., HELM-BYCHOWSKI, K.M., GRAJEWSKA, A., WOJCIECHOWSKI, M.F. & HOSHAW, R.W. 2000. Phylogeny of the conjugating green algae (Zygnematophyceae) based on rbcL sequences. Journal of Phycology 36: 747-758.

MELO, S. & SOUZA, K.F. 2009. Flutuação anual e interanual da riqueza de espécies de desmídias (Chlorophyta, Conjugatophyceae) em um lago de inundação amazônico de águas pretas (Lago Cutiuaú, Estado do Amazonas, Brasil). Acta Scientiarum, Biological Sciences 31: 235-243.

MENEZES, M., BRANCO, S., GUIMARÃES, R.R., SOUSA, V.L.M., ALVES-DE-SOUZA, C., SILVA, W.J., DOMINGOS, P. & GÔMARA, G. 2012. Composição florística de cianobactérias e microalgas no Canal do Piraquê, lagoa Rodrigo de Freitas, Sudeste do Brasil. Oecologia Australis 16: 421-440.

MENEZES, V.C., BUENO, N.C., BORTOLINI, L.C., BIOLO, S. & SIQUEIRA, N.S. 2011. O gênero Cosmarium Corda ex Ralfs (Desmidiaceae) no Reservatório de Itaipu, PR, Brasil. Hoehnea 38: 483-493.

MENEZES, V.C., BUENO, N.C., SOBJAK, T.M., BORTOLINI, L.C. & TEMPONI, L.G. 2013. Zygnemaphyceae associada à Utricularia foliosa L. no Parque Nacional do Iguaçu, Paraná, Brasil. Iheringia, série Botânica 68: 5-26.

MIASHIRO, L. 2008. Avaliação ambiental de um sistema de piscicultura, através do fitoplâncton e de ensaios ecotoxicológicos com a microalga Pseudokirchneriella subcapitata (Chlorophyceae). Dissertação de Mestrado, Universidade de São Paulo, São Paulo, 99 p.

MILLAN, R.N. 2009. Dinâmica da qualidade da água em tanques de peixes de sistema pesque-pague: aspectos físico-químicos e plâncton. Dissertação de Mestrado, Universidade Estadual Paulista, Jaboticabal, 88 p.

MINOTI, R.T. 1999. Variação anual da produção primária e estrutura da comunidade fitoplanctônica no reservatório de Salto Grande (Americana, SP). Dissertação de Mestrado, Universidade de São Paulo, São Carlos, 135 p.

MIX, M. 1972. Die Feinstruktur der Zellwände bei Mesotaeniaceae und Gonatozygaceae mit einer vergleichenden Betrachtung der verschiedenen Wandtypen der Conjugatophyceae und über derem systematischen Wert. Archiv für Mikrobiologie 81: 197-220.

MOSCHINI-CARLOS, V., PEREIRA, D., WISNIEWSKI, M.J.S. & POMPÊO, M.L.M. 2008. The planktonic community in tropical interdunal ponds (Lençóis Maranhenses National Park, Maranhão State, Brazil). Acta Limnologica Brasiliensia 20: 99-110.

MOSCHINI-CARLOS, V. & POMPÊO, M.L.M. 2001. Dinâmica do fitoplâncton de uma lagoa de duna (Parque Nacional dos Lençóis Maranhenses, MA, Brasil). Acta Limnologica Brasiliensia 13: 53-68.

MOURA, A.N. 1997. Estrutura e produção primária da comunidade perifítica durante o processo de colonização em substrato artificial no Lago das Ninfeias, São Paulo, SP: análise comparativa entre períodos chuvoso e seco. Tese de Doutorado, Universidade Estadual Paulista, Rio Claro, 256 p.

MUCCI, J.L.N., SOUZA, A. & VIEIRA, A.M. 2004. Estudo ecológico do Parque Guaraciaba em Santo André, São Paulo. Engenharia Sanitária e Ambiental 9(1): 13-25.

MURAKAMI, E.A., BICUDO, D.C. & RODRIGUES, L. 2009. Periphytic algae of the Garças Lake, Upper Paraná River floodplain: comparing the years 1994 and 2004. Brazilian Journal of Biology, supl. 69: 459-468.

NABOUT, J.C. & NOGUEIRA, I.S. 2008. Distribuição vertical da comunidade fitoplanctônica do Lago dos Tigres (Goiás, Brasil). *Acta Scientiarum, Biological Sciences* 30: 47-55.

NÄGELI, C. 1849. Gattungen einzelliger Algen, physiologisch und systematisch bearbeitet. Neue Denkschriften der Allgemeinen Schweizerischen Gesellschaft für die Gesammten Naturwissenschaften 10: 1-139.

NASCIMENTO-MOURA, A.T. 1996. Estrutura e dinâmica da comunidade fitoplanctônica numa lagoa eutrófica, São Paulo, SP, Brasil, a curtos intervalos de tempo: comparação entre épocas de chuva e seca. Dissertação de Mestrado, Universidade Estadual Paulista, Rio Claro, 172 p.

NEIF, E.M., BEHREND, R.D.L. & RODRIGUES, L. 2014. Investigations on periphytic algae: comparing distinct years in the presence and absence of submerged macrophytes. Brazilian Journal of Biology 74: 521-522.

NEUSTUPA, J. & ŠKALOUD, P. 2007. Geometric morphometrics and qualitative patterns in the morphological variation of five species of *Micrasterias* (Zygnematophyceae, Viridiplantae). Preslia 79: 401-417.

NEUSTUPA, J., ŠKALOUD, P. & Š'•ASTNÝ, J. 2010. The molecular phylogenetic and geometric morphometric evaluation of *Micrasterias crux-melitensis/M. radians* species complex. Journal of Phycology 46: 703-714.

NISHIMURA, P.Y. 2008. Ecologia da comunidade fitoplanctônica em dois braços da Represa Billings (São Paulo, SP) com diferentes graus de trofia. Dissertação de Mestrado, Universidade de São Paulo, São Paulo, 148 p.

NISHIMURA, P.Y. 2012. A comunidade fitoplanctônica nas represas Billings e Guarapiranga (Região Metropolitana de São Paulo). Tese de Doutorado, Universidade de São Paulo, São Paulo, 149 p.

NOGUEIRA, M.G. 1996. Composição, abundância e distribuição espaço-temporal das populações planctônicas e das variáveis físico-químicas na represa de Jurumirim, Rio Paranapanema, SP. Tese de Doutorado, Universidade de São Paulo, São Carlos, 439 p.

NOGUEIRA, M.G. & MATSUMURA-TUNDISI, T. 1996. Limnologia de um sistema artificial raso (Represa do Monjolinho São Carlos-SP): dinâmica das populações planctônicas. Acta Limnologica Brasiliensia 8: 149-168.

NORDSTEDT, C.F.O. 1870. Desmidiaceae. *In*: WARMING, E. (Ed.), Symbolae ad floram Brasiliae centralis cognoscendam, 5: Fam. 18. *Videnskabelige Meddelelser* fra Dansk *Naturhistoriske Forening i Kjöbenhavn* 1869: 195-234.

NORDSTEDT, C.F.O. 1875. Symbolae ad floram Brasiliae centralis cognoscedam. *Videnskabelige Meddelelser* fra Dansk *Naturhistoriske Forening i Kjöbenhavn* 1869-1887: 195-234.

NORDSTEDT, C.F.O. 1877. Nonnulae algae aquae dulcis brasiliensis. Öfversigt af Kongliga Vetenskaps-Akademiens Förhandlingar 34: 15-28 (1878).

NORDSTEDT, C.F.O. 1880. De Algis et Characeis, 1: De Algis nonnullis, praecipue Desmidieis, inter Utricularias Musei Lugduno-Batavi. Acta Universitatis Lundensis 16: 1-13.

NORDSTEDT, C.F.O. 1887. Desmidiaceae. *In*: WARMING, E. (Ed.), Symbolae ad floram Brasiliae centralis cognoscendam, 5: Fam. 18. Videnskabelige Meddelelser Naturhistorisk *Forening* i København 1887: pl. 2-4.

NORDSTEDT, C.F.O. 1888. Fresh-water algae collected by Dr. S. Berggren in New Zealand and Australia. Kongliga Svenska Vetenskaps-Akademiens Handlingar 22: 1-98.

NORDSTEDT, C.F.O. 1908. Index desmidiacearum citationibus locupletissimus atque bibliographia. Suplemento. Berolini, Fratres Borntraeger, 149 p.

NORDSTEDT, C.F.O. & WITTROCK, V. 1876. Desmidieae et Oedogonieae ab O. Nordstedt in Italia et Tyrolia collectae, quas determinaverunt. Öfversigt af Kongliga Vetenskaps-Akademiens Förhandlingar 33: 25-56.

NYGAARD, G. 1976. Desmids from an Arctic salt lake. Botaniska Tidsskrift 71: 84-86.

OKADA, Y. 1953. A new classification of Conjugatae, with special reference to desmids. Memoirs of Faculty of Fisheries Kagoshima University 3: 165-192.

OLIVEIRA, A.T.R.A. 2012. Comunidade fitoplanctônica no monitoramento de rios do Estado de São Paulo. Dissertação de Mestrado, Universidade de São Paulo, São Paulo, 158 p.

OLIVEIRA, H.T. 1993. Avaliação das condições limnológicas de um compartimento (braço do rio Capivara) e sua interação com o reservatório de Barra Bonita, SP, com ênfase na comunidade fitoplanctônica. Tese de Doutorado, Universidade de São Paulo, São Carlos, 328 p.

OLIVEIRA, I.B. 2011. Zygnematophyceae (Streptophyta) da Área de Proteção Ambiental Litoral Norte, Bahia, Brasil. Tese de Doutorado, Universidade Estadual de Feira de Santana, Feira de Santana, 670 p.

OLIVEIRA, I.B., BICUDO, C.E.M. & MOURA, C.W.N. 2010. Contribuição ao conhecimento de *Cosmarium* Corda *ex* Ralfs (Desmidiaceae, Zygnematophyceae) para a Bahia e o Brasil. Hoehnea 37: 571-600.

OLIVEIRA, L.P.H. & KRAU, L. 1970. Hidrobiologia geral aplicada particularmente a veiculadores de esquistossomos-hipereutrofia, mal moderno das águas. Memórias do Instituto Oswaldo Cruz 68: 89-118.

OLIVEIRA, M.D. 1993. Produção primária e estrutura da comunidade fitoplanctônica no Reservatório do Lobo (SP): uma comparação entre fatores ecológicos na represa e nos seus principais tributários. Dissertação de Mestrado, Universidade de São Paulo, São Carlos, 178 p.

OSTI, J.A.S. 2013. Características limnológicas e do fitoplâncton de viveiro de criação de Tilápia-do-nilo e de *wetlands* construídas para o tratamento do efluente. Tese de Doutorado, Universidade Estadual Paulista, Jaboticabal, 97 p.

PADISÁK, J., BARBOSA, F.A.R., BORBÉLY, G., BORICS, G., CHORUS, I., ESPÍNDOLA, E.L.G., HEINZE, R., ROCHA, O., TÖRÖKNÉ, A.K. & VASAS, G. 2000. Phytoplankton composition, biodiversity and pilot survey of toxic Cyanoprokaryotes in a large cascadian reservoir system (Tietê basin, Brazil). Verhandlungen des Internationalen Vereinigung der Limnologie 27: 2734-2742.

PALMER, C.M. 1960. Algas e suprimento de água na área de São Paulo. Boletim DAE 21: 11-15.

PARRA, O., GONZÁLEZ, M. & DELLAROSA, V. 1983. Manual taxonómico del fitoplancton de águas continentales, con especial referencia al fitoplacton de Chile. Vol. 5, Chlorophyceae, 2: Zygnematales. Universidade de Concepción, Concepción, 353 p.

PELLEGRINI, B.G. 2012. Influência da heterogeneidade espacial sobre a estrutura e estado nutricional (C, N, P) da comunidade perifítica em substrato natural (*Nymphaea* spp.). Dissertação de Mestrado, Instituto de Botânica, São Paulo, 95 p.

PELLEGRINI, B.G. & FERRAGUT, C. 2012. Variação sazonal e sucessional da comunidade de algas perifíticas em substrato natural em um reservatório mesotrófico tropical. Acta Botanica Brasilica 26: 807-818.

PEREIRA, J.S. 2013. Estrutura e dinâmica da comunidade fitoplanctônica no período de cinco anos em ambiente mesotrófico (Lago das Ninfeias), Parque Estadual das Fontes do Ipiranga, São Paulo. Tese de Doutorado, Universidade Estadual Paulista, Rio Claro, 94 p.

PEREIRA, V.L.R. 1994. Produção primária, composição do fitoplâncton e condições ecológicas do reservatório Guarapiranga. Dissertação de Mestrado, Universidade de São Paulo, São Carlos, 255 p.

PICELLI-VICENTIM, M.M. 1984. Catálogo das Chlorophyta de águas continentais e marinhas do Estado do Paraná, Brasil. Estudos de Biologia 15: 1-28.

PIRES, D.A. 2014. Diversidade (alfa, beta e gama) da comunidade fitoplanctônica de quatro reservatórios do Alto Tietê, Estado de São Paulo, com diferentes graus de trofia. Dissertação de Mestrado, Instituto de Botânica, São Paulo, 101 p.

POMPÊO, M.L.M., MOSCHINI-CARLOS, V., COSTA NETO, J.P., CAVALCANTE, P.R.S., IBAÑEZ, M.S.R., FERREIRA CORREIA, M.M. & BARBIERI, R. 1998. Heterogeneidade espacial do fitoplâncton no reservatório de Boa Esperança (MA-PI, Brasil). Acta Limnologica Brasiliensia 10: 101-113.

PRESCOTT, G.W. 1957. The Machris Brazilian expedition, Botany: Chlorophyta, Euglenophyta. Contributions in Science 11: 1-28.

PRESCOTT, G.W. 1968. The Algae: a review. Houghton Mifflin Co., Boston, 436 p.

PRESCOTT, G.W., CROASDALE, H.T., VINYARD, W.C. & BICUDO, C.E.M. 1981. A synopsis of North American Desmids, 2: Desmidiaceae, Placodermae, 3. University of Nebraska Press, Lincoln, 720 p.

RACIBORSKI, M. 1885. De nonnulis Desmidiaceis novis vel minus cognitis, quae in Polonia inventae sunt. Pamietnik Akademii Umiejêtnósci w Krakowie, Wydzial Matematyczno Przyrodniczy 10: 57-100.

RALFS, J. 1848. The British Desmidieae. Reeve, London, 226 p.

RAMÍREZ R., J.J. 1996. Variações espacial vertical e nictemeral da estrutura da comunidade fitoplanctônica e variáveis ambientais em quatro dias de amostragem de diferentes épocas do ano no Lago das Garças, São Paulo. Tese de Doutorado, Universidade de São Paulo, São Paulo, 285 p.

RAMOS, G.J.P., OLIVEIRA, I.B. & MOURA, C.W.N. 2011. Desmídias de ambiente fitotelmata bromelícola da Serra da Jiboia, Bahia, Brasil. Revista Brasileira de Biociências 9: 103-113.

REINSCH, P.F. 1866. Die Algenflora des mittleren Theiles von Franken (des Keupergebietes mit den angrenzenden Partien des jurassischen Gebietes) enthaltend die von Autor bis jetzt in diesen Gebieten beobachteten Süsswasseralgen und die Diagnosen und Abbildungen von ein und fünfzig vom Autor in diesen Gebiete entdeckten neuen Arten und drei neuen Gattungen. Verlag von Wilhelm Schmid, Nürnberg, 238 p.

REVIERS, B. 2006. Biologia e filogenia das algas. ARTMED, Porto Alegre, 280 p.

REVIERS, B. 2010. Natureza e posição das "algas" na árvore filogenética do mundo vivo. *In*: FRANCESCHINI, I.M., BURLIGA, A.L., REVIERS, B., PRADO, J.F. & RÉZIG, S.H. (Orgs), Algas: uma abordagem filogenética, taxonômica e ecológica. ARTMED, Porto Alegre. p. 19-57.

RIOLFI, T.A. 2013. Características fotossintéticas de produtores primários de ambientes lóticos. Dissertação de Mestrado, Universidade Estadual Paulista, Rio Claro, 54 p.

RODRIGUES, L. & BICUDO, D.C. 2001. Similarity among periphyton algal communities in a lentic-lotic gradient of the upper Paraná River floodplain, Brazil. Brazilian Journal of Botany 24: 235-248.

ROSA, Z.M., TORGAN, L.C., LOBO, E.A. & HERZOG, L.A.W. 1988. Análise da estrutura de comunidades fitoplanctônicas e de alguns fatores abióticos em trecho do rio Jacuí, Rio Grande do Sul, Brasil. Acta Botanica Brasilica 2: 31-46.

ROSA, Z.M., UNGARETTI, I., KREMER, L.M., SILVA, S.M.A., CALLEGARO, V.L.M. & WERNER, V.R. 1987. Metaphyton, benthos and phytoplantonic communities in lentic systems in the region of Charqueadas Rio Grande do Sul, Brazil. Acta Botanica Brasilica 1: 165-188.

ROSAL, C. 2014. Estrutura e dinâmica da comunidade fitoplanctônica de quatro reservatórios com diferentes graus de trofia, Bacia do Alto Tietê, SP, Brasil. Dissertação de Mestrado, Instituto de Botânica, São Paulo, 97 p.

ROSINI, E.F. 2010. Fitoplâncton de pesqueiros da Região Metropolitana de São Paulo: levantamento florístico. Dissertação de Mestrado, Instituto de Botânica, São Paulo, 215 p.

ROSINI, E.F., BERNDT, A. & JOSÉ NETO, M. 2007. Nota científica: levantamento de algas de quatro açudes da Unidade de Pesquisa e Desenvolvimento de Andradina, São Pulo. Revista Brasileira de Biociências 5, supl. 2: 735-737.

ROY, J. & BISSET, J.P. 1894. On Scottish Desmidieae. Annals of Scottish Natural History 1894: 100-105, 167-178, 241-256.

RÙ•IÈKA, J. 1977. Die Desmidiaceen Mitteleuropas. Schweizerbartsche Verlagsbuchhandlung, Stuttgart. Vol. 1(1), 291 p.

SALAZAR, C. & GUARRERA, S. 2000. *Cosmarium*, *Actinotaenium* and *Cosmocladium* (Desmidiaceae, Chlorophytes) associated to gramineae, with the proposition of four new taxa for science. Acta Biologica Venezuelica 20: 1-16.

SAMPAIO, J. 1944. Desmídias portuguesas. Publicações do Instituto de Botânica "Dr. Gonçalo Sampaio", Universidade do Porto, Coimbra. Vol. 15, 538 p.

SANDES, M.A.L. 1990. Flutuações de fatores ecológicos, composição e biomassa do fitoplâncton em curto período de tempo no reservatório Álvaro de Souza Lima. Dissertação de Mestrado, Universidade de São Paulo, São Carlos, 111 p.

SANT'ANNA, C.L., AZEVEDO, M.T.P. & SORMUS, L. 1989. Fitoplâncton do Lago das Garças, Parque Estadual das Fontes do Ipiranga, São Paulo, SP, Brasil: estudo taxonômico e aspectos ecológicos. Hoehnea 16: 89-131.

SANT'ANNA, C.L., SORMUS, L., TUCCI, A. & AZEVEDO, M.T.P. 1997. Variação sazonal do fitoplâncton do Lago das Garças, São Paulo, SP. Hoehnea 24: 67-86.

SANT'ANNA, C.L., XAVIER, M.B. & SORMUS, L. 1988. Estudo qualitativo do fitoplâncton da represa de Serraria, Estado de São Paulo, Brasil. Brazilian Journal of Biology 48: 83-102.

SANTOS, A.C.A. 1996. Biomassa e estrutura da comunidade fitoplanctônica em curtos períodos de tempo no reservatório de Barra Bonita, SP. Dissertação de Mestrado, Universidade de São Paulo, São Carlos, 148 p.

SANTOS, A.C.A. 2003. Heterogeneidade espacial e variabilidade temporal de dois reservatórios com diferentes graus de trofia, no Estado de São Paulo. Tese de Doutorado, Universidade de São Paulo, São Carlos, 208p.

SANTOS, T.R. 2012. Variação sazonal da biomassa, do estado nutricional e da estrutura da comunidade de algas perifíticas desenvolvida sobre substrato artificial e *Utricularia foliosa* L. Dissertação de Mestrado, Instituto de Botânica, São Paulo, 79 p.

SANTOS, T.R. & FERRAGUT, C. 2013. The successional phases of a periphytic algal community in a shallow tropical reservoir during the dry and rainy seasons. Limnetica 32: 337-352.

SANTOS, T.R., FERRAGUT, C. & BICUDO, C.E.M. 2013. Does macrophyte architecture influence periphyton? Relationships among *Utricularia foliosa*, periphyton assemblage structure and its nutrient (C, N, P) status. Hydrobiologia 714: 71-83.

SARDEIRO, M.S. 1999. Caracterização limnológica e comunidade fitoplanctônica da Lagoa de Quilômetro, Estação Ecológica do Jataí, Município de Luiz Antônio (SP). Tese de Doutorado, Universidade Federal de São Carlos, São Carlos, 142 p.

SCHMIDLE, W. 1895. Beiträge zur alpinen Algenflora. Österreichische Botanische Zeitschrift 45: 249-253, 305-311, 346-350, 387-391, 454-459.

SCHMIDLE, W. 1901. Algen aus Brasilien. Hedwigia 15: 45-54.

SCHMIDLE, W. 1902. Berichte über die botanischen Ergebnisse der Nyassa-See- und Kinga-Gebirgs Expedition der Hermann- und Elise-geb. Heckmann-Wentzel-Stiftung, 5: Algen, insbesondere solche des Plankton, aus dem Nyassa-See und seiner Umgebung, gesammelt von Dr. Fülleborn. Botanische Jahrbücher für Systematik, Pflanzengeschichte und Pflanzengeographie 32: 56-88.

SCHULTS, F.P. & DE-LAMONICA-FREIRE, E.M. 2000. Desmídias (Chlorophyta, Zygnemaphyceae) do Pantanal de Poconé, Mato Grosso, Brasil. Diversidades 1: 111-123.

SCOTT, A.M. & GRÖNBLAD, R. 1957. New and interesting desmids from the Southeastern United States. Acta Societatis Scientiarum Fennicae., série B, 2: 1-62.

SCOTT, A.M., GRÖNBLAD, R. & CROASDALE, H. 1965. Desmids from the Amazon Basin, Brazil. Acta Botanica Fennica 69: 1-93.

SCOTT, A.M. & PRESCOTT, G.W. 1961. Indonesian desmids. Hydrobiologia 17: 1-132.

SENNA, P.A.C., SOUZA, M.G.M. & COMPÈRE, P. 1998. A check-list of the algae of the Federal District (Brazil). Universa, Wetteren. Vol. 16, 88 p.

SETO, L.M. 2007. Inter-relação entre a comunidade fitoplanctônica e variáveis ambientais em tanques de piscicultura nos períodos de seca e chuva. Dissertação de Mestrado, Universidade Estadual Paulista, Jaboticabal, 63 p.

SHUKLA, S.K., SHUKLA, C.P. & MISRA, P.K. 2008. Desmids (Chlorophyceae, Conjugales, Desmidiaceae) from foothills of Western Himalaya, India. Algae 23: 1-14.

SILVA, L.H.S. 1999. Fitoplâncton de um reservatório eutrófico (lago Monte Alegre), Ribeirão Preto, São Paulo, Brasil. Brazilian Journal of Biology 59: 281-303.

SILVA, S.R.V.F. & CECY, I.I.T. 2004. Desmídias (Zygnemaphyceae) da área de abrangência da Usina Hidrelétrica de Salto Caxias, Paraná, Brasil, 1: *Cosmarium*. Iheringia, série Botânica 59: 13-26.

ŠKALOUD, P., NEMJOVÁ, K., VESELÁ, J., ÈERNÁ, K. & NEUSTUPA, J. 2011. A multilocus phylogeny of the desmid genus *Micrasterias* (Streptophyta): evidence for the accelerated rate of morphological evolution in protists. Molecular Phylogeny and Evolution 61: 933-943.

ŠKALOUD, P., Š'•ASTNÝ, J., NEMJOVÁ, K., MAZALOVÁ, P., POULIÈKOVÁ, A. & NEUSTUPA, J. 2012. Molecular phylogeny of baculiform desmid taxa (Zygnematophyceae). Plant Systematics and Evolution 298: 1281-1292.

SMITH, G.M. 1950. The freshwater algae of the United States. McGraw-Hill Book Company, Inc., New York, 719 p. (2ª edição).

SOARES, M.C.S., HUZSAR, V.L.M. & ROLAND, F. 2007. Phytoplankton dynamics in two tropical rivers with different degrees of human impact (Southeast Brazil). River Research and Applications 23: 698-714.

SOPHIA, M.G. 1991. Desmídias de hábito solitário (exceto *Micrasterias* C. Agardh *ex* Ralfs) do Município do Rio de Janeiro e arredores, Brasil. Brazilian Journal of Biology 51: 85-107.

SOPHIA, M.G. 1999. Desmídias de ambientes fitotélmicos bromelícolas. Brazilian Journal of Biology 59: 141-150.

SOPHIA, M.G., CARBO, B.P. & HUSZAR, V.L.M. 2004. Desmids of phytotelm terrestrial bromeliads from the National Park of 'Restinga de Jurubatiba', Southeast Brasil. Algological Studies 114: 99-119.

SOPHIA, M.G., DIAS, I.C. & ARAÚJO, A.M. 2005. Chlorophyceae and Zygnematophyceae from the Turvo State Forest Park, state of Rio Grande do Sul, Brazil. Brazilian Journal of Biology 51: 85-107.

SOPHIA, M.G. & PÉREZ, M.C. 2010. Planktic desmids from Merin Lagoon, a Biosphere World Reserve. Iheringia, série Botânica 65: 183-199.

SOUZA, K.F., MELO, S. & ALMEIDA, F.F. 2007. Desmídias de um lago de inundação do Parque Nacional do Jaú (Amazonas, Brasil). Revista Brasileira de Biociências 5: 24-26.

SOUZA, M.L. 2013. Influência da complexidade de habitat sobre a estrutura e estado nutricional da comunidade de algas perifíticas em escala sazonal. Dissertação de Mestrado, Instituto de Botânica, São Paulo, 90 p.

SOUZA, M.L., PELLEGRINI, B.G. & FERRAGUT, F. 2015. Periphytic algal community structure in relation to seasonal variation and macrophyte richness in a shallow tropical reservoir. Hydrobiologia 755: 183-196.

SOUZA, R.C.R. 2000. Dinâmica espaço-temporal da comunidade fitoplanctônica de um reservatório hipereutrófico: Salto Grande (Americana, SP). Tese de Doutorado, Universidade de São Paulo, São Carlos, 172 p.

ŠT'ASTNÝ, J. 2010. Desmids (Conjugatophyceae, Viridiplantae) from the Czech Republic: new and rare taxa, distribution, ecology. Fottea 10: 1-74.

ŠT'ASTNÝ, J. & KOUWETS, F.A.C. 2012. New and remarkable desmids (Zygnematophyceae, Streptophyta) from Europe: taxonomical notes based on LM and SEM observations. Fottea 12: 293-313.

SUÁREZ, M.P.A. 1995. Características ecológicas da desmidioflórula de um região hidrográfica do sistema Trombetas do Estado do Pará. Tese de Doutorado, Instituto Nacional de Pesquisas da Amazônia, Manaus, 237 p.

SZAJUBOK, A.L.F.R. 2000. O desenvolvimento da comunidade fitoplanctônica na represa Guarapiranga no período de 1994 a 1997. Dissertação de Mestrado, Universidade de São Paulo, São Paulo, 182 p.

TANIGUCHI, G.M. 1998. Variação espacial e temporal de características limnológicas abióticas e de comunidades de algas planctônicas e perifíticas no gradiente litorâneo-limnético de uma lagoa marginal do rio Moji Guaçu. Dissertação de Mestrado, Universidade Federal de São Carlos, São Carlos, 155 p.

TANIGUCHI, G.M., PERES, A.C., SENNA, P.A.C. & COMPÈRE, P. 2003. The desmid genera *Cosmarium*, *Actinotaenium* and *Cosmocladium* from an oxbow lake, Jataí Ecological Station (Southeastern Brazil). Systematics and Geography of Plants 73: 133-159.

TANIWAKI, R.H. 2012. A comunidade perifítica e suas relações com a qualidade da água no reservatório de Itupararanga (SP, Brasil). Dissertação de Mestrado, Universidade Estadual Paulista, Sorocaba, 107 p.

TEILING, E. 1952. Evolutionary studies on the shape of the cell and the chloroplast in desmids. Botaniska Notiser 1952(3): 264-306.

TEILING, E. 1954. *Actinotaenium*, genus Desmidiacearum ressuscitatum. Botaniska Notiser 4: 376-426.

TEILING, E. 1967. The desmid genus *Staurodesmus*: a taxonomic study. Arkiv für Botanik, série 2, 6: 467-629.

THOMASSON, K. 1963. Araucanian lakes: plankton studies in North Patagonia, with notes on terrestrial vegetation. Acta Phytogeographica Suecica 47: 1-139.

THOMASSON, K. 1971. Amazonian desmids. Institut Royal des Sciences Naturelles de Belgique Memoires, série 2, 86: 1-57.

THOMASSON, K. 1977. Two conspicuous desmids from Amazonas. Botaniska Notiser 130: 41-51.

TORGAN, L.C., BARREDO, K.A. & FORTES, D.F. 2001. Catálogo das algas Chlorophyta de águas continentais e marinhas do Estado do Rio Grande do Sul, Brasil. Iheringia, série Botânica 56: 147-183.

TUCCI, A. 2002. Sucessão da comunidade fitoplanctônica de um reservatório urbano e eutrófico, São Paulo, SP, Brasil. Tese de Doutorado, Universidade Estadual Paulista, Rio Claro, 274 p.

TUCCI, A., SANT'ANNA, C.L., GENTIL, R.C. & AZEVEDO, M.T.P. 2006. Fitoplâncton do lago das Garças, São Paulo, Brasil: um reservatório urbano eutrófico. Hoehnea 33: 147-175.

TUNDISI, J. G. & HINO, K. 1981. List of species and growth seasons of phytoplankton from Lobo (Broa) Reservoir. Brazilian Journal of Biology 41: 63-68.

TURLAND, N.J., WIERSEMA, J.H., BARRIE, F.R., GREUTER, W., HAWKSWORTH, D.L., HERENDEEN, P.S., KNAPP, S., KUSBER, W.-H., LI, D.-Z., MARHOLD, K., MAY, T.W., MCNEIL, J., MONRO, A.M., PRADO, J., PRICE, M.J. & SMITH, G.F. 2018. Código Internacional de Nomenclatura para Algas, Fungos e Plantas. RiMa Editora, São Carlos, 254 p. (tradução para o português de C.E.M. BICUDO, J. PRADO & R.Y. HIRAI).

TURNER, W.B. 1892. Algae aquae dulcis Indiae orientalis [The freshwater algae (mainly Desmidieae) of East India]. Kongliga Svenska Vetenskaps-Akademiens Handlingar 25: 1-187.

TURPIN, P.J.F. 1820. Dictionnaire des sciences naturelles. F.G. Levrault, Paris, 567 p.

UHERKOVICH, G. & FRANKEN, M. 1980. Aufwuchsalgen aus zentralamazonischen Regenwaldbächen. Amazoniana 7: 49-79.

UHERKOVICH, G. & RAI, H. 1979. Algen aus Rio Negro und seinen Nebenflussen. Amazoniana 6: 611-638.

UNGARETTI, I. 1976. Contribuição ao inventário das desmídias (Zygnemaphyceae, Chlorophyta) do arroio Dilúvio, Rio Grande do Sul, Brasil. Dissertação de Mestrado, Universidade Federal do Rio Grande do Sul, Porto Alegre, 134 p.

UNGARETTI, I. 1981a. Desmídias (Zygnemaphyceae, Chlorophyta) do arroio Dilúvio, Rio Grande do Sul, Brasil. Iheringia, série Botânica 26: 9-35.

UNGARETTI, I. 1981b. Desmídias (Zygnemaphyceae) de um açude no morro Santana, Porto Alegre, Rio Grande do Sul, Brasil. Iheringia, série Botânica 27: 3-26.

VAN-DEN-HOEK, C., MANN, D.G. & JAHNS, H.M. 1997. Algae: an introduction to phycology. University of Cambridge Press, Cambridge, 627 p. (reimpressão).

VAN WESTEN, M. 2015. Taxonomic notes on desmids from the Netherlands. Phytotaxa 238: 230-242.

VERCELLINO, I.S. 2001. Sucessão da comunidade de algas perifíticas em dois reservatórios do Parque Estadual das Fontes do Ipiranga, São Paulo: Influência do Estado trófico e período climatológico. Dissertação de Mestrado, Universidade Estadual Paulista, Rio Claro, 176 p.

VERCELLINO, I.S. 2007. Respostas do perifíton aos pulsos de enriquecimento em níveis crescentes de fósforo e nitrogênio em represa tropical mesotrófica (Lago das Ninfeias, São Paulo). Tese de Doutorado, Universidade Estadual Paulista, Rio Claro, 106 p.

VERCELLINO, I.S. & BICUDO D.C. 2006. Periphytic algal community succession in a tropical oligotrophic reservoir (São Paulo, Brazil): comparison between dry and rainy periods. Brazilian Journal of Botany 29: 363-377.

WARMING, E. 1892. Lagoa Santa: et Bidrag til den Biologiske Plantegeografi. fundne arter Thallophyta. Kongelige *Danske* videnskabernes Selskabs Skrifter, Naturvidenskabeli Mathematisk Afdeling 6(3): 153-488 (algas p. 414-415).

WATANABE, T. 1981. Flutuação sazonal e distribuição espacial do nano e microfitoplâncton na Represa do Lobo ("Broa"), São Carlos, SP. Dissertação de Mestrado, Universidade Federal de São Carlos, São Carlos, 158 p.

WEST, G.S. 1907. Report on the freshwater algae, including phytoplankton of the Third Tanganyika Expedition, conducted by Dr. W.A. Cunnington 1904-1905. Journal of the Linnean Society of London, Botany 38: 81-197.

WEST, W. 1892. Algae of the English Lake District. Journal of the Royal Microscopical Society 1892: 713-748.

WEST, W. & WEST, G.S. 1895. A contribution to our knowledge of the freshwater algae of Madagascar. Transactions of the Linnean Society of London, série 2, Botany 5(2): 41-90.

WEST, W. & WEST, G.S. 1896. On some North American Desmidieae. Transactions of the Linnean Society of London, série Botany 5(2): 229-274.

WEST, W. & WEST, G.S. 1897. A contribution to the freshwater algae of the south of England. Journal of the Royal Microscopical Society 1897: 467-511.

WEST, W. & WEST, G.S. 1902. A contribution to the freshwater algae of Ceylon. Transactions of the Linnean Society of London, série Botany 6: 123-215.

WEST, W. & WEST, G.S. 1905. A monograph of the British Desmidiaceae. The Ray Society, London, Vol. 2. 206 p.

WEST, W. & WEST, G.S. 1908. A monograph of the British Desmidiaceae. The Ray Society, London. Vol. 3. 274 p.

WEST, W. & WEST, G.S. 1912. A monograph of the British Desmidiaceae. The Ray Society, London. Vol. 4. 191 p.

WILLE, N. 1884. Bidrag til Sydamericas algflora. Kongliga Svenska Vetenskaps-Akademiens Handlingar 8: 1-63.

WITTROCK, V.B. 1872. Om Gotlands och Ölands sötwattensalger. Kongliga Svenska Vetenskaps-Akademiens Handlingar 1: 1-72.

WITTROCK, V.B. & NORDSTEDT, C.F.O. 1880. Algae aquae dulcis exsiccatae praecipue scandinavicae quas adjectis algis marinis chlorophyllaceis et phycochromaceis. O.L. Svanbäcks Boktryckeri Aktiebolac, Lundae. Fasc. 8: exsic. nº 351-400.

WITTROCK, V.B. & NORDSTEDT, C.F.O. 1882. Algae aquae dulcis exsiccatae praecipue scandinavicae quas adjectis algis marinis chlorophyllaceis et phycochromaceis. O.L. Svanbäcks Boktryckeri Aktiebolac, Holmiae. Fasc. 10: exsic. nº 451-500.

WITTROCK, V.B. & NORDSTEDT, C.F.O. 1883. Algae aquae dulcis exsiccatae praecipue scandinavicae quas adjectis algis marinis chlorophyllaceis et phycochromaceis. O.L. Svanbäcks Boktryckeri Aktiebolac, Holmiae. Fasc. 15: exsic. nº 701-750.

WITTROCK, V.B. & NORDSTEDT, C.F.O. 1889. Algae aquae dulcis exsiccatae praecipue scandinavicae quas adjectis algis marinis chlorophyllaceis et phycochromaceis. O.L. Svanbäcks Boktryckeri Aktiebolac, Holmiae. Fasc. 21: 39.

WITTROCK, V.B., NORDSTEDT, C.F.O. & LAGERHEIM, G. 1896. Algae aquae dulcis exsiccatae praecipue scandinavicae quas adjectis algis marinis chlorophyllaceis et phycochromaceis. Typis Berlingianis, Lundae. Fasc. 27: exsic. nº 1251-1300.

WODNIOK, S., BRINKMANN, H., GLÖCKNER, G., HEIDEL, A.J., PHILIPPE, H., MELKONIAN, M. & BECKER, B. 2011. Origin of land plants: do conjugating green algae hold the key? BMC Evolution, série Biology 11: 104.

WOLLE, F. 1883. Fresh-water algae, 7. Bulletin of the Torrey Botanical Club 10: 13-21.

XAVIER, M.B. 1979. Contribuição ao estudo da variação sazonal do fitoplâncton na represa Billings, São Paulo. Dissertação de Mestrado, Universidade de São Paulo, São Paulo, 146 p.

ILUSTRAÇÕES

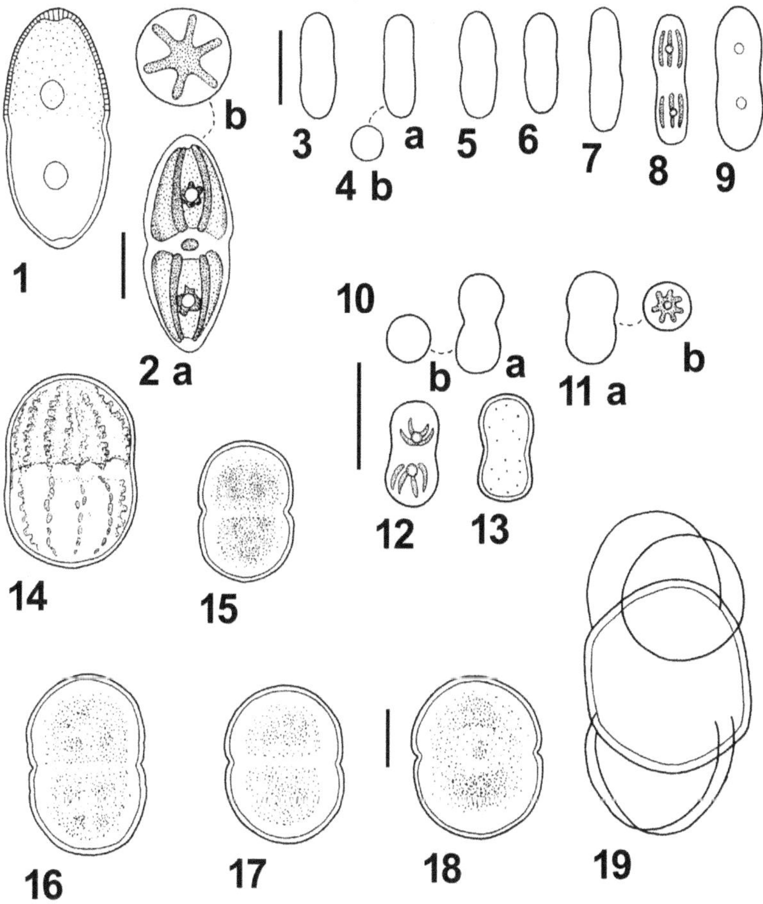

Fig. 1-2. *Actinotaenium curtum* (Brébisson) Teiling *ex* Rù•ièka & Pouzar var. *curtum* f. *minus* (Rabenhorst) Teiling *ex* Croasdale; 1-2a. vista frontal, 2b. vista vertical (Prescott *et al.* 1981). **Fig. 3-9**. *Actinotaenium inconspicuum* (West & West) Teiling; 3, 4a, 5-9. vista frontal, 4b. vista vertical (Prescott *et al.* 1981). **Fig. 10-13**. *Actinotaenium perminutum* (G.S. West) Teiling; 10a. vista frontal, 10b. vista vertical, 11a. vista frontal, 11b. vista vertical (Prescott *et al.* 1981). **Fig. 14-19**. *Actinotaenium wollei* (West & West) Teiling *ex* Rù•ièka & Pouzar, 19. conjugação (de Prescott *et al.* 1981). NOTA: escala 10 μm.

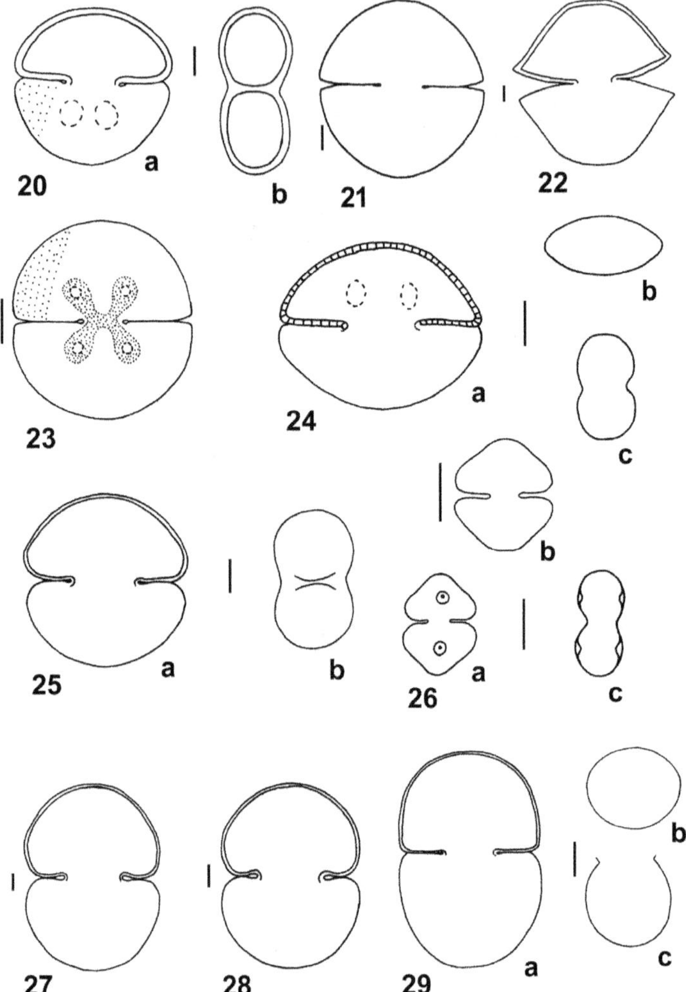

Fig. 20. *Cosmarium candianum* Delponte var. *candianum* f. *candianum*; a. vista frontal da célula, b. vista lateral da célula. **Fig. 21.** *Cosmarium ralfsii* Brébisson var. *ralfsii* (de Bicudo, 1969). **Fig. 22.** *Cosmarium ralfsii* Brébisson var. *skvortzovii* C. Bicudo (de Araújo & Bicudo 2006). **Fig. 23.** *Cosmarium obsoletum* (Hantzsch) Reinsch var. *obsoletum* (de Araújo & Bicudo 2006). **Fig. 24.** *Cosmarium baileyi* Wolle var. *baileyi*; a. vista frontal da célula, b. vista vertical da célula, c. vista lateral da célula. **Fig. 25.** *Cosmarium lundellii* Delponte var. *borgei* Gerloff & Krieger; a. vista frontal da célula, b. vista lateral da célula. **Fig. 26.** *Cosmarium ocellatum* Eichler & Gutwinski var. *ocellatum*; a-b. vista frontal da célula, b (de Araujo & Bicudo 2006), c. vista lateral da célula (de Borge 1918, como *Cosmarium luscum* Borge). **Fig. 27.** *Cosmarium pachydermum* Lundell var. *pachydermum*. **Fig. 28.** *Cosmarium pachydermum* Lundell var. *aethiopicum* West & West. **Fig. 29.** *Cosmarium cucumis* Corda ex Ralfs var. *cucumis*; a. vista frontal da célula, b. vista vertical da célula, c. vista lateral da célula (de Borge 1918). NOTA: escala 10 μm.

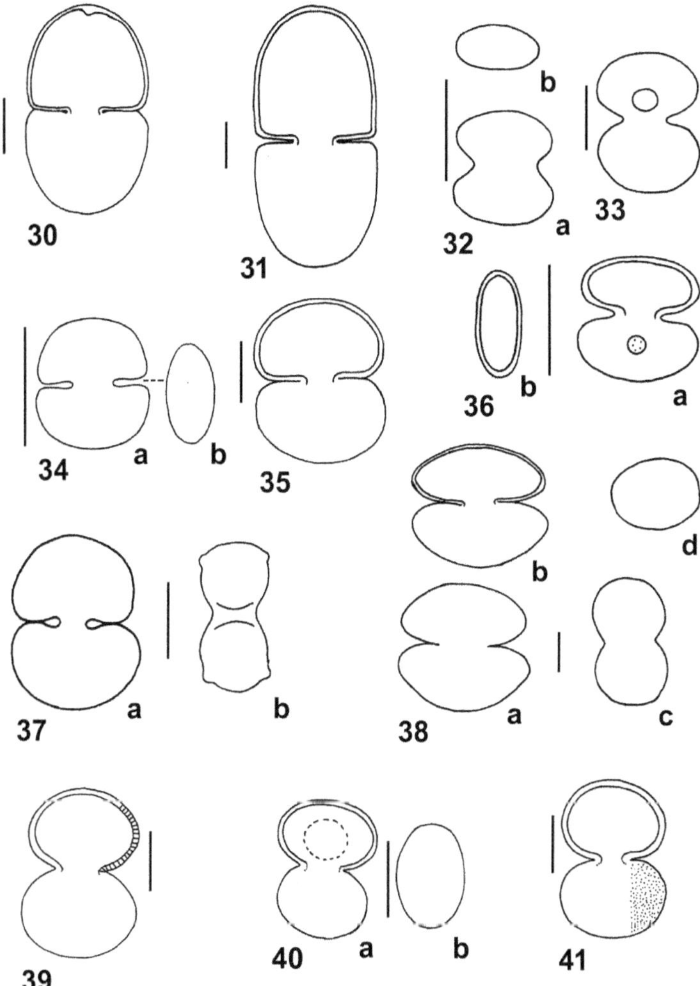

Fig. 30. *Cosmarium subcucumis* Schmidle var. *subcucumis* (de Bicudo 1969). **Fig. 31.** *Cosmarium subcucumis* Schmidle f. *compressum* C. Bicudo (de Bicudo 1969). **Fig. 32.** *Cosmarium majae* Strøm; a. vista frontal da célula, b. vista vertical da célula (de Araújo & Bicudo 2006). **Fig. 33.** *Cosmarium bioculatum* Brébisson var. *bioculatum*. **Fig. 34.** *Cosmarium bioculatum* Brébisson var. *subpunctulatum* Krieger & Gerloff; a. vista frontal da célula. **Fig. 35.** *Cosmarium bioculaum* Brébisson var. *canadense* Gerloff & Krieger. **Fig. 36.** *Cosmarium bioculatum* Brébisson var. *depressum* (Schaarschmidt) Schmidle; a. vista frontal da célula, b. vista apical da célula. **Fig. 37.** *Cosmarium phaseolus* Brébisson var. *phaseolus* f. *minus* Boldt; a. vista frontal da célula, b. vista lateral da célula (de Araújo & Bicudo 2006). **Fig. 38.** *Cosmarium depressum* (Nägeli) Lundell var. *elevatum* Borge; a-b. vista frontal da célula, b. vista vertical da célula, c. vista lateral da célula (de Borge 1918). **Fig. 39.** *Cosmarium contractum* Kirchner var. *contractum*. **Fig. 40.** *Cosmarium contractum* Kirchner var. *minutum* (Delponte) West & West; a. vista frontal da célula, b. vista vertical da célula (de Araújo & Bicudo 2006). **Fig. 41.** *Cosmarium contractum* Kirchner var. *rotundatum* Borge (de Bicudo 1969). NOTA: escala 10 μm.

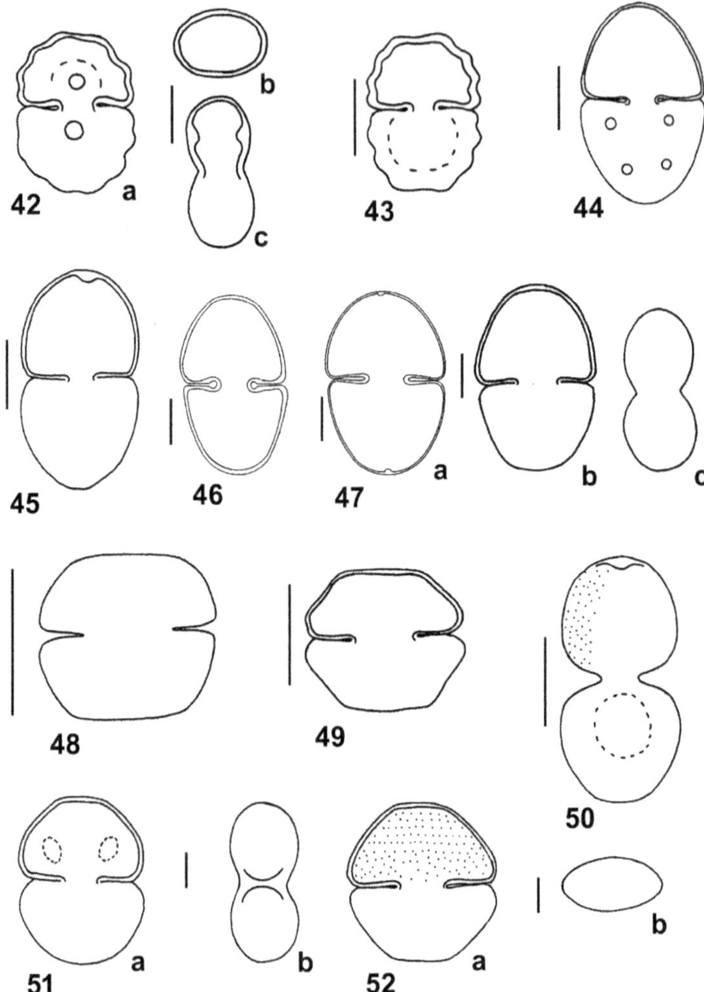

Fig. 42. *Cosmarium impressulum* Elfving var. *impressulum*; a. vista frontal da célula, b. vista vertical da célula, c. vista lateral da célula. Fig. 43. *Cosmarium impressulum* Elfving var. *crenulatum* (Nägeli) Krieger & Gerloff. Fig. 44. *Cosmarium pyramidatum* Brébisson var. *pyramidatum*. Fig. 45. *Cosmarium pyramidatum* Brébisson var. *pyramidatum* f. *minus* Boldt (de Araújo & Bicudo 2006). Fig. 46. *Cosmarium pseudopyramidatum* Lundell var. *pseudopyramidatum* (de Taniguchi *et al.* 2003). Fig. 47. *Cosmarium pseudopyramidatm* Lundell var. *rotundatum* Krieger & Gerloff; a-b. vista frontal de duas células, c. vista lateral da célula (de Taniguchi *et al.* 2003). Fig. 48. *Cosmarium succisum* G.S. West var. *succisum* (de Taniguchi *et al.* 2003). Fig. 49. *Cosmarium succisum* G.S. West var. *jaoi* Krieger & Gerloff (de Taniguchi *et al.* 2003). Fig. 50. *Cosmarium zonatum* Lundell var. (de Araújo & Bicudo 2006). Fig. 51. *Cosmarium galeritum* Nordstedt var. *galeritum*; a. vista frontal da célula, b. vista lateral da célula (de Araújo & Bicudo 2006). Fig. 52. *Cosmarium galeritum* Nordstedt var. *borgei* Krieger & Gerloff; a. vista apical da célula, b. vista vertical da célula (de Taniguchi *et al.* 2003. NOTA: escala 10 μm.

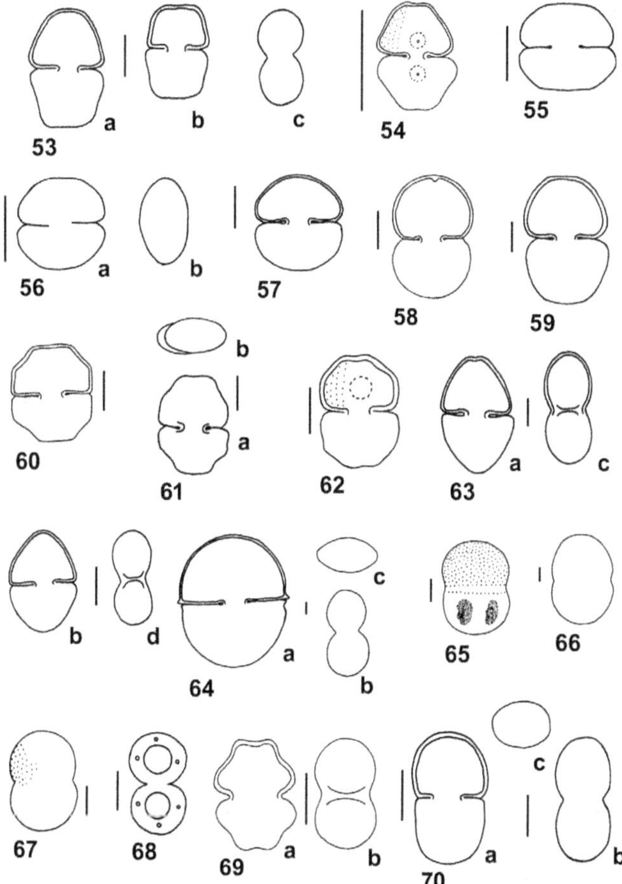

Fig. 53. *Cosmarium loefgrenii* Borge; a-b. vista frontal de duas células, c. vista lateral da célula (de Borge 1918).
Fig. 54. *Cosmarium nymanniaum* Grunow var. *nymannianum* forma (de Araújo & Bicudo 2006). **Fig. 55.** *Cosmarium subtumidum* Nordstedt var. *borgei* Krieger & Gerloff (de Bicudo 1969, como C. *subtumidum* Nordstedt f. *minor* Strøm).
Fig. 56. *Cosmarium subtumidum* Nordstedt var. *minutum* (Krieger) Krieger & Geloff; a. vista frontal da célula, b. vista apical da célula (de Araújo & Bicudo 2006). **Fig. 57.** *Cosmarium subtumidum* Nordstedt var. *circulare* Borge (de Taniguchi *et al.* 2003). **Fig. 58.** *Cosmarium subtumidum* Nordstedt var. *rotundum* Hirano (de Taniguchi *et al.* 2003).
Fig. 59. *Cosmarium nitidulum* De Notaris var. *nitidulum* (de Börgesen 1890). **Fig. 60.** *Cosmarium retusiforme* (Wille) Gutwinski var. *retusiforme* (de Borge 1918). **Fig. 61.** *Cosmarium hammeri* Reinsch f. *minor* Borge; a. vista frontal da célula, b. vista vertical da célula (de Borge 1918). **Fig. 62.** *Cosmarium laeve* Rabenhorst var. *laeve* f. *laeve*. Fig. **63.** *Cosmarium granatum* Brébisson *ex* Ralfs var. *granatum* f. *granatum*; a-b. vista frontal de duas células, c-d. vista lateral de duas células. **Fig. 64.** *Cosmarium maximum* (Börgesen) West & West var. *maximum*; a. vista frontal da célula (de Borge 1918). **Fig. 65.** *Cosmarium pseudoconnatum* Nordstedt var *pseudoconnatum*; a. vista frontal da célula, b. vista lateral da célula, c. vista vertical da célula (de Araújo & Bicudo 2006). **Fig. 66.** *Cosmarium connatum* (Brébisson) Ralfs var. *connatum*. **Fig. 67.** *Cosmarium globosum* Bulnheim (de Bicudo 1969). **Fig. 68.** *Cosmarium moniliforme* (Turpin) Ralfs var. *moniliforme* f. *moniliforme*. **Fig. 69.** *Cosmarium* sp.; a. vista frontal da célula, b. vista lateral da célula (de Araújo & Bicudo 2006). **Fig. 70.** *Cosmarium exiguum* Archer var. *exiguum* f. *exiguum*; a. vista frontal da célula, b. vista lateral da célula, c. vista vertical da célula. NOTA: escala 10 μm.

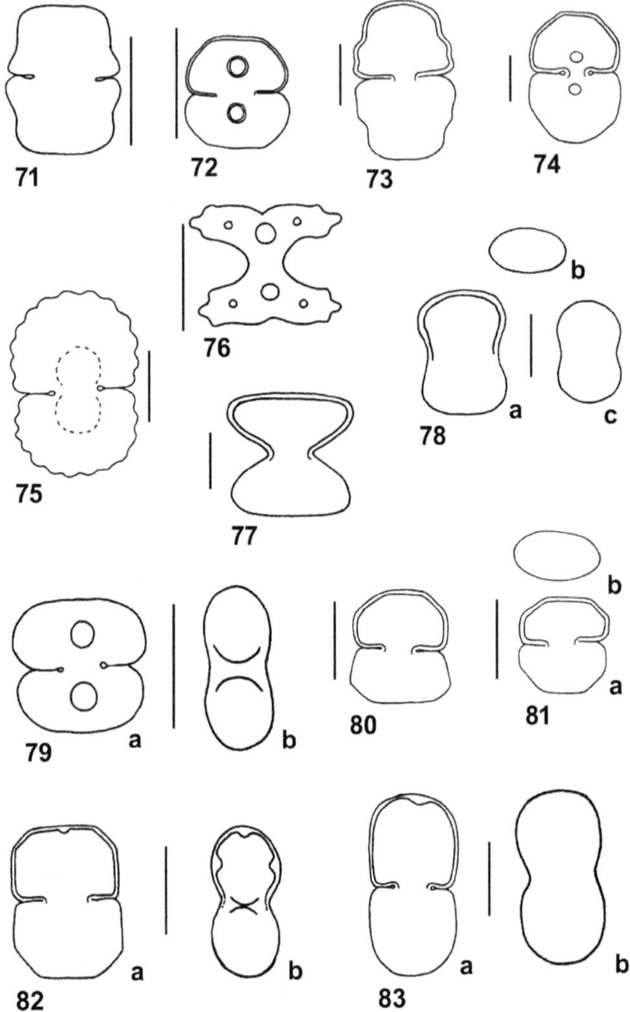

Fig. 71. *Cosmarium norimbergense* Reinsch var. *norimbergense* f. *norimbergense* (de Taniguchi *et al.* 2003). Fig. 72. *Cosmarium pygmaeum* Archer (de Bicudo 1969). Fig. 73. *Cosmarium brancoi* C. Bicudo (de Bicudo 1969). Fig. 74. *Cosmarium trilobulatum* Reinsch var. *trilobulatum* f. *trilobulatum*. Fig. 75. *Cosmarium trilobulatum* Reinsch var. *trilobulatum* f. *trilobulatum* (de Araújo & Bicudo 2006). Fig. 76. *Cosmarium undulatum* Corda ex Ralfs var. *minutum* Wittrock (de Araújo & Bicudo 2006). Fig. 77. *Cosmarium sphagniculum* West & West var. *sphagniculum* (de Araújo & Bicudo 2006). Fig. 78. *Cosmarium bitriangulum* Grönblad (de Taniguchi *et al.* 2003). Fig. 79. *Cosmarium arctoum* Nordstedt var. *arctoum* f. *arctoum*; a. vista frontal da célula, b. vista vertical da célula, c. vista lateral da célula. Fig. 80. *Cosmarium abbreviatum* Raciborski var. *minus* (West & West) Krieger & Gerloff; a. vista frontal da célula, b. vista lateral da célula. Fig. 81. *Cosmarium rectangulare* Grunow var. *hexagonum* (Elfving) West & West (de Bicudo 1969). Fig. 82. *Cosmarium regnelli* Wille var. *pseudoregnelli* (Messikommer) Krieger & Gerloff; a. vista frontal da célula, b. vista vertical da célula (de Araújo & Bicudo 2006). Fig. 83. *Cosmarium angulosum* Brébisson var. *angulosum* f. *angulosum*; a. vista frontal da célula (de Araújo & Bicudo 2006), b. vista lateral da célula. NOTA: escala 10 μm.

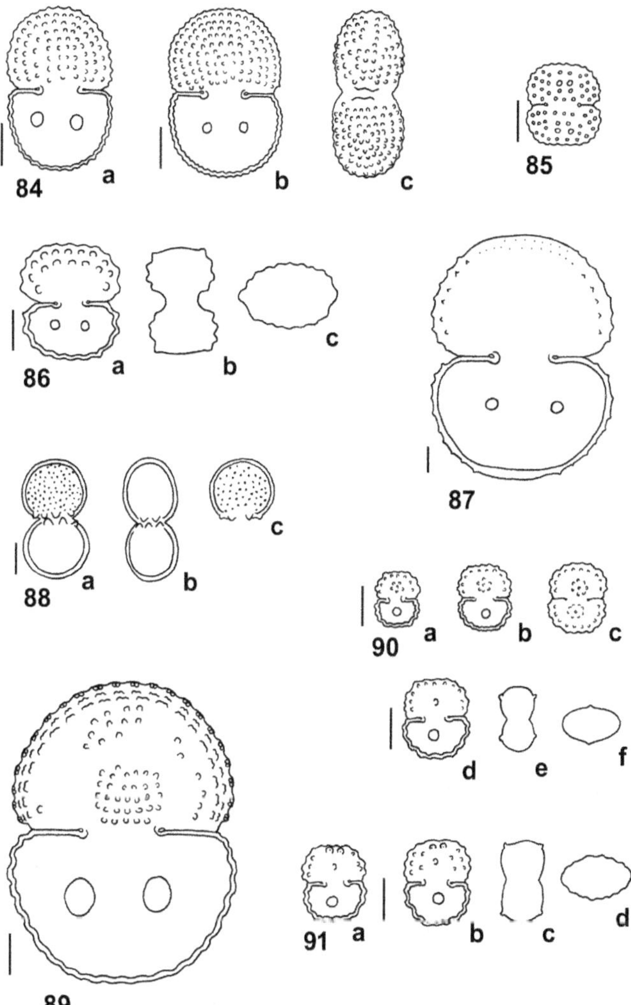

Fig. 84. *Cosmarium amoenum* Brébisson *ex* Ralfs var. *constrictum* Scott & Grönblad; a-b. vista frontal de duas células, c. vista lateral da célula. **Fig. 85**. *Cosmarium anisochondrum* Nordstedt var. *tetrachondrum* Scott & Grönblad. **Fig. 86**. *Cosmarium areguense* Borge var. *areguense*; a. vista frontal da célula, b. vista lateral da célula, c. vista vertical da célula. **Fig. 87**. *Cosmarium askenasyi* Schmidle var. *americanum* Carter. **Fig. 88**. *Cosmarium basituberculatum* Borge var. *basituberculatum*; a. vista frontal da célula, b. vista lateral da célula, c. vista lateral de uma semicélula (de Borge 1918). **Fig. 89**. *Cosmarium binum* Nordstedt var. *binum*. **Fig. 90**. *Cosmarium blyttii* Wille var. *blyttii* f. *blyttii*; a-d. vista frontal de quatro células, e. vista lateral da célula, f. vista vertical da célula. **Fig. 91**. *Cosmarium blyttii* Wille var. *blyttii* f. *australiacum* Schmidle; a-b. vista frontal de duas células, c. vista lateral da célula, d. vista vertical da célula. NOTA: escala 10 μm.

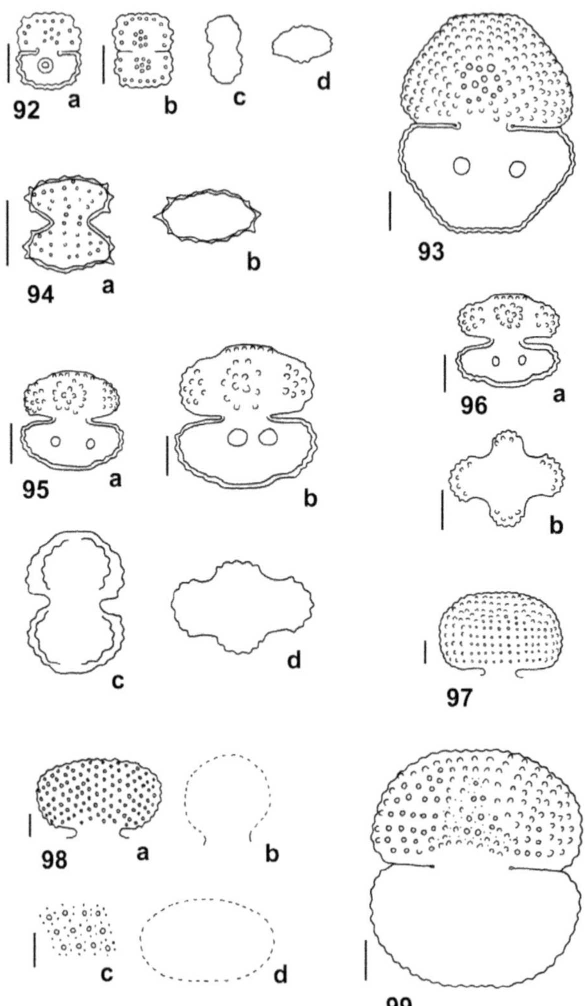

Fig. 92. *Cosmarium blyttii* Wille var. *novaesilvae* (West & West) Förster; a-b. vista frontal de duas células, c. vista lateral da célula, d. vista vertical da célula. **Fig. 93.** *Cosmarium botrytis* Meneghini *ex* Ralfs var. *subtumidum* Wittrock; a. vista frontal da célula, b. vista vertical da célula. **Fig. 94.** *Cosmarium brasiliense* Borge var. *taphrosporum* Nordstedt; a. vista frontal da célula, b. vista vertical da célula. **Fig. 95.** *Cosmarium commisulare* Brébisson *ex* Ralfs var. *crassum* Nordstedt f. *crassum*; a-b. vista frontal de duas células, c. vista lateral da célula, d. vista vertical da célula. **Fig. 96.** *Cosmarium commissurale* Brébisson *ex* Ralfs var. *crassum* f. *cruciforme* Förster *ex* Förster; a. vista frontal da célula, b. vista apical da célula, b. vista vertical da célula. **Fig. 97.** *Cosmarium conspersum* Ralfs var. *conspersum*; a. vista frontal de uma semicélula. **Fig. 98.** *Cosmarium conspersum* Ralfs var. *americanum* Borge; a. vista frontal da célula, b. vista lateral de uma semicélula, c. detalhe da parede celular com grânulos e pontuação entre os grânulos. **Fig. 99.** *Cosmarium conspersum* Ralfs var. *subrotundatum* W. West forma. NOTA: escala 10 μm.

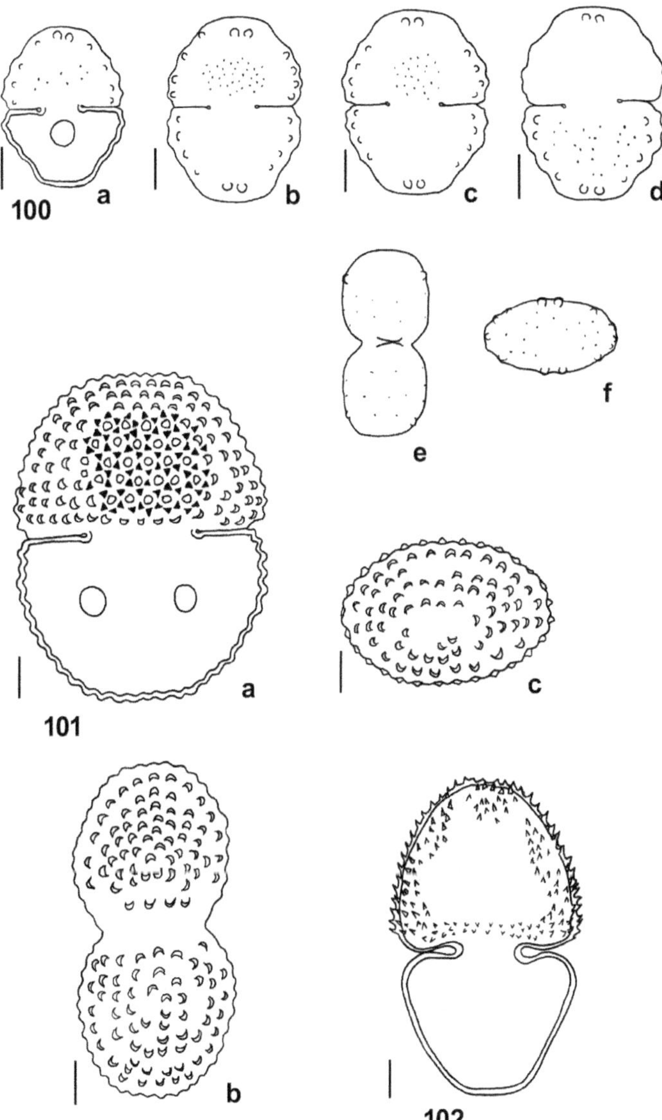

Fig. 100. *Cosmarium corumbense* Borge forma: a-d. vista frontal de quatro células, e. vista lateral da célula, f. vista vertical da célula. Fig. 101. *Cosmarium decoratum* West & West var. *decoratum*; a. vista frontal da célula, b. vista lateral da célula, c. vista vertical da célula. Fig. 102. *Cosmarium denticulatum* Borge var. *denticulatum* f. *borgei* Irénée-Marie (de Taniguchi *et al.* 2003). NOTA: escala 10 μm.

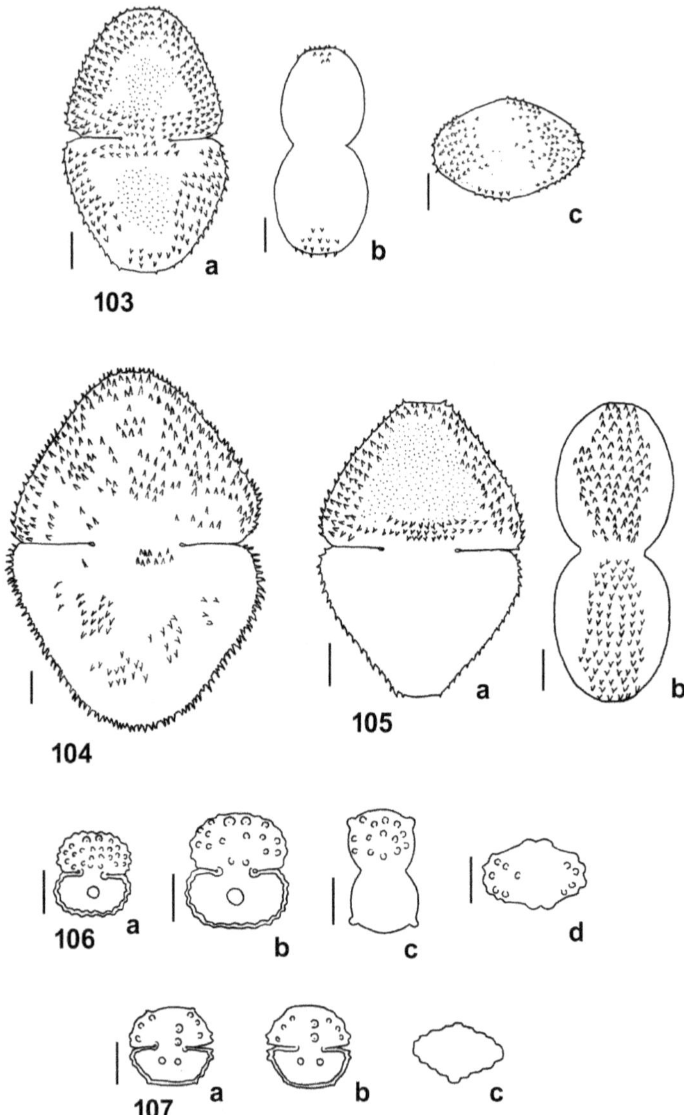

Fig. 103. *Cosmarium denticulatum* Borge var. *ovale* Grönblad; a. vista frontal da célula, b. vista lateral da célula, c. vista vertical da célula. **Fig. 104.** *Cosmarium denticulatum* Borge var. *perspinosum* Grönblad. **Fig. 105.** *Cosmarium denticulatum* Borge var. *triangulare* Grönblad; a. vista frontal da célula, b. vista lateral da célula. **Fig. 106.** *Cosmarium dichondrum* West & West var. *dichondrum*; a-b. vista frontal de duas células, c. vista lateral da célula, d. vista vertical da célula. **Fig. 107.** *Cosmarium dimaziforme* (Grönblad) Scott & Grönblad var. *dimaziforme*; a. vista frontal da célula, b. vista vertical da célula. NOTA: escala 10 μm.

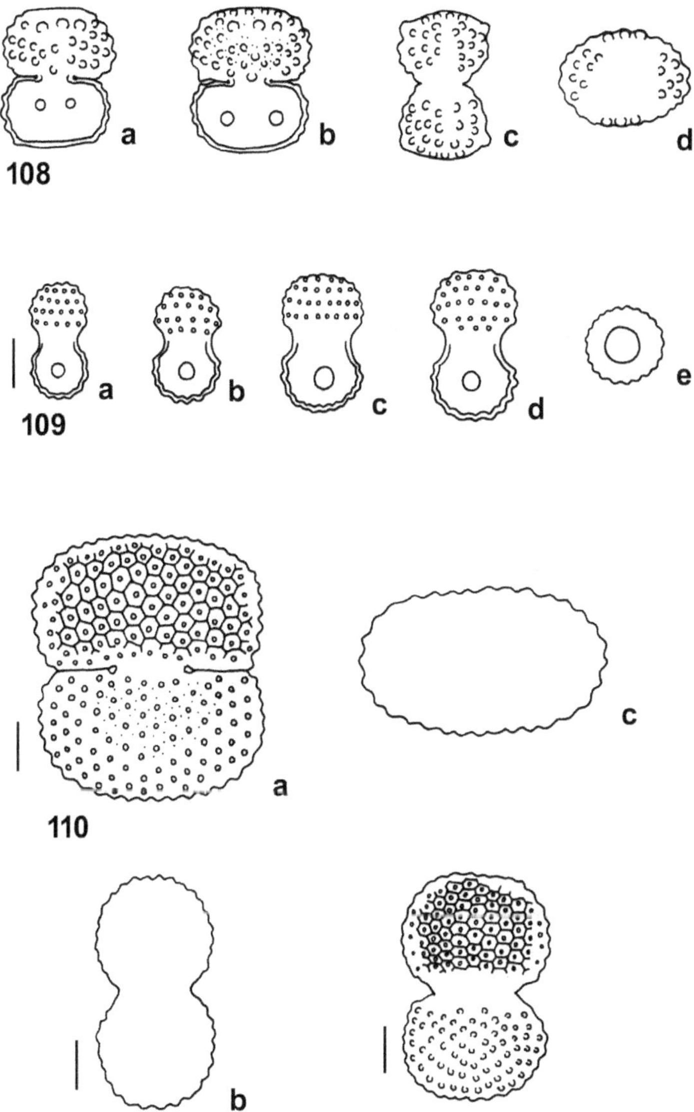

Fig. 108. *Cosmarium entochondrum* West & West var. *mediogranulatum* Förster; a-b. vista frontal de duas células, c. vista lateral da célula, d. vista vertical da célula. **Fig. 109.** *Cosmarium excavatum* Nordstedt var. *excavatum*; a-d. vista frontal de quatro células, e. vista vertical da célula. **Fig. 110.** *Cosmarium favum* West & West var. *favum*; a. vista frontal da célula, b. vista lateral da célula, c. vista vertical da célula. **Fig. 111.** *Cosmarium favum* West & West var. *africanum* Fritsch & Rich. NOTA: escala 10 μm.

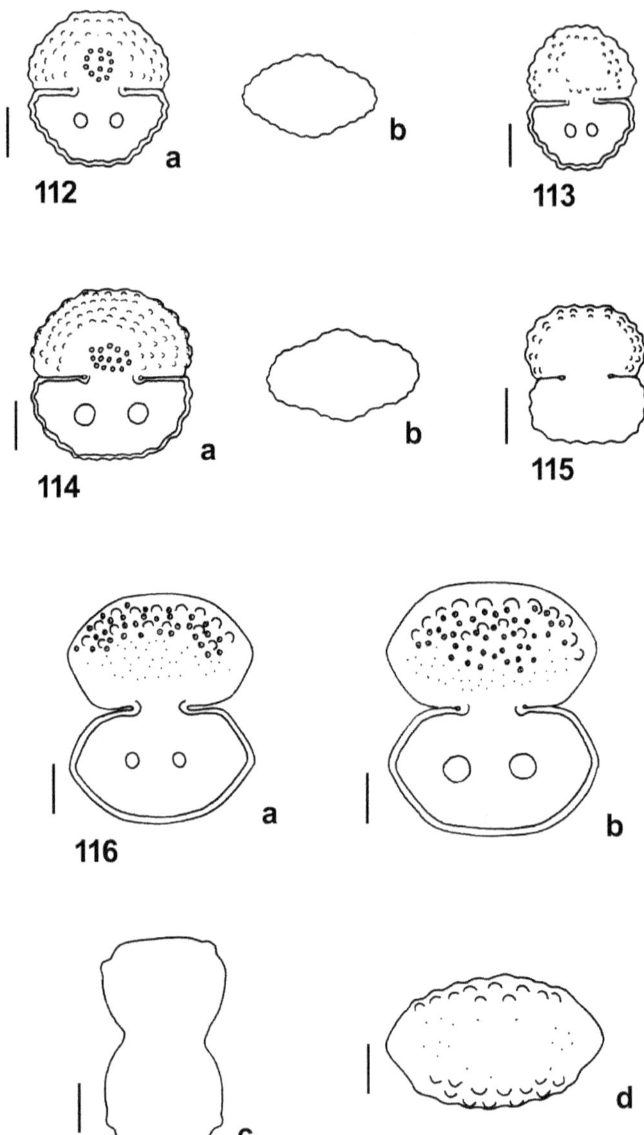

Fig. 112. *Cosmarium formosulum* Hoffman var. *formosulum*; a. vista frontal da célula, b. vista lateral da célula. **Fig. 113.** *Cosmarium formosulum* Hoffman var. *mesochondrium* (Schmidle) Hirano. **Fig. 114.** *Cosmarium formosulum* Hoffman var. *nathorstii* (Boldt) West & West; a. vista frontal da célula, b. vista vertical da célula. **Fig. 115.** *Cosmarium furcatospermum* West & West var. *furcatospermum* (de Bicudo 1969). **Fig. 116.** *Cosmarium hexagonum* Nordstedt var. *hexagonum*; a-b. vista frontal de duas células, c. vista lateral da célula, d. vista vertical da célula. NOTA: escala 10 μm.

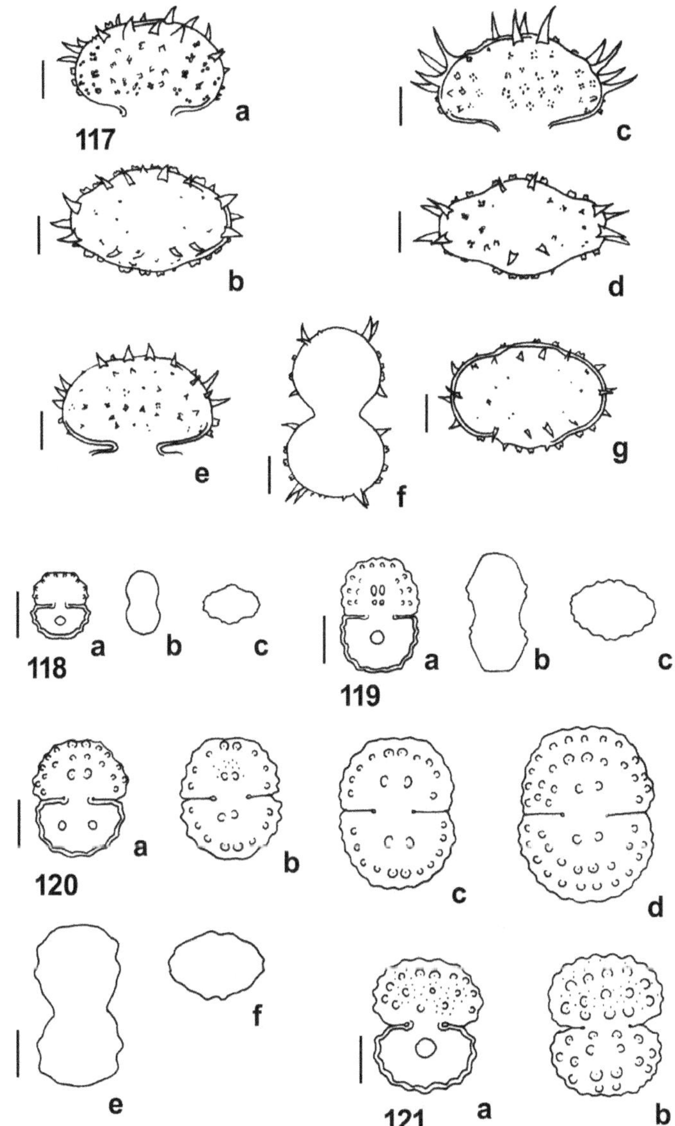

Fig. 117. *Cosmarium horridum* Borge var. *horridum*; a, c, e. vista frontal de três semicélulas, b, d, g. vista vertical de três semicélulas, f. vista lateral da célula. **Fig. 118.** *Cosmarium humile* Nordstedt *ex* De Toni var. *humile*; a. vista frontal da célula, b. vista lateral da célula, c. vista vertical da célula. **Fig. 119.** *Cosmarium inaequalinotatum* Scott & Grönblad var. *inaequalinotatum*; a. vista frontal da célula, b. vista lateral da célula, c. vista vertical da célula. **Fig. 120.** *Cosmarium isthmochondrum* Nordstedt var. *groenbladii* (Förster) Förster; a-d. vista frontal de quatro células, b. vista lateral da célula, c. vista vertical da célula. **Fig. 121.** *Cosmarium itatiayae* Krieger forma; a. vista frontal de duas células. NOTA: escala 10 μm.

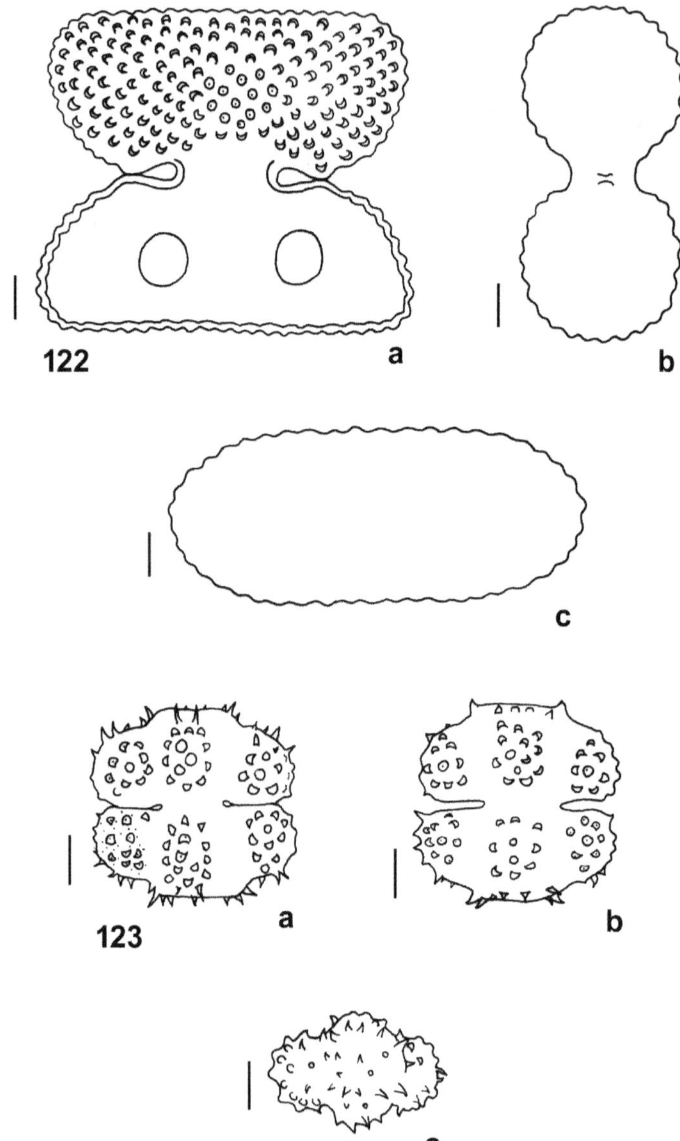

Fig. 122. *Cosmarium lacunatum* G.S. West var. *lacunatum*; a. vista frontal da célula, b. vista lateral da célula, c. vista vertical da célula. **Fig. 123.** *Cosmarium lagoense* (Nordstedt) Nordstedt var. *amoebum* Förster & Eckert; a-b. vista frontal de duas células, b. vista apical da célula. NOTA: escala 10 μm.

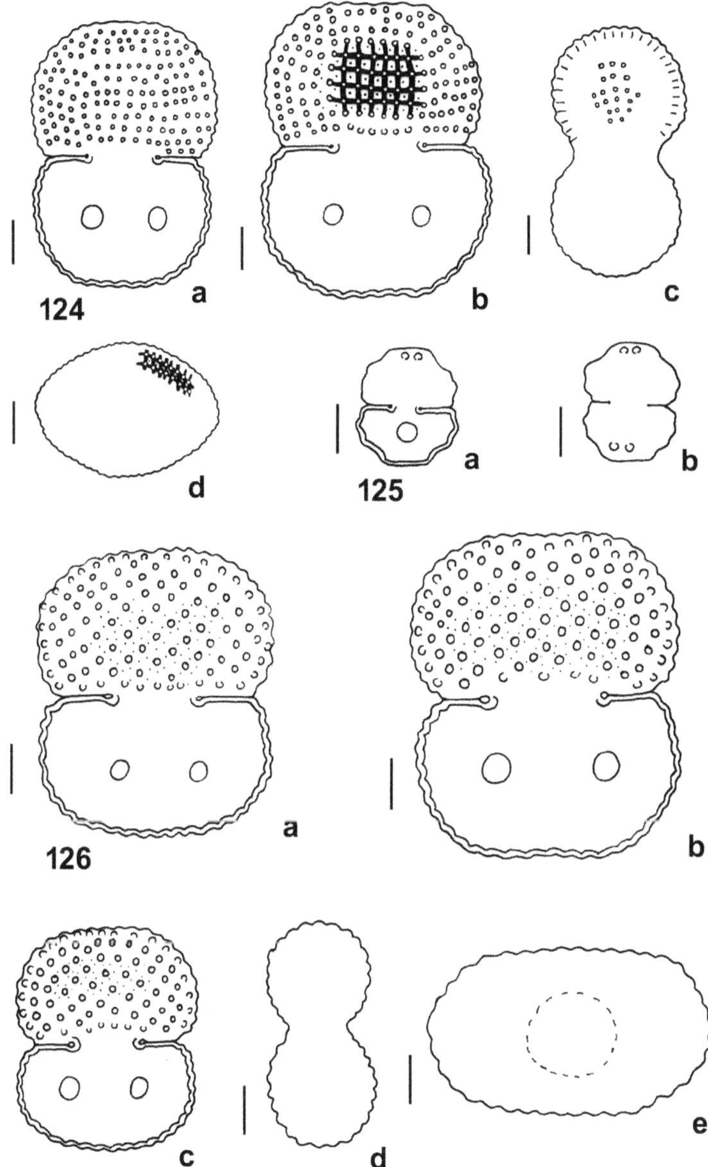

Fig. 124. *Cosmarium logiense* Bisset var. *logiense*; a-b. vista frontal de duas células, c. vista lateral da célula, d. vista vertical da célula. **Fig. 125.** *Cosmarium mamilliferum* Nordstedt var. *brasiliense* (Borge) Bourrely & Couté. **Fig. 126.** *Cosmarium margaritatum* (Lundell) Roy & Bisset var. *margaritatum* f. *margaritatum*; a-c. vista frontal de três células, d. vista lateral da célula, e. vista vertical da célula. NOTA: escala 10 μm.

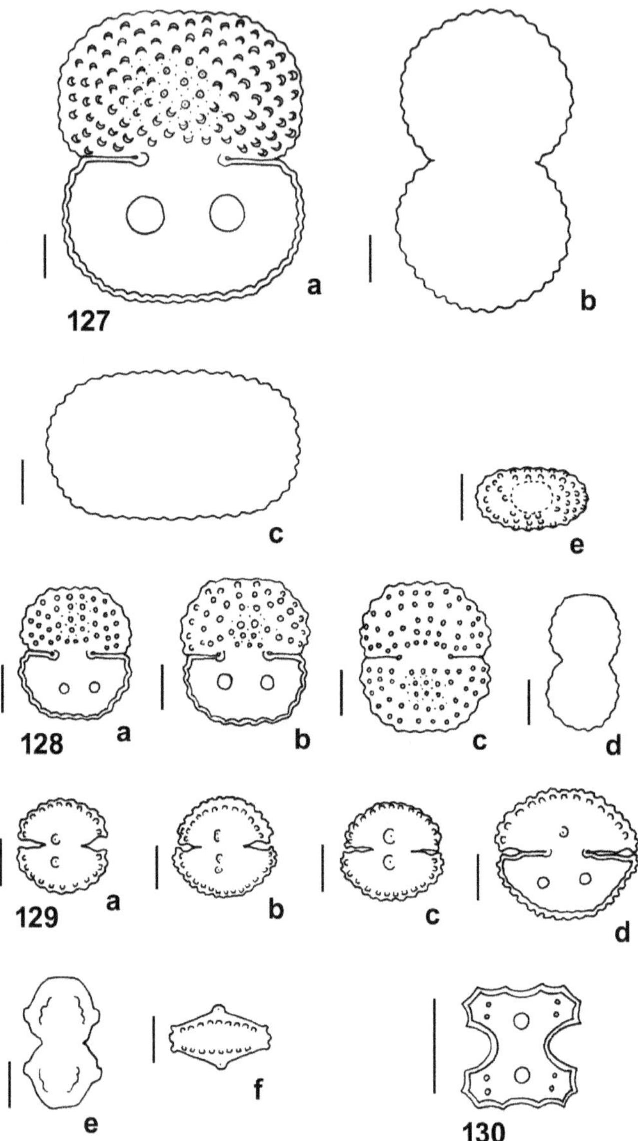

Fig. 127. *Cosmarium margaritatum* (Lundell) Roy & Bisset var. *margaritatum* f. *subrotundatum* West & West; a-b. vista frontal de duas células, c. vista lateral da célula. **Fig. 128.** *Cosmarium margaritiferum* Meneghini *ex* Ralfs var. *margaritiferum* f. *minus* Larsen; a-c. vista frontal de três células, d. vista lateral da célula, e. vista vertical da célula. **Fig. 129.** *Cosmarium monomazum* Lundell var. *dimazum* Krieger f. *brasiliense* Förster; a-d. vista frontal de quatro células, e. vista lateral da célula, f. vista vertical da célula. **Fig. 130.** *Cosmarium novaesemliae* Wille var. *sibiricum* Boldt. NOTA: escala 10 μm.

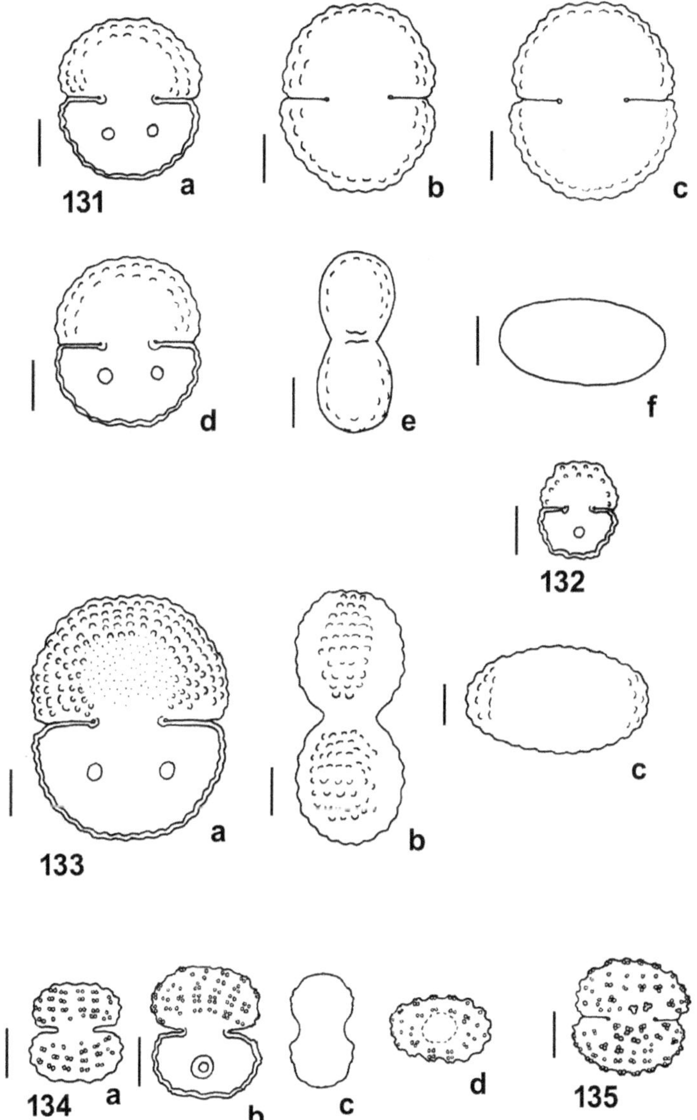

Fig. 131. *Cosmarium obtusatum* (Schmidle) Schmidle var. *obtusatum*; a-d. vista frontal de quatro células, e. vista lateral da célula, f. vista vertical da célula. **Fig. 132.** *Cosmarium occultum* Schmidle var. *occultum*. **Fig. 133.** *Cosmarium ochthodes* Nordstedt var. *subcirculare* Wille; a. vista frontal da célula, b. vista lateral da célula, c. vista vertical da célula. **Fig. 134.** *Cosmarium ordinatum* (Börgesen) West & West var. *ordinatum*; a-b. vista frontal de duas células, c. vista lateral da célula, d. vista vertical da célula. **Fig. 135.** *Cosmarium ordinatum* (Börgesen) West & West var. *borgei* Scott & Grönblad. NOTA: escala 10 μm.

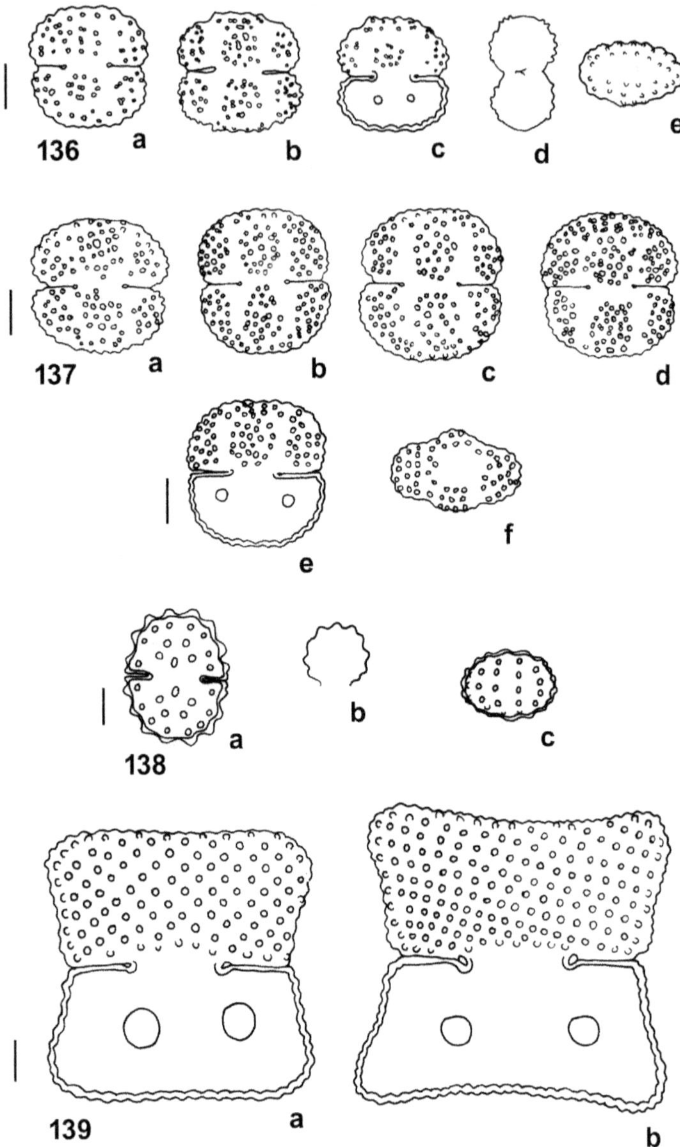

Fig. 136. *Cosmarium ornatuum* Ralfs var. *ornatum*; a-c. vista frontal de três células, d. vista lateral da célula, e. vista vertical da célula. **Fig. 137.** *Cosmarium ornatum* Ralfs var. *amoebum* Förster & Eckert; a-e. vista frontal de cinco células, f. vista vertical da célula. **Fig. 138.** *Cosmarium pentachondrum* Börgesen var. *pentachondrum*; a. vista frontal da célula, b. vista lateral de uma semicélula, c. vista vertical da célula (de Börgesen 1890). **Fig. 139.** *Cosmarium porrectum* Nordstedt var. *porrectum*; a-b. vista frontal de duas células. NOTA: escala 10 μm.

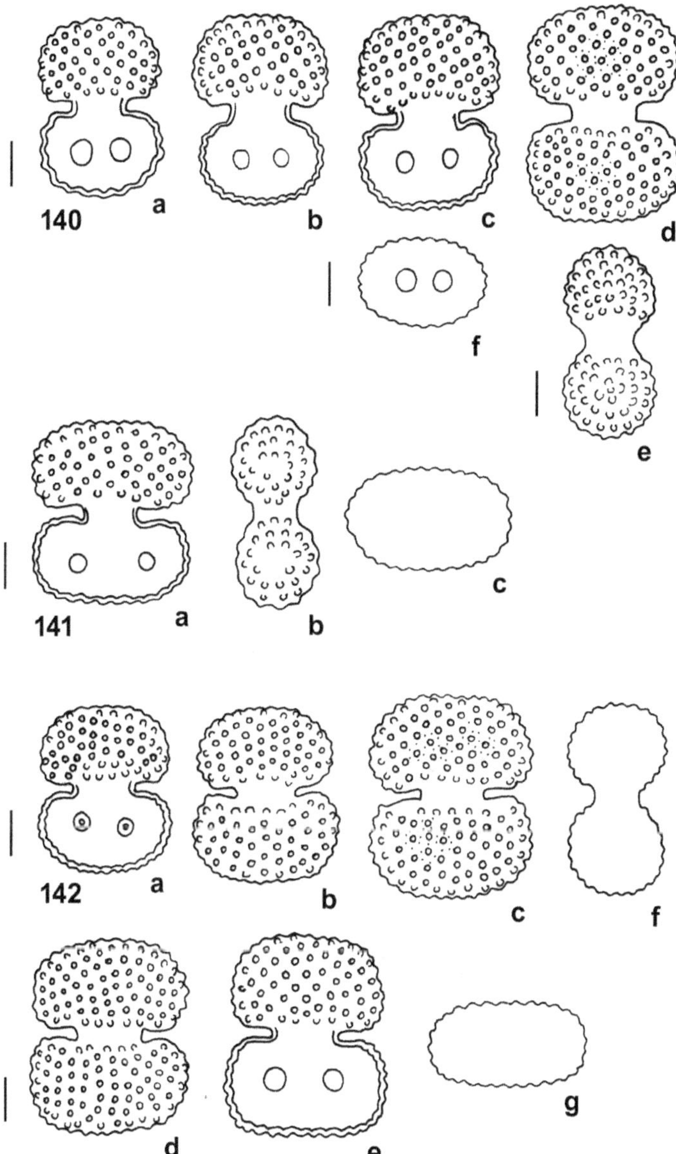

Fig. 140. *Cosmarium porteanum* Archer var. *porteanum* f. *porteanum*; a-d. vista frontal de quatro células, e. vista lateral da célula, f. vista vertical da célula. **Fig. 141.** *Cosmarium porteanum* Archer var. *porteanum* f. *extensum* Prescott; a. vista frontal da célula, b. vista lateral da célula, c. vista vertical da célula. **Fig. 142.** *Cosmarium porteanum* Archer var. *nephroideum* Wittrock; a-e. vista frontal de cinco células, f. vista lateral da célula, g. vista vertical da célula. NOTA: escala 10 µm.

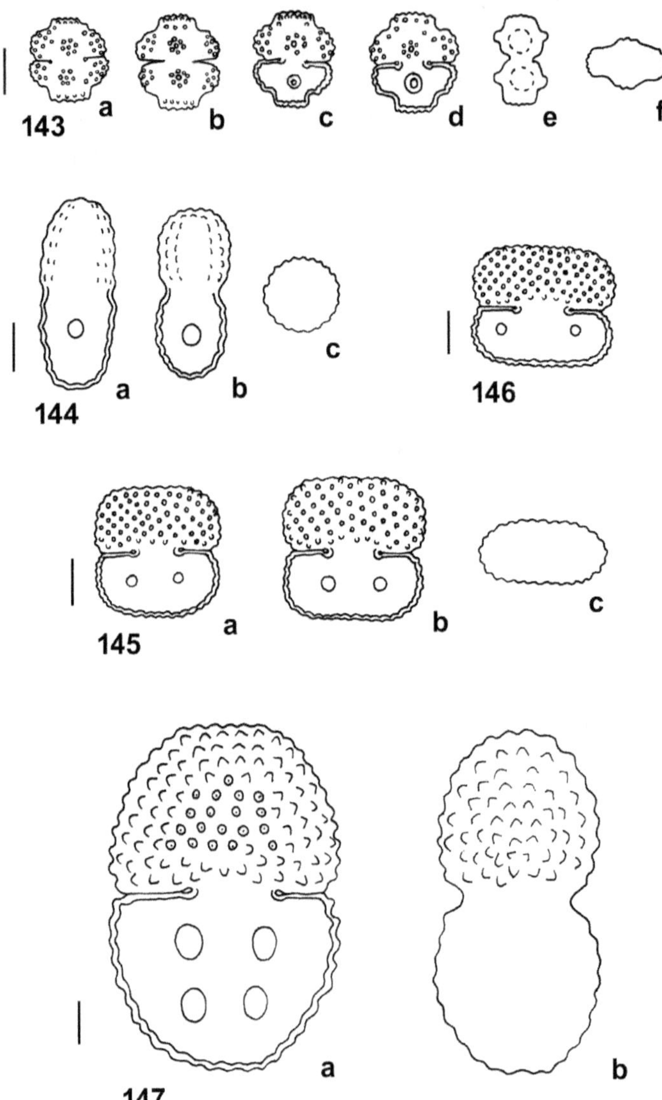

Fig. 143. *Cosmarium protractum* (Nägeli) De Bary var. *protractum*; a-d. vista frontal de quatro células, e. vista lateral da célula, f. vista vertical da célula. **Fig. 144.** *Cosmarium pseudamoenum* Wille var. *pseudamoenum*; a-b. vista frontal de duas células, c. vista vertical da célula. **Fig. 145.** *Cosmarium pseudobroomei* Wolle var. *pseudobroomei*; a-b. vista frontal de duas células, c. vista lateral da célula, c. vista vertical da célula. **Fig. 146.** *Cosmarium pseudobroomei* Wolle var. *compressum* G.S. West, vista frontal da célula. **Fig. 147.** *Cosmarium pseudomagnificum* Hinode var. *brasiliense* (Förster & Eckert) Förster; a. vista frontal da célula, b. vista lateral da célula. NOTA: escala 10 μm.

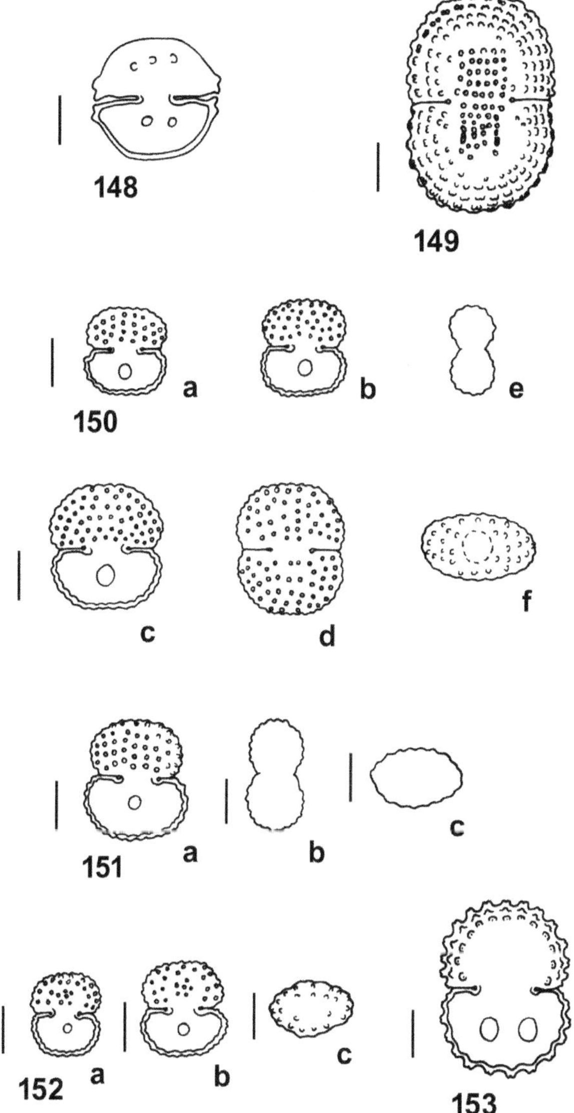

Fig. 148. *Cosmarium pseudotaxichondrum* Nordstedt var. *trichondrum* Lagerheim, vista frontal da célula. **Fig. 149.** *Cosmarium pulcherrimum* Nordstedt var. *pulcherrimum*, vista frontal da célula. **Fig. 150.** *Cosmarium punctulatum* Brébisson var. *punctulatum*; a-d. vista frontal de quatro células, e. vista lateral da célula, f. vista vertical da célula. **Fig. 151.** *Cosmarium punctulatum* Brébisson var. *rotundatum* Klebs; a. vista frontal da célula, b. vista lateral da célula, c. vista vertical da célula. **Fig. 152.** *Cosmarium punctulatum* Brébisson var. *subpunctulatum* (Nordstedt) Börgesen; a-b. vista frontal de duas células, c. vista vertical da célula. **Fig. 153.** *Cosmarium quadrifarium* Lundell var. *quadrifarium*. NOTA: escala 10 μm.

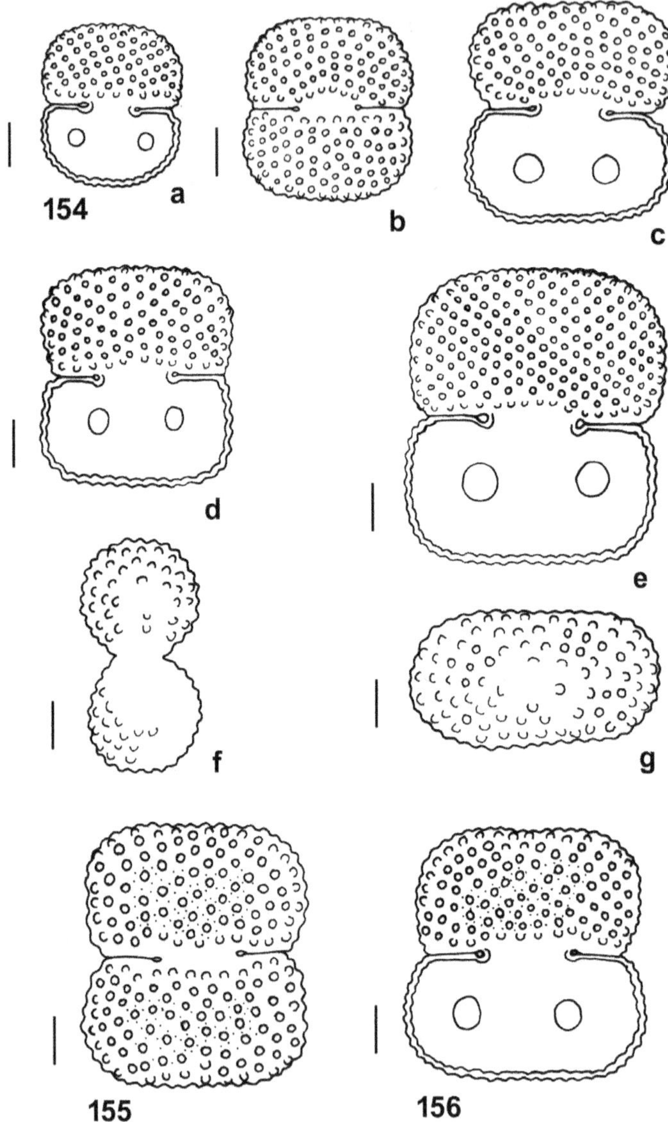

Fig. 154. *Cosmarium quadrum* Lundell var. *quadrum*; a-e. vista frontal de cinco células, f. vista lateral da célula, g. vista vertical da célula. Fig. 155. *Cosmarium quadrum* Lundell var. *sublatum* (Nordstedt) West & West f. *sublatum*, vista frontal da célula. Fig. 156. *Cosmarium quadrum* Lundell var. *sublatum* (Nordstedt) West & West f. *dilatatum* Scott & Grönblad, vista frontal da célula. NOTA: escala 10 μm.

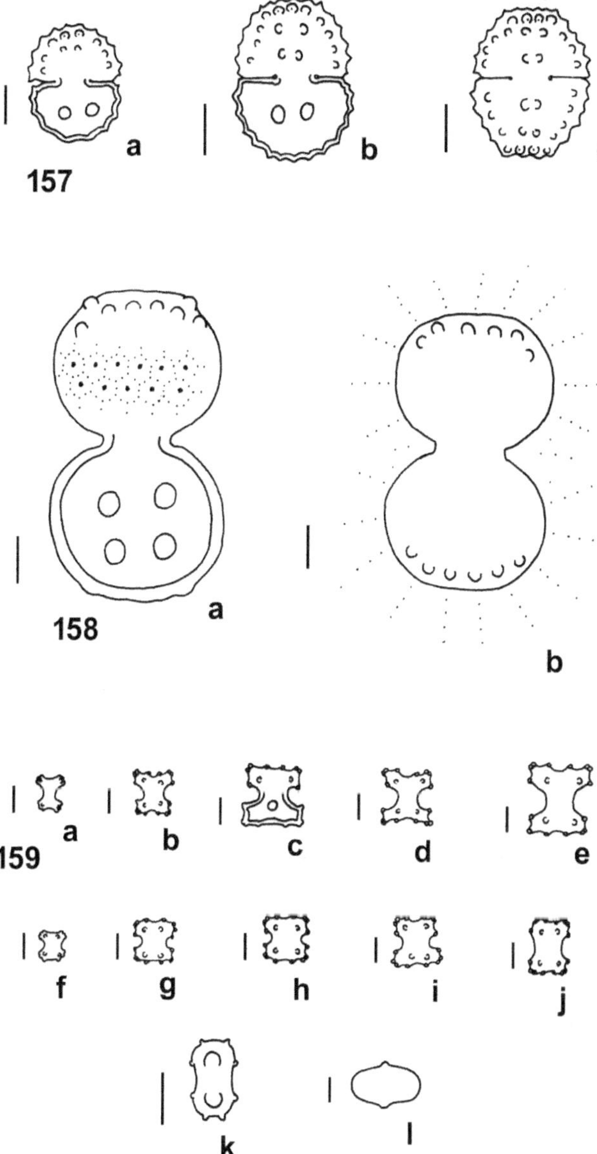

Fig. 157. *Cosmarium quinarium* Lundell var. *quinarium* Lagerheim, a-c. vista frontal de três células. **Fig. 158.** *Cosmarium redimitum* Borge var. *redimitum*; a-b. vista frontal de duas células. **Fig. 159.** *Cosmarium regnesi* Reinsch var. *regnesi*; a-j. vista frontal de 10 células, h. vista lateral da célula, l. vista vertical da célula. NOTA: Fig. 159, escala 5 μm; figs. 157-158 escala 10 μm.

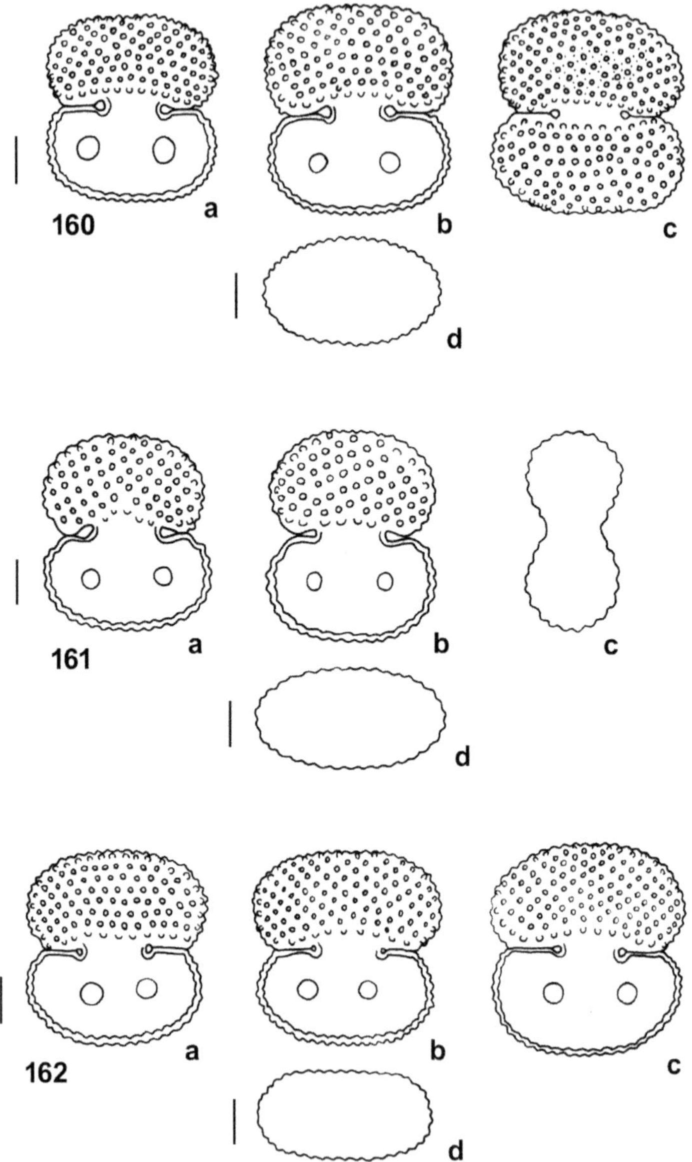

Fig. 160. *Cosmarium reniforme* (Ralfs) Archer var. *reniforme*; a-c. vista frontal de três células, d. vista vertical da célula. **Fig. 161.** *Cosmarium reniforme* (Ralfs) Archer var. *apertum* West & West; a-b. vista frontal de duas células, c. vista lateral da célula, d. vista vertical da célula. **Fig. 162.** *Cosmarium reniforme* (Ralfs) Archer var. *compressum* Nordstedt; a-c. vista frontal de duas células, d. vista vertical da célula. NOTA: escala 10 µm.

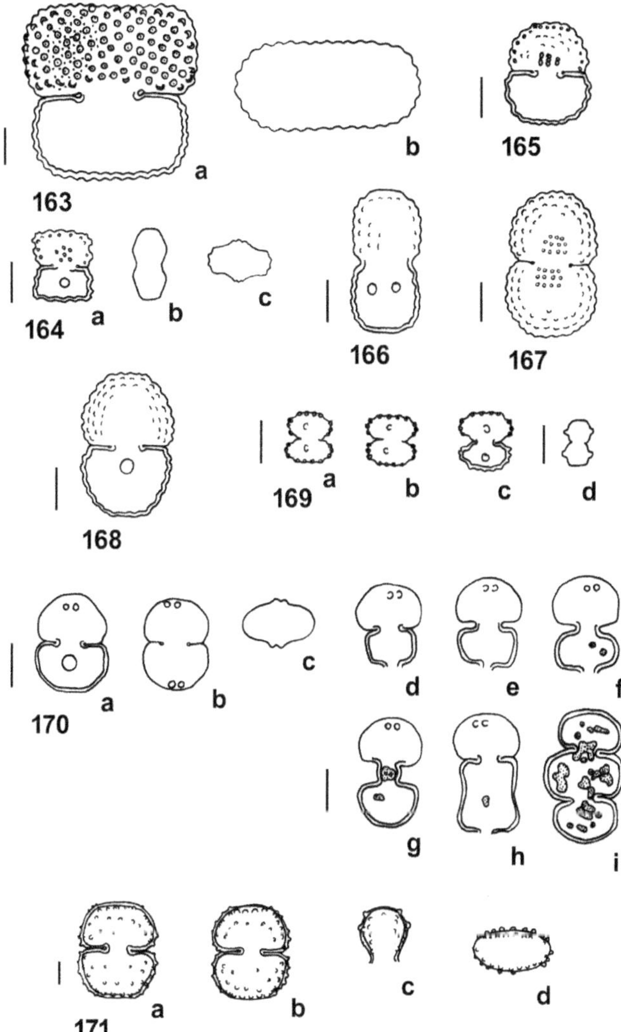

Fig. 163. *Cosmarium scabrum* Turner var. *scabrum*; a. vista frontal da célula, b. vista vertical da célula. **Fig. 164.** *Cosmarium seelyanum* Wolle var. *seelyanum*; a. vista frontal da célula, b. vista lateral da célula, c. vista vertical da célula. **Fig. 165.** *Cosmarium sexnotatum* Gutwinski var. *tristriatum* (Lütkemuller) Schmidle, vista frontal da célula. **Fig. 166.** *Cosmarium simplicius* (West & West) Grönblad var. *simplicius*, vista frontal da célula. **Fig. 167.** *Cosmarium speciosum* Lundell var. *speciosum* f. *minus* Förster, vista frontal da célula. **Fig. 168.** *Cosmarium speciosum* Lundell var. *simplex* Nordstedt f. *intermedia* Wille, vista frontal da célula. **Fig. 169.** *Cosmarium spirydion* West & West var. *spirydion*; a-c. vista frontal de três células, d. vista vista lateral da célula. **Fig. 170.** *Cosmarium subhammeri* Lundell var. *italicum* Grönblad; a-b. vista frontal de duas células, c. vista vertical da célula, d-i. formas teratológicas após divisão assexuada. **Fig. 171.** *Cosmarium subpraemorsum* Borge var. *subpraemorsum*; a-b. vista frontal de duas células. c. vista lateral de uma semicélula, d. vista apical da célula. NOTA: escala 10 μm.

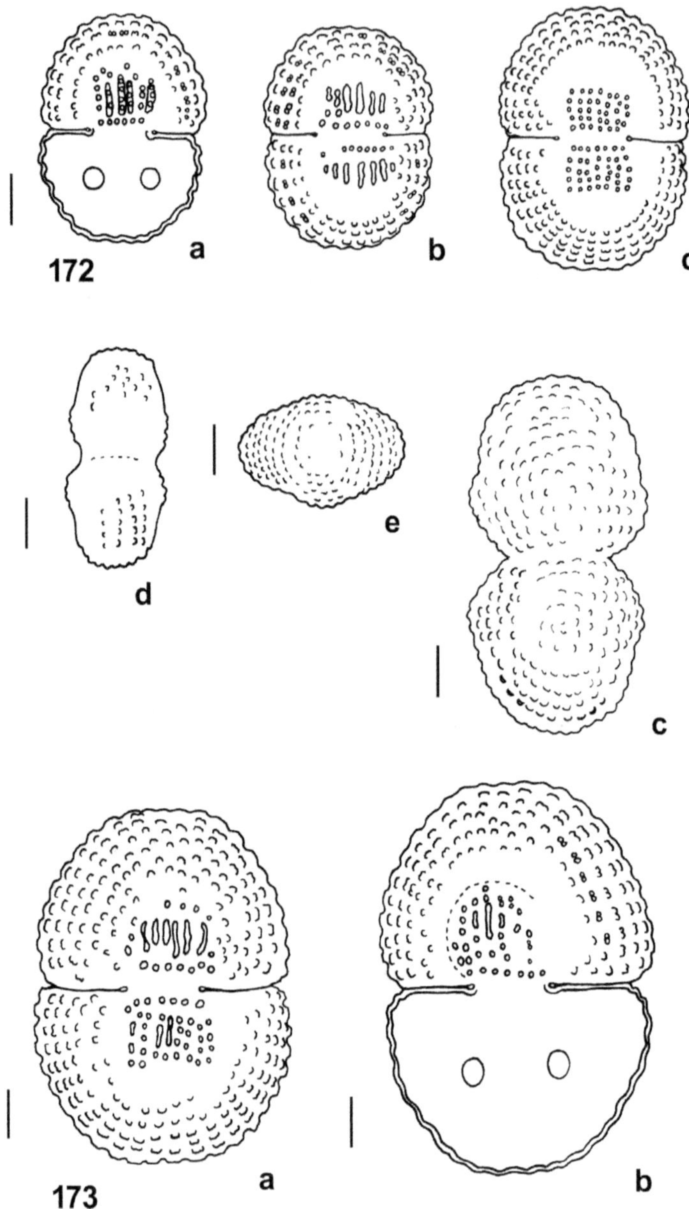

Fig. 172. *Cosmarium subspeciosum* Nordstedt var. *subspeciosum*; a-c. vista frontal de três células, d. vista lateral da célula, e. vista vertical da célula. **Fig. 173.** *Cosmarium subspeciosum* Nordstedt var. *validius* Nordstedt; a-b. vista frontal de duas células, c. vista lateral da célula. NOTA: escala 10 μm.

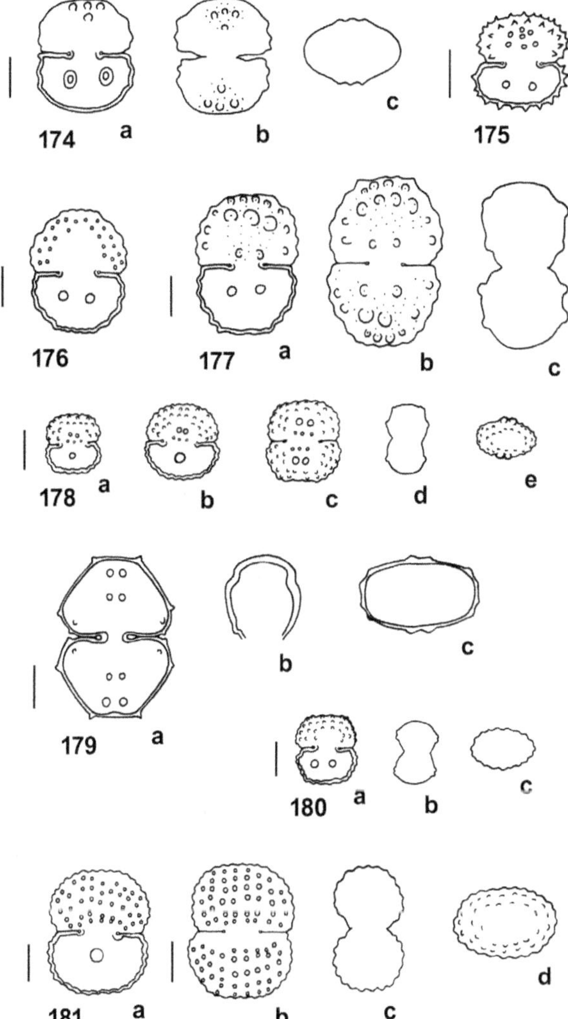

Fig. 174. *Cosmarium subtrinodulum* West & West var. *subtrinodulum*; a-b. vista frontal de duas células, c. vista vertical da célula. **Fig. 175.** *Cosmarium trachypleurum* Lundell var. *minus* Raciborski, vista frontal da célula. **Fig. 176.** *Cosmarium vexatum* W. West var. *vexatum*, vista frontal da célula. **Fig. 177.** *Cosmarium vitiosum* Scott & Grönblad var. *vitiosum*; a-b. vista frontal de duas células, c. vista lateral da célula. **Fig. 178.** *Cosmarium vogesiacum* Lemaire var. *bipunctatum* (Börgesen) Förster; a-c. vista frontal de três células, d. vista lateral da célula, e. vista vertical da célula. **Fig. 179.** *Cosmarium warmimgii* Börgesen var. *warmingii*; a. vista frontal da célula, b. vista lateral de uma semicélula, c. vista vertical da célula (de Börgesen 1890). **Fig. 180.** *Cosmarium* sp. 2; a. vista frontal da célula, b. vista lateral da célula, c. vista vertical da célula. **Fig. 181.** *Cosmarium* sp. 3; a-b. vista frontal de duas células, c. vista lateral da célula, d. vista vertical da célula. NOTA: escala 10 μm.

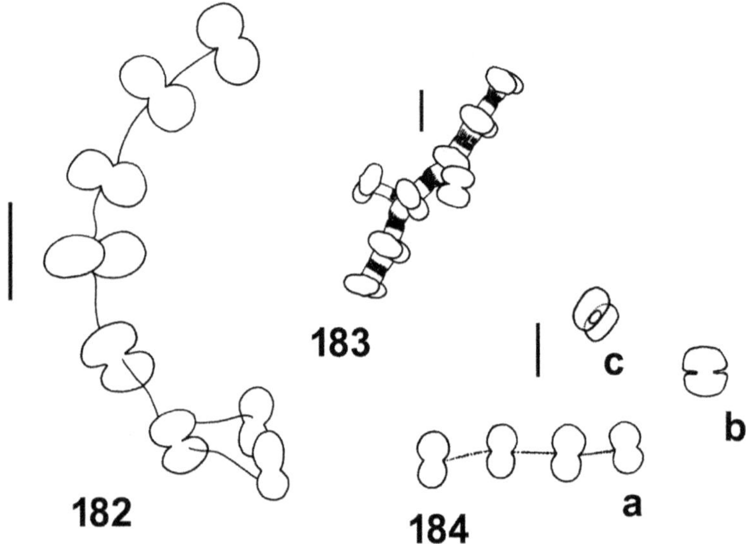

Fig. 182-183. *Heimansia pusilla* (Hilse) Coesel, vista de duas "colônias" (de Prescott *et al.* 1981). **Fig. 184.** *Heimansia pusilla* (Hilse) Coesel; a. vista de uma "colônia", b. vista frontal da célula, c. vista quase vertical da célula (de Bicudo 1969). NOTA: escala 10 μm.

Índice Remissivo de Gêneros, Espécies, Variedades e Formas Taxonômicas